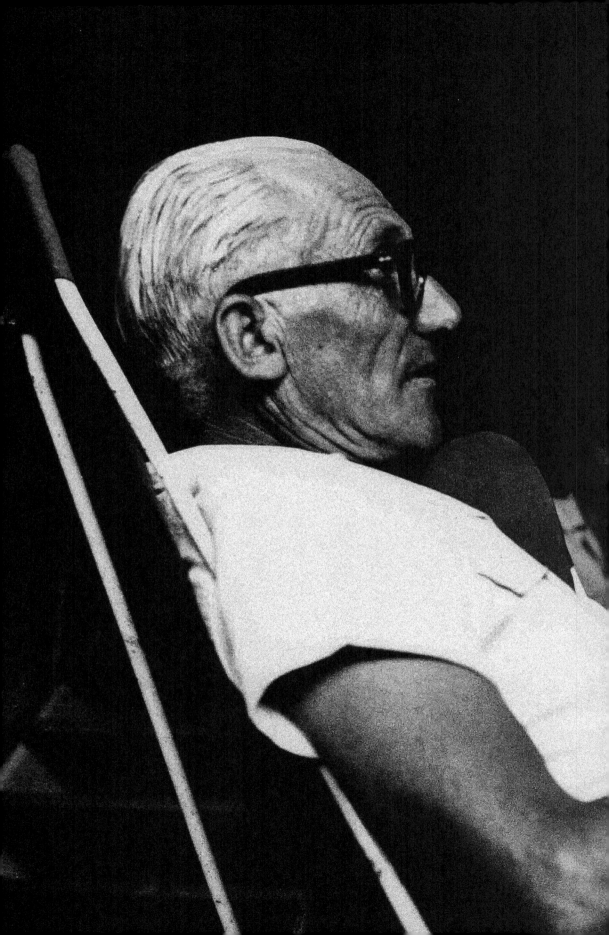

"人能走一条直线，是由于他看

目标并且知道他将去向何方。"

勒·柯布西耶：

元素之融合

LE CORBUSIER: ELEMENTS OF A SYNTHESIS

斯坦尼斯劳斯·冯·穆斯 著   王展 戴岳 丁梦韵 孟娇 译
Stanislaus von Moos   Wang Zhan, Dai Yue, Ding Mengyun, Meng Jiao

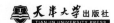

天津大学出版社
TIANJIN UNIVERSITY PRESS

1979年
英文第一版
序言

　　这本书的初版写作于十年前。它当初是针对著名瑞士裔科学家、艺术家和文学家——包括帕拉塞尔苏斯（Paracelsus）、保罗·克利（Paul Klee）和卡尔·古斯塔夫·荣格（Carl Gustav Jung）一系列研究的专题之一。那时，勒·柯布西耶的作品尚未被系统辩证地研究过，于是我计划填补这个空缺。当开始筹划这本书的时候，尚不能检视勒·柯布西耶的私人档案，我获取信息的主要渠道是这位建筑师公开发表的作品和八卷本的《勒·柯布西耶全集》（Oeuvre complète）。此外，我还参观了柯布西耶几乎全部的建筑作品，阅览了很多他的画作并访问了很多他曾经的同事、朋友，这些人都答应帮我完成柯布西耶的履历信息。

　　当然，我不能否认，这部书的一些章节作于十年之前，稍显过时——不仅由于近年来学术思想的改变，也由于自己观点的改变。我已将勒·柯布西耶的职业和工作中最重要的新信息加入此书；并重新写作了一些章节，使之更契合我最新的观点；还新加入了一章，关于"马赛公寓"的意识与形态。然而，在整体上，这部书保留了一系列写作于1967到1968年间的论文译作的特点，并且我不想去改变它，也许这些缺少客观性或者说热情过盛的特点，反倒能够增加这本书的可读性。

　　如果现在要就同一题目再写一部专题，我可能会对勒·柯布西耶的作品及其权威解释在社会影响及意识形态层面进行更深刻的剖析。在某种层面上，延伸当下认识的一个侧面，即是对于未来的畅想，那么对于今天的人们而言，将勒·柯布西耶视作一个"畅想家"而非一位先知，无疑更加有趣。如果言中，则这些都得益于他作为艺术家的高度、他视野的深度与广度以及他对于现实的诗人一般的视角。一旦从这个角度来考虑，我们就需要深入讨论柯布西耶的作品，其程度远超过于这本书中所涵盖的简略评论。但是，我仍然会沿着我所阐释的"建筑类型学"（Typology）和"元素之融合"（Elements of a Synthesis）两条线索来进行研究，因为对我而言，即使当今的研究也没能超越这两条线索。

　　在对勒·柯布西耶的研究过程中，给我帮助最大的机构和人们，都在本书初版中列出，在此仍然要重申对这些机构和人们的感谢，尽管这个名单很不完整。需要我特别感谢的是《柯布西耶全集》的编者威利·博尔西格（Willy Boesiger，苏黎世），他允许我从他的私人档案馆中取得了本书的插图。协助我搜寻勒·柯布西耶生平信息的还有柯布西耶的朋友和同事们：居住在沃韦（Vevey）的勒·柯布西耶的哥哥阿尔伯特·让纳雷（Albert Jeanneret）、居住在拉绍德封（La Chaux-de-Fonds）的莱昂·佩兰（Léon Perrin）、居住在纳沙泰尔（Neuchâtel）的让—皮埃尔·德·蒙特莫林（Jean-Pierre de Montmollin）、居住在长岛的科斯坦提诺·尼弗拉（Costantino Nivola），尤其是住在瑞士威拉尔—苏—罗伦（Villars Sur Ollon）的皮埃尔·安德烈·艾莫瑞（Pierre André Emery），如果没有他的帮助，1971年的法文版是不可能完成的。

　　许多机构为我提供了取得研究资料和专业文献的机会：拉绍德封市图书馆、巴黎装饰艺术博物馆图书馆和纽约现代艺术博物馆图书馆。当时勒·柯布西耶基金会的秘书长莫里斯·贝赛特（Maurice Besset）允许我研究属于该基金会财产的画作。居住在苏黎世的海蒂·韦伯（Heidi Weber）非常慷慨地给予我她所珍藏的照片。

　　沃尔特·格罗皮乌斯（Walter Gropius）、霍塞普·路易斯·赛尔特（José Lluis Sert）、爱德华·弗朗兹·塞科勒（Eduard Franz Sekler，麻省，剑桥）和纽约现代艺术博物馆的阿瑟·德雷克斯勒（Arthur Drexler）答应与我讨论勒·柯布西耶，并帮助我理清了观点。同居住在苏黎世的阿尔弗雷德·罗斯（Alfred Roth）的多次谈话对我帮助良多。

　　我在1968年4月前往昌迪加尔以及多次前往法国的旅行，都得益于瑞士圣加仑（St.Gallen）的江根—波恩基金会（Janggen-Poehn Foundation）的资助。

　　由此出发，我推进得越远，就越清晰地意识到曾获得这三人无比的恩惠，并曾在20世纪60年代与他们三人共事，对此我感到非常幸运：西格弗里德·吉提恩（Sigfried Giedion）和他的夫人卡罗拉·吉提恩—威尔凯尔（Carola Giedion-Welcker），还有汉斯·库尔耶（Hans Curjel）。我应当补充一句，我从未亲自见过勒·柯布西耶本人。

　　朋友们都鼓励我进行文字的修订工作。感谢蒙特利尔的安德烈·科博兹（André Corboz）在《日内瓦杂志》（Journal de Genève, 1972）上为这部书的法语版本撰写了洞察入微的书评。感谢彼得·谢雷尼（Peter Serenyi）在他的文选《透析勒·柯布西耶》(*Le Corbusier in Perspective*，纽约，1974）中选用本书中被他称作"对勒·柯布西耶艺术生涯的初次考据"的两段。感谢麻省剑桥的伊丽莎白·萨斯曼（Elizabeth Sussman）、多伦多的哈罗德·艾伦·布鲁克斯（Harold Allen Brooks）、伦敦的阿兰·科尔孔（Alan Colquhoun）和巴黎的哈维·门德尔松（Harvey Mendelsohn）阅读了部分手稿。巴黎的柯布西耶基金会不仅一直支持我的研究，还准许我复制了许多柯布西耶档案中至今尚未公布的作品。然而，假使我不曾被哈佛大学邀请在卡彭特视觉艺术中心（Carpenter Center for the Visual Arts）——这座由勒·柯布西耶设计的建筑中讲授四年建筑史；不曾与学生们辨析学术问题，我是没有可能着手写作这部专题著述的。

　　实际的翻译工作漫长而枯燥，然而又充满着挑战性，受到很多人的期待与祝福。在最初阶段，译稿由比阿特丽斯·默克（Beatrice Mock）起草，由麻省理工学院出版社的约瑟夫·施泰因（Joseph Stein）审读——我应当感谢他一直以来对我的帮助及我们之间的友谊。文字工作的最终成型，得益于瑞士菲茨瑙（Vitznau）的莫林·奥波利（Maureen Oberli）的终期协助。

2009年
修订版
序言

从1979年这本书的前一个版本面世以来，我有过很多次机会重新面对这些主题，但我从来没有认真想过重新作一本专著。考虑到现在涉及勒·柯布西耶研究的庞大信息量、他个人资料的开放度以及建筑学领域（或者广泛地说，视觉文化领域）迅速变化的口味，如果说有关这位建筑师的书籍生命力很短暂，毫无疑问是愚蠢的。在这样的情形下，谈论他的最好办法，就是通过批判性论文、作品目录，或者举办一场展览。

排除了写作一本新书的选项后，重新编辑出版这部旧作（假设它还有受众）意味着是"照原样重印"，还是"大幅度调整"的抉择。最终的选择是一个折中的办法。修正一些最让人尴尬的瑕疵，在尾注中声明新的研究工作，并且在每章之后增加一段附言，以说明在这几十年之后，我个人认为这些问题有（或者应该有）什么新的发展。

由于可参考的资料大增，这本书现在看来好像一辆雪铁龙2CV（译注：一种经典的法国老式汽车）装上了一款跑车引擎。读者将自行决定是否忍受这本书幼稚的创意思维和长辈般的说教，就好像忍受老时钟的机械故障一样，带有一种扭曲的幽默感。

也许一个简短的评论值得加在这本书相关的哲学与理论不可知论上，特别是因为在最初的（德语）版本和第三版（英语版）之间的十年中——在此期间还出版了很多其他语种的版本，人们目睹了"批判性历史"的创生及其横跨大西洋的成就。作为《建筑学理报》》（（archithese），1971—1980）杂志的编辑，我甚至可能参与了实现这个成就，当然只是很边缘的作用。我个人无力于随后详细阐释"批判性历史"，这也许造成了我勉强接受这些经验。尽管如此，这本书还是必然造成了一种状况和一种关键的应对措施——曼弗雷多·塔夫里（Manfredo Tafuri）将之概括为"有破洞的历史"。对本书1967到1978年间的各种版本深思熟虑与拾遗补缺之后，这七章内容也仅能够给出关于勒·柯布西耶生活和工作的少量阅读材料：所有的议题都在不断地变化着。这就是为什么我将各章的附言视为这本书的重要组成部分。

建筑学的历史并不与所谓的"操作性评判"（operative criticism）相契合。但如果其目的不再能够引发现代建筑的理念，它至少应该让我们更加清醒地认识到它与我们周围的自然与文化环境之间的联系。不幸的是，对于保护并恢复快速成长的工业，单纯的历史实践不能给我们提供任何有益的金科玉律。这种影响在其他情况下弱得多，比如朗香教堂和昌迪加尔议会大楼这样有重大意义和威严的建筑，它们所冒的风险不仅在于致命的衰败或者疏忽导致的冷嘲热讽，还来自一些"敏感的"建筑专家们——其中甚至包括勒·柯布西耶的朋友们，他们正在进行着铺张的建筑升级与重新认定工作。在这样的背景下，历史学家经常面对一个艰难的抉择，既要为了这些作品的存在而奋斗，又不能冒犯其中蕴含的精神。

鸣谢来自哈佛大学（Havard University）、伦敦建筑协会（Architectural Association）、纽约城市大学（the City University）以及其他院校的建筑师与研修建筑学的学生们，他们几十年来与我讨论勒·柯布西耶，给了我很大的启发。不能不提的还有我在代尔夫特科技大学（Delft University of Technology）任教的几年（1980—1983）：无须多言，看到这本书在荷兰出版，我感到很荣幸。我的那些在苏黎世修习艺术史的学生们（1983—2005）幸运地帮我意识到，就算不考虑勒·柯布西耶，建筑学也并非现代化事业中的唯一议题，尽管如此，苏黎世艺术与设计博物馆（Museum für Gestaltung）、巴登（Baden）的朗玛特博物馆（Museum Langmatt）、纽约的巴德装饰艺术研究生中心（Bard Graduate Center for the Decorative Arts）、门德里西奥建筑学院（Accademia di architettura, Mendrisio）以及魏尔的维特设计博物馆（Vitra Design Museum in Weil a.Rh.）等研究机构依然允许我的兴趣肆意驰骋（相关的多场展览在各章脚注中有所提及；绝大多数，但并非全部，都是在我与朋友亚瑟·吕格（Arthur Rüegg）同行时意识到的）。我与这些机构中的人交谈，包括伦敦建筑协会已故的阿尔文·伯亚斯基（Alvin Boyarsky）、哈佛大学的爱德华·弗朗兹·塞科勒教授，他们对于我而言，不止于导师。苏黎世的汉斯约格·布德林格（Hansjörg Budliger）、纽约的尼娜·斯特里茨一莱文（Nina Stritzler-Levine），还有最近在罗马的马瑞斯泰拉·卡斯亚图（Maristella Casciato）和在巴塞罗那/门德里西奥的霍塞普·阿瑟比洛（Josep Acebillo）都值得特别感谢。我还要说，当我写作这本书的时候，发现了罗伯特·文丘里（Robert Venturi）不久前发表的《建筑的复杂性与矛盾性》（Complexity and Contradiction in Architecture, 1966）。这本书不仅帮助我理解勒·柯布西耶，还彻底重塑了几十年来我对于建筑学的看法。

为了这个新版本的准备工作我又一次获得勒·柯布西耶基金会的协助以及基金会总干事米歇尔·理查德（Michel Richard）、他的前任伊芙琳·特瑞因（Evelyne Tréhin），还有基金会的专家伊莎贝尔·古丁诺（Isabelle Godineau）和阿诺德·德赛尔（Arnaud Dercelles）的支持。就插图而言，我完全抵制住了"诱惑"，没有在其中放入自己拍摄的照片。因为我希望能够强调它的纪实形象，尽可能使用"正统的"来自建筑建成时代的图像。大多数的图片都出自《勒·柯布西耶全集》或者其他在勒·柯布西耶基金会等官方机构中能找到的资源。收集与扫描工作持续了数年，由苏黎世大学艺术研究所（Kunsthistorisches Institut）的幻灯片管理员，还有门德里西奥建筑学院的格雷齐拉·赞诺内（Graziella Zannone）以及我的妻子伊莲娜·冯·穆斯（Irène von Moos）完成。我特别感激詹·德黑尔（Jan de Heer），他自己也是一位研究勒·柯布西耶的学者：他是我最理想的编写顾问，他对于问题的理解和面对浅显文字时的犀利眼光都有助益。克劳斯·施佩希腾豪泽（Klaus Spechtenhauser）提供了我关于参考文献的建议。此外，如果没有乔治·霍尔（George Hall）帮我将文字编译成能读懂的英语，我觉得这本书将会令人完全头痛不已。

我还要说的是，我做的所有修订，特别是各章的附言，都应当特别感谢肯尼斯·弗兰姆普敦（Kenneth Frampton）的《现代建筑——一部批评的历史》（*Modern Architecture: A Critical History*，伦敦，1992）和阿兰·科尔孔的《现代建筑》（*Modern Architecture*，牛津，2002），在尾注中对他们的致谢是远远不够的。并非偶然的是，这些作者都还写过其他关于勒·柯布西耶的作品，而且就各个方面而言，他们既在我之前，又在我之上。

第一章

夏尔—
爱德华·让纳雷

CHARLES-
EDOUARD
JEANNERET

　　勒·柯布西耶出生于1887年10月6日。他的出生地——拉绍德封，是瑞士西北部一座边境小镇，位于汝拉山脉（the Jura）两道山脊之间，这里距离法国边界不远。谷地偏僻险峻，大约海拔300英尺，属亚平宁山系。宽阔的山坡地带沟壑纵横，山岩裸露。瑞士画家和建筑师夏尔·勒波拉特尼埃（Charles L'Eplattenier）的一幅名画生动描绘了该地区的风貌：辽阔的天际线上空，云霓浮动。远眺南方，隐约可见瑞士中部阳光晴美的平原景色。[1]

时至今日，拉绍德封的人们仍津津乐道他们引以为傲的民主传统和革命历史。柯布西耶对此所见略同："我无须以我的生身之所为耻，纳沙泰尔的高山见证了它的自由、创造力与英勇无畏的精神。"在十二、十三世纪的阿尔比派（Albigensian）镇压战争之时，法国南部的异端派曾撤退至汝拉山脉的山谷以躲避教廷迫害；宗教战争中，特别是在16世纪颁布了《南特赦令》之后，南部和勃艮第地区的新教徒纷纷逃难至此。勒·柯布西耶乐于把自己看成这个传统的一部分。甚至1814年纳沙泰尔成了瑞士的一个州之后，拉绍德封还一直为了独立同普鲁士统治者进行着抗争。对此柯布西耶回忆：

> 1848年3月1日，祖父让纳雷—罗斯（Jeanneret-Rauss）参与弗里茨·库沃希耶（Fritz Courvoisier）领导的革命，他们从拉绍德封徒步行进到纳沙泰尔并毫不费力地占领了城堡。祖父是这次革命的领导者之一。我的曾祖父也是位革命者，他最终被俘，在监狱中度过余生[1]。

这位大师当然不会以他的瑞士国籍为荣。为了打通进入巴黎学术群体的道路，他不遗余力地证明自己的法国血统。在拉绍德封向西几公里，离勒·洛克（Le Locle）不远有一处建筑群，在17世纪时，称作"让纳雷宅邸"（Les Jeannerets）。这似乎佐证了勒·柯布西耶的法国基因。这些建于16世纪的石屋毁于1918年的一场大火，低矮的屋顶呈现出一派法国南部朗格多克式（Languedoc）的乡村建筑风貌[2]。　6

也许这样的佐证略显牵强，但明确地表达了这位建筑师对融入地中海这片土地的渴望与决心。这样的抉择不仅是对自然环境的钟情，也是他对地中海文化的热爱。这个选择也最能反映出，在那个树下积雪半年不化的地方，他多年生活的切身感受。

拉绍德封镇因怀表制造业而闻名，柯布西耶的父亲及祖父都曾是当地的钟表上釉工。父亲乔治·爱德华·让纳雷—佩雷（Georges Edouard Jeanneret-Perret）曾多年担任当地阿尔卑斯高山俱乐部主席一职，母亲玛丽·夏洛特·艾米丽·让纳雷—佩雷（Marie Charlotte Amélie Jeanneret-Perret）是一名钢琴教师。

1　夏尔·勒波拉特尼埃，《山巅》（1904）。布面油画。
2　奥克塔夫·马瑟（Octave Matthey）、夏尔—爱德华·让纳雷和路易·乌里耶（Louis Houriet）在拉毛粉饰装修的佛莱别墅，拉绍德封（1907）。
3　拉绍德封，航拍图（约1920年）。
4　夏尔—爱德华·让纳雷，表壳设计与体现（约1906年）。
5　阿尔丰斯·马利亚·穆夏（Alphonse Maria Mucha），一期艺术怀表广告，乔治·法福尔—杰科特公司（Georges Favre-Jacot & Co.），勒·洛克。

1　夏尔—爱德华·让纳雷

这位母亲在她的两个儿子面前有着相当高的权威，她宠爱长子阿尔伯特，并给予他成为一个音乐家所需的一切支持。而小夏尔—爱德华，也就是日后的勒·柯布西耶，则被送至当地的艺术学校学习表壳装饰与雕刻技术。勒·柯布西耶终其一生都在倾力争取着母亲的疼爱。而她新教徒的观念和品性则深深地影响了这位大师对于生活、工作与社会责任感的认知。他总喜欢引用母亲的那句话："无论你做什么，就用心去做。"[3]

夏尔·勒波拉特尼埃与拉绍德封艺术学校

拉绍德封艺术学校在让纳雷的求学生涯中占据了整整16年的时间（1900—1916），可想对其影响之深。当时的学校执事夏尔·勒波拉特尼埃是一位优秀的画家与良师，曾游学于巴黎和布达佩斯，致力于应用艺术的改革运动。他引领学生时代的让纳雷进入艺术殿堂，并在之后提供给他第一份工作——教师职位（1913）。让纳雷用了三年时间学习表壳雕刻工艺。这项工作需要精湛的技术和高度的注意力：一个微小的技艺失误足以毁掉一块昂贵的金料或银料[4]。

对手工艺的高度重视烘托了学校的氛围，也缘于当时学校执事的知性气质：对理想的满腔热忱。让纳雷刚入学时，勒波拉特尼埃只有25岁，年轻有为。这所极具当地特色的艺术学校成立于1872年，起初是为了培养当地制表工业的表壳雕篆人才，使产品在国际上立于不败之地。而在随后的1903年，当勒波拉特尼埃接手学校领导权时，学校的宗旨亟待重新定义。单调的专业设置已无法适应手工艺的工业化大潮，这已然成了一个严重的弊病。人们对腕表的需求的确已经超越了精致而昂贵的怀表[5]。

勒波拉特尼埃意识到，学校要想长远发展，必须开发新技术的应用，而不能仅止步于表壳装饰工业[6]。1905年，勒波拉特尼埃以创建一项研究生计划作为改革的第一步，并将其命名为"高级装饰艺术"（Cours Supérieur d'Art et de Decoration）。他邀请了学校最优秀的毕业生参与这项计划，让他们有机会接触到更大型、更多样的设计方案，包括建筑与室内设计。因此学生们直接参与了许多当时在建的项目，如青年旅社和邮局的设计。其中一些方案真的被采纳了，如塞尔尼耶—方提纳梅隆（Cernier-Fontainemelon）当地礼拜堂的装潢、拉绍德封一所私宅内的音乐室等。让纳雷与莱昂·佩兰、乔治·奥博特（Georges Aubert）等是参与"高级装饰艺术计划"的第一批学生，之后的1910年，他们参与成立了艺术工坊联合会（Ateliers d'Arts Reunis）[7]。 **161**

新艺术运动，拉斯金和汝拉风光

在勒波拉特尼埃的领导下，拉绍德封镇逐渐成为瑞士唯一的新艺术活跃中心，可以与当时欧洲的另一核心地区——受维克多·普玮（Victor Prouvé）影响颇深的国际化城市南锡（Nancy）相媲美。勒波拉特尼埃对于当时如此高的艺术成就十分重视，尤其对普玮的有机艺术饶有兴致，其中以花卉和蔬菜样式见长。1900年以后，此类方式在当时成了装饰艺术的主流手法，覆盖了绝大部分应用装饰领域，当然也包括建筑装饰。这种手法将设计师从令人窒息的传统手法中解放出来，使他们能够自由运用新的建筑技术，如铁和混凝土，表现出振奋人心的直观感受。

巴塞罗那的安东尼·高迪（Antoni Gaudí）、巴黎的赫克特·吉马德（Hector Guimard）和比利时的亨利·范·德维尔德（Henry van de Velde）等建筑师以他们独特的个人手法重新诠释了建筑作为大型纪念性装饰物的概念。正如之后尤里斯·迈耶—格里夫（Julius Meier-Graefe）对这些跨学科成就的评述："这就像书中序言的结束，而新的篇章即将展开。"[8]

对于这些建筑师和设计师而言，这种装饰象征了生命与自然的紧密联结。勒波拉特尼埃曾致力于塑造一种汝拉地区特有的装饰风格：从多种远古艺术形式中取材，以表现独有的艺术风格。在他看来，建筑有三个不朽的奠基时期：发明荷叶边（lotus leaf）的古埃及；在科林斯柱式上运用叶板（acanthus）的古希腊；还有常用花卉、动物和怪兽（chimera，羊身、狮头、蛇尾，会喷火的怪兽）的哥特时期。以这些概念作为模板，他带领学生到郊外的丛林中研究汝拉地区的动植物体系，以此来寻求创作汝拉风格的灵感。他们的创造，有许多不乏当时盛行的超现实主义特征。在学校的艺术手工档案室中，这些大师们关于松果、树枝乃至小型爬行动物的手稿占据了一整个巨大的书柜。在勒波拉特尼埃随后发起的应用艺术项目中，常见对古埃及风格的模仿，就如在1924年，他为拉绍德封博物馆的楼梯间所做的雕刻装饰那样 [9]。

一些夏尔—爱德华·让纳雷早期的习作，能够清晰地映射出勒波拉特尼埃的教学内容。将自然与有机的形式过渡到抽象、风格化的装饰——这正是勒波拉特尼埃工作室的中心主题，在大量画作中都可以追踪到这些印记。最常见的主题是树叶、青蛙和蜥蜴。他们还将汝拉森林中最具代表性的松树运用到装饰中，时而令人想到冬季盖雪的枝杈，抑或基本几何的变体形式。这些设计在抽象几何领域所及的高度在整个新艺术运动中并不常见。的确，这之中的很多作品都与欧文·琼斯（Owen Jones）的著作《世界装饰经典图鉴》（*Grammar of Ornaments*，1856）中那些精美的花纹样式高度相似（学校当然也存有一份这本著作的影印件）。这些作品都是装饰与几何图形结合的正式习作，同时艺术家们也将这项研究推进到了理论化的高度：他们发掘了一个自然与数学相碰撞的空间。换句话说，是通过几何图案的表达，使自然结构法则直观可见。　7 8 13 9 10

相比于当时新艺术运动中的其他艺术家，这些研究作品体现出的风格偏好与欧文·琼斯或约翰·拉斯金（John Ruskin）更加密切一些。这一时段，勒波拉特尼埃和整个艺术学校对拉斯金这位著名的维多利亚时代艺术趣味代言人的入迷程度，勒·柯布西耶有如此回忆（1819—1900）：　11

> 我们年少时就常听拉斯金的箴言……他曾谈及"灵性"。在《建筑的七盏明灯》（*Seven Lamps of Architecture*）中，他阐述了奉献之灯、真实之灯、顺从之灯……他的语言深深触动了我们的内心……
> 当有人意识到规律是一种自然现象时，我们的眼界被拓开了。那是1900年。灵感进发。真是美妙的时刻 [10]！

对于让纳雷和他的友人而言，拉斯金的福音降临得恰逢其时。它对日常的存在进行了解读，并赋予其意义，否则，那将依旧是一团模糊的概念。野外生存曾是让纳雷童年里重要的一部分。让纳雷的父亲常带领孩子们去远足，谈论当地的动植物。作为镇里高山俱乐部的主席和登山爱好

6　勒·柯布西耶，汝拉地区两种类型的房子（1960）。

者，他曾在《阿尔卑斯高山俱乐部小报》（*Bulletin Fédéral du Club Alpin*）上写下许多与登山经历有关的文章。勒·柯布西耶曾说，父亲强迫他登山，一度毁掉了阿尔卑斯在他心中的地位[11]。但在后来，他却时常回忆起汝拉的景致和那辽远的地平线。

勒波拉特尼埃的早期画作，《山巅》（*Au sommet*，1904）营造出这样的气氛：右侧是拉绍德封黑暗潮湿、峻峭的山峰，左边是清亮、洒满阳光的纳沙泰尔湖和澄澈的地中海。在《今日的装饰艺术》（*L'Art décoratif d'aujourd'hui*，1925）一书最后一章"自白书"中，勒·柯布西耶忆起他和幼年时的伙伴们是如何从小城的喧嚣逃到偏僻的谷仓去亲近自然[12]。有时他们会挎着背包，远行至瑞士的中部平原。夜晚，谷仓里或苹果树下就成了他们的庇护所。冬天，他们会赶上伯尔尼高地（Bernese Oberland）的第一批滑雪队伍。　　**1**

受自然浪漫情怀与户外生活经历的影响，勒波拉特尼埃的学生们对自然的崇敬之情达到了顶峰，他们运用当地独具特色的动植物体系形象地绘制整个汝拉山脉的景致。

> 时逢周日，我们常聚坐在最高峰的山巅。尖峰、缓坡、牧场、牛群、体态庞大的动物、无际的地平线、掠过天空的鸦群。我们憧憬着未来。"在这里，"大师说道，"我们将为自然竖起一座纪念碑。我们将倾己一生为这项计划而奋斗。我们将远离城市，到无尽的森林中去，在这碑下留下我们的习作。一切景致，花草、生灵在这里一览无余。每年，将在这里举行庆祝盛会。碑的四周，巨大的火盆将燃起熊熊烈火。"[13]

6

7　夏尔—爱德华·让纳雷，《松林装饰》
　　（*Pine forest ornament*，1911）。水粉画。

8　夏尔—爱德华·让纳雷，《松林研究》
　　（*Study of pine trees*，1905—1906）。水粉铅笔画。

9　欧文·琼斯，来自大洋洲的点缀（《世界装饰经典图鉴》，1856）。

10　夏尔—爱德华·让纳雷，"关于欧文·琼斯的研究"，
　　《世界装饰经典图鉴》（约1901—1902年）。油墨水粉画。

11　约翰·拉斯金，"生活之灯"（选自《建筑的七盏明灯》，1948）。

9

10

11

"你会成为一位建筑师"——佛莱别墅

让纳雷决心成为一名画家，他的老师却坚持道："你会成为一位建筑师。"起初，让纳雷不以为然。在学校的小图书室中，藏有夏尔·布兰克（Charles Blanc）的《绘画雕刻技巧》（*Grammaire des arts du dessin*）一书，那是当时艺术教育领域极负盛名的教科书之一。年轻的让纳雷甚为此书着迷：美丽的散文诗描绘着一幅幅历史画卷，也预示着辉煌的未来。布兰克不仅将建筑命名为"艺术之母"（the mother of the Arts），更有力地驳斥将建筑视为"仅在工程上加以修饰"的观点[14]。正如维奥莱—勒—杜克（Viollet-le-duc）和奥古斯特·舒瓦西（Auguste Choisy）后来的理论，他坚信，未来的建筑将会以19世纪前里程碑式的理论为基础，衍生出全新的建设理念。"学校新的生长点在于：摒弃根深蒂固的考古学和对事物的完全模仿，取而代之的是要领悟事物的精髓。这样，伟大而独特的想法才能从混乱的废墟中脱颖而出。"[15]

勒波拉特尼埃在塔瓦纳（Tavannes）附近的一个小办公室里找到了建筑师勒内·夏帕拉茨（René Chapallaz），请他帮助，让自己的学生参与设计完成一处小型住宅。在此之前，他刚说服一位校董会的成员同意17岁的让纳雷为他建造别墅。这是让纳雷的第一处住宅设计，坐落在汝拉北坡的佛莱别墅（Villa Fallet，1906）[16]。

2 14

勒·柯布西耶并未将他的处女作纳入《勒·柯布西耶全集》中。在他其余的出版物中也未见其踪。唯一存留的，是只有18岁的设计师在房子里写下的"特别注意"，这是一幢"也许狼狈，却不受规则束缚"的房屋[17]。即便如此，这间"小木屋"仍为我们了解建筑师的背景提供了重要线索。起居室与卧室以组群形式围绕开敞的双层挑高大厅而建——这在1900年前后的"后工艺美术风格建筑"（post-Arts-and-Crafts architecture）中十分罕见。之后，这种风格衍变为柯布西耶为之痴迷的双层挑高的起居室、长廊设计。最引人入胜的还是房屋立面以及室内墙体的装饰细节。

2 14

乡间特有的地基、裸露的木材及折角式的山墙，这些建筑材料使人想到当时瑞士的豪华宾馆风格，亦可纳入本土浪漫主义建筑的类别中。或许人们还不会用"新艺术"（Art Nouveau）这个名词来形容它，但是其装饰的细腻丰富却超越了复古的中世纪风格。这之中的许多装饰图案皆由汝拉森林中冷杉的形状演变而来——门环、阳台扶手、室内镶板的支柱，甚至立面上绮丽的墙体彩绘。就连建筑整体的木质框架（让纳雷与建筑工地的工人们一起探讨拟定连接处的细节问题）也循冷杉的形态而建。而房顶的木材与窗棂，则是汝拉松树的变形。集合于此的一系列奇特想法无一不彰显出勒波拉特尼埃"高级装饰艺术计划"的教学理念对其深厚的影响，当然建筑师也企盼得到来自专业领域的肯定。

佛罗伦萨，维也纳和约瑟夫·霍夫曼

1907年9月，当让纳雷怀揣着他的第一笔建筑设计费游历佛罗伦萨时，他仍是以拉斯金的视角来探索和思考意大利。他在佣兵凉廊（Loggia dei Lanzi)对面租了一处住所，并与先于他到达的同学佩兰会合，两人一同游历了托斯卡纳。这个地区，尤其是佛罗伦萨和锡耶纳两地，保存有许多古时的手绘图纸与水彩画[18]。对于两位游学者而言，中世纪的艺术风格远比文艺复兴时期更具魅力。在博物馆中，他们又被那些14世纪早期的艺术家深深吸引。让纳雷的建筑摹稿，透露了他对于研究极富层次感的表面覆层和节点的热情，其中一些甚至开始表现出对于建筑结构与空间问题的关注，比如佛罗伦萨的圣十字圣殿（S.Croce）的室内摹稿。

15 16

两个伙伴在那年秋天去维也纳的路上，途经维琴察（Vicenza）。佩兰回忆，大名鼎鼎的安德烈·帕拉迪奥（Andrea Palladio）在当地的作品并未成功地使他们停下行进的脚步。帕拉迪奥是古典学院派的集大成者，因此他们选择无视这些建筑。然而，他们拜访了拉韦纳（Ravenna），让纳雷在学校时就深深向往那里的马赛克壁画艺术。

在东行路上，他们曾在威尼斯逗留两周，又途经的里雅斯特（Trieste）和布达佩斯，但最终决定在维也纳安营扎寨。维也纳作为工艺美术运动的代表城市，响当当的名号对于这两个勒波拉特尼埃的学生来说十分受用。才到维也纳，他们立即陶醉在歌剧、交响乐和艺术史博物馆中。展出中有维也纳分离派（Vienna Secession）和哈根本德艺术家联合会（Hagenbund）的作品，诠释了维也纳先锋派艺术（avant-garde）。令人讶异的是，被誉为"分离派之父"的奥托·瓦格纳（Otto Wagner）并未讨得让纳雷的欢心。瓦格纳1894年伊始参与维也纳的城市建设，次年发表著作《现代建筑》（Moderne Architektur），这位建筑师为维也纳设计了许多著名地标，如知名的邮政局大楼以及众多城市铁路车站。然而让纳雷的兴趣却更多在于他的学生而非这位大师本人。

瓦格纳热衷于塑造属于新工业世界的写实主义外观，这使他成为国际化风格的先驱，当瓦格纳学派（Wagnerschule）在塑造这种风格的同时，也促成了对装饰艺术的重新定义。事实上，勒波拉特尼埃曾千方百计引导学生们向霍夫曼的作品靠拢。1899年，在约瑟夫·马利亚·奥尔布里希（Joseph Maria Olbrich）被黑森大公恩斯特·路德维希（Grand Duke Ernst Ludwig of Hesse and by Rhine）调到达姆施塔特（Darmstadt）后，霍夫曼独自留在维也纳。他在1903年成立的维也纳艺术工坊（Wiener Werkstätte），在随后的三十年中，稳坐城市手工业生产中心的地位。让纳雷当时还不知道，霍夫曼在维也纳艺术界的"对手"阿道夫·鲁斯（Adolf Loos）以及他在1906年发表的著名文章《装饰就是罪恶》（Ornament and Crime），也许这毫不奇怪（虽然两年后他路过维也纳时画了素描——格拉本大街（the Graben）的奈兹商店（Knize shop））[19]。

显而易见，众多设计师中让纳雷对霍夫曼情有独钟。许久，让纳雷都在犹豫如何向这位大师自荐。当他终于把在意大利游学时的手稿呈现在约瑟夫·霍夫曼（Josef Hoffmann）面前时，他立刻被录用了。然而为时已晚，让纳雷刚刚观看过贾科莫·普契尼（Giacomo Puccini）的歌剧《波西米亚人》（La Bohème），剧中那绚烂奔放的生活方式令他迫不及待地想要奔向巴黎[20]。

让纳雷和佩兰于1908年3月离开了维也纳。在慕尼黑，让纳雷遇到了夏帕拉茨，与他讨论了后者在维也纳的两处住宅作品。这两处别墅都是在拉绍德封的佛莱别墅完工后不久建成的[21]。别墅以其所有者尤里斯—朱尔

12　拉绍德封，佛莱别墅。建造细节。
13　夏尔—爱德华·让纳雷，
　　佛莱别墅露台研究，拉绍德封。
　　铅笔素描（1907）。
14　夏尔—爱德华·让纳雷，佛莱别墅，
　　拉绍德封。立面栏杆的细节。

斯·雅克梅（Ulysse-Jules Jaquemet）和阿尔伯特·施特策尔（Albert Stotzer）命名，它是基于佛莱公寓的变形，只是空间布局更显传统（没有高挑的中央大厅），而装饰细节则脱离了书卷气。同时，也更加注重结构之间的衔接：水泥与砂浆的结合，木材的运用和内墙的支架系统是这两所建筑物独一无二之处。由于它们落成在维也纳，就不免将其与奥尔布里希的作品进行比较，如"蓝房子"（Das Blaue Haus）和达姆施塔特的玫瑰别墅（Haus in Rosen），这些作品中，奥尔布里希的复杂空间和隽秀气息已经所剩无几了，而且自相矛盾的是，他对砂浆和木材的运用方式却令人联想到吉马德的作品。 **17 18**

巴黎，1908：佩雷与尼采

布鲁塞尔拥有维克多·霍塔（Victor Horta），阿姆斯特丹则有亨德里克·彼得勒斯·贝尔拉格（Hendrik Petrus Berlage），维也纳更是有瓦格纳与霍夫曼。1908年的巴黎与此不同，由于美术学院中庸的教育模式，激进派艺术体系尚未成型，因而无法与此相抗衡。但另一方面，19世纪的巴黎却拥有像亨利·拉布鲁斯特（Henri Labrouste）、维克多·巴尔达赫（Victor Baltard）、古斯塔夫·埃菲尔（Gustave Eiffel）等建筑大师铸造的钢铁结构建筑。这些建筑在后来现代主义运动中被证实是极为重要的。

此外，但凡是重视结构创意的建筑师，都不能忽视吉马德运用钢筋混凝土的天赋以及弗朗索瓦·埃尼比克（François Hennebique）用这种新材料呈现的现实派风格。佩雷兄弟（Perret brothers）在当时已经完成了几个重要的作品，例如位于富兰克林大道的25号公寓（25 bis, rue Franklin, 1902）。近年来为莎玛丽丹百货公司（Samaritaine department stores）所建的附属建筑物，是由弗朗兹·儒尔丹（Frantz Jourdain）设计，以铸铁和玻璃为材料的重要地标建筑，虽然上面的浮雕装饰在一定程度上掩饰了它的刚劲。更重要的人物应该算是亨利·索瓦日（Henri Sauvage），1908年他作为新艺术的

15　夏尔—爱德华·让纳雷，韦奇奥宫（Palazzo Vecchio），佛罗伦萨，创作于卡尔扎奥利大街（Via dei Calzaioli）的一间房中（1907）。水墨纸本。

16　夏尔—爱德华·让纳雷，锡耶纳市政厅，曼吉亚塔楼（Torre del Mangia, 1907）。水彩画。

17　夏尔—爱德华·让纳雷，雅克梅别墅（Villas Jacquemet）的黏土模型。拉绍德封（1907—1908）。

16

15

17

先锋艺术家，因参与了工薪阶层住宅的改造而名声大噪^[22]。 20 21 80

从慕尼黑到巴黎的途中，让纳雷曾在纽伦堡、斯特拉斯堡和南锡短暂停留，春天时才到达巴黎。那时，他努力想找一份制图员的工作。他联系到欧仁·塞缪尔·格拉塞（Eugène Samuel Grasset），一位平面设计师兼手工艺师，他因在装饰创意上的著作而为拉绍德封的艺术群体所熟知[23]。格拉塞建议让纳雷去找佩雷，而后者对他的画作甚是满意，并提供给他一份兼职工作。与让纳雷同行的佩兰则在设计巴黎地铁站（1889—1904）的赫克特·吉马德那里得到了一个职位。"手中的夹子里装满了在意大利作的画，我敲响了富兰克林大道的公寓门。"柯布西耶后来回忆道，"奥古斯特·佩雷（Auguste Perret）和古斯塔夫·佩雷（Gustave Perret）走了出来，仿佛是从卢浮宫里《草地上的午餐》（*Déjeuner sur l'herbe*）的画中走出来一般。"[24]

与佩雷公司的接触，翻开了让纳雷建筑事业的新篇章，敦促他以一个建筑师的身份，来直面结构难题，并探索解决这些难题的新方法[25]。富兰克林大道的25号公寓——佩雷兄弟的办公室，便是具有革命性意义的建筑。U形设计，使建筑的各立面尽可能享受到光照，观赏到巴黎市区的风景，而它看似脆弱、裸露、过度装饰的混凝土框架，是个冒险的试验。在别人眼中，这幢房子随时可能崩塌。因此，当时甚至没有银行愿意为他们放贷，而建筑之所以最后能够落成，是因为建筑师就是自己的承包人[26]。

在为佩雷兄弟做兼职的同时，让纳雷在巴黎美术学院进修历史课程。他在博物馆中，与卢浮宫中大师们的作品共度周末，而工作日的闲暇时间则在人类博物馆（Musée de l 'Homme）和夏乐宫（Trocadéro）研习应用艺术[27]。他还研究了巴黎圣母剧院（Notre Dame）的建筑细节，跟随维奥莱—勒—杜克的足迹，为他建造中的逻辑性所感染，也对建筑外观的野性和琐碎感到困惑。他在晚间研习保罗·马利·雷塔鲁依（Paul Marie Letarouilly）、舒瓦西、维奥莱—勒—杜克等大师的作品；尽管如此让纳雷仍不满足。他想要全方位地掌握学科知识。佩雷建议他学习数学和静力学。 22

在巴黎的这段日子里，让纳雷初步形成了建筑学的概念，并且明确了他作为新时代建筑师的使命。他在拉绍德封的导师曾教导他将艺术视为富有理想主义色彩的事业，并将自己视为艺术家，是重塑人类道德的公仆。之前他曾拜读了亨利·普罗旺萨尔（Henri Provensal）的《明日艺术》（*L'Art de demain*，1904）和爱德华·舒维（Édouard Schuré）的《大内幕》（*Les grands initiés*，1907）。而现在在巴黎，他如获至宝般捧读着弗里德里希·尼采（Friedrich Nietzsche）的《查拉图斯特拉如是说》（*Thus Spake Zarathustra*）。正如保罗·维纳布尔·特纳（Paul Venable Turner）所说，这些著作对让纳雷建立艺术家的自我意识攸关重要[28]。他们的精神塑造了让纳雷的思想，并贯穿在他以后的作品。"艺术与建筑，是'一种思想的和谐表达方式'（普罗旺萨尔语），这是永恒的法则，而艺术家，应该如先知一般地引导人们，使其心灵得到净化与重塑。"这是让纳雷在早期著作中的领悟。他丰满的学术观念，很大程度上也出自于对清教教义与良善品质的信奉。尼采笔下的孤独超人自我牺牲，这样悲剧的命运是为了拯救人类，让纳雷理解了自己作为社会艺术家的担当[29]。

从这个角度看来，让纳雷早期的艺术改革作品和工艺与当时的世界艺术是柔和对立的。1908年11月，让纳雷寄了一封书信给远方的导师勒波拉特尼埃，声称他不久将回到拉绍德封。他"与事实抗争"的雄心壮志近乎是一个挑衅性的决定：

> 如今，幼稚的梦结束了。维也纳和达姆施塔特的成就，都太轻易了。而我，要向事实挑战……在我们今天……或明天的思想里，新的艺术将会降临其中。这些思想是未经雕琢的，所以我们必须去质疑它。而为使这种质疑得以进行，思考者就必须承受孤独。
> 于我而言，我会说：屑小成就必不成熟；沙上建筑必然毁灭临头[30]。

德国：贝伦斯与AEG电气公司

1909年从巴黎回乡后，让纳雷在拉绍德封只停留了数月。虽然短暂，却也足够开展工作，成立艺术工坊联合会[31]。1910年4月，他再次出游，前往德国。在慕尼黑，他拜访了西奥多·费舍尔（Theodor Fischer），后者将他领入了大批德国建筑师、设计师以及博物馆工作者的圈子。随后的几个月里，让纳雷遇到了德国制造联盟（German Werkbund）中重量级的成员，他们是彼得·贝伦斯（Peter Behrens）、赫尔曼·穆特修斯（Hermann Muthesius）、卡尔·恩斯

18 夏尔—爱德华·让纳雷，雅克梅别墅，拉绍德封。正视图。
19 夏尔—爱德华·让纳雷，巴黎圣母剧院（1908）。水彩画。
20 佩雷设计公司，富兰克林大道 25 号公寓，巴黎（1903）。
21 奥古斯特·佩雷站在 25 号公寓屋顶花园上，
　　 富兰克林大道 25 号公寓（约 1925 年）。
22 夏尔—爱德华·让纳雷，巴黎圣母剧院。教堂回廊顶上的
　　 一个小尖塔（1908）。水墨水彩画。

21

22

20

1　夏尔—爱德华·让纳雷

特·奥斯特斯（Karl Ernst Osthaus）、布鲁诺·保罗（Bruno Paul）、沃尔夫·道恩
（Wolf Dohrn）和海因里希·特森诺（Heinrich Tessenow）。之后他作为制图员
为贝伦斯工作了5个月。 161

虽然让纳雷十分敬仰贝伦斯的才华，但他对这位建筑师个人却有些复杂
的看法："他简直像一头性情乖戾的熊，十分易怒，并且怒火会持续一整天"[32]。
有传言说让纳雷当时曾与现代建筑大师沃尔特·格罗皮乌斯和密斯·凡德罗
（Mies van der Rohe）共事。但事实是，格罗皮乌斯虽然曾是贝伦斯工作室的第
一号制图员，但在让纳雷到达柏林数月前他已经离开，并开始发展自己的事业。
而根据密斯后来的回忆，他也只是刚加入工作室时在门口偶遇过让纳雷，当时
正值1911年5月份，让纳雷正准备离开此地前往德累斯顿[33]。

1910年6月，让纳雷到达德国两个月后，他收到一封来自拉绍德封的信，
让他拟一份关于德国制造联盟的考察报告，介绍"其设计品、工艺品及其他艺
术品的创作理念"。这份报告后来被装订成书出版[34]。

在文中，让纳雷描述了德、法当时的政治、学术和艺术氛围。当时的德
国由一股顽固的颇有几分像19世纪70年代豪言壮语的意志所驱使。而法国则
更保有高贵的艺术气息，拒绝进行新的试验。一些艺术家的个人魅力仅昙花
一现，缺乏鲜明而蓬勃的正能量。新艺术的精神深深渗透进了让纳雷的青年
时代，现在看来，其影响确实是深远的。这期间他付出了大量时间和精力研究
工业设计上的问题，应对过分严苛的贝伦斯—柏林德国电力股份公司（AEG，
Allgemeine Elektricitäts-Gesellschaft）的总设计者。这位画家出身的设计师，
不光包揽了整个工厂的建造方案，还参与设计电力公司的一切产品——厨具、
暖气片、台灯，甚至是商标设计。所做的努力不止于树立AEG自身的企业形
象——就算不能简单地代表机械时代，也创造了德国工业的神话。这才是最吸
引让纳雷的地方。 25

在报告的结尾，他总结道："德国就像一本专题性很强的著作。如果说巴
黎是艺术的中心，那么德国就是最好的产品出产地。"[35]两年后，第一次世界大
战爆发。

东方之旅

1911年5月，让纳雷决定游览布达佩斯和布加勒斯特。同行的是来自伯尔尼的友人奥古斯特·克里普斯坦（August Klipstein），当时他正在创作关于西班牙文艺复兴时期画家、雕塑家、建筑师埃尔·格雷科（El Greco）的论文，后来他成为了一位有名的艺术品商人。他们计划中的行程很短暂，但事实上这趟东方之旅花了大半年的时间。在旅途的不同时期，让纳雷都曾为拉绍德封当地的报纸《生活报》（Feuille d'Avis）撰写详细的报告，这些文章都以艺术工坊联合会致友人信件的形式发表[36]。与导师和朋友们所期待的对于建筑实体细节研究不同，他的一些狂热的想法反射出他受居住在慕尼黑的纳沙泰尔小说家、艺术评论家威廉·里特（William Ritter）的影响颇深，让纳雷游学前他们见过面。

这趟旅程不仅仅是专业考察，也为让纳雷积累了许多原始素材。"我喜爱徒步旅行，或是在马背上、轮船上，倾听、寻找人类最本真的特征。"他如此写道[37]。"东方的建筑，不同于北欧混乱的情势，完全融入阳光、海洋和纯白色的庙宇之间。"他感叹："这些景象是我之前不曾预料的，它们渐渐开始走进我的内心……"[38]

他游历了君士坦丁堡、阿索斯山（Athos）和雅典的卫城。在他到伊斯坦布尔之前就憧憬了许多当地的景致："白色的阳光下是纯白的城市，只用翠柏加以零星地点缀；远处，海天相映。"当他终于到达这里时，却大失所望："被污染的天空和海洋是一片灰色，金角湾（Golden Horn）覆满泥巴，河水也不清澈，像沼泽一般。那些清真寺，就像一片森林中木头房子上的污渍一样突兀。"[39]他开始认为古典拜占庭建筑是混乱和荒诞的，集市的脏乱嘈杂令他心灰意冷。三个礼拜后，当他开始认识和理解东方文化时，才逐渐学会欣赏清真寺建筑。他形容清真寺的内部是"高挑而宽阔的，让祈祷者得以呼吸"。[40]这时他开始领会宗教的精神：不畏死亡，包容且和善。伊斯坦布尔也成了他的另一个重要精神向导。　　25 26 162

他并没有忽视集市和民俗的存在，并且开始欣赏起伊斯坦布尔直白的建筑方式，"科纳克（konak），一种土耳其木质居所，真是优秀的建筑作品。"他写道。[41]而城市中心吸引他注意力的景致，或许还有那些总环绕在木质房屋周围的火焰（在他游历此地时曾遇到几次暴动，引起了严重的火灾）。

而后，他来到了阿索斯山。这里带给他的是一种与理想完全对立的生活方式。在挨过了令人愤怒的18天后，他在日记中惊呼："啊，去斗争，去生活，去呐喊，去创造！"[42]

终于，让纳雷来到了雅典。在雅典的四个星期里，让纳雷声称他每天都要去游览卫城，风雨无阻。此时，帕提农神庙北侧的柱廊还未修缮。断壁残垣倾倒满地，一如1687年它们倒下时的模样。火药击入当时被土耳其人作为军火库的神庙，导致室内的火药爆炸："它像一个被击中面部的人，顷刻被甩倒在地"[43]。让纳雷用视觉与触觉来品味这些遗迹上的雕塑作品。他理所当然地认为雅典卫城是一切建筑与艺术的规范准则。他记录的关于帕提农神庙的一切都流露着这种近乎偏执的观念。似乎唯一的问题只是该如何抛下文化包袱。有时，他游离于惊叹与自卑之间。"先去敬仰和爱戴，再去征服它。"他这样写道，企图探求古老的帕提农与现代建筑需求之间的联系。有时，他的语气像极了尼采："这是没有人可以逃离的艺术。它像一座巍峨的冰川伫立在眼前，使人噤若寒蝉。但当我看到素描本中记录的伊斯坦布尔时，心中又燃起熊熊烈火！"[44]

他探索了建筑与场地间的关联："这些庙宇是周围空地存在的原因。"[45]速写笔记中透露着他内心的兴奋：建筑群与广阔地平线共同构成这里的风景——而这样的地平线如同攀岩到汝拉山上眺望一般，宽广无边（或者像阿道夫·阿皮亚（Adolphe Appia）为理查德·瓦格纳（Richard Wagner）在海勒劳（Hellerau）上演的戏剧所做的舞台布景那样）。令人好奇的是，如果让纳雷真的在这儿待了至少四周的话，怎么竟然没有留下关于雅典卫城的透视图。　26 187

新艺术学院

在柯布西耶的回顾中，他将"东方之旅"定义为其青年时代和对先锋艺术追求的结束篇章。"回归。领悟。一个信念：一切都应重

23　彼得·贝伦斯，有AEG标志的建筑花园设计，柏林德国电力股份公司。工厂的屋顶花园（1911）。

24　夏尔一爱德华·让纳雷，伊斯坦布尔。从金角湾看全城（1911）。铅笔素描。

25　夏尔一爱德华·让纳雷，伊斯坦布尔。厄于普陵园（Eyüp Cemetery）的围墙（1911）。铅笔素描。

23

24

25

新开始。我必须直面困难。"在1925年，他对这段岁月这样总结道[46]。

当我们更近距离观察让纳雷的艺术生涯，事情似乎变得更加复杂。在伊斯坦布尔时，他曾意外地碰到佩雷，而后者曾提供给他一个参与设计香榭丽舍剧院（Théâtre des Champs Elysées）的机会[47]。但让纳雷却另有计划，他决定重回拉绍德封。导师勒波拉特尼埃指定他为"艺术新学院"（Nouvelle Section de l'Ecole d'Art）（由高级装饰艺术计划衍生而来）的教授[48]。高级装饰艺术课程原来只有勒波拉特尼埃一人执教，而如今，他拥有了三位得意门生前来助力：建筑师让纳雷、雕塑师莱昂·佩兰和室内设计师乔治·奥博特。

然而有关"艺术新学院"的故事并不那样顺畅。它如许多相似的试验性项目一样，一路上充满险阻。思想保守的旧学院领导千方百计地抑制当地先锋艺术的成长。此外，"新学院"的教授必须持有当地的绘画专业证书才能享有执教资格。1913年12月，让纳雷声明他拿到了此证书——也是他唯一获得过的证书。

但"新学院"存活的日子屈指可数。社会党左翼将新学院视为提供"精英阶层"奢侈品的产地，这极大地亵渎了社会党人代表的底层工人和无业者。同时，当地的工匠们在极速发展的潮流中艰难地生存着，对"设计师"这股新生力量既恨又怕。因此，新学院的一切活动都受限于传统学校的框架之中——这也间接导致了后来新学院的解体。但新学院并未默然地屈从于厄运。作为艺术工坊联合会的理事，让纳雷很擅长以书信的方式，从艺术的角度回击思想滞后的权威机构。在新学院即将关闭之际，他草拟了一篇短小的发言稿，为这项失败的实验立下了响亮的墓志铭。来自欧洲不同国家城市的先锋艺术大师们都被邀请为新学院发表言论，这其中包括：巴黎的欧仁·塞缪尔·格拉塞、埃森（Essen）的卡尔·恩斯特·奥斯特斯、柏林的彼得·贝伦斯、慕尼黑的西奥多·费舍尔、维也纳的阿尔弗雷德·罗尔（Alfred Roller）和巴黎的赫克特·吉马德。反响虽很强烈，但为时已晚[49]。

勒波拉特尼埃于1914年3月正式辞职；同时让纳雷、奥博特和佩兰也声明拒绝在新项目中任教。但佩兰随后改变主意返回学校，终生执教于拉绍德封艺术学校。而与他形成了鲜明的对比，让纳雷表示自己对于培养雕刻匠人和珠宝制作师已没有了兴趣[50]。于是，拉绍德封艺术学校又回到了1903年前的景象：再一次成为一所培养雕刻匠和珠宝商的学校，服务于当地的制表行业。

1911年后的建筑与项目：对贝伦斯与霍夫曼的呼应

1908年，让纳雷决定"与事实抗争"，以激发"新艺术"。乍看，1911年前后为瑞士制表师而建的雅致住宅群似乎直接违背了这个誓言。然而这是秩序重建、追求均衡以及让纳雷这代人所倡导的新古典主义对"新艺术"主张个人主义和维也纳与达姆施塔特的"屑小成就"的报复。　　28 29 31 32

从东方返回后，让纳雷并非只以教学为生，他参与一些有趣的工程项目，形成了一系列可称为第二轮"前柯布西耶阶段"（pre-Corbusian phase）的早期作品。这些建筑呈现出偏离新艺术精神的德式新古典主义风格。在这些作品中最吸引人眼球的应该算"白色宅邸"（Maison Blanche），它是1912年为让纳雷的父母所建，坐落于离佛莱别墅不远的高山大街（rue de la Montagne）。这是一处散发着优雅气息的中产阶层住宅[51]。虽然结构是加固的混凝土骨架，墙壁外观却是由石材贴片而成。房间环绕中心的音乐室而建，让纳雷的母亲在这里教授钢琴课。一扇高窗面南而开。面对花园的一边有遮光檐。二层的窗户则水平对齐，充足的阳光透入屋内：这样的设计不禁让人联想到彼得·贝伦斯在哈根（Hagen）附近的艾蓬豪森（Eppenhausen）所作的施罗德别墅（Villa Schröder, 1908—1909）。　　28~30

相似的作品，还有规模更大的弗尔—雅库别墅（Villa Favre-Jacot），是同年（1912）所建，是勒·洛克地区一位著名的钟表制造商的宅邸。该作品集合了贝伦斯、弗里德里希·奥斯腾多夫（Friedrich Ostendorf）及其他大师的学术资源，尤其是卡尔·弗里德里希·辛克尔（Karl Friedrich Schinkel）这位大师[52]。一层轮拱式的开窗、主层的条形窗、四坡屋顶的形状和比例，甚至上方架有山墙的小尺寸入口（在勒·洛克，这种入口通常开在第二层的背立面）都有贝伦斯在艾蓬豪森的作品古德克别墅（Villa Goedecke, 1911—1912）的影子。入口处非对称的耳翼设计，是古老的中厅形状的演变，视为是对拉斐尔（Raphael）在罗马的夫人别墅（Villa Madama）致敬。这种不对称设计像是将古老的对称几何形庭院挤压拉伸以适应真实空间。整个入口立面将古典对称性和经典设计融入复杂空间和现代建筑中，足以体现让纳雷的良苦用心。半圆拱顶的门廊，与门口侧翼相呼应，就像设计师耍的小花招——灵感也许来自贝伦斯（比较后者为库诺博士（Dr. Cuno）在哈根—艾蓬豪森建造的房屋中那圆柱状的楼梯井，1909—1910），抑或来源于17世纪法国的传统门廊设计，如巴黎的博韦酒店（Hotel de Beauvais）。

31~33

至于装饰，是发展得更加成熟的早期汝拉动植物系风格。虽然让纳雷喜爱优雅的生活方式，但同时他也采纳了一位优秀的混凝土工程师朋友马克斯·杜·博伊斯（Max du Bois）的建议，开始研究混凝土的不同建筑方法 [53]。他从未忘记之前与佩雷兄弟的合作经历，并且在等待一个将混凝土建设体系运用于实际的机会，而这个机会在1914年9月出现了。

多米诺体系

战争破坏佛兰德斯（Flanders）的消息充斥着每天的报纸。报道给人一种战争即将结束，重建即将展开的错觉。让纳雷为此设计了以混凝土立柱为支撑、由楼梯连接的双层基础系统。在平面图中，这些板材看起来像多米诺骨牌——"多米诺"（dominoes）因此成了这套系统的标签。他相信这套简单的系统很容易规模建设。当这个基础体系在战争毁坏区建立后，每位居住者就可以根据个人的不同需求来为最基本的建筑构架添加必要的剩余部件：门窗、隔断等。

34 35

多米诺体系以其绝对简洁的外观，超越了埃尼比克和佩雷兄弟所建的混凝土构架建筑。屋顶的层板并没有由横向的梁框架支撑：它们被设计成具有拉伸和抗压功能的均质表面。同时，竖直方向的支撑立柱代替了外墙的功能，令立面结构上更加独立。这样，开窗也

26　夏尔—爱德华·让纳雷，雅典。朝向比雷埃夫斯的帕提农神庙（1911年；可能是1914年）。

27　罗马，马克森提乌斯—巴西利卡（Maxentius-Basilica）。勒·柯布西耶收藏的明信片。勒·柯布西耶基金会，巴黎。

28　夏尔—爱德华·让纳雷设计，让纳雷—佩雷住宅，拉绍德封（建于1912年）。夏尔—爱德华·让纳雷（左）和父亲乔治·爱德华·让纳雷一起去花园露台（约1915—1916年）。

29　夏尔—爱德华·让纳雷设计、让纳雷—佩雷住宅，拉绍德封。花园外立面正视图。

可以更随意，正如让纳雷在笔记中的建议，把它设置在拐角处。

1914至1915年间，大量由多米诺体系变形的建筑手稿显示出让纳雷对托尼·卡尼尔（Tony Garnier）在里昂的一系列作品的熟识程度。他一定在1915年拜访过卡尼尔的工作室，因为有书信显示他非常了解卡尼尔的手稿《工业化城市》（Cité Industrielle），而当时这篇手稿还从未公布于世[54]。然而，不论是在佛兰德斯还是西西里，即使多米诺体系受到了一些议会成员的关注，但最终还是未能建成。最后，以这套体系为基础而建的第一件标志性作品在拉绍德封落成，是当地一位实业家一处十分雅致的别墅。

施沃泊别墅

不同于以往那些后来柯布西耶从未提及的作品，对于施沃泊别墅（Villa Schwob），他充满了自豪感，甚至还将其细节图发表在《新精神》杂志（L'Esprit Nouveau）上（尽管没有在《勒·柯布西耶全集》中发表）[55]。这栋建筑无疑是他早期设计中最教条主义和最正式的作品。混凝土结构框架的运用，使"土耳其住宅"（Maison turque，此别墅如今名称依旧）与在哈斯特海德（Huister Heide）的范特荷普别墅（Van't Hoff's villa）成为现代建筑运动（Modern Movement）史上最早的、安全的混凝土结构建筑之一[56]。　　36~38

即便如此，在施沃泊别墅的设计和细节上，也并不是完全的新颖独特。宽大的中心窗口和两侧横向的侧翼是由佩雷早期的作品发展而来的。只是这里将侧翼设计得更加宽阔且对称，而中心窗口改成了双层高度。这些似乎是为了使内部空间更加自由，空气流动更为畅通。主厅也使用了双层挑高，主卧在二层，还有一个面向起居室而开的画廊。

双层挑高的主厅呈中轴对称。作为建筑附加的部分，内部设计了贯穿三层的楼梯井，与底层的主厅和室外相接。从侧面观看，别

30　皮特·贝伦斯设计，施罗德住所，位于哈根附近的艾蓬豪森，德国（建于1908—1909年）。

31　夏尔—爱德华·让纳雷设计，弗尔—雅库别墅，勒·洛克（建于1912年）。初步设计（约1911年）。透明描图纸上的铅笔画。

32　夏尔—爱德华·让纳雷设计，弗尔—雅库别墅。前院入口。

33　皮特·贝伦斯设计，库诺博士住宅，哈根附近的艾蓬豪森，德国（建于1909—1910年）。

30
31
32
33

墅似乎结合了两种截然不同的设计概念：元素十分多样，而大尺寸的檐口毫无疑问被认为是不惜一切代价将在方案中因持续变化而面临分离解体的结构整合统一起来。

主厅的设计中，还包括一个可以向主卧以及周围功能区输送热量的炉柜，使人想到弗兰克·劳埃德·赖特（Frank Lloyd Wright）的作品。当时，赖特凭借在1910年出版的图集，在荷兰和德国产生了巨大的影响力。虽然不能完全确定当年让纳雷是否在德国，是否确实熟悉赖特的《瓦斯穆特作品集》（Wasmuth portfolio），但可以肯定的是他看过亨德里克·彼得勒斯·贝尔拉格在讲座上展示的这位美国新兴建筑师的手稿影印件。这些手稿随后也出现在著名的《瑞士建筑报》（Schweizerische Bauzeitung）上 [57]。在讲堂上，贝尔拉格做了一份详细易懂的关于赖特早期作品的研究报告，这似乎也为让纳雷组建施沃泊别墅提供了基本构架 [58]。然而，赖特善于用流动和持续性的空间分割内外，让纳雷却将墙壁当作坚硬的外壳来运用。施沃泊别墅是相对封闭的，其形体双向对称，紧固而魁伟。它的立面，像国立美术学院风格（Beaux-Arts）的作品一样，以规则的线条分割出门窗的比例。而将整体性的大尺寸檐口加在一个多样化的主体之上，如果不是模仿了保罗·法尔施（Paul Thiersch）的希拉之家（Landhaus Syla, 1914），就是再一次从贝伦斯的库诺博士宅邸中受到启发；但是也会令人联想到霍夫曼早期对于埃斯特别墅（Villa Ast, 1910—1911）的处理，抑或1912—1913年间在维也纳卡斯格拉本大街（Kaasgraben）建成的"别墅区"（Villenkolonie）[59]。于是，这栋别墅再次成为一个佩雷风格兼具德国派特征的建筑。

39 33

34　夏尔—爱德华·让纳雷，多米诺住宅体系；原型（1914）。

35　夏尔—爱德华·让纳雷，多米诺原则的应用体现出结构体系外立面的独立性（1914）。铅笔素描。

36　夏尔—爱德华·让纳雷，施沃泊别墅（建于1916—1917年），拉绍德封。

37　施沃泊别墅全景，拉绍德封，为出版《新精神》杂志的配图（1920）。

35

36

37

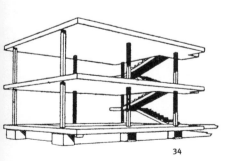

34

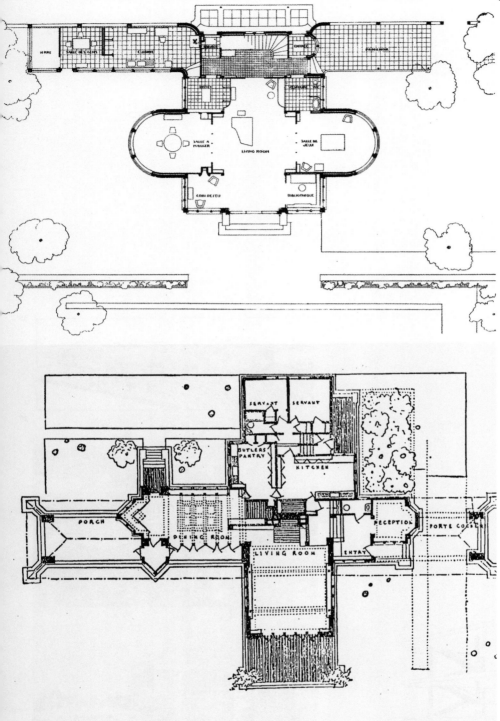

"狭地局促感"

第一章附言

'UNEASINESS IN THE SMALL STATE' 柯布西耶以作家的身份出版了40本图书，800多篇文章。在这些文献中，柯布西耶极少谈及他早期的建筑事业。除却一些在学校时的植物习作和有限的笔记、游学手稿，直至柯布西耶去世时，他在拉绍德封的十年建筑生涯（1907—1917）对于我们来说仍然是一片空白。

将记忆中遗忘的缺口挖掘出来，往往能使人物形象更加饱满，尤其对被誉为灵感大师的伟人来说更是如此。如若这样，这些记忆碎片也向我们透露了伟大人生背后的失落、迷惘和雄心。瑞士文史学家卡尔·施密德（Karl Schmid）曾将这种境遇称为"狭地局促感"（Unbehagen im Kleinstaat, 苏黎世，1963）：这是一种瑞士知识分子和学者所独具的在狭小国度生活受限的失落感以及与生俱来的尼采式高贵的民主政治理念。

这种行为特征在夏尔·爱德华·让纳雷身上表现得颇为鲜明，他的建筑作品就是最好的体现，被视作在拉绍德封这个狭小的世界中寻找自己的文化象征。他所面临的不仅仅是在建筑、美术或文学中的职业选择（或者说是在"传统"和"现代性"中做出选择）——其实这些选择之间或许也不存在那么分明的界限。一切难题都围绕着法兰西和德意志之间的对立与互补展开。从1908到1917年，他历经九年游历两国，曲折地探索原现代主义（proto-modernism）的发展，回到瑞士的让纳雷陷入了进退两难的境地。一战爆发时，瑞士德、法两个语言区分裂为两个对立的部分，分别忠实于柏林和巴黎。而让纳雷对二者的文化都感情浓烈，以至陷入了深深的矛盾之中。近年来，让—路易·科恩（Jean-Louis Cohen）对于这一时期让纳雷的心态和作品研究有了初步的成果，收录于他的著作《"法兰西还是德意志？"夏尔—爱德华·让纳雷的曲折探索之旅》（"France ou Allemagne?" Un zigzag editorial de Charles-Edouard Jeanneret', 发表在《纪念文集》（SvM. Die Festschrift），苏黎世，2005）一书中。在科恩收集的材料中，让纳雷对于法、德现代主义运动的批判性文章，将更清晰地提供这位建筑师在这段特殊时期心境的真实写照。

■ 在本书的前一版本中，笔者几乎没有提及这一部分内容，这似乎也是可以理解的。在1967—1968年，笔者的文字倾注于重塑柯布西耶早期作为建筑师的生活，而他的籍贯、文化背景以及他对于文化的选择则是次要的内容（勒·柯布西耶自己则完全抹去了这一时期的回忆）。这段被忽略的历史，在随后的1968年，当柯布西耶成为被学习研究的热点后，仍未改变。这一时期的著作包括保罗·维纳布尔·特纳的先锋派论文《柯布西耶的教育生涯》（The Education of Le Corbusier, 1971; 1977年出版），玛丽·帕特里西亚·梅·塞克勒（Mary Patricia May Sekler）所著的《夏尔—爱德华·让纳雷（勒·柯布西耶）1902—1908年的早期绘画作品》（The Early Drawings of Charles-Edouard Jeanneret (Le Corbusier) 1902-1908, 1973; 1977年出版）。20世纪80年代，现代运动的艺术传承逐渐消亡，柯布西耶扮演的重要角色也随之消失，转而开始侧重于对建筑师的前现代作品进行学术研究。这个时期，有关建筑师青年时期的社会经济状况以及早期作品的相关介绍，可在雅各斯·古柏勒（Jacques Gubler）所著的三卷本《瑞士现代主义建筑图库》（Inventar der Neueren Schweizer Architektur）中读到，这是专门介绍拉绍德封的章节（伯尔尼，1982）。

20世纪80年代，研究柯布西耶早期生涯的中心从美国转移至了意大利。最早，有玛蒂娜·路易莎·柯里（Martina Luisa Colli）所著的《柯布西耶：诗词中的艺术、手工与工艺》（Arte, artigianato e tecnica nella poetica di Le Corbusier, 巴里（Bari），1982），随后在威尼斯，又相继出版了三本朱利亚诺·格雷斯雷利（Giuliano Gresleri）整理的柯布西耶在游学时期（Grand Tour）的作品合集：《勒·柯布西耶，东方之旅》（Le Corbusier. Il viaggio in Oriente），威尼斯，1984；《1907年托斯卡纳之行》（Il viaggio in Toscana、1907，威尼斯，1987）和《石头的语汇》（Il linguaggio delle pietre, 威尼斯，1988）。1987年，在柯布西耶百年诞辰之际，巴黎为其举办了三次作品展览。这其中，由皮埃尔·萨迪（Pierre Saddy）举办的"勒·柯布西耶：诗的脚步"（Le Corbusier.Le passé à réaction poétique）最令人难忘。不过，真正引起"柯学族"对柯布西耶早期作品的关注，还要归功于哈罗德·艾伦·布鲁克斯。在他的杰出文献《成为勒·柯布西耶：夏尔—爱德华·让纳雷在拉绍德封

---

38 夏尔—爱德华·让纳雷，施沃泊别墅一层平面图，拉绍德封。

39 弗兰克·劳埃德·赖特，威利茨住宅（Willits residence）一层平面图，高地公园（Highland Park），伊利诺伊州（建于1902年）。

的日子》(*Le Corbusier's Formative Years. Charles-Edouard Jeanneret at La Chaux-de-Fonds*,芝加哥和伦敦,1997)出版之前,他就在欧洲和美国的建筑学讲座中展示了对此课题多年的研究成果。

随后,阿道夫·马克斯·沃格特(Adolf Max Vogt)在《勒·柯布西耶:高贵的野蛮人》(*Le Corbusier: The Noble Savage*,剑桥,马萨诸塞州,1998;第一版德语版,威斯巴登(Wiesbaden),1996)一书中,提出柯布西耶式的"桩上的房子"(house on stilts)是由史前时代瑞士地区的原住民住所衍生而来的,这在之前是不曾被人提及过的。这个发现对许多人来说是个重大启示。然而从建筑师早期的瑞士文化背景中,人们看到了那些遗漏的作品,这个发现显然比沃格特的论题更具开创性。在今天的信息时代,这些材料在全球范围皆可轻易查阅。随着两部柯布西耶早年间游学时手稿(《东游记》(*Voyage d'Orient*,米兰,1987)、《在德国的日子》(*Les voyages d'Allemagne*,米兰,1994))和莫里斯·贝赛特1981年编辑的《笔记》(*Carnets*, vol. I, 1914—1948)的公开发表,让纳雷最初那段隐秘的建筑与城市学足迹终于展现在了我们面前。许多早期相关的文献也逐渐公开,如让纳雷与奥古斯特·佩雷(巴黎,2002)、勒波拉特尼埃(巴黎,2006)以及他的精神导师威廉·里特之间长期的往来书信(已出版;玛丽—珍妮·杜蒙(Marie-Jeanne Dumont)编辑。还可参见很有价值的《勒·柯布西耶信函》(*Le Corbusier. Choix de lettres*,让·詹格(Jean Jenger)编辑,巴塞尔,2002))。这些书信文献揭示了这位建筑师早期的事业背景以及作为一位艺术家与"文学家"的壮志和抱负。

■ 一些出版物以及展览,如《成为勒·柯布西耶之前的勒·柯布西耶》(*Le Corbusier before Le Corbusier*,巴登,芝加哥,纽约,2001),已经开始对这些资料进行评论与评判性研习(皮埃尔·瓦塞(Pierre Vaisse)、弗朗西斯科·帕桑提(Francesco Passanti)和弗朗索瓦·杜克洛斯(Françoise Ducros)等人的论文及文献都对此做出一些评论)。五年之后,拉绍德封不仅是世界知名制表城市,也是瑞士最重要的新艺术运动中心(《感受新艺术:拉绍德封的冷杉风格》(*Une expérience d'art nouveau.Le style sapin à La Chaux-de-Fonds*),国立美术学院,海伦·贝里—汤姆森(Helen Bieri-Thomson)编辑,2006)。2007年,在巴黎召开的"勒·柯布西耶,瑞士"(*Le Corbusier. La Suisse. Les Suisses*)的会议中,柯布西耶基金会将建筑师的作品与他和瑞士的渊源更加深远地联系在了一起。

近年来,在对建筑师这一时期生涯的研究中,里奥·舒伯特(Leo Schubert)整理的作品集《拉绍德封的让纳雷—佩雷别墅》(*La villa Jeanneret-Perret in La Chaux-de-Fonds*,威尼斯,2006)和克里斯托弗·斯诺(Christoph Schnoor)的校订版《别墅建设》(*La construction des villes*,苏黎世,2008),凭借两人对柯布西耶研究的重要成果脱颖而出。如今,在全新的视角下,笔者重新撰写这一章节,不仅为了使建筑师的职业生涯历史更为完整,更是为了修改吉提恩与尼古拉斯·佩夫斯纳(Nikolaus Pevsner)关于现代艺术与现代主义的定义。这就是我写下这些文字的初衷。

第二章

纯粹主义与
《新精神》杂志

PURISM
AND
'ESPRIT
NOUVEAU'

　　1917年，让纳雷前往巴黎生活，主要是为了逃避家乡复杂的情势。在战争中的巴黎开始新生活，这对于一个外籍人士实属不易。让纳雷租了一所被他称为"仆人房"（servant's room）的住处，位于雅克布大街20号（20，rue Jacob），离圣日耳曼德佩区（Saint-Germain-des-Prés）不远[1]。他在贝尔扎斯街13号（13，rue de Belzunce）开了一间工作室，并以咨询建筑师的身份为他的朋友马克斯·杜·博伊斯经营的一系列企业进行建筑设计。他为其中一家参与了国防项目（S.A.B.A.,Société d'application du Béton Armé）的小型建设公司在波尔多附近设计了一座钢筋混凝土结构水塔——这是他在法国落成的第一个项目，还有一座高技术型屠宰场：具有工业建筑的直白特征，强调入口的重要性、轴线性的设计以及略显戏剧化的输送系统。 **41**

此外，他还以工业与技术教育协会（S.E.I.E.，Société d'études industrielles et techniques）成员的身份参与了杜·博伊斯的产业，在巴黎附近的艾弗特镇（Alfortville）经营一家小型制砖厂。结果却不甚理想（据柯布西耶回忆，有一年砖厂被洪水侵袭，即将运往工地的砖材在运输过程中被冲毁成碎土和瓦砾），这一短暂的经商历程使这个年轻的"新移民"建筑师了解到工业生产与管理的严峻问题以及"可怕却不可避免的泰勒制度（Taylorism，弗雷德里克·温斯洛·泰勒（Frederick Winslow Taylor）在19世纪末设计提出一套提高生产效率的管理理论体系，又称'泰勒制'）"[2]。虽然这一切对于他今后成长为一位拥有长远眼光的建筑与规划大师尤为重要，但当时那样的经历，无论在精神上还是金钱上，并未给他带来任何实质性的回报。甚至最后还需要依靠画画使自己避免陷入经济危机。

阿梅德·奥占芳与后立体主义

1918年5月，奥古斯特·佩雷在自由艺术团体的晚宴上向画家阿梅德·奥占芳（Amédée Ozenfant）引荐了让纳雷。拥有一家小型法国高级时装店（迎合法国上流社会）的奥占芳当年在巴黎艺术界已经小有名气[3]。那时，让纳雷也已按捺不住心中压抑已久的成为画家的雄心壮志。当奥占芳建议他开始将作画纳入常规日程时，他立即采纳了画家的意见。奥占芳广博的爱好、复杂的艺术风格和生活方式（他对以高雅著称的《万象》杂志（Omnia）的研究不亚于对柏拉图（Plato）和亨利·柏格森（Henri Bergson）的了解）深深吸引着让纳雷，后者也乐于分享他对机械和人文科学方面卓越的信仰。1918年6月，深陷商业泥沼的让纳雷在给奥占芳的信中写道："在困境中我尝试着回想您镇定、机敏与坚定的信念。我觉得我还在探索与发现的阶段，您却已经在思考实现它们了。"[4]

与奥占芳的思想碰撞，开阔了让纳雷的眼界，让他产生了新的目标。1918年9月，这两位好友为他们的第一次联展修订了目录简介，同年秋季他们的作品在托马斯画廊（Galerie Thomas）展出。奥占芳在与让纳雷合作之前已完成了大部分案头工作，因此享有优先署名权。

这次展览与其所给出的新定义，是一次重大的突破，其功绩可媲美阿尔伯特·格雷茨（Albert Gleizes）和让·多米尼克·安东尼·梅尔辛格（Jean Dominique Antony Metzinger）在1912年的著作《立体主义》（*Du Cubisme*）。奥占芳和让纳雷将他们的题目定为《后立体主义》（*Aprés le Cubisme*，也许"超越立体主义"（beyond Cubism）更为贴切），故意让它晦涩难懂，以体现两位艺术家的雄心：构建先锋派艺术的一种传统，同时对法国当代艺术的潮流提出一种批判性的态度。仔细看来，相比之前先锋派艺术热潮中的立体派艺术家群体，如法国著名的"黄金小组"（Groupe de Puteaux，或称作"Section d'Or"），此时立体主义理论中的批判性更加饱满和丰富了。《后立体主义》并不仅仅着重于立体派艺术的表现性（后被柯布西耶称作"复合立体主义"（cu-cubisme））。它的讨论重心在于对立体主义法则自身的校正。立体派艺术家们对艺术现实感知的新维度不被人接受，而他们常用的非洲雕塑元素，也被称作"社会精英为逃避现实而急迫地回归原始主义风格（Primitivism）的心态"[5]。对物体进行解构并重组，从而形成全新的二维组合——即将一个物体的不同面进行叠加以创造相互交错的感觉——这一过程则被看作深奥的、极富观赏性的游戏："一张脸，其实不过是一个塑性连续体（plastic continuum）。"[6]这就难怪在立体主义的新定义里，"第四维艺术"因被视作"没来由的假设"而被摈弃[7]。简而言之："当代艺术，是由超越当下时代的人，抑或是无意中接触到它的人创作的。"[8]

48

然而应当更多关注立体主义的一些特点，其中一点就是它在创作中对于理性思维的强调。然而，他们依然坚持艺术是"将智慧转化为行动"的过程[9]。因此，艺术作品就必须具备独特的、可以被广泛认知的理念。瓶子、玻璃、盘子、吉他和烟斗——这些在静物写生中的经典角色，在作品中它们的形态依然会被完整地表现出来。

40 42 47 68 296 308 310 328 330

奥占芳和让纳雷认为，这些各种类型的物品（objets types）表现着新工业时代中"美"的符号：秩序、平淡和纯净——一言以蔽之，就是"纯粹主义"（purism）。这个术语不仅仅用来形容一种新的绘画形式，它代表的是现代艺术中一种独特的观念[10]。回顾从前，它将法国启蒙思想与德国手工业联盟代表的实用主义结合于一体。在"纯粹派"的世界里，工程师成了舞台的主角。对于奥占芳与让纳雷，他们的技艺所带来的理性和美感是广受赞誉的。在谨遵现代美学定义的前提下，他们提出了一种全新的理性主义宇宙观：大自然像一台机器，在它之中，一切坚持自然法则的运作才是"美感"产生的原因。根据这个新柏拉图式的视角，他们以作画为媒介，来实现和表达"永恒的真理"及"对于和谐的追求"。

早期画作

1918年在托马斯画廊的展览中，只展出了让纳雷的两幅绘画作品和八张图纸，而奥占芳的作品则远多于他。这些优雅而直白的作品中，似乎并未体现出所谓立体主义革新的痕迹。在柯布西耶之后称为"第一幅画作"的《壁炉》（*La cheminée*，1918）中，大理石窗台反射出的白模和书本都可以看作对于希腊经历的回应，也预示着其新建筑理念的产生。在当时的巴黎艺术界很难找到任何可以比较的作品，虽然让纳雷的一些作品中的确反映出阿道夫·阿皮亚的影子——一位瑞士现代设计先锋[11]。 42 187

展览过后的几个月，他们都致力于绘画。奥占芳的工作室位于戈多莫赫路（rue Godot-de-Mauroy），一条紧临意大利大道（Boulevard des Italiens）的小街上，离马德林大街（Madeleine）不远。两人一起在这里进行创作。以奥占芳的观点来描述这一时期的工作，二人的合作似乎是具有主观性的（"这是真正的合作，我奏起旋律，他来附和，使作品更加完整、强大。"）[12]，很明显，奥占芳才是当时创作的主要推动者[13]。两者的纯粹派作品中，并未看出显著的不同。奥占芳力求以微妙的阴影关系来表现一种愉悦的感觉，好像一个浸在香水中的优雅空间；而让纳雷更注重表现的是"物体"在光影下产生出的雕塑感效果，同时，这些"物体"也通过"轮廓线的结合"（marriage of contours）和清晰的色调（冷或暖），增强画面的整体构成。 47

让纳雷和奥占芳两人开始分开独立创作以后，他们的不同走向变得有趣起来。直

40　阿梅德·奥占芳，《静物》（*Nature morte*，1921）。素描，底片展示。

41　夏尔—爱德华·让纳雷，沙吕伊（Challuy）的工业化屠宰场方案图，法国（1917）。

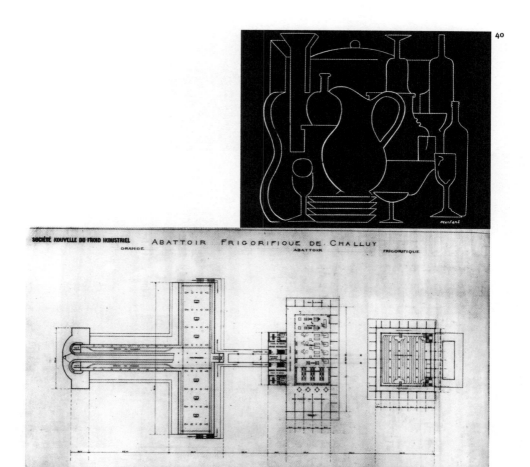

40

41

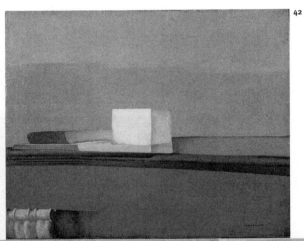

42

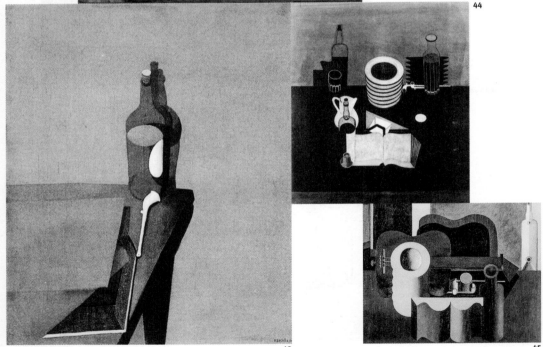

43

44

45

46

42 夏尔—爱德华·让纳雷，《壁炉》
(1917)。布面油画。

43 阿梅德·奥占芳，《瓶子、烟斗和书》(*Bouteille,
pipe et livres*, 1918)。布面油画。

44 夏尔—爱德华·让纳雷，《静物与鸡蛋》
(*Nature morte à l'oeuf*, 1919)。布面油画。

45 夏尔—爱德华·让纳雷，《静物与碟子》(1920)。布面油画。

46 夏尔—爱德华·让纳雷，《新精神馆中的
静物》(1925)。布面油画。

5

Nature morte 1919   OZENFANT

novembre 1920

Ozenfant n'a commencé cette série de l'expos. Druet
qu'après son séjour aux Chables sous Blonay fin sept chez mon
Il travailla Mx à pleines journées, n'ayant presque rien pour l'exp
Je ne disposais que du Samedi après midi et du Dimanche. Lors
du septembre 1920 je suis entré chez lui rue Godot, pour finir la répl
Car N°9 (actuellement chez Albert St) je vis dans son atelier quelques toiles

Mature morte 1920

JEANNERET

Galerie Léonce Rosenberg

阿梅德·奥占芳,《静物》(1919) 和夏尔—爱德华·让纳雷,《静物》,刊登于《新精神》
第 7 期 (1921),附勒·柯布西耶排列年代次序的手写笔记,由奥占芳提供。

到生命结束，奥占芳都忠实于"后立体主义"信条，在1965年（柯布西耶去世后），他对立体主义、纪尧姆·阿波利奈尔（Guillaume Apollinaire）以及达达主义的态度，仍然十分谦卑[14]。而柯布西耶在后期则几近脱离了后立体主义，并如此评价道："它包含了好与坏的两面，有细腻的光影，也有虚伪的狂妄——像小学老师的指手画脚。"[15] 在《走向新建筑》（*Vers une architecture*，1923）一书中，这位建筑师叙述了"立体主义的重要影响"[16]。1925年，在与奥占芳一起修订《现代绘画》（*La peinture moderne*）一书时，他将新印象主义（neo-Impressionism）、野兽派（Fauvism）和立体主义归纳为他作画的灵感来源[17]。对画家柯布西耶而言，纯粹主义代表他今后新里程的一个重要开端[18]。

拉乌尔·拉罗什与坎维勒拍卖会

1918年，一次瑞士人在巴黎的聚餐中，让纳雷认识了拉乌尔·拉罗什（Raoul La Roche），一位来自巴塞尔（Basle）的银行家。拉罗什很欣赏其作品，并开始定期向他收购。在1921年到1923年这段时期，他请奥占芳和让纳雷代表他参与坎维勒拍卖会（Kahnweiler auctions）的竞标，许多优秀的立体主义作品，包括帕布罗·毕加索（Pablo Picasso）、乔治·布拉克（Georges Braque）和费尔南德·莱热（Fernand Léger）的作品，都曾在这里一锤定音。这些作品成为拉罗什收藏系列的核心内容，之后大多数作品捐赠给了巴塞尔美术馆（Kunstmuseum Basel）[19]。

这些立体主义作品对于让纳雷的美术修为的确影响颇深。以油画《静物与碟子》（*Nature morte à la pile d'assiettes*，1920)[20]和《新精神馆中的静物》（*Nature morte au Pavillon de l'Esprit Nouveau*，1924）两幅作品来对比，前者描绘的静物是并列排开的个体，后者则是半透明的，每个个体也同时组成其他复合图像的一部分。这些年来的素描画也一步步有趣地说明，被描绘的对象逐渐弱化了自身的个体性，变得更加通透，从不同的角度、用不同的美术语汇

48　帕布罗·毕加索，《狂热爱好者》（*L'Aficionado*，1912)。布面油画。

49　勒·柯布西耶和皮埃尔·让纳雷，巴黎拉罗什别墅（建于1923年)。画廊侧翼，莱热、奥占芳、格里斯和毕加索的画，拉乌尔·拉罗什收集。

来描绘它们。而此时，当别的立体派艺术家们在研究如何多角度展现一个单一的平面时，勒·柯布西耶（归根结底还是一名建筑师）则专心致志地研究起了平面与立面之间的联系。而结果是，他的观点只在垂直立面方向上发生了变化[21]。但为了能仅依靠平面与立面来实现立体派理想化的透明感，他必须成倍地增加"静物"数量，以接近眩晕的效果。于是就有了《许多物体组成的静物》（*Nature morte aux nombreux objets*）这样的标题。

45 46 304

对艺术家早期作品理解得越深刻，我们就越能从中发现其中形影交错和多重轮廓带来的连连惊喜。这种技法不断发展，一直到1928年前后，这些轮廓线勾勒出了建筑的雏形。

从让纳雷的立体派背景看来，我们似乎陷入了一个悖论。1918至1920年这段时间，让纳雷尝试过一系列形状的合成。之后，这种合成又逐渐被分解，成为图案媒介领域中一种分析性的尝试：这种分析强烈地质疑了物体的可识别性，即在仅剩错综的轮廓和表层时，物体是否可以被清楚地识别。对于立体主义学派来说，这个过程其实是在反其道而行。毕加索在1907年就完成了《亚维农的少女》（*Demoiselles d'Avignon*），继而促进了立体主义的诞生。而画家让纳雷却花了整整15年的时间去真正触及并了解立体主义，同样的，对于建筑师勒·柯布西耶来讲也是一样。为了更加深入地研究现代建筑，他需要将立体主义与古典主义相融合[22]。

312 331 333

《新精神》杂志

意料之中的，《后立体主义》的作者们希望出版一份期刊，既能反映他们对当代文化的广泛热爱，同时又可用来传播他们独特的艺术审美视角和生活观念。1919年，实现这个愿望的机会出现了。这一年初，费尔南德·迪沃尔（Fernand Divoire），《不妥协者报》（*L'Intransigeant*）的一位评论家，会见了两位艺术家，其中提到了比利时诗人保罗·戴尔梅（Paul Dermée）以及想要创办新杂志的打算[23]。紧接着，他们又召开了一次会议，迅速地拟订了这次强强联手的合作计划，并将杂志命名为《新精神》（*L'Esprit Nouveau*）。

52

一些瑞士朋友的赞助，确保了让纳雷在巴黎所需的基本资金，并且与广告商也取得了联系。最终，《新精神》（共出版了28期，其中一些相当厚重）以月刊的形式按期出版，而它也远不止是另一本艺术杂志而已。由于它将视觉艺术作为重心，《新精神》的作用可媲美在德国出版几十年的老牌杂志《手工艺年鉴》（*Werkbund-Jahrbuch*），唤醒机器时代公众对于日常生活中的文化需求。《新精神》如同它的德国先例版本一样，扮演着"新生活时尚公司"的市场经纪人角色，而让纳雷正是这间公司的首席设计师。但事实上，这本杂志的视野要远高于设计与视觉艺术领域。

杂志的命名，灵感来源于纪尧姆·阿波利奈尔。1917年11月26日，阿波利奈尔以"新精神"为题在老鸽舍剧院（Théâtre du Vieux-Colombier）做了一次讲座。这次讲座之后不到一年，阿波利奈尔就与世长辞。随后，在1918年12月1日，《法国信使报》（*Mercure de France*）发表了一篇关于此次讲座的手稿，题为《新精神与诗人们》（L'Esprit nouveau et les poètes）[24]。而当时正在与安德烈·布雷顿（André Breton）和彼埃尔·勒韦迪（Pierre Reverdy）一起共事的是阿波利奈尔的朋友保罗·戴尔梅，他们当时（1917）在做杂志《南北》（*Nord-Sud*），对这个题材再熟悉不过了。此外，奥占芳和让纳雷也无法更好地概括他们自己的努力了。《新精神》作为阿波利奈尔的文章标题，总结了诗人对于当代艺术新的期望：他认为，一切与视觉、听觉有关的艺术形式都应该被结合起来。除此之外，它还严正声明了自己作为法国新知识分子的立场，并强烈地抨击了当时对于瓦格纳派和卢梭式浪漫主义的过度崇拜；同时也不满意大利未来主义艺术家们口中的"言论自由"（parole in libertà）一说。

第一期《新精神》杂志发刊于1920年10月，在首页的背面这样写道："《新精神》是世界上第一本真正服务于当代美学的杂志。"事实上，这并不单纯是一本艺术期刊。它在文学、政治、心理、戏剧、电影等领域皆有涉猎。而编辑们对于投稿者也充满信心。在前六期中，包括安德烈·萨尔蒙（André Salmon）关于毕加索的文章，荷兰风格派大师西奥·范·杜斯堡（Theo van Doesburg）的一部分作品，一篇路易·阿拉贡（Louis Aragon）对于阿波利奈尔的诗集《美好的文字》（*Calligrammes*）的评述，奥地利建筑师阿道夫·鲁斯已于1913年在巴黎的《今日出纳》(*Cahiers d'aujourd'hui*) 中发表过的名文《装饰与罪恶》(*Ornament und Verbrechen*) 以及一篇席琳 · 阿尔诺 (Céline Arnauld) 关于诗人洛特雷阿蒙 (Lautréamont) 的《马尔多罗之歌》(*Les chants de Maldoror*) 的文章。作家莫里斯 · 雷诺 (Maurice Raynal) (毕加索曾为其画肖像), 法国诗人、剧作家让 · 柯克托 (Jean Cocteau), 彩色电影及电影放映机发明人奥古斯特 · 卢米埃尔 (Auguste Lumière), 都曾是《新精神》的撰稿人。此外, 这本杂志也为编辑夏尔 · 亨利 (Charles Henry) 提供了平台, 他当时是巴黎美院感知心理试验室的主任, 他的文章被看作纯粹主义理论的标杆。

第一期《新精神》的全彩色封面呈现的是新印象派画家乔治 · 修拉 (Georges Seurat) 的一幅画, 并附一篇由画家罗杰 · 毕席耶 (Roger Bissière) 所作的关于修拉的文章。修拉极具符号性的高傲态度 (之后的几期中, 毕席耶也回顾了如让—巴普蒂斯特—卡米耶 · 柯罗 (Jean-Baptiste-Camille Corot) 和让—奥古斯特—多米尼克 · 安格尔 (Jean-Auguste-Dominique Ingres) 这样的前辈) 恰恰揭示了编者们 (勒 · 柯布西耶与奥占芳) 作品的态度。它以绘画的形式展示了现代艺术运动的雄心: 艺术应与自然科学的位置同等重要。它所给出的信息是十分清晰的: 如果乔治 · 修拉的成就是将印象主义理性化, 那么纯粹主义就是要将立体主义理性化。这样, 先锋派艺术、社会秩序、科学逻辑以及先进技术就会再次合众为一。立体主义被击败了, 纪尧姆 · 阿波利奈尔, 立体派伟大的文学领导者已然离世: 战后全面重建的新时代来临了, 而这些重建是基于理性和理想的……   54

这一点对于艺术领域的意义, 在同一期内奥占芳与让纳雷合作的一篇文章中也有展现, 它被简洁地命名为《关于塑性》(*Sur la Plastique*) [25]。文中的图表被迅速传播开, 文章对于纯粹主义做了综合性的叙述。   53

之后的一些期刊中, 提及了先锋派艺术中的一些先例, 这些先例带领纯粹主义艺术家回归到物体的"塑性连续体"模型阶段。"将被

50 "卢浮宫需要被烧毁吗?"《新精神》问卷调查, 第2期 (1920)。

51 尼古拉斯 · 普桑 (Nicolas Poussin),《埃利泽和利百佳》(*Eliezer and Rebecca*, 细节) 转载于《新精神》第7期 (1921)

52 《新精神》第2期 (1920)。封面。

53 现代艺术的"好"与"坏"。奥占芳与让纳雷,《关于塑性》,《新精神》第1期 (1919)。

50

ENQUÊTE :

DOIT-ON BRULER LE LOUVRE ?

51

L'ESPRIT NOUVEAU

L'ESPRIT NOUVEAU

REVUE INTERNATIONALE D'ESTHÉTIQUE

Si Claude Monet est déjà périmé, c'est qu'il a méconnu la physique de la plastique. Rodin idem.

52

53

TROIS RAPPELS
A MESSIEURS LES ARCHITECTES
I
LE VOLUME

54 55

绘物体的完整性还原"曾是立体派艺术家胡安·格里斯（Juan Gris）和路易·马库锡（Louis Marcoussis）的一个重要表现方面，而且，即使在毕加索完全进入立体主义时期后，依然常见他对于日常物体的写实练习（当然这些习作从来不是创作的重心）。所有这些对于战后"回归秩序"的内容，占据了大部分杂志空间[26]。而这种做法的最终目的，是达成先锋派艺术美学标准与法国传统审美观念之间的和谐。虽然《新精神》一直在不遗余力地推崇它自身的民族价值含义，但不可否认，它带给人们的影响是国际化的。当奥占芳与让纳雷在庆祝他们的盘子、玻璃、瓶子和吉他在立体几何表现上的突破时，德国斯图加特的奥斯卡·希勒姆尔（Oskar Schlemmer）与威利·鲍麦斯特（Willy Baumeister）正忙着用工业时代平淡、里程碑式的语汇来重新诠释人体结构。同时在意大利，卡罗·卡拉（Carlo Carrà）正在研究乔托·迪·邦多纳（Giotto di Bondone）画中的塑性价值（valori plastici）[27]。

在当时的法国，艺术舞台的主角是费尔南德·莱热。他并不认同纯粹主义的教条，他于1920年左右的作品，极强烈地反映了当时他对于摩登世界中最平凡事物的兴趣。

303 304 316

《给建筑师的三项提示》

虽然《新精神》的开端是绘画艺术，但对于建筑学的阐述紧随其后。在刊物后面的某期中，一张美国粮仓的照片旁配有这样的标题：《给建筑师的三项提示》（Trois rappels à MM. LES ARCHITECTES）[28]。文章的第一句话这样写道： **55**

建筑本身并不受"风格"的约束。路易十四至十六世时期的风格，或哥特式风格，之于建筑，就如帽上的羽毛之于女人；有时，它不仅毫无美感，而且毫无意义。

文章结束语如下：

---

54 乔治·修拉，《梳妆》（*La toilette*）转载于《新精神》第1期（1919）。

55 勒·柯布西耶，《给建筑师的三项提示》。

这里所展示的美国粮仓与工厂，是新时代建筑的伟大开端，是美国工程师们用他们精确的计算击溃了腐朽的建筑理念。

署名：勒·柯布西耶—赛尼尔（Le Corbusier-Saugnier）。

让纳雷与奥占芳决定用笔名来为他们的建筑学文章署名。奥占芳选择了他母亲的姓氏：赛尼尔（Saugnier）。让纳雷也曾想引用母亲的姓氏佩雷（Perret），不过，随后他想到了家族中一个已消亡的分支，勒科普西耶（Lecorbésier）。奥占芳对他说："很好，你将会复兴这个名字，不过要把它分开，改写成'勒·柯布西耶（Le Corbusier）'，这样会更加令人印象深刻！"[29]

这样的命名形式令人回想起"太阳王"（路易十四）时期的先辈：夏尔·勒·布伦（Charles Le Brun）、安德烈·勒·诺特（André Le Notre）、路易·勒·楠（Louis Le Nain）、彼埃尔·科尔奈（Pierre Corneille，意为"乌鸦"）等；同时也隐含了立体主义（Cubism）或乌鸦（corbeau，之后这只鸟儿成为"佩尔·柯布"（Père Corbu）品牌的标志）的寓意。此后，建筑师让纳雷被"勒·柯布西耶"所取代，而他的本姓只是极偶然地在绘画作品中出现[30]。

《走向新建筑》一书（Vers une architecture，在首版英文译本中，被不准确地翻译作《走向新建筑》（Towards a New Architecture），准确的意义应该是"走向建筑学"或"走向新建筑设计"）无疑将柯布西耶推向了国际舞台。除却最后一章外，该书由12篇勒·柯布西耶与赛尼尔的文章组成，这12篇文章都曾在1920至1921年的《新精神》杂志中出现过。虽然奥占芳也参与了写作，但是勒·柯布西耶掌控着全局[31]。由于其广博的视野、直白的论述和近乎传教式的热情，这些文章很快成为了20世纪20年代，甚至整个20世纪前半叶，最具影响力的建筑学教科书。整个页面的铅字排版、文本样式、插图图解的方式让读者能轻易地感受到作者想要突出强调的论点——尽管这种说教式的写作方式也令读者产生了不少误会，却为柯布西耶铺垫了被主流文化接受的道路[32]。

《走向新建筑》一书分为七章。第一个主题是对"后立体主义"的回想——"工程师"的审美观与建筑设计：二者相辅相成，又相互掩映——（如正余弦波形一般）一个位于巅峰，另一个正在低谷[33]。工程师，如文中所述，是工作在最前沿的一个群体。而主要的国立建筑学院传授给学生的只不过是些过时的建筑风格，好让他们在行业内蒙混过关。真正的现代建筑，出于工程师手中的图纸。这不仅是因为他们扎实的知识与技术，也是因为他们正在创造一种新的、和谐的景象，因为它遵循自然法则。

随后，便是著名的"给建筑师的三项提示：一、体量（le Volume）；二、表皮（la Surface）；三、平面（le Plan）"。在"体量"一节中，展示了一系列美国的谷仓照片。其中的一些图片曾在格罗皮乌斯1913年《手工艺年鉴》里的一篇文章中出现过，后来又被《新精神》杂志引用[34]。种种迹象都表明了柯布西耶对于建筑的基本定义："将宏伟的体量巧妙准确地融入光影中"[35]。

56 57

几句简短的解释后，作者继续写道："古埃及、古希腊和罗马式建筑是由棱柱、立方、圆柱、棱锥或球体组成的：如金字塔、卢克索神殿、帕提农神庙、斗兽场、哈德良别墅。"而哥特式建筑，则完全是另一回事："教堂不是一个造型作品，而是一部戏剧；与地心引力的抗争，正是对自然的感性解读。"[36]

在"表皮"一节中，勒·柯布西耶展示了一些美国的工厂与仓库，用来例证新时代的建筑在几何语言中找到了答案[37]。在之后的"平面"一节中，他引用了奥古斯特·舒瓦西在《建筑史》（Histoire de l'architecture）一书中的轴测图以指明优秀建筑的精髓隐藏在地面（平面）布局中。他的论述涉猎范围很广，触及托尼·卡尼尔的《工业化城市》，最后以自己独特的城市规划理念结束。接下来的一部分内容，柯布西耶再一次深入历史，讲述"控制线"（tracés régulateurs）。"原始时期人们所掌握的物理规则少而简单的，如同原始时期的道德规范"，柯布西耶这样写道[38]。他认为，"控制线"在建筑组织布局中确保了比例和规则，因此必须归于最基本、最重要的法则。

58

马塞尔·迪乌拉弗依（Marcel Dieulafoy）与奥古斯特·舒瓦西为了重塑建筑构架法则曾用过近似的手法[39]。但柯布西耶看得更加深远：他引述了雅克·弗朗索瓦·布隆代尔（Jacques Francois Blondel）在《建筑学课程》（Cours d'architecture，1675—1683）中一段对于圣丹尼凯旋门（Porte Saint-Denis）的描述。他还引用了更多关于建筑比例规则的例子——包括凡尔赛宫的小特里阿农宫（Petit Trianon）以及柯布西耶在拉绍德封的作品——施沃泊别墅。

结果，《走向新建筑》一书虽然通篇强调放眼未来的重要性，却也不失承载历史的责任。他的论题集中于如何正确理解历史上的重要建筑。从什么时期开始，帕提农神庙、圣索菲亚教堂、圣彼得堡教堂、凡尔赛的特里亚农宫可以同时成为新建筑的参考？在这个复杂的创造过程中，对于历史建筑的熟识程度和将新旧分离的过程同样关键。"伟大的新时代到来了"。新的建筑历史周期与古罗马遗物或者意大利文艺复兴一样，都是这本书的主旋律。 **37**

在"视而不见"一章中，一些新时代的建筑地标，被夹杂在古老万神殿这样具有纪念性意义的建筑中被陈列出来。"一位严肃的建筑师，拥有建筑师（即有机体的缔造者）的眼光，会从海上邮轮看到从古代禁锢中解放的自由"，并且，"邮轮是实现在新精神指导下的世界的第一步" [40]。广阔的地平线将沿途的广告牌分隔开，这样的画面正阐释着这一点。

紧随其后的是飞机，最后，是汽车。对于汽车，柯布西耶认为它是一个"样板"的标准化与格式化。他将两辆汽车与两座多立克式神庙对比，这是书中最有名，却也最难被真正读懂的章节。其给出的信息很简单：从1907年的亨伯特一卡布里奥莱特型（Humbert-Cabriolet）到1921年的德拉奇豪华运动款（Delage Grand Sport），经历了一系列的筛选与改进，而此过程可类比从公元前6世纪帕埃斯图姆（Paestum）的巴西利卡，到雅典的帕提农神庙之间的进步。最基本的概念是："必须先有一个'原型'，然后逐步将其完善" [41]。（仔细看来，无论是亨伯特一卡布里奥莱特还是德拉奇豪华运动汽车都不能被视作有说服力的工业化案例，因为它们并不是工业时代的典型产物，甚至不属于同一条生产线——不同于雅典的帕提农神庙那样，绝不是多立克式的"标准"。） **59 60 62 63 67 60**

机械化与初等几何

这一切极具预见性的、慷慨激昂的陈词，使《走向新建筑》所传达的声音如此明确：一方面，工程师被看作新文化的英雄，另一方面，整本书都在强调建筑师比纯粹技师所特有的优

56　邦吉·博恩公司（Bunge y Born），粮仓，布宜诺斯艾利斯，转载于德国《手工艺年鉴》(1913)。

57　邦吉·博恩公司，粮仓，布宜诺斯艾利斯，略加修改来作为《给建筑师的三项提示》的论据，《新精神》第1期(1919)。

58　美国工厂建筑，出版在《给建筑师的三项提示》中，位于莱茵河畔的阿尔弗莱德（Alfeld a.d.L.），格罗皮乌斯设计的法古斯工厂（Fagus factory）以及旧金山的斯普雷克尔斯大厦（Spreckle's Building），《新精神》第2期(1920)。

57

58

56

60

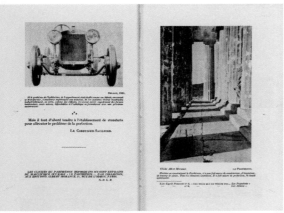

59

59 德拉奇豪车（Delage）底盘，1921年与雅典的帕提农神庙对比，选自
《视而不见》（Des yeux qui ne voient pas），《新精神》第10期（1921）。

60 勒·柯布西耶，《视而不见……（三）》（Des yeux qui ne voient pas...Ⅲ）。

61 雅典帕提农神庙的柱子，《建筑（三）：纯粹的创造精神》（Architecture Ⅲ:
Pure création de l'esprit），《新精神》第16期（1922）。

62 邮轮，《新精神》第7期（1921）。

63 德拉奇汽车前轮制动器，《新精神》第10期（1921）。

61

ot « FLANDRE », Cⁱᵉ Transatlantique, construit par les Chantiers et Ateliers de St-Nazaire.

DES YEUX
QUI NE VOIENT PAS...
★
Les Paquebots
PAR
LE CORBUSIER-SAUGNIER

« Il y a un esprit nouveau : c'est un esprit de construction et de synthèse guidé par une conception claire.
Quoi qu'on en pense, il anime aujourd'hui la plus grande partie de l'activité humaine.

UNE GRANDE ÉPOQUE VIENT DE COMMENCER
Programme de l' « Esprit Nouveau », Nº 1, Octobre 1920

« Nul ne nie aujourd'hui l'esthétique qui se dégage des créations de l'industrie moderne. De plus en plus, les constructions, les machines s'établissent avec des proportions, des jeux de volumes et de matières tels que beaucoup d'entre elles sont de véritables œuvres d'art, car elles comportent le nombre, c'est à dire l'ordre. Or les individus d'élite qui composent le monde de l'industrie et des affaires et qui vivent, par conséquent, dans cette atmosphère virile où se créent des œuvres indéniablement belles, se figurent être fort éloignés de toute activité esthétique. Ils ont tort, car ils sont parmi les plus actifs créateurs de l'esthétique contemporaine. Ni les artistes, ni les industriels ne s'en rendent compte. C'est dans la production générale que se trouve le style d'une époque et non pas, comme on le croit trop, dans quelques productions à fins ornementales, simples superfétations sur une structure qui, à elle seule, a

DES YEUX
QUI NE VOIENT PAS...
III : Les Autos
PAR LE CORBUSIER-SAUGNIER

62

63

« Tout est sphères et cylindres. »

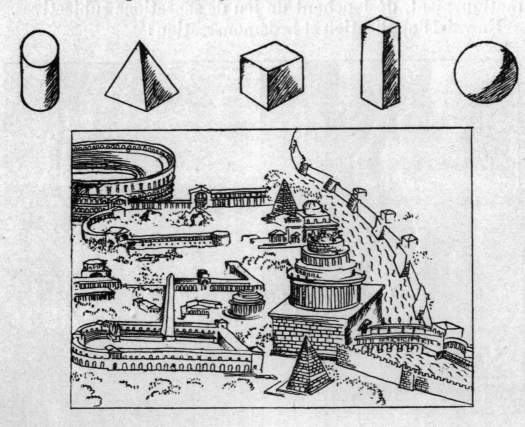

Il y a des formes simples déclancheuses de sensations constantes.

Des modifications interviennent, dérivées, et conduisent la sensation première (de l'ordre majeur au mineur), avec toute la gamme intermédiaire des combinaisons. Exemples :

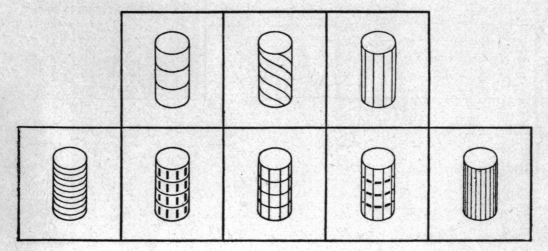

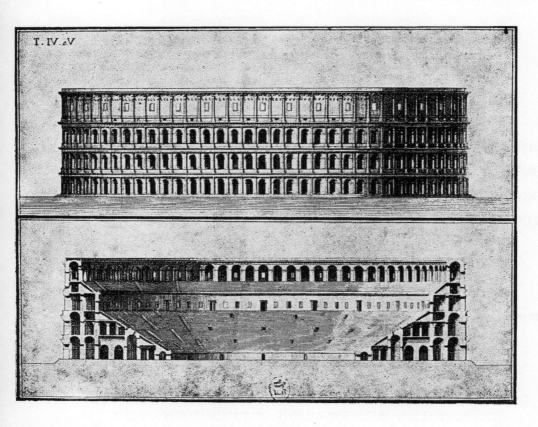

Photo Giraudon.   Le Colisée de Rome.

4

PÉRENNITÉ

Ceci déçoit de prime abord, mais à la réflexion encourage et donne con-fiance : les grands travaux industriels de l'homme ne réclament pas de grands hommes. Ils s'exécutent comme se remplit le tonneau sous la pluie, goutte à goutte, et ceux qui les réalisent sont gros comme des gouttes et pas comme des torrents. Pourtant l'œuvre est magistrale, bouleversante comme le torrent ; le torrent est hors des individus qui s'y efforcent. Le

64　奥占芳和让纳雷,《所有物体都可以归为球体和圆柱体》
　　（Tout est sphères et cyclindres），选自《新精神》。
65　罗马竞技场,选自《可持续性》（Pérennité），《新精神》第20期（1924）。

65

越性。虽然，设计中的理性思维是本书所坚持的态度，但同时也凸显了建筑中对于生物技术应用的不足：

> 用石头、水泥建造房屋和宫殿，我们称它为"构建"（construction）。在这之中产生了创造力。突然间，它触动了我的心，令人感到喜悦，我感叹道："这太美了。"这就是建筑（architecture）。继而成为了艺术。我的房子很实用，这样很好，就像一条铁路、一部电话运作得很好。但它们却不能触动我的心灵[42]。

相似的叙述也出现在勒·柯布西耶后期的作品中。几十年的时间里，他不遗余力地强调着自己在现代艺术中的反功利态度。曾有一度，他明确地赞同巴黎美院建筑学与历史决定论所带来的推动力，那是对于建筑基本的、根深蒂固的要求：将它由纯粹的实用性能提升到诗意的境界。他甚至嘲笑他的"实用派"同事们对于19世纪折中主义风格（eclecticism）的排斥。

> 若我发现我的手是肮脏的……我则更愿意清洁它，而非砍掉它[43]。

1931年，阿尔伯特·萨尔托里斯（Alberto Sartoris）邀请柯布西耶就"理性建筑"（rational architecture）写一篇前言。柯布西耶这样回应道：

> 于我而言，"建筑学"的意义远比"理性主义"或"功能主义"更为丰富与神奇，它是主宰，是统治，是规则[44]。

回到《走向新建筑》，我们就不会感到奇怪，书中的插图更多倾向于建筑的"形"，而非实用功能。最终目的都是为了表达作者新柏拉图式的理想。遵循技术性原则，似乎找到了与它匹配的基本模型：立方体、圆锥、球体、圆柱及棱锥，本能地仿效了"罗马的教训"[45]。机械进化论，这样一个伪达尔文进化论，似乎为人工制造带来了新和谐的前提条件。这种机械化形式，出乎意料地使我们更加接近柏拉图在《菲力伯斯》（Philebos）中所形容的那个理想世界。

64 66

在书中，最吸引读者，也是影响最为广泛的一点，是古典主义与机械化之间的类比。这是一种令人愉悦的假设。"新事物中渗透着历史，这是对熟知事物做出的革命性判定。"[46] 赢

66　罗马万神殿（略微拱起），选自《走向新建筑》（1923）。

67　勒·柯布西耶，《视而不见……（二）》（Des yeux qui ne voient pas...II）。

得了巨大的读者群与广泛的影响。当然，类似这样的论题并不是全新的。其中许多不常见的图片取自于1913年的《手工艺年鉴》。彼得·贝伦斯，勒·柯布西耶1910年时的雇主，在德国的工业与市场系统进行重组时也曾研究过相同的论题，其理论来源于德国建筑师赫曼·穆特修斯的"类型学"（types）。穆特修斯与贝伦斯都认为"艺术"与"形式"是最基础的理念，很大程度上，与实用性和材料质感而言是独立的。1907年后，贝伦斯作为AEG的首席设计师，对于古典传统的回溯曾一度是他的基本主旨。

56 57

但是，阿道夫·鲁斯的理念较穆特修斯和贝伦斯更为超前。若我们将工程师比喻成石匠，就不难理解鲁斯的名言："建筑师就是学会了拉丁语的石匠。"这也是柯布西耶的个人口号。而鲁斯为其出版物精心设计的排版方式也充分诠释了他"重拾拉丁传统"的意愿。早在1903年，鲁斯就创办了以古典为主题的期刊《另类》（*Das Andere*），以表明他对新艺术运动，尤其是对分离派风格过分张扬的反对情绪，明确地在《向奥地利介绍欧洲文化》（*Einführung abendländischer*

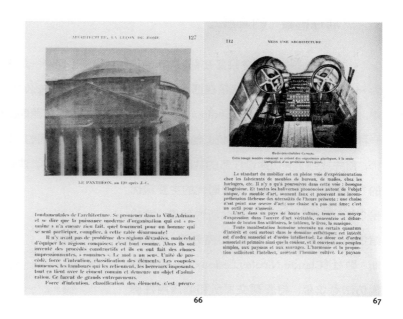

Kultur in Oesterreich）中强调了这份刊物的主旨。让纳雷很欣赏鲁斯在为 AEG 公司设计商标和广告时所运用的直白、经典手法[47]。因此，就不难理解《新精神》在许多方面都表现了与鲁斯相同的理念。

总体说来，新型建筑的产生，基于机械世界，而非简单的工程法则。《走向新建筑》的中心思想，是假设初等几何本身存在于机械化设计中，而"工程师的基本精神"会使得这些设计产生主观的、不可变更的古典美[48]。虽然，20 世纪 20 年代的科学技术许多还停留在纸上谈兵阶段（在这之后汽车、生产线、飞机等有了逐步的发展），但工程学依然显示出它有能力提供一系列新的规范语汇，这些新规范弥补了建筑学自身的发展极限。这些新语汇不仅回应了当下对于恢复古典规范的紧迫需求，也充满了率直、真实的道德感[49]。在 1926 年发表的一篇名为《心理学与病理学日志》（*Journal de Psychologie Normale et de Pathologie*）的文章中，勒·柯布西耶尝试着化解他理论中"工程学"与"形式"之间固有的冲突。他承认技术不应受习俗惯例的限制，也坚持对自然的感知与人造的世界相协调的原则。再者，感知心理学，这个在《新精神》中常被提到的词语，充当着最终裁决者的角色[50]。

"居住机器"的流言

"居住机器"的概念只是在《走向新建筑》中顺带出现——却显然足以成为一个辩论主题[51]。这不就是在把建筑学降格成为简单的机械么？在各界人士中，汉斯·塞德迈尔（Hans Sedlmayr）支持这个观点，把柯布西耶的理念归于一种起源于 18 世纪的思想传统。他宣称，这是 19 世纪末期法国的"革命"建筑师，首先找到了一切建设任务的共同属性。此外，在 19 世纪中，建筑学范畴中的"民主化"成了法则。这个时代的主要担忧是"向上模仿"的问题，如他所说就是：博物馆模仿皇宫的造型；或者（如克劳德·尼古拉斯·勒杜（Claude Nicolas Ledoux）），将炭窑模仿法老坟墓；将股票交易所和酒店用柱廊

68 夏尔—爱德华·让纳雷，《红葡萄酒瓶》（*La bouteille de vin rouge*）（1922）。布面油画。
69 勒·柯布西耶与皮埃尔·让纳雷，新精神馆，国际现代化工业装饰艺术展览，巴黎（1925）。

68

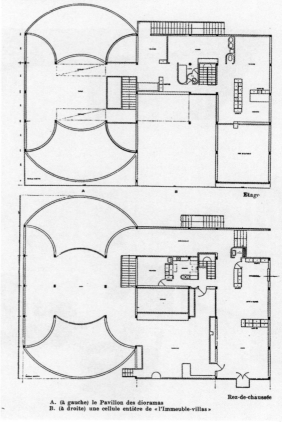

A. (à gauche) le Pavillon des dioramas
B. (à droite) une cellule entière de « l'Immeuble-villas »

69

70

装饰成神坛或者宫殿的样子。在20世纪，这种模仿又转向"下行"：房子变成了"居住机器"，而教堂退化为"灵魂仓库"。"无法想象什么形象比机械更加低级了。"塞德迈尔叹息道[52]。

布莱士·帕斯卡（Blaise Pascal）、笛卡儿（Descartes）、巴鲁赫·德·斯宾诺莎（Baruch de Spinoza）和戈特弗里德·威廉·莱布尼茨（Gottfried Wilhelm Leibniz）也许会反对。就像伏尔泰（Voltaire）坚持的"人就是一台机器"——还有宣称"观察宇宙这个机械"的彼埃尔—让·贝朗热（Pierre-Jean de Béranger）。更不用说朱利安·奥弗雷·德·拉·美特里（Julien Offray de La Mettrie）和他的"人是机器"（homme machine）的观点。在法国启蒙时代背景下，"实用"与"技术"这两个机械的起源恰恰作为世界观与方法论而与尊严攸关。在这样的背景下，他作为建筑师对机械的执著和他对功能主义、功利主义的严词拒绝，二者的对比就再明显不过了[53]。

室内装饰方面的问题

勒·柯布西耶一直把机械美学和工业生产当作新建筑设计的指导标准。但这些大多停留在抽象概念的层面，因为建筑设计从传统的规划与执行方法向完全工业化生产转变的过程，相比其他生产行业要慢得多——除了工业建筑和批量生产的实用家具、日用品。事实上，特别是后者中，在20世纪20年代早期就已经形成了一个长期的传统。

室内装饰正是19世纪设计革命的发源地。英格兰艺术与工艺运动之后，设计过程就被认为等同于高级工艺。直到20年代中期，这个信条在法国还被广泛地认同，而巴黎国际现代化工业装饰艺术展览（1925）证明了这一点。参与其中的多数设计师对于社会需求和工业生产都只是口头敷衍，将其视为一种新的形式，实质上却坚定地贯彻传统的艺术与工艺概念——独立设计的家具或套房。勒·柯布西耶选择了一条稍微不同的道路。

70 勒·柯布西耶、皮埃尔·让纳雷，新精神馆，国际现代化工业装饰艺术展览，巴黎（1925）。错层居住单元，由莱热与夏尔—爱德华·让纳雷绘制，雅克·里普希茨塑像。

国际现代化工业装饰艺术展览是由法国工商部筹办的。它的目的主要在于创造一个法国艺术与工艺的市场，来抵御外来产品的强势流入。这个思想可以追溯到1907年，但战争让它拖延到了1925年。展览会占据的场地是巨大的：从荣军院的圆顶一直延伸到塞纳河对岸的小皇宫。来自法国各城市和其他一些国家的展品与法国百货店、出版机构提供的展品同台竞争[54]。在展览开始前的一些时候，《新精神》的编辑们被邀请建一个"建筑师的房子"，但勒·柯布西耶表示反对。"为什么说是建筑师的房子？我的房子是所有人的、任何人的房子；它是一个生活在我们这个时代的绅士的房子。"[55]

这个标准的居所最终被定名为"新精神馆"（Pavilion de L' Esprit Nouveau）。其中特别的是它的设备，虽然典雅，却直白地反对了本次展览想要重申的概念——手工艺与室内装饰。如果勒·柯布西耶的志向仅仅在于阐释：建筑学的领域涵盖了从最小的家居用品到整个城市的全部，那么他早就可以和大多数同行达成共识。毕竟，这是约瑟夫·霍夫曼在世纪之交的梦想，并且被众多艺术装饰家具设计师们推进，包括罗伯特·马莱—史蒂文斯（Robert Mallet-Stevens）、埃米尔—雅克·卢尔曼（Émile-Jacques Ruhlmann）等，多少都直接承接了维也纳艺术工坊的灵感。然而，勒·柯布西耶走得更远。他所带来的消息是：工业技术已经足够成熟，可以向公寓乃至整栋房屋供给批量生产的家具。   70 73

新精神馆后来成为了现代主义的代言人："这里没有'设计过的'玻璃杯或瓷罐，有的是实验室用的烧杯，功能和用途决定纯粹的形式。这里没有精心切割的水晶，有的是在任何法国咖啡厅都会用的简单的酒杯，它的形式一直以来激发着立体主义画家们的幻想。这里用于室内装饰的地毯被来自北非的柏柏尔地毯所取代，生动编织着简单抽象的图案。这里用的照明设备不是水滴枝状吊灯，而是舞台或商店橱窗使用的照明灯。这里的工艺品与小摆设是珍珠母贝壳上的螺旋。在上层的栏杆上，是一座独立的雅克·里普希茨（Jacques Lipchitz）的雕塑。"[56]   70 305

在这里，从1859年就开始生产的，并不昂贵的索耐特椅子（Thonet chair）首次在现代起居室中出现。"我们引入的是质朴的索耐特汽蒸木椅，毫无疑问它是最常见，也是最廉价的椅子。我们相信，这种椅子——这种在亚欧大陆和两个美洲数以万计地投入使用的椅子——有一种高尚的气质。"[57] 同仿照自行车架的管状楼梯间一起，这种椅子成为一个象征纯粹形式的符号，托生自工业生产的过程。这里也有一些奢华的物品，比如一个用皮革、水晶和镀金白银制造的旅行用梳妆盒，它是从"创新"（Innovation）——巴黎一家典雅的百货店——借来的。在奶油色的墙上，挂着莱热、奥占芳和勒·柯布西耶的画作。　304

简而言之，新精神馆就是室内艺术装饰的对立物。室内装饰或者整个单元的统一设计被替换，新的设计开放、灵活并带有讽刺的意味，使用的是批量生产的家具和摆设，简单直接并带有机械的纯粹性。这些无名的家具要么直接从酒店或者餐厅的供应链上取得，要么制作得就像从供应链上来的一样。它们都没有依照艺术与手工业的感官去"被设计"（除了一些金属桌子和精致的工厂风格的储物柜，当然还有枫叶牌（Maple）皮扶手椅，它们被重新制作得小了一号，才能挤进小展馆的大门）。

展馆中的家具并不带有勒·柯布西耶的"签名"，这愈加成了他从1914年开始就为他在拉绍德封的有钱客户们设计各种家具——扶手椅、箱子、柜橱的证明。当初的那些设计好像都被忘掉了。然而，他作为家具设计师的生涯在不久之后的1928年又重新展开。与夏洛特·贝里安（Charlotte Perriand）联手，他创作了一系列的原型，在同年的秋季沙龙上展出。这些原型不仅让新材料和新技术物尽其用，还独具匠心地联系到那些无名椅子和那些他在1925年为新精神馆挑选的扶手椅的形态风格[58]。　　76

今日装饰艺术

在举办了国际现代化工业装饰艺术展览的1925年，勒·柯布西耶出版了一本富有表现力的书：《今日装饰艺术》（L'Art décoratif d'aujourd'hui）。其中他总结了室内装饰的官方传统[59]。这绝不是一件简单的事。他非常清楚，自己植根于1900年前后的艺术与工艺思潮。在某些层面上，这本书简直是对一些大师的否定——拉斯金、霍夫曼、赫克特·吉马德和欧仁·塞缪尔·格拉塞。在218页的篇幅中，他承认了所受的恩惠，并声明了自己的叛逆：通篇贯穿了过

71 勒·柯布西耶（或奥占芳），"给建筑师的
三项提示"。《现代建筑年鉴》广告（1925）。

72 勒·柯布西耶（或奥占芳），创新的大衣箱
（Malle Innovation）。选自《新精神》广告。

73 勒·柯布西耶、皮埃尔·让纳雷，新精神馆，
国际现代化工业装饰艺术展览，巴黎（1925）。
巴黎大皇宫前"悬挂式花园"与具象化的树木。

74 净身器，选自"其他插图。博物馆"（Autres icônes.
Les musées），《新精神》第19期（1923）。

71　　　　　　　　　　　　　72

73

74

去的回忆以及与未来畅想的相互冲击。用这样一种方式，《今日装饰艺术》表达了一种对分歧的痛心——已经忍耐很久，无法继续拖延。

二十多年以前，另一位现代主义的先知——阿道夫·鲁斯，已经指明了道路。从1923到1928年间，这位维也纳建筑师居住在巴黎，他迅速成为了特里斯坦·查拉（Tristan Tzara）圈子中的一个焦点，并且他在这儿也与《新精神》杂志的人取得了联系。尽管勒·柯布西耶在之前似乎听说过他，然而鲁斯的论战文章此时才开始对勒·柯布西耶产生影响。毫无疑问，在勒·柯布西耶与手工业决裂的过程中，这些文章发挥了重要作用。早在1896年，鲁斯结束了在美国的三年生活返回时，他就宣告了现代工业造就的无名产品之美。他曾着迷于英格兰男装，沉迷于对不起眼的奥地利工艺品的记忆——那些工艺品湮没在1893年芝加哥国际展览会上展出的小装饰品浪潮当中："钱包、雪茄烟和烟盒……书写用具、行李箱、包、马鞭、手杖、银饰、水壶，一切朴素的事物。"[60] 在1921年，乔治·克雷（Georges Crès，巴黎出版商，后来出版了《新精神文集》（Collection de l'Esprit Nouveau））出版了一部阿道夫·鲁斯所作的德语版老文集:《没有回声的文字》（Ins Leere gesprochen）。尽管在1900年写作时，这个标题非常合适，但在20年代，已经不那么合适了。看起来，鲁斯对于勒·柯布西耶采纳了他四分之一世纪以来一直捍卫的并不成功的观点，并将之高效地运转起来这件事，既有赞许，又有些生气。勒·柯布西耶确实将鲁斯的历史任务带到了终点。他的成功可以归结于他将鲁斯对于无名工艺的推崇变换成对机械文明的绝对信条。他宣称，房屋及其装饰早该纯粹化，现代工业则是其前提条件。这让他的论点获得了社会和经济学方面的活力，效应广泛。鲁斯曾与分离派和维也纳艺术工坊的壁垒相抗争，但程度不可同日而语——当然，鲁斯论点的严肃程度也常常成为问题。

新精神馆并不是1925年唯一一个激进的参展现代设计。在奥地利馆，弗里德里希·约翰·基斯勒（Friedrich John Kiesler）展示了他所谓的"空间中的城市"（City in Space），对于前些年风格派运动描绘的概

75　"超级舒适的设计"（Le sur-repos）。可调节靠背角度的椅子广告（约1922年）。

76　勒·柯布西耶、夏洛特·贝里安，"LC4可连续调节的躺椅"（LC4 Chaise-longue à réglage continu）（1928）。

75

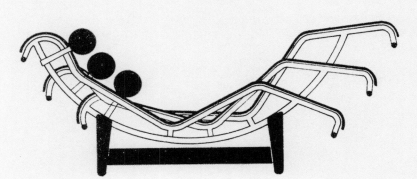

76

念加以空间上的解读。这个场馆本身是约瑟夫·霍夫曼的作品,它的立面和沉重的装潢与其室内展示的创新成果相当不一致。而康斯坦丁·梅尔尼科夫(Konstantin Melnikov)的俄罗斯馆和罗伯特·马莱—史蒂文斯的"信息塔"(Information Tower)显然都可与勒·柯布西耶的展品相提并论。尽管如此,与其他太多的展馆和装潢相比(其中有一些直到最近才重新得到收藏家和鉴赏家们的关注),这些只是少数孤立的行为,冒险走入了未来的"国际风格"之中。1925年,一位评论家写道:

> 这次展会早开了五年。如果是五年后,我无法确定弗朗兹·儒尔丹、彼埃尔·夏罗(Pierre Chareau)、勒·柯布西耶和马莱—史蒂文斯是否能获得冠军。这种优劣之别取决于气质、制度、财务问题,甚至阴谋诡计。但他们的思想,即使被他人所实现,在1930年也会是巨大的成功[61]。

绘画即是推销生活方式

第二章附言

PAINTING
INTO LIFESTYLE
MARKETING　　　新精神之于法兰西，即是包豪斯之于德意志，或风格派之于荷兰：它们是先锋派艺术、设计革命和波西米亚小资生活（译注：bourgeois-Bohemian，又译"BoBo族"）在1920年前后的国家代号。长达半个世纪之久，勒·柯布西耶的名声笼罩了其他所有人和单位——但是与此同时，为这场运动命名的那份杂志，本身戏剧性地成了它的主题。

　　8卷本《新精神》的重印版，是一部对艺术、建筑、电影院、审美理论、经济学、政治学和感知心理学等各种学科兼收并蓄的手册，它成为了一个必要的条件，导致了这个话题在1970年前后再次浮出水面（纽约，1968—1969）。1971年，在伦敦的泰特美术馆（Tate Gallery）举办了名为"莱热与纯粹主义巴黎"（Léger and Purist Paris）的展览，《新精神》成为了一个主要的参考来源（由克里斯托弗·格林（Christopher Green）编目）。之后就是出版发行由圣埃蒂安大学（University of Saint-Etienne）主持的（1974年，弗朗索瓦·威尔—勒瓦扬（Françoise Will-Levaillant）和杰拉德·莫里耶（Gérard Monnier）编辑）关于艺术与1919到1925年间建筑的研究项目——《回归秩序》（Le retour à l'ordre）。两部意大利语的专著紧随其后：罗伯托·加贝蒂（Roberto Gabetti）、卡罗·奥尔默（Carlo Olmo）1975年在都灵出版的《勒·柯布西耶和〈新精神〉》（Le Corbusier e 'L'Esprit Nouveau'）；还有朱利亚诺·格雷斯雷利1979年编写的《新精神巴黎—博洛尼亚》（L'Esprit Nouveau Parigi-Bologna）。最终，于勒·柯布西耶百年祭的时候，在苏黎世举办了"新精神——勒·柯布西耶与工业，1920—1925"展会（L'Esprit Nouveau. Le Corbusier und die Industrie, 1920-1925），首次全面展示了那份杂志所谈及广泛领域的完整视野（1987年由斯坦尼斯劳斯·冯·穆斯（Stanislaus von Moos）编目）。很可惜的是，我们没能利用到肯尼斯·希尔瓦（Kenneth Silver）的《团队精神——巴黎先锋派艺术与第一次世界大战，1914—1925》（Esprit de Corps. The Art of the Parisian Avant-Garde and the First World War, 1914-1925），这部书为研究第一次世界大战之中及战后，法国先锋派在国家主义、军国主义和世界主义风潮中的地位带来了灵感，但它是在展会刚刚结束后才出版（纽约，1989）。

　　从1987年开始，在格勒诺布尔（Grenoble）艺术博物馆（Musée d'Art）和洛杉矶县艺术博物馆（Los Angeles County Museum of Art）举办了关于《新精神》的大规模展览演示（2001，由瑟日·勒摩安（Serge Lemoine）和卡洛·S.艾尔（Carol S. Eliel）编目）。在这个背景下，这份杂志的两名共同创立者，阿梅德·奥占芳与（参与得稍微少一些的）保罗·戴尔梅终于作为被询访的主体出现；感谢苏珊·包尔（Susan Ball）（安娜堡（Ann Arbor），1981）与弗朗索瓦·杜克洛斯（巴黎，1985和2002），我们现在获得了关于奥占芳作为一名艺术家和理论家的精确认识。

　■　　由于这些研究，三个主要的问题领域浮现出来，每一个都与其他相关联，并且与现代性、艺术的现代主义相关联。首先，圣西蒙尼安联盟（Saint-Simonian coalition）在法国的文化精英和财富精英之间的联盟属性，让这份杂志乐观地尝试去出版，也可以说是它理想中的"存在的理由"（raison d'être）。第二，这份杂志的志向在于重新建立一种连续性，从科学与工业的视觉习惯传统，到艺术（包括建筑）。还有第三，广泛意义上的媒介化议题（mediatization）——也就是，印刷、摄影，甚至电影在定义"现代艺术与建筑学是什么"时候的角色，更具体地说，是现代建筑设计作为巨型媒体的第二属性。

　　对于第一个领域，就是《新精神》的政治性，肯尼斯·希尔瓦的《团队精神》依然是关键的参考资料，特别是针对法国（尽管没有将德国制造联盟作为最贴切的角色模型）。至于第二个主题，日常生活的工业化以及它自身的矛盾角色都作为艺术的参考系统，这些已经由雷纳·班纳姆（Reyner Banham）在《第一次机械时代中的理论与设计》（Theory and Design in the First Machine Age，伦敦，1960）中讲过。再后来，莫利·内斯比特（Molly Nesbit）通过引述她之前关于马塞尔·杜尚（Marcel Duchamp）的作品，在19世纪的初级绘画规范中为她所说的"工业语言"找到了基石（《他们的常识》（Their Common Sense，伦敦，2000））。

　　在建筑、先锋派艺术和娱乐行业之间的界限变得模糊的时候，人们关注媒介化的问题，这并不是巧合。其间关键性的文章是作于1994年的比特瑞兹·克罗米娜（Beatriz Colomina）的《私有与公有——作为巨型媒体的现代建筑》（Privacy and Publicity. Modern Architecture as Mass Media）。考虑到《新精神》的档案丰富而且有案可稽，"现代建筑也是巨型媒体"的概念应当始于勒·柯布西耶。尽管如此，从第一批介绍维特鲁威的文艺复兴时期版本，或者更早开始，建筑与书籍的共生关系就已经是视觉文化的一个必要条件。近期在巴黎的一次会议上，讨论了这类问题的一些方面（"书籍与建筑师"（Le livre et l'architecte），国家艺术史研究所（Institut National d'Histoire de l'Art），2008年1月）。

与此同时，《新精神》的角色千变万化，对于它的研究也包含了越来越多的主题与学科，从精神分析（参见妮娜·罗森布拉特（Nina Rosenblatt）的《镜头中的神经衰弱症：法国的美学、现代主义与大众社会》（Photogenic Neurathenia: Aesthetics, Modernism and Mass Society in France），未出版的博士论文，哥伦比亚大学，纽约，1997）到感知理论和艺术批判（参见詹·德黑尔的《建筑学的色彩——勒·柯布西耶的纯粹主义建筑中的多彩运用》（The Architectonic Colour. Polychromy in the Purist Architecture of Le Corbusier），鹿特丹，2009）。由洛克斯安娜·威克瓦努（Roxana Vicovanu）筹备的《新精神》中重要文章选集，会激发起更多的好奇心与研究（同时参见她的"视觉上的现实肌理；新精神中的现代光学"（La fabrique du réel par la vision；"l'optique moderne"de L'Esprit Nouveau），马西利亚（Massilia），2006）。

■   本章最初被定名为"纯粹主义"，这样便可以解释其中有很长的篇幅投入绘画。关于《走向新建筑》的几页首先应当感谢雷纳·班纳姆在他的《第一次机械时代中的理论与设计》中对那本书的评论。《走向新建筑》在那之后就被让—路易·科恩权威性地研究并打造出了英文版的序言（洛杉矶，2007）。关于"机械美学"和"古典主义"的章节让我很尴尬，它们显示出我在写作这本书的时候并没有了解《20年代现代欧洲建筑学象征性的本质及其持续影响》（"The Symbolic Essence of Modern European Architecture of the Twenties and its Continuing Influence"，发表于《建筑史家协会杂志》（J.S.A.H., Journal of the Society of Architectural Historians）1963年第3期第22页），文中威廉·乔迪（William Jordy）对班纳姆进行了批评。之后，勒·柯布西耶对于（工业）技术物体的借用又被让—路易·科恩非常精细地研究（"赞叹，让人无法不赞叹……"（Sublime, Inevitably Sublime…），收录于《勒·柯布西耶——建筑的艺术》（Le Corbusier. The Art of Architecture，莱茵河畔的魏尔（Weil am Rhein），2007））（译注：该书由位于魏尔的维特拉设计博物馆（Vitra Design Museum）出版）。至于勒·柯布西耶的"古典主义"，在《新精神》的保护伞下，与他在技术方面的幻想紧密联系在一起，这一点参见弗朗西斯科·帕桑提的"建筑：比例、古典主义及其他问题"（Architecture: Proportion, Classicism and other Issues），收录于《成为勒·柯布西耶之前的勒·柯布西耶》（纽黑文，2002）。

在本章末尾，关于室内装饰与"设备"的章节仅仅给出了这个问题的粗略轮廓。我认为这是亚瑟·吕格的涉猎领域，这也是为什么我们在长达二十年之久的时间为了展会和书籍项目组建起一支队伍（参见他的《新精神馆：想象力的博物馆》（Der Pavillon de l'Esprit Nouveau als Musée Imaginaire），收录于1987年的《新精神——勒·柯布西耶与工业，1920—1925》（L'Esprit Nouveau. Le Corbusier und die Industrie, 1920-1925）；还有更近一些的《自传式的室内：家中的勒·柯布西耶》（Autobiographical Interiors: Le Corbusier at Home），收录于《勒·柯布西耶——建筑的艺术》（如前文所引，2007））。南希·特洛伊（Nancy Troy）的《法国的现代主义与装饰艺术——勒·柯布西耶的新艺术》（Modernism and the Decorative Arts in France. Art Nouveau to Le Corbusier，纽黑文，1991）把《新精神》在设计史中的地位系统地脉络化。近期，亚瑟·吕格、玛丽·麦克劳德（Mary McLeod）和雅克·巴尔扎克（Jacques Barzac）对于夏洛特·贝里安（在1928年后他与勒·柯布西耶在家具设计上有最广泛的合作）的学术研究在本章修订后的尾注中有所记述。

第三章

建筑类型学与
设计手法

TYPOLOGY
AND
DESIGN
METHOD

混凝土，就其本身而言，在建筑风格的形成上并不如其他建筑材料。早在19世纪混凝土就应用在了建筑工程上，但对设计的影响甚微。它只是作为一种建筑师和建筑工业具体增加已有建筑形式语汇的普遍方式。良好的可塑性，让混凝土为各种折中主义者（eclecticist）的奢侈浪费提供了完美的条件。

然而，在将混凝土作为一种可塑的中性建筑材料使用的同时，工业的理性也展露了这种新材料的其他潜在可能性：若经济条件允许，钢筋混凝土相较当时任何一种已知的建筑材料（除了钢架以外），在建筑效果还有材料节省方面都更胜一筹。只有在遵守经济原则的前提下，追求达到事半功倍的效果，混凝土才能成为一场建筑革新大潮的契机。而这种革新出现在法国混凝土建筑先驱——弗朗索瓦·埃尼比克、阿纳托利·德·包杜（Anatole de Baudot）、佩雷兄弟，托尼·卡尼尔等人的作品中。也正是此时，勒·柯布西耶和同时代一些志同道合者一起，开始试图将混凝土建筑的多种可能性诠释成一种新的建筑语汇[1]。

20 21 80

新建筑的五要素

1915年勒·柯布西耶提出了多米诺体系（Domino system），并在其中对承重柱和非承重墙给出了两种相互对立的定义。他的建筑推断都源于对钢筋混凝土的应用。1920年左右，他在该领域的理论背景已经非常成熟且专业。1922年后，在技术专业方面他又得到了在日内瓦的表弟皮埃尔·让纳雷（Pierre Jeanneret）的支持。1920—1922年，柯布西耶和皮埃尔一起研究和工作。正是由于这个契机，柯布西耶成了钢筋混凝土领域的专家。也正是从那时起，两位建筑师的密切合作（持续到1940年，又于1951年后重新开始）在之后建筑界的革新大潮中占据了相当的分量[2]。

34

《新建筑的五要素》（Les 5 points d'une architecture nouvelle）是勒·柯布西耶所撰写的第一篇简明扼要且结构清晰的阐释新建筑的宣言。但是相对于他热衷革新的作风，这篇宣言的发表着实来得晚了一些。由于具有争议性，这篇文章难免有些误导。它指出那些普遍应用的新建筑语汇，其实是正确、高效地使用混凝土结构的必然产物。而阿尔弗雷德·罗斯在这之前准备的关于勒·柯布西耶和皮埃尔·让纳雷设计的位于斯图加特魏森霍夫住宅区（Siedlung Weissenhof）的两栋住宅的小型专题论文其实就是这个宣言的托辞（1927年——那时《走向新建筑》已经热卖了4年）。其主要目的是推广：让全球都对新建筑的理念熟悉起来。下面是一篇发表在《勒·柯布西耶全集》中的总结宣言：

1 底层架空支柱（The pilotis）。潜心的研究最终为建筑界和城市学打开了新的视野，同时也促进形成对病入膏肓的城市的治愈之法……原来，房子直接"埋"于地下（直接与地面相连），总是漆黑又潮湿。钢筋混凝土给我们带来了底层架空支柱，房子离开土壤，置身于流动的空气中，花园也可以在屋底和屋顶一同延伸。

2 屋顶花园（The roof garden）。几个世纪以来，传统的坡屋顶一直都是抵御寒冬和积雪的屋顶形式，而室内则是靠暖炉供暖。集中供暖设施的安装，让坡屋顶的形式显得过于单调陈腐。而现在，屋顶可以是平坦的，不必倾斜。同时，排水系统可以设计在建筑的中心，不必暴露在墙外。这样可以避免冬季过冷，导致水管冻裂。加固后的钢筋混凝土使均质结构屋顶的产生成为可能……由于科技水平、经济性、舒适度以及情感触动的原因，屋顶平台和屋顶花园获得人们的认同并采纳。

3 自由平面（The free plan）。过去，平面一直受制于从地下向上修建的承重墙以及之上一层层的构成。钢筋混凝土带来了自由平面的革新，使室内的分割不再严格地受制于承重墙，从而变得自由起来。

4 横向长窗（The elongated window）。窗户是房屋的重要特征之一，新建筑也带来了这方面的解放。钢筋混凝土掀起了一场窗户革命。现在窗户可以横贯整个建筑立面开设。窗户成了所有私人寓所、别墅、工人住房和公寓楼建筑中标准化的机械元件（l'élément méchanique-type）……

5 自由立面（The free façade）。支柱由建筑外立面转移到了房屋内部……建筑立面不过是结构轻薄的隔断墙或者窗户。现在立面是完全自由的，窗户可以不受任何约束和阻隔，从一端延伸至另一端[3]。

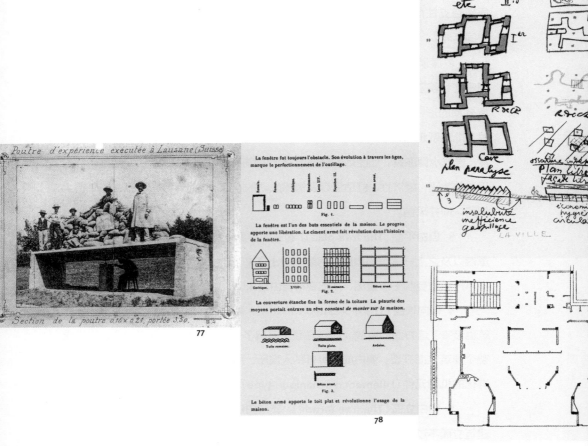

77 钢筋混凝土横梁的应力校核。在洛桑进行的应力测试（1893）。

78 勒·柯布西耶，相对于结构的窗户的革新（引自《心理学杂志》
（*Journal de Psychologie Normale*），1926）。

79 勒·柯布西耶，底层架空支柱原则："瘫痪平面"和"自由平面"
（引自《建筑与城市规划的精确现状》，1929）。

80 佩雷兄弟，公寓楼（1903），富兰克林大道25号宅邸，巴黎。标准楼层平面。

81 勒·柯布西耶、皮埃尔·让纳雷，瑞士公寓（Pavillon Suisse），大学城
（Cité universitaire），巴黎（1933）。标题是科学家认定底层架空支柱
将会"最终解决"大城市的交通流线问题（引自《勒·柯布西耶全集》）。

82 勒·柯布西耶、皮埃尔·让纳雷，萨伏伊别墅（1929—1931），普瓦西。

83 勒·柯布西耶、皮埃尔·让纳雷，萨伏伊别墅，底层平面图。

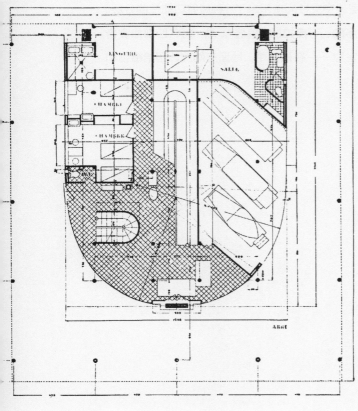

81

82

83

底层架空支柱

　　勒·柯布西耶对底层架空支柱的迷恋最初是在城市设计方案中逐步形成的。更准确地说，应该是大约在1915年，勒·柯布西耶想出将整个镇子设在一套距地面12至16英尺高的栅格网架上[4]。1922年巴黎秋季沙龙（Salon d'Automne）中展出的雪铁龙住宅（Maison Citrohan），用柱子来支撑其方盒子状的主体（corps du logis）。这些柱子看上去就像一件家具的腿儿。其中一类表现图显示的是在海滨的位置，或者更确切地说，是位于水平面。事实上，勒·柯布西耶对这种不受限的、自身独立支撑的建筑甚是痴迷，最终建成了众多水上房屋项目——这也许源于他对19世纪史前寓所神话的熟悉：据说，它们坐落在瑞士湖泊沿岸的立柱上[5]。

88

　　但最为主要的是，那些底层架空支柱间接带来了一种房屋功能性的分层。这使得房屋可以被定义成一种有序的、可操控的"机器"。勒·柯布西耶如宣告毋庸置疑的自然法则一般向世界宣称——在建筑中，地面空间应该留给植物和

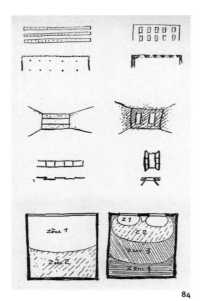

84

移动的物体（也就是用于流通循环），而那些如工作、居住等固定的行为活动应该存在于上层空间（1929）[6]。萨伏伊别墅（Villa Savoye）正是这种思想的代表作：悬空方盒子主体下的地面层为车流出入所用，而门厅半圆形平面的半径则由豪华轿车或敞篷跑车的最小转弯半径决定。　　　　　　　　　　　81 83 122

　　由此可见，底层架空支柱在两点上赋予了房屋新的定义——房屋既有其抽象性又有工业时代的特点。同时它又带来了一种对传统三段式建筑（拥有厚重的巨石垒砌的底部和顶部阁楼）的极具争议性的颠覆。

屋顶花园

　　这里也优先考虑了实用性，欲借此赋予平面屋顶构想以充分的"科学"依据——虽然也同时提及了"触动灵魂"这个理念。但这些方面的考虑并非是全新的。在世纪之交前，佩雷和索瓦日就已经将它们提到"卫生住房"（hygienic housing）的日程上了。而更值得一提的是，在此之前，这种水泥平面屋顶就已经作为一种解决积雪问题的可行方法在技术性文献中宣传和推广了，例如美国波特兰水泥协会（American Portland Cement Association）（1912）的手册中便有提及，勒·柯布西耶恰好有一本手册。事实上，1916年，建于拉绍德封的施沃泊别墅所使用的平面屋顶，就曾作为一项环境工程，受到过如汉斯·施密特（Hans Schmidt）等许多提倡功能性建筑师的推崇[7]。　　36 37

　　如果说郁郁葱葱的空中花园是1915—1916年间让纳雷建筑草图中反复出现的主题，那么这种形式也反映了他对于自己1911年东方之旅和地中海之旅所见所绘的地方特有建筑的感受和理解——一种曾触动约瑟夫·霍夫曼、阿道夫·鲁斯等诸多大家的无形宝藏。为著名时装设计师保罗·波烈（Paul Poiret）所设计的那座奢侈的海边别墅便可以充分证明这一点[8]。在勒·柯布西耶的建筑作品中，没有任何一种其他的元素能与它媲美，精准凝练地展示他的哲学观点：重再生、重精神，也重物质——将卫生的屋顶花园置于阳光之下。当这种理念第一次被实现的时候（1923年，柯布西耶为其父母在日

84　勒·柯布西耶，"横向长窗"。图解"新建筑的五要素"。

内瓦湖边修建房屋的时候），就被一种赞美诗般的辞藻所描述："上到屋顶！是多么令人愉悦的事啊！置身其中，仿佛穿越到另外一个时代，享受属于那个时代的文明……"[9]   35 108

但是当屋顶花园的体验让人忆起工业革命前安逸生活的同时，还给人带来了一种好似在奢华邮轮上度假的愉悦感："倚靠在邮轮甲板的栏杆上……倚靠在屋顶的边缘处……"[10] 从这点来看，钢筋混凝土技术，对地中海特色民俗建筑的记忆以及对远洋邮轮的热爱仍然会继续融入屋顶栏杆和日光房所带来的视觉盛宴中。从加歇（Garches）的斯坦因别墅（Villa Stein）到昌迪加尔建筑群（palaces of Chandigarh）的设计都证明了这点。"如果想要了解弗兰克·劳埃德·赖特的住宅构成需要我们走进参观，才能了解其匠心。而现在的住宅可以从上方或者下方来欣赏。在一定程度上可以说，屋顶花园展现了建筑面向天空的一面。"[11]   85

自由平面

混凝土框架或钢框架结构允许更加自由的建筑平面布局。这个事实在世纪之交前很久，就已经是一个不言自明的定论了。1880 年后不久，芝加哥学派（Chicago School）便将丹尼尔·汉德森·伯纳姆（Daniel Hudson Burnham）设计的鲁克里大厦（Rookery Building）树立为典型范例。在巴黎，位于富兰克林大道 25 号的佩雷公寓也完美地诠释了这一原则。   20 80

勒·柯布西耶在多米诺住宅（Domino houses, 1914—1915）的一些草图中，试图表达一种承重结构和建筑实体（包括功能、空间分隔，等等）的完全独立性——后者是由个人租户就其需要而提供的[12]。之后勒·柯布西耶还曾偶尔表达出他认为建筑隔墙应该可移动的想法：他曾在魏森霍夫住宅（Weissenhof Houses）（斯图加特，1927）中的一座应用了滑动墙体，在夜晚将起居室分成 3 个卧室[13]。之后的建筑项目也诠释了相同的理念——尽管大多数自由平面布局只能让建筑师表达其诗意和匠心，而非允许居住者参与设计其居住单元。在这座魏森霍夫住宅中，"自由"和"匠意"到达了一个临界点，砖砌抹灰的衣柜、混凝土的桌子和床被永久地固定在建筑中，表现出一种极具雕塑感的"自由性"。   35

横向长窗

这个理念也作为一种建筑的可能性在多米诺理念（Domino concept）中被提出。然而沃尔特·格罗皮乌斯1914年在科隆举办的德国制造联盟展（Werkbund Exhibition）上设计的工厂模型，点燃了勒·柯布西耶对于立面长窗（facade-long window）这一完全独立结构的热爱[14]。在早期的国内应用形式中一直存在一种工厂象征主义元素：例如沃克雷松别墅（villa in Vaucresson, 1922）和位于日内瓦湖（Lake Geneva）畔的让纳雷别墅（Maison Jeanneret, 1923），它们的上层体量尺度与工厂的极为相似。自然而然，这位建筑师也为这种新型开窗形式的优越性做出了科学的解释：他引用了一位摄影师讲义的内容。这篇讲义建议摄影师们在带有长窗的房间里使用在具有"普通"窗洞的房间里所用曝光时间的四分之一来进行拍摄。"感光胶片已经说话了。就是这样！"[15]　　104 84

自由立面

在先前提到的各种新建筑要素的描述中，对横向长窗的阐述已经不言而喻了，无需过多赘述——自由立面无非是上述构筑原则所带来的另一个必然结果。也许这条要素的出现，是勒·柯布西耶想让自己如奥林匹亚宣言（Olympian statements）般庄重的论点总数量增加为五条，并试图将自己的理论与这五种古典秩序进行相应的类比与替换[16]。

虽然已经提出"五要素"，但是若想对柯布西耶建筑语汇的前提条件和结构进行梳理与重述的话，以它们为理论依据，仍略显单薄。在勒·柯布西耶建筑风格的演进过程中，"五要素"的形成时间相对较晚。五要素将一些建筑形式的要素抽取分离出来，而这些要素是最适合在那个时代推动基于客观与科学"真理"的普遍风格。任何人看到这些依据"真理"而构筑的独立建筑时，都会立刻意识到，具有启发性的抽象概念要想很好地应用在生活中，需要形成正式的惯例与风格范式，而这些已然超越了基本的结构逻辑。其实在塑造"五要素"之际，这种惯例和范式便已经存在并衍生了。

85

86 (a)

85　勒·柯布西耶、佩雷·让纳雷，斯坦因别墅，加歇。埃尔·李西
　　茨基（右上）和皮特·蒙德里安（下）参观别墅（约1928年）。

86　(a) 巴黎，小丘广场（la place du Tertre）附近的马具商店；
　　(b) 罗什舒阿尔大街（boulevard Rochechouart）开放式公寓。

87　勒·柯布西耶，雪铁龙住宅，第一版（1922）。

88　勒·柯布西耶，雪铁龙住宅，第二版，底层架空支柱（1922）。

89　一家生产办公文档公司的专用信笺抬头。

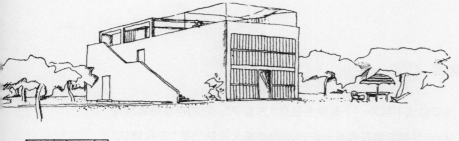

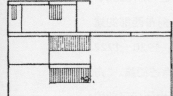

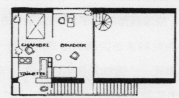

87

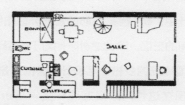

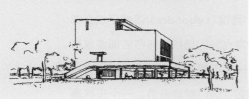

MAISON «CITROHAN» 1922

86 (b)

88

89

方盒子房屋

勒·柯布西耶建筑中另外一个重要主题是"方盒子",它的存在形式是含蓄非直接的。它标志性的形象在很长一段时间内都被大众认为是"现代建筑"(modern architechture)应该具备的样子。"方盒子"进入了勒·柯布西耶的建筑语汇之后,曾多年作为他解决各类建筑形式问题的一种手段。1920—1922年,在一栋标准化住宅单元——雪铁龙住宅设计中,"方盒子"锋芒初露。"方盒子"不仅体现了这位建筑师对基本几何形式柏拉图式的偏爱,也回应了业界对新建筑手法可行性的质疑,同时激发了这位建筑师对于错层单元设计的兴趣。在施沃泊别墅设计中,勒·柯布西耶就曾把卧室和服务用房环置在一个巨大的两层挑高起居空间的三面。除此之外,他对于围绕着大型门厅展开的生活方式的灵感,源于法国传统的乡村住宅设计,这也正是让纳雷1914—1915年的研究主题 [17]。但是现在这种门厅根据纯粹美学(Purist aesthetics)被重新定义,而且这个定义为他今后几乎所有居住单元的设计——马赛公寓(Unité d'habitation),建立了基础模型。 87 88 92 38

雪铁龙住宅模式

雪铁龙住宅理念的灵感来源之一是巴黎艺术家工坊(Parisian artist's studio and workshop):一种既具有地方特点——像雷纳·班纳姆那样,而且受到诸多如弗朗索瓦·勒克尔(François Lecoeur)、奥古斯特·佩雷以及后来的安德烈·卢萨奇(André Lurçat)等建筑师对复杂并具现代气息建筑形式的再诠释 [18]。这种形式很简单:长条错层的开放式公寓,还有宽敞明亮的观景窗。 86

似乎是位于戈多—德—莫鲁瓦大街(rue Godot-de-Mauroy)的奥占芳工作室(Ozenfant's studio)对面的"勒让德"小酒馆(Legendre)促成了这个思想的萌芽。小酒馆是勒·柯布西耶和奥占芳经常光顾的场所。柯布西耶曾这样描述:"马车夫常常拉我们到巴黎市核心区的一家小餐厅吃饭。这个酒馆有一个服务台,厨房在后面。阳台在屋子半高的位置,前门朝着街道。一个天气晴好的日子，我们发现了这里，并意识到这里具备住宅组织与建筑架构机制需要的所有元素"[19]。

有一段时间，柯布西耶希望在乡下建造这种房子雏形的想法迫切到了近乎狂热（idée fixe）的程度。墙的两侧要用当地本土材料——当地石匠供应的散石、砖块或结块岩。他认为对着中央大厅开敞的楼上空间的楼板、屋顶露台的楼板以及楼梯，都应该是相应的预制构件。在1922年的巴黎秋季沙龙中，一个雪铁龙住宅的小模型陈列在拥有300万居民的城市项目旁。它的标签"雪铁龙"（Citrohan）很自然地让人联想到雪铁龙公司的商标"Citroën"。这种做法暗示着一种思想——房屋的设计、生产与营销就像船只或车辆一样（规范和量产）。

88

与最初的版本形成对照，1922年雪铁龙住宅雏形屹立在底层的架空支柱上，从而与"方盒子"独立于地面这样的设计原则联系起来。之后一系列的变化接踵而至。但是直到1927年，第一个等比例的独栋住宅模型才在斯图加特举办的德国制造联盟展上出现[20]。与此同时，这种住宅形式在城市中的发展潜力也被挖掘出来。雪铁龙式的方盒子演化成一种居住单元，应用在大型多层公寓楼中。这种方盒子由开敞的前、后立面及不开窗（或相对封闭）的立面构成。这种变化在以后的许多建筑中都有出现，它使建筑摆脱了恪守主楼，只有两个主立面的教条。

这个极具里程碑意义的方盒子理论之后发生了一系列的演变，并被运用在各种建筑中。其中包括了为迈耶夫人（Madame Meyer）设计的典雅别墅（未建成，1925），为画家勒内·吉耶特（René Guiette）在安特卫普设计的饶有情趣的小住宅[21]，当然还包括坐落在加歇的斯坦因别墅。最终，昌迪加尔最高法院（Supreme Court in Chandigarh）也成了这个演变过程的一部分（1952—1956）。　**108 93 96 277**

然而，对雪铁龙"容器"（Citrohan 'container'）最完美、最纯粹的诠释，是位于印度棉纺业中心的艾哈迈达巴德（Ahmedabad）的工厂主协会大楼（Millowners Association Building）（1956—1957）。它本身就是一场建筑语汇的盛大展览。这座建筑，摒弃了住宅功能决定建筑形式的原则。它只有两个主立面，每个都因设置了遮阳板而被完美地刻画并展现。除去仅有的一扇窗，砖砌的侧墙是完全封闭的。

121

魏森霍夫开发（1927）

"五要素"加上"方盒子"是在斯图加特举办的德国制造联盟展上所展出的两个建筑最基本的参考理念。这次展览的目的是努力推动现代主义运动，将建筑新的功能和美学的标准推上了新高度。事实上，从场地东南角的独户住宅完全能够看到1922年雪铁龙住宅模型的影子。而位于它旁边的双拼住宅中，长长的抬高的楼板、横贯立面两端的长窗，很明显地具有多米诺住宅的印记[22]。　　92 167

总平面图由路德维希·密斯·凡德罗规划设计。而他与柯布西耶志同道合，交情甚好。这样，勒·柯布西耶得到了选择两栋房子设计用地的特权。不像格罗皮乌斯、马特·斯坦（Mart Stam）、雅格布斯·约翰内斯·彼得·欧德（Jacobus Johannes Pieter Oud）的作品那样，对最小化住宅（minimal housing）理念顶礼膜拜，勒·柯布西耶设计的两栋建筑（某些方面，与密斯设计的公寓住宅相似）几乎背离了这个理念。几分巴黎式的别致，很大程度上超出了这个项目运行的基本操作范畴。同时，因为它们体积巨大，也成为了当时那个地块上耗资最大的建筑。

对称与不稳定平衡　与古典主义的对话

沃克雷松城郊的小住宅

当然，方盒子的出现绝不是勒·柯布西耶建筑抱负的全部和终点。事实上，勒·柯布西耶最初在巴黎的两个建成项目——雷耶大街（Avenue Reille）的奥占芳工作室和沃克雷松（Vaucresson）的小住宅贝斯纽别墅（Villa Besnus），与雪铁龙住宅的主题有很多共同点。若以"五要素"来衡量，它们完全不属于"新建筑"。　　104 111

这座位于沃克雷松的别墅是一位参加了1922年巴黎秋季沙龙的嘉宾委托承建的。沙龙上展出的雪铁龙住宅模型和拥有300万居民城

90　雪铁龙的小皮卡广告（约1920年）。

CAMIONNETTE

VOITURE DE LIVRAISON

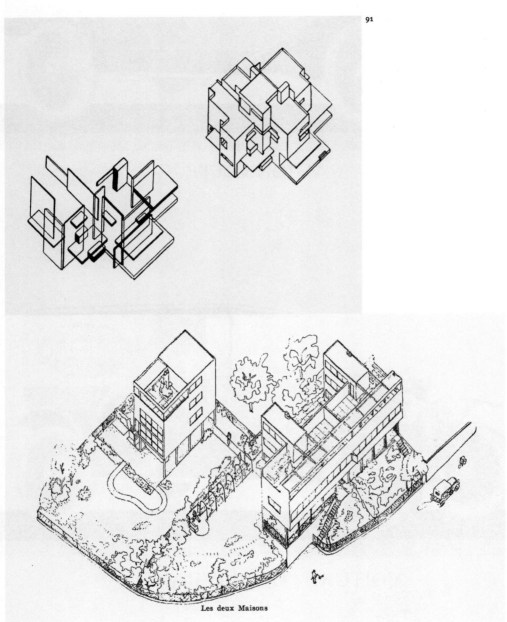

91

Les deux Maisons

92

市的立体模型给他留下了深刻的印象[23]。这座住宅很小，而且十分传统。这使得它与沃尔特·格罗皮乌斯、雅格布斯·约翰内斯·彼得·欧德、路德维希·希尔伯斯海默（Ludwig Hilbersheimer）、勒克哈特兄弟（Luckhardt brothers）的作品同时出现在《包豪斯系列书》（Bauhausbücher）（1925）第一卷中时，显得有些格格不入——像一个新古典主义孤魂[24]。对称有序的花园立面，总能让人想起位于拉绍德封的施沃泊别墅的立面。它甚至还让充满古典时尚气息的立面终结在房顶的小屋檐。小支架被安置在大窗两侧，像是用来摆放雕像和花瓶的。就房屋内部尺度而言，虽然带有一种讽刺意味，但是沃克雷松的别墅这些简化了的18世纪的居所特征，就如与其同年出现的搭配了方尖碑和凯旋门的拥有300万居民的城市。这些特征将将这座建筑带回到凡尔赛宫的小特里阿农宫，为周遭的"小资产阶级"建筑环境带来别具一格的新古典主义气息。

103

临街，依次的小巧飘窗再现了勒·柯布西耶纯粹派画风绘画作品中的对称美。在这些曾经的画作中，对称轴总是被一些较小的元素（例如水管或杯子）表现出来。但是为使构图更有张力，对称轴的两边并非完全对称，而是随后通过一定的手法让画面达到视觉平衡。沃克雷松别墅通过开窗的方式巧妙地规避了临街立面对称呆板的问题。楼梯在主楼左侧，和有条状竖拉窗的立面若即若离。最后是入口，夹在楼梯和建筑主体之间。这种处理方式的成功之处在于将古典主义的外在严谨和功能性与舒适性进行了很好地结合，正是勒·柯布西耶之后作品的典型处理风格，同时也将他对建筑外形和功能间对话的理解表现得淋漓尽致。

105

加歇的斯坦因—德·蒙奇别墅（1926—1928）

1926年，勒·柯布西耶曾做过一个大型的别墅项目，位于巴黎名为"加歇"的优美郊区[25]。当时巴黎处在为富有先锋派精英兴建"时髦""豪华"住所的热潮中。早在1925年，罗伯特·马莱—史蒂文斯就已经在位于欧特伊（Auteuil）的一条巷道上建造了一系列的私人住宅，这条巷道也以他的名字命名。在基提恩的措辞中，"勒·柯布

91 　西奥·范·杜斯堡和科内利斯·范·伊斯特伦，别墅研究与平面间的相互渗透（1920—1922）。

92 　勒·柯布西耶、皮埃尔·让纳雷，魏森霍夫住宅区的两栋房子，斯图加特（1927），轴测图。

西耶严谨地重新诠释了住宅的饕餮和优雅（gourmand-élégant）"[26]。相比马莱—史蒂文斯的作品对维也纳艺术工坊奢华风格的回应（约瑟夫·霍夫曼设计的布鲁塞尔斯托克雷特宫（Palais Stoclet）对他的整个作品有极强的影响），勒·柯布西耶则在追求通过直接的工业手段来营造古典主义氛围的建筑手法。像是在尝试将相差甚远的生产世界和消费世界连接起来。别墅采用轻质材料、白色表层，用抗剪能力较弱的混凝土框架包着大型玻璃面板——特别是为凸显入口而设计的遮阳棚让人想到飞机的座舱盖。

95

这座住宅只有两个主立面——临街和花园的立面，这是"方盒子"主题到目前为止的另一种变化形式。这两个主立面融合了结构逻辑和古典主义特征。承重梁柱将平面和立面按照2：1：2：1：2的基本韵律划分。虽然柱子建到外表层后面，不呈现在建筑主立面上，但还是巧妙地诠释了主立面的视觉秩序。整个建筑的完成得益于控制线的帮助。设计需要机智地避免承重梁韵律和对角控制线之间的冲突，特别是对于花园立面尤为重要。连接露台到花园的栏杆角度，与整个建筑的对角线是平行的，而台阶的精确起点是由承重梁柱的纵向韵律决定的。最后，为了要同时遵从控制线和承重梁柱的纵向韵律，必须升高花园的水平面，所以柯布西耶便用一个让人几乎察觉不到的小坡将花园抬高到了准确的位置，也就是台阶的起始点。

96

> 这个案例中，数学家给出了一些令人欣慰的事实：保证人工作的准确性，使精确结果唾手可得[27]。

在一篇发表于1947年的著名论文中，柯林·罗（Colin Rowe）将这座加歇的别墅与威尼斯附近帕拉迪奥设计的佛斯卡利别墅，绰号"欲求不满"（Villa Foscari，"La Malcontenta"。译注：佛斯卡利别墅位于威尼斯旁边的小镇玛尔孔滕塔（Malcontenta），地名的意思是"不满意、不满足"，后来佛斯卡利家的一位夫人曾被指控对丈夫不忠而被囚禁在别墅中，于是佛斯卡利别墅得以指地为名"欲求不满"（La Malcontenta））进行了对比[28]。

事实上，人文建筑产生的共鸣已经被铭刻在了加歇别墅首层和立面设计对古典主义和谐的追

93　勒·柯布西耶、皮埃尔·让纳雷，斯坦因—德·蒙奇别墅（Villa Stein-de Monzie, 1927—1928），加歇。

求上。当然从结构、建筑外形，还有空间的相互关系上看，这两座建筑是完全不同的。帕拉迪奥认为，别墅空间的序列由承重墙决定。尽管这种刻板缜密的平面让屋子的平面布局毫无灵活性可言，但天花板的高度是可以变化的。而致力于解放楼层平面和遵从于建筑结构的勒·柯布西耶却受到了固定楼板的约束——这种"残暴专制"对于空间活力的限制比帕拉迪奥承重墙更严重。但我们必须承认，勒·柯布西耶通过对楼层的大胆分割完美地摆脱了这个窘境。

94

加歇别墅的内部空间并不像帕拉迪奥住宅那样，由2∶1∶2∶1∶2这样的节奏模式决定内部空间的划分。相反，它是通过在主立面上做处理，创造一种轴向对称的建筑表层。例如，窗廊对临街立面有主导性影响，形成对称的效果，从窗廊向外望，可以恣意地欣赏路人来来往往如戏剧般的场景。室外的梯道并不通向主立面中心，而是为了突出基础体系中的次要对称体系，通向服务入口（虽然设置在了稍微偏右的位置），打破了建筑的整体对称性[29]。

这种"对称中的对称"（symmetries within the symmetry）在花园立面中也同样重要：带盖顶的露台右侧的3条（比例2:1:2）纵向轴线松散地分布在凸字形

93

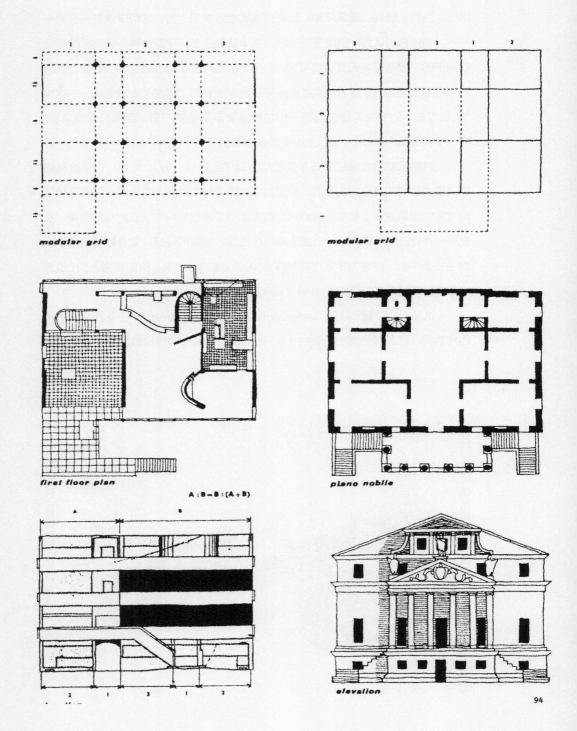

modular grid

modular grid

first floor plan

plano nobile

A : B = B : (A + B)

elevation

94

的屋顶结构上[30]。对于这栋建筑来说，所有庄严性和古典秩序的营造都要考虑到"功能性"平面的复杂要求。最终的形式并不仅仅体现在简单、整体的规则上，而是根据功能性住房要求对规则和即兴创作进行结合。

加歇的斯坦因别墅并不是唯一一座遵循这种"对称"形式的建筑。与其同年（1927）而建、位于巴黎马塞纳林荫道（boulevard Masséna）旁的普兰纳库斯住宅（Villa Planeix）的临街立面也采用了这种对称结构[31]。二层的起居室以立方体的形式凸向街道。上面有一个壁龛，而阳台门通向艺术家工作室。那些让人联想到位于沃克雷松住宅的侧窗，虽然尺寸不一，但还是给人一种视觉上的均衡感。　**97**

这使得人们乐于相信这种古典秩序的回归（Retour à l'ordre）与勒·柯布西耶对那位当时居住在巴黎的著名维也纳建筑师产生的浓厚兴趣有关。在对古典主义作品的无限期待中，阿道夫·鲁斯也曾预示过一种相似的建筑趋势，尤其是1926年他在蒙马特（Montmartre）为特里斯坦·查拉所建的宅邸将这一点显露无遗。在那栋建筑中，上层楼面的压痕和巨大的阳台壁龛突出强调了雕塑般的中轴线[32]。自此查拉住宅（Tzara House）一直被称为"研究拉丁文化的砖匠"的房子（引用鲁斯的话）。然而在普兰纳库斯住宅中，勒·柯布西耶对这种设计理念进行了新的诠释，提出了通风、立柱承重的"居住机器"这样的建筑语汇。1928年鲁斯在设计维也纳莫勒住宅（Moller House）时，让他意识到了这位年轻同行在这里诠释的理念意义，因为普兰纳库斯住宅立面是葬礼用的冰冷的大理石石材做成[33]。　**99**

但是普兰纳库斯住宅不仅仅以对称立面著称。它还强调了勒·柯布西耶建筑形式语汇中的其他元素。例如，它的凸窗像一个反置的长廊：尤其突出地像一个防护盾，给人一种独立于整个立面的感觉。除了强调中点和对称构图之外，它还通过对平行表面的分层来划分空间——这种效果也再一次体现了勒·柯布西耶的画家身份[34]。

94　对比勒·柯布西耶和皮埃尔·让纳雷的斯坦因一德·蒙奇别墅与帕拉迪奥在威尼斯附近绰号"欲求不满"的佛斯卡利别墅（根据柯林·罗的论文绘制）。

这种对称的划分手法也同时，或者说完全是一种新型的碑铭主义（monumentalism）。这一点最终在日内瓦的国联宫（League of Nations Palace）项目上得到显现（1926）。评审团给出的极高评价清楚地表达了他们对勒·柯布西耶作品价值的认同。尽管大多评审团成员认为它的功能主义特征对于庄严的建筑命题来说也许不那么受欢迎。议会大厅的立面朝着湖，两组巨大的缩进的裙房，还有，总统馆（Presidential Pavilion）小型的前部弯曲结构，都强调着这种设计理念最标志性的特征，并潜移默化地将革新后的国立美术学院传统植入其中。

253 259

　　勒·柯布西耶从未停止过对传统建筑表现手法的追求，而他在二战后形成的庄严体系则被神秘的对称和分层所主导。无论他多么努力地促使自己的作品成为20世纪30年代新古典碑铭主义国际建筑（独裁或共和）的替代品，他仍沉浸于国立美术学院的魔咒之中：这一点在昌迪加尔的建筑中尤为明显，尽管不再完全遵从于严格的对称性，但议会大厦宫殿群的选址还是由城市的中轴线决定（参见下文，第298页内容）。

286

荷兰风格派的影响

　　我们发现一个有趣的现象——像基提恩这样的评论家竟欣赏勒·柯布西耶早期作品中的古典主义部分[35]。对他来说，这栋建筑之所以能确定自己"新传统"的地位无疑是得益于：运用了现代建造技术，使用了"廉价"的工业材料，保留了诸如自由平面和动态操控空间的先锋派特点。实际上，想以表面韵律和对称来突出齐整的立面时，花园临街立面则以垂直和水平的隔墙来表现"立面纵深感"[36]。悬挑露台、划分露台空间的栏杆，还有条窗的几何结构，都不禁让人联想到1924年格里特·里特维尔德（Gerrit Rietveld）建于乌得勒支（Utrecht）的施罗德住宅（Schröder house）。荷兰风格派的领导者、画家西奥·范·杜斯堡将这个建筑描述为需要看过所有立面才能理解含义的作品。在加歇的那座别墅中，如果不是要通盘考虑建筑的空间结构，勒·柯布西耶便会将这种理念融进露台设计中[37]。

99

　　这已经不是荷兰风格派第一次在项目设计上做出重要转变。1923年时，勒·柯布西耶参观了范·杜斯堡和他荷兰的伙伴莱昂

95 勒·柯布西耶、皮埃尔·让纳雷，斯坦因—德·蒙奇别墅（1927—1928），加歇。主入口。

96 勒·柯布西耶，斯坦因—德·蒙奇别墅南北立面及控制线。注意南侧立面略微抬高了花园的水平面。

95

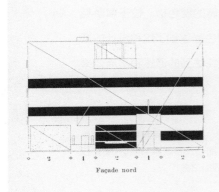

Façade nord

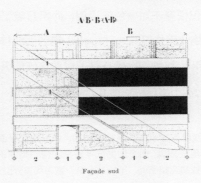

A·B·B·A·B

A   B

Façade sud

Les Tracés régulateurs

96

斯·罗森伯格（Léonce Rosenberg）在巴黎的现代奋进画廊（Galerie de l'Effort moderne）的作品展览[38]。在那里的见闻给他带来了十足的灵感，帮助他完成了当时处在设计阶段的拉罗什—让纳雷住宅（La Roche-Jeanneret house），特别让人过目不忘的主厅设计灵感也源于此。其实在那之前，勒·柯布西耶还担任《新精神》主编时就熟知荷兰《风格》杂志（De Stijl）。与他的主题设计相比，荷兰风格派的理念更为实用，尤其是建筑架空于地面之上和屋顶花园两个方面。但是回想起来，当时这些设计最注重、也是最明显的特点是对"方盒子"——勒·柯布西耶所坚持的亘古不变的建筑形式语汇之一的极端强调。但（除了雅格布斯·约翰内斯·彼得·欧德以外）倾向于反对轴向对称和封闭空间设计的荷兰先锋派建筑师越多，他们对"拓展的"方盒子的热忱就越能体现勒·柯布西耶对古典主义的偏爱[39]。 100 101 91 92

但是也许最终，最让他好奇的是荷兰先锋派对于色彩的迷恋。1923年的展览中有一个很好的例子：在范·杜斯堡和科内利斯·范·伊斯特伦（Cornelis van Eesteren）绘制的一幅轴测图中，建筑表层由红、黄、蓝三原色与各种灰色的阴影组合而成。在拉罗什住宅中，色彩是非常重要的元素，在画廊和寓所空间的划分上显得尤为突出。但自相矛盾的是，这座建筑的水晶大厅是纯白的，这也是他第一次在自己的作品中应用荷兰先锋派的理念。

柯布西耶在运用色彩时不断结合自己的逻辑想法，也就是说，他对色彩的应用不再仅仅基于对原色的运用，而是打破了单调的调色板。位于佩萨克（Pessac）的福胡让居住区（Cité Frugès）精致而纯粹的色彩达到了这种设计的巅峰（建于1926年）。这种纯净感在基提恩对这栋建筑最终达到的通透和贯通效果的赞许中，再一次不出意料地带上了先锋派的特点：

> 勒·柯布西耶的建筑既不是纯立体的，也不是纯平面的：空气在其间穿梭！空气成为了它们的组成要素！他专注的既不是空间也不是体积，而仅仅是联系与渗透！它们仅有一个单独的完整空间；不能被分割。室内和室外没有界限之分[40]。

服务与被服务空间

勒·柯布西耶一提到他设计的迈耶别墅（Villa Meyer）就会这样评价："楼梯是自由的机构（……）整个建筑中，类似的这种元素各具特色，自由且相互尊重。"[41]在这之前的几年，他曾在对沃克雷松别墅的评价中详细阐述了他最终选定楼梯位置的细节。在第一轮设计中，他本想把楼梯间设计成环状，并建在主立面的右侧拐角处。但是（他回忆是在一场自行车比赛后回家的路上），他决定将楼梯间与主立面方向保持一致[42]。之所以这样决定，是因为他意识到楼梯间应该是一个独立的建筑元素：就像在沃克雷松别墅中那样，楼梯与主楼由一扇竖条的窗户隔开。

108 105

欧德、密斯还有格罗皮乌斯的作品都没有为他提供直接的参考依据（里特维尔德和埃里希·门德尔松（Erich Mendelsohn）等建筑师也没有直接表现这种理念的作品）。也许与之最相似的建筑当属亨利·索瓦日和安东尼奥·圣伊里亚（Antonio Sant'Elia）的作品了，而它们深受弗兰克·劳埃德·赖特建于布法罗市的拉金公司办公楼（Larkin Building）的影响。这所建筑的高层楼梯间为他们提供了一个范例[43]。

214

然而，单纯从形式角度上讲，工程学也许提供了最恰到好处的依据。1920年生产的汽车简直就是一个铰接和独立元素的集合：紧贴着引擎轮廓的棱锥状发动机罩、置于其两侧的半圆头灯、对角放置的挡泥板，还有矩形的驾驶室：每个部分都保持着自身的完整性，并体现着要素派风格（elementarism）。对功能性和形式如此充分的清晰表达，令勒·柯布西耶感到十分愉悦。他早期别墅照片中都有汽车——大多数是他那辆瓦赞轿车（Voisin）。所以常常令人捉摸不清"这些图片到底是以车，还是建筑来展现现代美好生活"。

59 93 106

显眼的外置楼梯或坡道是勒·柯布西耶设计的主题，从早期的别墅设计开始一直延续至昌迪加尔的项目。在斯图加特的一个连体住宅（1927）设计中，因为在楼梯间内加设了服务用房使得立方体的楼梯间扩大到了一种近乎配楼的尺度。在迈耶别墅设计中，建筑背面的椭圆螺旋转梯就像是橡胶手套后面的突起[44]。从

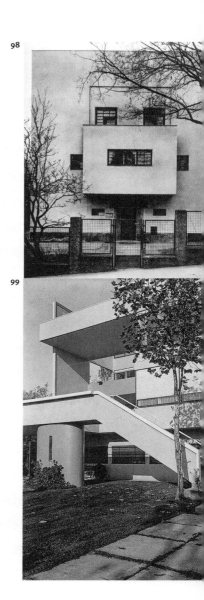

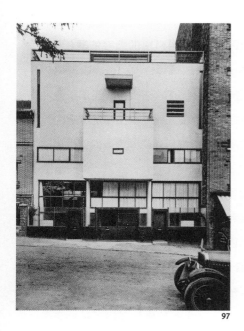

97 勒·柯布西耶、皮埃尔·让纳雷，普兰纳库斯住宅和
　　工作室（1927），巴黎，临街立面。

98 阿道夫·鲁斯，莫勒住宅，维也纳（1928），临街立面。

99 勒·柯布西耶、皮埃尔·让纳雷，斯坦因别墅（1927—1928），
　　加歇，带露台的花园侧立面。

100 西奥·范·杜斯堡，"艺术住宅"（Maison d'artiste）
　　模型三面视图（《风格》杂志，1923年第6/7期）。

101 勒·柯布西耶、皮埃尔·让纳雷，拉罗什—让纳雷别墅
　　（1923—1925），巴黎。

102 勒·柯布西耶，拉罗什—让纳雷别墅，
　　一层及容积草图（约1929年）。

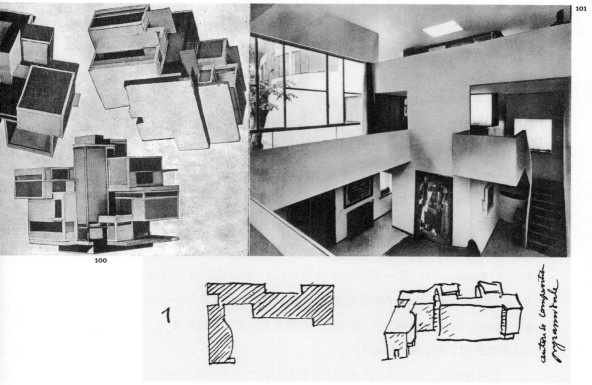

101

100

102

阿弗雷城（Ville-d'Avray）丘奇别墅（Villa Church）中分离出来的楼梯间以半圆的高层形式出现（建于1928年，毁于20世纪60年代）[45]。除了让人想到帕拉迪奥建于维琴察的基耶里凯蒂宫（Palazzo Chiericati）的服务性楼梯之外，这种处理方法也为之后其他苏黎世工人住房项目中对服务性空间的大胆排布做了铺垫（1930年，未建成）[46]。然而这个理念在巴黎大学城瑞士学生公寓（Swiss Pavilion of the Cité Universitaire）中以恢弘的体量第一次呈现于世（1930—1932）。楼梯间上优美的平行凹槽纹饰和简约的方盒子楼体本身，之后再次出现在昌迪加尔秘书处（Secretariat）的巨大坡道中（1952—1958），这个附着在主立面上的大坡道就像庞大机床上的一个把手[47]。

92 107 109 172 173

在其他项目中，这种平面和空间的功能性联系得到了更加清晰地强调。楼梯和坡道常作为独立的雕塑元素（出现在建筑外部，作为建筑外观的一部分），而非仅仅放置在方盒子中。奥占芳的工作室（建于1922年），螺旋转梯被放置在与其风格迥异的素雅规整的建筑主体前，看起来像是从二层垂落至街道平面上。像是荷兰静物画中的柠檬皮悬挂在雕刻得奢华精美的桌子的边际[48]。在随后的几年里，这种螺旋转梯更加广泛地应用在室内。正如他在香榭丽舍大街为夏尔·德·贝斯特吉（Charles de Beistégui）所设计的楼顶住宅那样——悬挂着的楼梯在地板上方盘旋（1930—1931）[49]。还有，在普兰纳库斯住宅的花园中，一种纯几何形的螺旋在一块混凝土板的两侧环绕[50]。几十年后，这种楼梯模式变成了马赛公寓防火梯的设计模板。

111 110 112

这种主题的多样性，在艾哈迈达巴德的工厂主协会大楼，还有位于马萨诸塞州剑桥的卡彭特中心（Carpenter Centre）中都有体现。

显而易见建筑内部和建筑之间的沟通是廊桥（passerelles）出现的根本原因。它可用来连接室内相距甚远的空间，或建筑群中的建筑单体。在朗布依埃（Rambouillet）的一座周末度假屋（1924）中或是在塞纳河畔布洛涅（Boulogne-sur-Seine）的米斯查尼诺夫—里普希茨连体住宅（Miestchaninoff and Lipchitz twin houses）中，连廊的形式都具有明显的舰船寓意——这些项目的特点达到了相互统一（1924）[51]。

113 114

若仔细回味，与之后以长连廊连接的昌迪加尔议会大厦和秘书处（大约

1958年完成）等建筑作品相比，这些端庄优雅的建筑可以看做是在应用城市学（applied urbanism）这个试验室进行实验。事实上，当廊桥以缓坡或曲线的形式延伸到室外，建筑与它们伫立的地面，甚至是整个城市环境连接的时候，展现给大家一种别具特色的诗意。就像位于艾哈迈达巴德的工厂主协会大楼和哈佛视觉艺术中心（Visual Arts Center）的入口坡道所展现的那样。在这些案例中，坡道以一种营造建筑的形式出现，并暗示着一种机动性（mobility）。除了强调建筑机体本身的可塑性外，它还不露声色地带来了一种工业时代的视觉感受。 **115~121**

扩张的方盒子

在勒·柯布西耶20世纪20年代的作品中，矩形和立方体的活跃表现只是他建筑游戏的一部分而已。弧形隔墙伴随着直线的几何形态一起出现，同时又与之相对立。强调了在室内空间的整体韵律，并使空间组成更有张力。但是这些构成逻辑不是固定不变的。有的时候，方盒子的体量会扩张，形成圆形主体，和它连接着的直角方盒子主体相对。位于欧特伊的拉罗什—阿尔伯特·让纳雷连体住宅（La Roche/Albert Jeanneret twin house）（1924—1925）是勒·柯布西耶在巴黎的第一个重要住宅项目，也是这类建筑（扩张的方盒子）的先驱[52]。这栋建筑的建址十分尴尬，它被老树包围着，在一个死巷的尽头。这位建筑师希望将整组建筑都建在那里，而死巷的尽头以U形环绕的方式布置显然是唯一的解决方式，尽管明显破坏了整组建筑南北的轴向性。

最终只有L形的拉罗什—让纳雷住宅建了起来。这位建筑师自己常称其为"拉罗什"（La Roche）[53]。L形的长边包含了这位建筑师的哥哥阿尔伯特（Albert）和他妻子萝蒂·拉芙（Lotti Rääf）的宅邸。而落在这个死巷短轴上的是一个临街立面，以弧形方式向外突出，而且还被抬离了地面。它包含了这座综合性住宅的"公共"部分，也就是拉罗什的画廊空间。 **49 102 298**

一个三层的挑高大厅构成了这个L形体量的枢纽。墙角的楼梯、一个如讲道台般伸进挑高公共空间的露台，还有顶层的像双索桥般延伸并横跨挑高大厅的银行家工作空间，都为创造出打破规整、极具张力的整体空间做出了贡献。

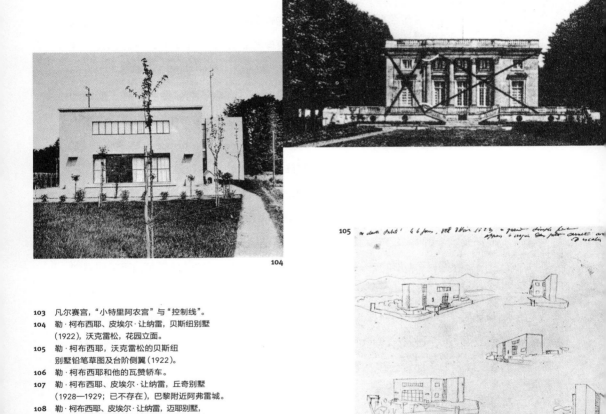

103

104

105

106

107

108

109

3　建筑类型学与设计手法

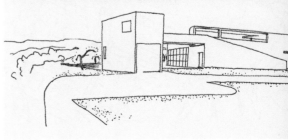

110 勒·柯布西耶，马赛公寓（1947—1952），
　　马赛，防火逃生通道。
111 勒·柯布西耶、奥占芳，奥占芳工作室（1922），
　　雷耶大街，巴黎。
112 勒·柯布西耶、皮埃尔·让纳雷，普兰纳库斯住宅和
　　工作室（1927），巴黎，开放楼梯间后视图。
113 勒·柯布西耶，朗布依埃的周末度假屋，方案（1924）。
114 勒·柯布西耶、皮埃尔·让纳雷，丘奇别墅（1928—1929；
　　已不存在），巴黎附近阿弗雷城，花园和廊桥。
115 勒·柯布西耶，卡彭特视觉艺术中心（1960—1963），
　　哈佛大学，美国马萨诸塞州剑桥，昆西街
　　（Quincy Street）上的立面细节。
116 勒·柯布西耶，卡彭特视觉艺术中心，
　　斜坡"有序向上的路线"（1960）。

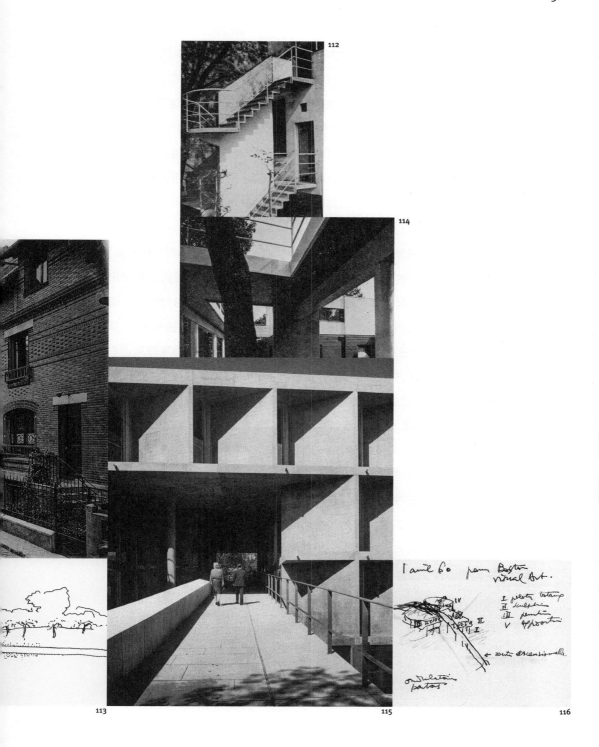

基提恩评论道："对这些冰冷的混凝土墙划分、切割和分配的规律（……）使空间可以从任何一个面渗透进来，而这种手法我们只能在一些巴洛克的教堂中见到。"[54] 是不是真的像文森特·斯科利（Vincent Scully）所说的那样，这种建筑处理方式的出现是因为勒·柯布西耶那时十分熟悉美国建筑大厅，像亚瑟·里特（Arthur Little）设计的马萨诸塞州的板瓦式住宅（Shingleside）（1881）？[55] 但必须承认的是，这种解决方法在英国乡村住宅传统以外是难以想象的。离拉罗什住宅几个街区外的马萨拉住宅（Massara House）拥有一个让人过目不忘的两层挑高大厅。而它似乎与这种形式的出现有着更密切的联系（赫克特·吉马德，建筑师，1911—1913）。

101

　　虽然这座画廊配楼的曲面体量如挑高大厅一样从未出现在"五要素"中，但它以扩张方盒子的形式向花园凸出来，俨然是整个建筑视觉上最突出的部分。尽管形状从平面上看是玻璃的弧形墙面，但是我们面对的却是一面实墙。这种感觉就像吉他的边缘一样（勒·柯布西耶绘画中常用的意象）。从这里开始，安置在水平楼板和天花板之间的弧墙成为了勒·柯布西耶建筑语汇中必不可少的元素。这种"吉他意象"（guitar motif）经常用在屋顶花园（如加歇和普瓦希项目），或是在街道标高小的房间或小空间内（像日内瓦透明公寓（Clarté flats）的首层，还有巴黎救世军大楼（译注：Cité de Refuge，亦作"庇护城"））。不论是为维护这一系列严谨的建筑内部整体韵律，还是为让整个建筑更加纯净而选择圆柱作为次立面的形状参考，还是仅仅为了契合弧形的街角地形，这种雕塑般的建筑节点都使这种纯粹几何形主体建筑更加灵活多变。但是这种吉他意象很少成为建筑项目的亮点，只有在拉罗什住宅的画廊配楼和四十年后的哈佛卡彭特中心（1961—1964）中才有所作为。后者沿其中央坡道两侧设计了大型的工作室空间。这个巨大的体量不论从平面看还是鸟瞰，都能让人联想到乐器的共鸣箱，或者像学生们喜欢比喻的那样，两个在做爱的巨大钢琴[56]。

297 342 343 118

坡道

拉罗什住宅的画廊配楼展示了之前提到过的一个特点：坡道。从楼顶的图书室直入展示空间。这个坡道在墙上画出的弧线强调了它从下到上（或自上而下）的韵律。从此以后，坡道成为了柯布西耶的挚爱。1929年，他坚持要在日内瓦曼达纽姆（Mundaneum）的国际会议宫（Palace of the International Conferences）中"以坡道和电梯来连接各层空间，而不使用楼梯"[57]。30年后，在昌迪加尔议会大楼的设计中，他也是以完全相同的原则建造和实施[58]。坡道也不再拘泥于室内。　120

普瓦西（Poissy）的萨伏伊别墅坐落在一个坡度很缓的小山坡的顶部中央，坐拥着塞纳河流域的壮美景色[59]。正是这座建筑，"五要素"全部融合在一个完美的立方体中。底层架空支柱将主楼抬高远离地面，使客人们能来往于建筑本身的荫蔽之下。汽车的转弯半径决定了地面层的半圆轮廓，而会客大厅、停车场还有佣人房都位于这一层。下面，为建筑服务的车道展现了柯布西耶对于空间的定义：地面空间是动区，而上层的空间则是静区，也就是起居和工作的区域（之后美国的公交站也采用了这种方法）[60]。　83　122

二层房间根据主楼两边围成的L形来布置。约三分之一的表面积被建筑墙体间开敞的平台占据。那个（几乎）从立面的一边延伸至另一边的横向长窗尽收环绕在建筑四周的群山景色。但是，也许这个别墅最阔气的地方就是那两段大坡道。先是从大厅延伸至起居空间，然后再向上延伸至开敞于蓝天下的阳光层。直线和弧面幕墙再次形成了一种几何形态表面和空间体量的景观。毗邻的乡村美景被定格于此。站在这里就像完全与蓝天面对面。　119

坡道引导人们以简单的方式走到屋顶平台，同时氛围也如仪式一般逐渐走向高潮。这个意象的起源和意义是什么呢？基提恩曾坚持认为"仅从一方面就想理解萨伏伊别墅是不可能的；这个建筑是实实在在存在于时空中的。"[61]勒·柯布西耶自己对这栋建筑的评价就更直接了"一个人只有围着这栋建筑绕一圈（……）才能明白建筑形成的秩序。"[62]而就像之前谈论拉罗什住宅一样，这位建筑师提到的漫步建筑（promenade architecturale）和北非的风土建筑（vernacular architechture）是灵感来源[63]。

但是这栋建筑的存在意义远不止这么简单。纵观历史，建筑总是作为记录重要参观者或客人来去的背景而存在。从帕拉迪奥到17、18世纪的城堡建筑，这种角色在权力中演绎着，暴露在外的楼梯是最好的表现形式。骑马或驾车通向豪宅的入口处，台阶常常与横向的坡道一起出现，或者干脆修成坡道。而对勒·柯布西耶来说，这种接待门厅的构造设计从根本上变成了一种赞美工业伟大成就的方式。机动交通工具伴随着桥梁、坡道和环路等道路形式，形成一种现代性符号[64]。《走向新建筑》中曾刊登了一张位于都灵的意大利菲亚特汽车厂（FIAT factory）楼顶试车跑道的照片[65]。在参观林戈托（Lingotto）之前勒·柯布西耶就已经对巴黎的老蒙帕纳斯火车站（old Gare Montparnasse）和里昂火车站（Gare de Lyon）抬高的坡道深深着迷[66]。谈及1935年第一次去美国的经历，他总会在后半段提到纽约中央车站（Grand Central Station）的入口坡道[67]。虽然它的尺度极小，但仅从其形态韵律便可以看出这些早期建筑的坡道已经反映了一种让现代都市为之震颤的迹象。

229 117

之后的作品对交通流的隐喻就使用得更加频繁了。从当地的情况来看，弧形步行桥像隧道一样贯穿于哈佛卡彭特中心，而且几站之遥的玩具般的波士顿东南快速路（Boston's Southeast Expressway）也建于同一时期。

117

普遍存在性。绝对建筑的理念？

萨伏伊别墅就像一个"落在立柱上的宇宙飞船"[68]。在1930年左右，这种简洁就像是对过去那些繁复厚重围墙结构的一种反差。在这座建筑中，建筑仿佛拥有一种绝对的特质，抽象的形式：纯粹的几何形态。的确如此，萨伏伊别墅，"一个悬停的方盒子"这样的描述，来源于发表在《勒·柯布西耶全集》上的照片。但我们应该注意到它的入口立面（在这个立面上，建筑主体的方盒子降到了街道平面），丝毫不像什么立柱上的宇宙飞船。

之后瑞士公寓等延续了这种手法的作品再也没有"失重"的了。战后的马赛公寓应用了更多密集的柱子，代替了萨伏伊别墅中脆弱的支柱，支撑整个建筑的重量。使得它看上去很结实。这栋建筑没有采用很艺术的悬空来体现重量感，而是选择了雕塑和构造形式来表现——虽然这与经典的承重形式还有所不同。我们应该承认汉斯·塞德迈尔"落在立柱上的宇宙飞船"这样的比喻用在庞大的工程上很是奇怪，但它还是强调了"建筑的形式独立于建筑选址限制"这种"纯粹"的特点。

从潜在的可能性上来说，这种在架空支柱上的方盒子几乎可以建在任何地方。20世纪20年代早期，勒·柯布西耶为雪铁龙住宅曾提出过一系列的选址方案：在水边、水中，或者——为什么不可以——在巴黎郊区的中心。1922—1923年间，他揣着自己为父母设计的住宅平面图，开始在日内瓦湖的周围选址[69]。1929年在布宜诺斯艾利斯的讲座中，他曾讲到，萨伏伊别墅是以这样一种理念设计的：将它作为建筑范本，可以在阿根廷任意地、批量地建造[70]。 **122**

之后，1949年为菲特尔教授（Professor Fueter）设计位于康斯坦茨湖（Lake Constance）的住宅时，他曾写道"这种建筑可以建在任何地形地势，不论是平的还是有坡度的；根本不必单独划分自己的花园用地——想在哪里种卷心菜就在哪里种。"[71]对于勒·柯布西耶来说，"居住的机器"不论是作为单独的住宅还是住宅单元，都可以在任何地方发挥作用——就像涡轮机、火车或者汽车一样。

117 里德和斯特恩、沃伦和维特摩尔（Read & Stern, Warren & Wetmore），中央火车站（1903—1913），纽约，坡道剖面图。

118 勒·柯布西耶，卡彭特视觉艺术中心（1960—1963），哈佛大学，
美国马萨诸塞州剑桥，跨过昆西街的坡道通向工作室配楼。
119 勒·柯布西耶、皮埃尔·让纳雷，萨伏伊别墅（1929—1931），
普瓦西，坡道通向日光房。
120 勒·柯布西耶，拉罗什别墅配楼坡道草图（约1923年）。
121 勒·柯布西耶，工厂主协会大楼（1954），艾哈迈达巴德，印度，入口
立面与斜坡，依莲娜·罗杰—维奥勒（Hélène Roger-Viollet）拍摄，巴黎。
122 勒·柯布西耶，萨伏伊别墅以及提出的乡村扩建草图。

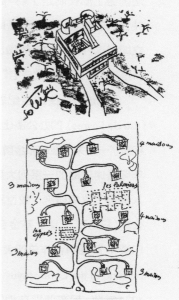

玻璃和金属

裸露的钢框架比任何其他的事物都更能表现出建筑领域的工业成就。勒·柯布西耶开始将之应用在自己作品中的时间没有确切记载。也许是在1922年：他在"当代城市"（Ville contemporaine）项目中曾设想摩天办公大楼，清晰地展现出了钢框架。不论怎样，他都认为19世纪亨利·拉布鲁斯特、古斯塔夫·埃菲尔和路易—奥古斯特·布瓦洛（Louis-Auguste Boileau）发明的金属结构才是现代建筑理念的典型代表。（而且，最终他鼓励基提恩对这个专题做详细的研究。）

可想而知，一旦勒·柯布西耶意识到钢框架代替钢筋混凝土的运用可以帮助他实现一些构想，他一定会立刻着手行动。而这恰好在1928年的时候发生了。那时他正与日内瓦实业家埃德蒙·华纳（Edmond Wanner）接触。他不但设计了一种冷绝缘纤维砖（cold-insulating fibre tiles）系统，还对墙体干作业建筑（dry-wall construction）存在的问题有着浓厚的兴趣[72]。于是，勒·柯布西耶因为华纳而重新开始先前"别墅建设"的设计，此后便是1930—1932年之间设计的日内瓦透明公寓（Maison Clarté）平面图。也几乎是在同一时期，法国劳工部长制定了《卢瑟尔法案》（Loucheur Act）（1928）。这是为了促进公共住宅的建造，也为了帮助由于十年前战争而萧条的钢铁工业。勒·柯布西耶立即对这种大好的局势做出了回应。而这个回应便是他打算设计一种纯金属材料搭建的"卢瑟尔式住宅"（Loucheur houses）。

就这样，在20世纪20年代，塞夫勒大街（rue de Sèvres）的办公楼让建筑界至少在理论上积累了一些关于玻璃和金属建筑的经验。在1930年后迅速建成的一系列大型建筑中，就更加深入推进了这项研究：救世军大楼（巴黎）、透明公寓（日内瓦）、瑞士基金会（Foundation Suisse，巴黎）、莫斯科合作总部大楼（the administration building of the Centrosoyus，莫斯科），最后还有1934年勒·柯布西耶在地铁摩利托门站（Porte

123

123　勒·柯布西耶、皮埃尔·让纳雷，透明公寓（1930—1933），日内瓦，瑞士，匿名结构照片展示了钢结构（约1930年）。

124　勒·柯布西耶、皮埃尔·让纳雷，瑞士公寓（1929—1933），大学城，巴黎，钢结构照片（约1930）。

125　勒·柯布西耶、皮埃尔·让纳雷，救世军大楼（1932—1933），巴黎，底层架空支柱入口后视图，前面是勒·柯布西耶的小汽车。

126　彼埃尔·夏罗，"玻璃住宅"（1930—1932），巴黎。

123

124

125   126

Molitor）建造的公寓（巴黎）[73]。20世纪60年代的时候，雷诺公司曾联系这位建筑师，并与他商量在莫城（Meaux）建设一个大型住宅项目。这时这位建筑师再一次遇到了墙体干作业建筑的难题，这个过程最终没有能够实现[74]。　　　125~127 177 263

彼埃尔·夏罗的例子

1928—1930年左右，勒·柯布西耶正在为埃德蒙·华纳研究墙体干作业建筑体系，这是一个小项目——玻璃住宅（Maison de Verre），一个位于巴黎的圣日耳曼德佩区的在建项目。内科兼妇科医生达尔萨斯（Dalsace）委托彼埃尔·夏罗对他在圣纪尧姆街31号（31 rue Saint-Guillaume）的小住宅进行改造。在这之前，夏罗原本以他高雅的家具装饰艺术闻名，而玻璃住宅更把他推向了建筑实验的前沿[75]。夏罗决定将这个住宅的下面两层用一个半透明的玻璃盒子代替。在这里，自由平面可以说成为了一个极具戏剧化的"居住机器"的出发点。他同约翰·杜克（Johannes Duiker）之前的合作伙伴伯纳德·毕吉伯（Bernard Bijvoet）一同进行了室内设计。室内由暴露的钢架梁、滚动或折叠的活动墙以及精心雕琢的门和柜子组成。立面由通透的玻璃砖构成，其中点缀着条形的工厂玻璃。

126

这个建筑语汇并不是全新的。早在1903年，奥古斯特·佩雷就在富兰克林大街住宅的楼梯井中使用过玻璃砖（它周围的居民很反对在那里搁置窗户）。布鲁诺·陶特（Bruno Taut）也曾在科隆举办的德国制造联盟展上设计的玻璃亭子中运用了玻璃砖（1914）。但是最后，无框架玻璃砖的应用创造出了一种新型的墙体形式，既有以往玻璃墙的影子，又有自己独特的通透性，所以可以说夏罗的作品超越了之前的那些样本[76]。

当玻璃住宅即将竣工之时，达尔萨斯夫人的女佣发现总有一个身穿黑色大衣、头戴圆形礼帽的男子晚上在这栋建筑边上速写。终于，一天晚上达尔萨斯夫人认出了这个神秘人士，他就是勒·柯布西耶[77]。这栋建筑是在勒·柯布西耶的日内瓦透明公寓建成前不久竣工的，救世军大楼和摩利托门站公寓当时也在建设当中。于是玻璃砖与金属框架的结合就成为了勒·柯布西耶建筑理念中极其重要的一部分。但是夏罗不是这个理念唯一的灵感来源。勒·柯布西耶无疑关注到了1930年在巴黎世博会上由格罗皮乌斯设计，马歇尔·布劳耶（Marcel Breuer）布置的德国制造联盟的"住宅酒店的公共房间"。几个月后，1931年，他称赞由约翰·布林克曼（Johannes Brinkman）和伦德特·范·德·弗鲁特（Leendert Van der Vlugt）在鹿特丹（1928—1930）设计的巨大且完全通透的范·尼尔工厂（Van Nelle plant）是"我在摩登时代见过的最美的奇观"[78]。

墙体的中和处理

对窗户概念完全颠覆性的理解，解决了建造这种大面积透明表面的燃眉之急。传统观念中，窗户的功能是采光和通风。但是与其性质相似的玻璃幕墙却不再将通风作为基本功能。而是由机械通风系统来解决这个问题。在之前的几年里，法国的古斯塔夫·里昂（Gustave Lyon）曾提出过"空气区域"（l'air ponctuel）的概念[79]。于是，勒·柯布西耶在国联宫项目中依据这个理念设计了一套采暖系统。这套系统可使暖空气在会议大厅内外玻璃墙之间流通。在莫斯科合作总部大楼的设计中，第一次实现了通过对墙体中和处理（murs neutralisants）达到充分绝热的效果。但是购置必要机械设备的资金却十分紧缺，而且像预计的那样，在这栋建筑中夏天有多热，冬天就有多冷。[127]

在热量控制方面，救世军大楼也没有取得彻底的成功（1933）。这栋大楼的建成庆典在1933年12月举行。尽管之前与会者都对这个玻璃构筑物在开幕时能否保证室内拥有舒适的温度持怀疑态度，但是那天运行得相当好[80]。尽管如此，那些梦幻般的大窗户（fenêtres d' illusion）在两年后也不得不被分割成玻璃幕墙。因为尽管它的采暖系统足以抵御12月份的寒冷，但是资金却不足以装设夏季通风系统。

在以这种简单的"墙体中和处理"来解决供暖问题的事实背后，实际上蕴藏着一个更加深远的观念。一个好的建筑应该在任何地方都能有效地发挥它的功能——就像一台机器，不管在什么气候条件下都可以高效运作：

当国际化科学技术相互渗透之际，我提出一种建筑，适用于世界各国，可经受得起各种气候条件：一种会精确呼吸的建筑（a house with exact respiration）[81]。

本土特色的回归：遮阳板

追求"国际化科学技术"的激情在勒·柯布西耶的建筑生涯中是短暂的。1931年后，他对阿尔及尔产生了浓厚的兴趣，并专注研究，高科技就不再是唯一的设计导向了。因此他需要更多关注环境控制的基本技术。在无法安置复杂的机械设备，或遇到机械设备也无法解决的难题时，建筑本身应该有能力提供解决办法。

突尼斯附近迦太基（Carthage）的贝泽住宅（Villa Baizeau）（1928），巧妙地解决了前面提到的问题：在建筑主体的室内空间里，房间被布置得十分靠里，从而使悬挑的楼板和天花板发挥遮阳的作用[82]。1933年，勒·柯布西耶又在巴塞罗那的一个工人住房改造方案中运用了类似的手法。也是在同一年，如雕塑般的遮阳板格栅（现已成为独立的建筑结构框架）出现在了阿尔及尔一个醒目的公寓楼中：模块大楼（Immeuble Poncif）。直到1936年，这种设计理念才应用在宏大

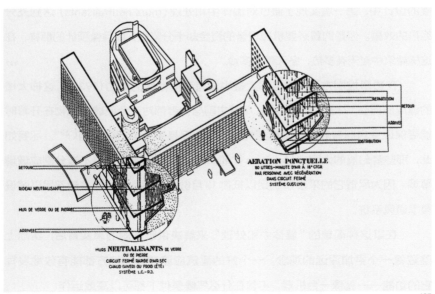

127

的体量之上。在卢西奥·科斯塔（Lucio Costa）的盛邀下，勒·柯布西耶成为了里约热内卢新建的教育和公共健康总部（headquarters of the Ministry of Education and Public Health）的设计顾问。但很奇怪的是，这座玻璃摩天大楼的朝向竟然是北面，也就是说直冲着耀眼的阳光（译注：地处南半球）。"不必担心，"他解释道："我们会装遮阳板的！"[83]

128 129

　　二战之后，那里几乎没有一座建筑是由塞夫勒大街的建筑师们设计的，而且也都不带遮阳板。可以想象，在他第一次去印度的旅途中，控制光和温度的问题自然而然是他思考的核心。1951年3月，趁着来到孟买泰姬陵酒店（Taj Mahal Hotel）的机会，他用心记录下了殖民地时期的建筑师们解决上述问题的方法，即通过各式各样的阳台、过道和凹室[84]。于是，在此之后他为了让遮阳板能科学地排布想尽了一切办法，例如依据位置的需要来设计。他希望这些遮阳板的位置是依据太阳位置准确计算确定的，之后再用混凝土浇筑。在他的观念里，建造可移动的遮阳板（像卢西奥·科斯塔、奥斯卡·尼迈耶（Oscar Niemeyer）和阿方索·爱德华多·雷迪（Affonso Eduardo Reidy）在里约的教育和公共健康总部设计中的做法一样）（也如同理查德·诺伊特拉（Richard Neutra）之后提出的那样），是无法完成的精确设计。于是，厚重的栅格架以经深思熟虑的设计角度安置在了勒·柯布西耶印度大楼、昌迪加尔议会大楼和艾哈迈达巴德工厂主协会大楼等作品中[85]。

　　这种理念，对于南部或热带地区来说具有一定的效用。它的出现是为了创造一种附加在玻璃立面上的构筑物，使它们在不损失采光和通风的前提下免受直接辐射。在太阳高度角很低的地方，这种建筑可以得到充足的阳光照射和热量，保证了舒适性；而在太阳很高的夏天，它还可以免受过热和眩光的威胁。除了这种功能性的考虑，还有很明确的建筑层面上的考虑。对于建筑师来说，遮阳板扮演了类似建筑中的窗户、梁、栏杆、檐口和连廊等重要的角色。使建筑特色鲜明，即使在很远的地方都可让人一目了然，也使建筑成为了一种极有韵律的机体[86]。

115 137 179 230 277 279

127　勒·柯布西耶、皮埃尔·让纳雷，合作总部大楼（1928—1934），莫斯科。"中和处理的墙体"轴测图。

　　如之前柯布式的设计原则——自由平面、自由立面、屋顶花园、方盒子建筑等一样，这种新的装置也经常超越其本身的功能

128

128 勒·柯布西耶、皮埃尔·让纳雷，贝泽住宅（1929），迦太基，突尼斯。

129 奥斯卡·尼迈耶、阿方索·爱德华多·雷迪、若热·莫雷拉
（Jorge Moreira）、卡洛斯·里奥（Carlos Leao）、卢西奥·科斯塔以及
赫尔纳尼·瓦斯孔塞洛斯（Hernani Vasconcelos），教育和公共健康总部
（1936—1942），里约热内卢，巴西，勒·柯布西耶（顾问）。

130 勒·柯布西耶，遮阳板；阐释性草图（约1950年）。

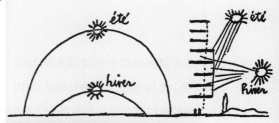

性，成为具有雕塑感的戏剧演奏乐器[87]。他的随从负责将环境管理手段形成一种风格，尤其是在北部的气候环境中，在那里实用性是可以被忽略的。而在这儿，遮阳板以其新颖的构筑形象以及作为回归自然的象征，成为了建筑的卖点。

有性别的建筑。走向波浪屋顶

雪铁龙项目是回归自然的理性产物：一个抽象的、立方体的形式，独立并脱离其所伫立的土壤。其中，与阿波罗太阳神理性概念（Apollonian concept）对应的是狄奥尼索斯酒神的非理性直觉主题（Dionysian theme）。一个重要的例子是莫诺尔住宅（Maisons Monol）：这要追溯到1919年，那是一个缓坡波浪式屋顶的小尺度联排式住宅。也正是这种建筑形式促成了勒·柯布西耶从性别上对建筑的描述："雌性建筑"和"雄性建筑"的对立[88]，不禁让人想起他早期绘画作品中瓶子和杯子或成列或堆积的格局。但是除此之外还有一个更直观、贴切的建筑范例。1915年，奥古斯特·佩雷在卡萨布兰卡一个码头仓库的设计中采用了仅7厘米厚的筒形拱状"蛋壳"屋顶，而1908—1909年曾在佩雷工作室参与阿尔及利亚项目规划设计的勒·柯布西耶对这栋建筑相当熟知[89]。　　131 132

于是不同厚度、低矮的筒形拱顶便成为了勒·柯布西耶建筑语汇中经常出现的主题。他位于地铁摩利托门站公寓顶层的工作室就采用了这种屋顶形式，苏黎世养老院（Rentenanstalt）（1933）的屋顶结构是这一主题的变体[90]，还有全国"农业重组"计划（agrarian reorganization，未实现），要求农垦谷仓的设计以它为模板[91]。设计灵感来源于这个优雅的单身汉在拉·塞勒·圣—克劳德（La Celle Saint-Cloud）（1935）一次周末的度假。波浪形的屋顶由先前项目中呈现出的轻质壳状主体变成了巨大的混凝土主体，与厚重的石砌墙形成了强烈的反差[92]。在这之后，艾哈迈达巴德的萨拉巴伊别墅（Villa Sarabhai）和纳伊（Neuilly，法国北部城市）的雅乌拉别墅群（Jaoul houses）（都建成于1954—1956年）那样的地标建筑，都是以它为模板来设计的。原理很简单，由平行且不同长度的轮毂组成序列。而这些轮毂的宽度则

131　夏尔—爱德华·让纳雷（勒·柯布西耶），莫诺尔工人住房（1919）。

是由被称为"加泰罗尼亚"拱顶（"Catalan"vault）的模度来决定。　327 133 134

这些奢华的建筑已经成为整个时代的建筑参考[93]。生长在自然中的萨拉巴伊别墅融合了风土元素和强烈的色彩。当之无愧地成为了勒·柯布西耶最杰出的住宅作品之一[94]。而同样位于纳伊两层高的雅乌拉别墅也贯彻了这个主题[95]。被瓦砾覆盖的不同宽度的拱形天花板为这种建筑提供了基本的模度，墙体由平整的砖和混凝土块构筑。但是莫诺尔体系的波浪形屋顶的内涵远不止这些。通过连结，简形拱顶拥有塑造任意大小体量的潜力，所以它成为了较勒·柯布西耶之前作品更具影响力的建筑项目的基本单元。尽管位于圣博美山（Sainte-Beaume）的朝圣者旅店项目和1949年计划建造的罗克布伦（Roquebrune）的洛克罗布度假区发展方案（Roq et Rob）都没有建成，但它们在成为了之后1960年瑞士伯尼尔建成的海伦集合住宅区（Halen colony）等项目的跳板。　136

这一系列的发展根据地点、用途和时间的不同支配形式，如同地毯一般缓缓展开。它们如细胞组织一样，以圆拱的形式展示在大家面前，具有"特征灵活、结构多变的特点，因此，独特的方式是始料未及的"[96]。这与幸存于地中海和爱琴岛的传统风土民宅的类比绝非巧合。简形拱顶从罗马共和国开始就一直是西方建筑和城市化的原始模板。

伞一样的屋顶

如果说南部的气候对润色柯布西耶的建筑色调造成了非常糟糕的影响，但还是出乎意料地促成了一些早期建筑范例建筑手法的回归。在他第一张迦太基别墅的草图中，他在方盒子的顶部设计了一个自立式的伞顶，之后又将它变

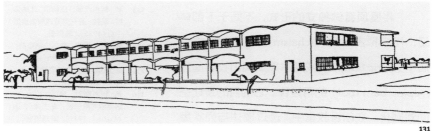

131

成观景楼（突尼斯，1928）[97]。几十年后，这种主题又在艾哈迈达巴德的绍丹别墅（Villa Shodan）中重现，通过遮阳板突出了雕塑般强烈的立方体积与空洞的紧密结合，从而对下层的建筑主体予以重新定义（1952—1956）[98]。朗香教堂中——第一张草图是勒·柯布西耶去印度前一个月画的——屋顶下垂到昏暗的室内像一个帐篷，再次在视觉上独立于墙体。纤细的阳光照射在教堂屋顶和墙体之间："1964年我在纽约附近的长岛捡到了一个贝壳，放在绘图桌上。然后它就变成了这个小教堂的屋顶。"勒·柯布西耶在接受采访时说道[99]。　137 138 275

展览馆

将使用区域和屋顶之间分开，在柯布西耶去世后才开放的苏黎世馆中界定得更加清晰。这栋"样板房"再一次成为了他先前理念的一块拼板[100]。两个并排着的钢伞组成的屋顶是它最显著的特点。这两个钢伞，一个是内凹的，另一个是外凸的——这样的想法要追溯到1939年列日（Liège）举办的水之季（Saison de l'Eau）主题展览，轻质钢架构筑的两个相似的伞曾在那里出现过。这两个例子中，荷载都不压在角上，而是分布在四个面各自的中心区域[101]。其实在1928年时，这种理念就已经出现在巴黎商业博览会中的轻便式雀巢展馆（Nestlé portable pavilion）。它的屋顶由锡和胶合板构筑而成，展现出了坚果壳的外形[102]。　139~141

在这之后，大约1950年，"主流艺术集锦"展览（Synthèse des arts majeurs）的核心马约门50号项目（Porte Maillot 50）也是一个例子[103]。最终，同样的屋顶形式再一次植入一系列博物馆项目中，包括东京、埃伦巴赫（Erlenbach）（法兰克福附近）和斯德哥尔摩。

将屋顶看做独立的形式，不同于下部体量，代表拟古主义（archaism）。这是对多立克庙宇（Doric temple）或阿尔卑斯高山牧屋屋顶（Alpine barn roof）的再诠释。它的目的是让空间戏剧化。在朗香教堂中，透过墙体与壳状屋

132　奥古斯特·佩雷，蛋壳筒形屋顶（1915），卡萨布兰卡。

133　勒·柯布西耶、皮埃尔·让纳雷，拉·塞勒·圣一克劳德周末度假中心（1935）。轴测图。

134　勒·柯布西耶，雅乌拉别墅群（1954—1956），纳伊，法国。

135　风土民居群，圣托里尼岛（Santorini），希腊。

136　勒·柯布西耶，罗克布伦的洛克罗布度假区，马丁岬（Cap Martin）（1949）。前期研究。

132

133

Situation de la maison dans le terrain

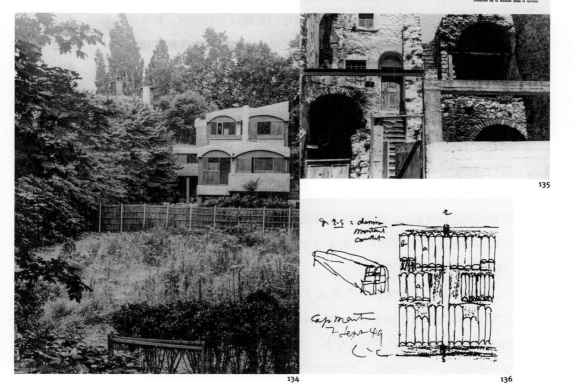

135

134

136

顶的隙缝射进的光线，带来了一种内外空间的动态交互作用。站在苏黎世馆的屋顶上，视线随着钢伞轮廓游移，会有一种对比的感觉。在勒·柯布西耶后来的建筑作品中，室内和室外并没有和谐地融合在一起。不是简单地认可光线和空间：它们或是被拒之门外，或者是融入室内。

光房子

在1911年10月，他参观了罗马城外蒂沃利（Tivoli）附近的哈德良城郊住宅（Hadrian's villa）。给他留下最深刻印象的是塞拉比尤姆神庙（Serapeum）后殿的建造方法，将石块分割，光线则通过烟囱似的高窗射入。几十年后，他又重新回味了这些曾经的草图[104]。起初是设计圣博美山的地下圣坛（1948），之后是设计朗香教堂。具体到朗香教堂（Notre-Dame-du-Haut），它以潜望镜光束的形式捕捉阳光，然后再透射到洞穴似的后殿和三面的小教堂中。 142~144

20世纪20年代他曾公开说过"像你们可能认为的那样，我大量地利用光线。对我来说，光线是建筑至关重要的基础。我的设计是离不开光的。"[105]作为一个画家，勒·柯布西耶深知高窗和天窗与落地窗相比具有很大的优势，尤其对于工作室的空间来说。1929年他设计了一栋自称为"我的房子"（My house）的建筑[106]，也就是具有复杂的天窗体系和抛物体形状的混凝土壳屋顶的工作室雏形，它是受到了欧仁·弗雷西内（Eugène Freyssinet）作品的启发（弗雷西内同一年在巴黎附近巴纽（Bagneux）的火车机车库设计中使用了类似的屋顶）。"我的房子"从未动工。不是由于为画家设计的大工作室的窗户被切割成平的拱筒屋顶，而是后来位于鲁日塞—伊—库利大街（Rue Nungesser-et-Coli）他个人工作室的构想重新浮出了水面（1932）[107]。 145 146

1945年后，"我的房子"变成了昌迪加尔艺术学院与建筑大学（the Art School and the College of Architecture）设计的范本。它同工作室一样都避免了阳光的直射。也拥有相同向北倾

137　勒·柯布西耶，绍丹别墅（1956），艾哈迈达巴德，印度。

138　勒·柯布西耶，迦太基别墅早期项目，突尼斯（1928）。

139　勒·柯布西耶、皮埃尔·让纳雷，巴黎商业博览会雀巢展馆（1928）。

140　勒·柯布西耶，勒·柯布西耶展览馆（1964—1967），苏黎世，瑞士。

137

138

139

140

141

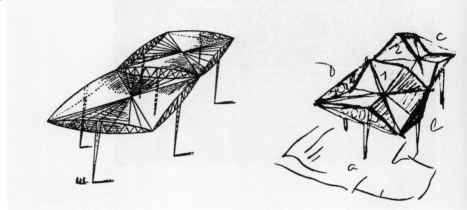

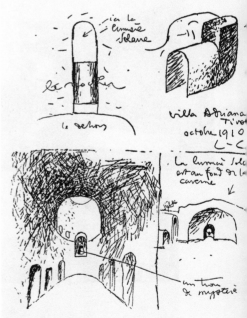

141 勒·柯布西耶，展览馆草图：列日商业展览会（1938；左侧）及
苏黎世勒·柯布西耶展览馆（1964—1967）。
142 勒·柯布西耶，蒂沃利哈德良别墅的塞拉比尤姆神庙内部图例
（建于公元前3世纪）。1911年现场铅笔素描。
143 乔凡尼·巴蒂斯塔·皮拉内西（1720—1778），蒂沃利哈德良别墅的
塞拉比尤姆神庙。版画。
144 勒·柯布西耶，圣博美山地下圣坛工程，法国南部（1941）。
拼贴和水粉画。
145 欧仁·弗雷西内，火车机车库（1929），巴纽，法国。
146 勒·柯布西耶，我的房子（1929）。关于艺术家工作室的研究。

143

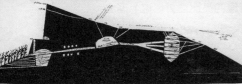

144

145

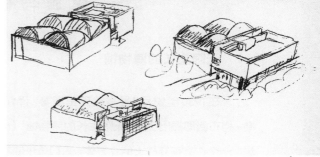

146

斜的遮阳板的节奏序列。其中，只有弗雷西内遮阳板的外形进行了简化（1952）[108]。

如果说工作室、工坊和工厂都需要竖向和（或）间接的采光，那么博物馆也是需要的。在勒·柯布西耶的博物馆项目中，我们能看到一条从原始天然状态到巴洛克精雕细琢的发展脉络：艾哈迈达巴德博物馆（大约1954—1956年）的灯光与东京博物馆的照明一样巧妙[109]。用这位建筑师的专业语汇来说，即使是山洞，也是因为阳光而存在的。

威尼斯医院

虽然极具争议性，但威尼斯的那个医院项目的确成为了勒·柯布西耶作品中体现间接照明的最佳案例[110]。他尽其所能地褒奖过这个建筑的优势。而这都是因为他一次生病住院，那次他被透过窗子的强烈阳光照射，令人很是烦恼。专家们也许会对这个系统对治疗效果的影响有些争论质疑。缺乏对周围景色的观察要为系统的统一连贯性付出代价，例如如何处理密度高、灵活性强的理论模型。在一次威尼斯的新闻发布会中，他用了这样的辞藻"我设计的医院综合楼，能够伸展开来，就像张开的手一样：建筑不带立面，入口在底部，换句话说是从内部进入其中。"[111] **151**

除了来自第十小组（Team X）特定理念及项目有趣的类比之外，这个理念再次点出了很久之前提到过的一些解决方案，例如1925年设计的学生宿舍[112]和无限生长的博物馆。 **348**

螺 旋 与 碗

无限生长的博物馆

在1930年12月8号写给克里斯琴·泽尔沃斯（Christian Zervos）的信中，勒·柯布西耶提出了他"无限生长的博物馆"（musée à croissance illimitée）的构想：一个伫立在立柱上的立方体，入口位于底部中心处，房间从这里以螺旋方式无尽地延伸开来。"这栋博物馆在巴黎郊区的土豆、甜菜地中拔地而起。如果建址完美固然是很好，如果建址选在很脏乱的地方，或者因链齿轮生产或工厂烟囱排污而导致环境变得很差，也无所谓。"[113]

自此以后，勒·柯布西耶设计了很多博物馆项目。其中有3座建成（东京、艾哈迈达巴德，还有昌迪加尔），但它们都不符合无限生长的理念——尽管，在这3个案例中，外墙的砖缝特质都在暗示着一种非结构性的灵活分割墙体的特点。

考虑到这种末端开口的螺旋也许能为博物馆带来一些新奇的可能性，符号象征性也必须包含其中。下面举个例子，"自然的生长法则，一种构成所有有机生命表现的法则"[114]，这种螺旋已经成为了勒·柯布西耶自从拉绍德封的生活岁月后形成的诗意表达体系（poetic universe）的一部分。虽然他曾关注过巴比伦的金字形神塔（ziggurats），并认为其形式已经成为一种建筑有机体系（同样的还有罗马圣伊华教堂（St Ivo Church）弗朗西斯科·博洛米尼（Francesco Borromini）设计的花饰灯，或是弗拉基米尔·塔特林（Vladimir Tatlin）为第三共产国际（the Third Communist International）设计的项目（1920）），但是他更愿意在比例研究中应用抽象概念，或者将其解构成直角方盒子来更直观地展现传统的相对成行排列——正如他在无限生长的博物馆（或者曼达纽姆项目）中的设计一样。体现空间艺术的作品不再是严格的矩形形状，很难让人联想到他就是《直角之诗》（Poème de l'angle droit）的作者。突破这种开敞形式（open form）的任务，就留给弗兰克·劳埃德·赖特了。　　147 148

体育场

毫无疑问，体育场作为一种建筑规划项目对建筑师有着深深的吸引力。对他来说，运动与精神保健（mental hygiene）和社会卫生（social hygiene）是同义词。他喜欢周日到地铁摩利托门站的公寓上俯视让·博茵运动场（Jean-Bouin Stadium）观看足球比赛。而且不难想象，他对于1936年在美国看到的"轮廓鲜明的巨大混凝土椭圆形运动场"印象非常深刻："这些著名的比赛有6万甚至10万的观众，那里所有的一切都有自律，有风格，有热情。"[115]1936—

1937年间，在柏林和罗马频繁举办了许多规模宏大的集会活动。巴黎也不甘落后——所以勒·柯布西耶设计了一个恢弘的国家文体中心，人流由宽敞坡道进入，可容纳10余万观众[116]。 **150**

当他在20年后重拾这个理念的时候，所带来的神奇效果不仅是巨大的，更是罕见的。在法国中部群山中的一座小镇费尔米尼（Firminy），勒·柯布西耶提出了形状像个看台的建筑，并打算当作青年中心来用（1956年设计）。原因显而易见，原本的设计构思是把青年中心包含在体育场当中。之后，行政部门打算在别的地方修建体育场。但是因为平面图已经确定，这位建筑师就仍坚持着最初的理念。如果要证明建筑"形式不必服从功能"，而是功能需求与形式化概念的偶然结果，这个看似充斥着矛盾的建筑就是很好的例证[117]。 **149**

建筑类型学与设计手法

如果不从时间顺序来划分，那勒·柯布西耶的建筑作品该如何分类呢？

他设计过的那些主题和项目有没有形成连续的发展脉络？从之前提到的内容可以看出根本没有。这些项目各自独立于其具体的建筑目的而开发。建筑风格的划分不会超过3~4个主题（或功能）：居住单元（方盒子）、博物馆（螺旋）、体育场（椭圆形）、在一定程度上会议大厅（楔形）也算一个。通过这些项目功能上的需求，形成了一些形式和格局的族群（family）。而这些形式与格局在众多不同需求出现的情况下有了后续的发展、变化与调整。尽管这种形式上的革新并没有完全独立于传统的建筑主题，但是建筑目的（实体上的和传统上的）和形式的联系已变得不那么紧密了，有时甚至存在本质的区别。 **87 150 258 348**

三种不同功能类型中的一些例子可以明显地体现出矛盾的存在。勒·柯布西耶曾多次参与学校设计：他在23岁时，曾在拉绍德封为艺术工坊联合会设计了一个项目（1910）；半个世纪后，他又设计了昌迪加尔艺术学院与建筑大学（1958—1962），还为哈佛视觉艺术系设计了卡彭特中心（1961—1964）。每个例子的主旨在一定程

147 勒·柯布西耶，螺旋主题的几何起源草图（约1950年）。
148 弗拉基米尔·塔特林，第三共产国际纪念碑，莫斯科（1920）。项目模型图。

度上都有相似之处——那便是他永远不会失去对项目的创作激情。而他赋予每个案例完全不同的形式：艺术工坊联合会是世俗教会修道院的形式，可以很明显地看到卡尔特修道院（Certosa di Galluzzo）的影子；昌迪加尔的学校则是弗雷西内式铁路机车库的变体（另外还包括1929年他自己的工作室项目）；而卡彭特中心则是拉罗什画廊配楼和工厂主协会大楼坡道结合的体现，是昌迪加尔和拉图雷特修道院（La Tourette）风格的重塑。 161 118

再说说别墅住宅。在艾哈迈达巴德，两个奢华的私人宅邸是以十分相似的主旨建成的——绍丹别墅和萨拉巴伊别墅。他们几乎各方面都是不同的。前者属于雪铁龙住宅一类，而后者属于莫诺尔样式的变异。 131 137

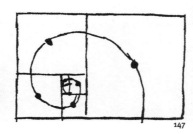

147

148

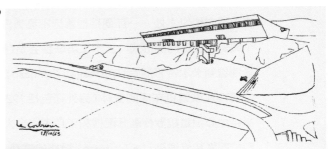

149

150

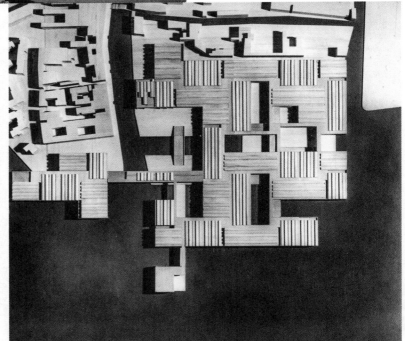

151

而这一点在勒·柯布西耶的教堂建筑中得到了最好的诠释。从原则上来说，它们都有类似的目的：让人群集中围绕在圣坛周围。然而他在每个设计中都运用了完全不同的形式。朗香教堂呈现的是这样一种体系：室内中心壳状屋顶下是弧形或稍微倾斜的凹凸墙面。不规则的形状来源于他在阿尔及利亚盖尔达耶（Ghardaia）和姆札布（M' zab）时候的非洲风格草图（1931）[118]。拉图雷特项目则是朴素的西多会（Cistercian）教堂的规则棱柱方盒子。而其尺寸比例遵从了罗马的科斯梅丁圣玛丽亚大教堂（Santa Maria in Cosmedin）。费尔米尼青少年中心像是截断了的圆锥，像帽子一样扣在了室内空间上。这种形式既不像朗香教堂，又不像拉图雷特教堂，而是直接借鉴于昌迪加尔的议会大楼或者是工业冷却塔——成为了会议大厅设计的重要参考[119]。

194 273 274

建筑师对建筑功能及象征意义的态度能最好地体现出建筑物的类别。建筑的功能一直以来都由实际需求来决定，也许不只是这一点，它还受传统象征意义的影响。实际上，"教堂"并不代表他之前的建筑风格。彻底颠覆了以往公共设施楼宇的状况。勒·柯布西耶拒绝采用现代科技来诠释"神圣"这个主题，有人将其命名为"宗教的政治表象"[120]，来体现稳固的、既定的传统建筑特点。而他提出了自己的定义："不论是否与宗教相关，事物都有神圣与否的区别。"[121]而带来的结果就是，在技术上说，朗香教堂属于艾哈迈达巴德的工厂主协会大楼的小集会大厅那个类别；它不靠形式来表达，而是通过强烈的雕塑般的衔接（或许是昏暗的内部装饰的中世纪寓意）来表达。

相似的功能产生相似的形式，这个理念在勒·柯布西耶的作品中不断被质疑着。在这些项目中，功能和形式"共存而非相互渗透"[122]。在路易斯·沙利文（Louis Sullivan）暗含的"形式遵从功能"的公式中，设计初期，项目的数据和材料也许起决定性作用的。但基本的建筑语汇建立后，特定社会功能方面就有了相对自主性——而且在实际实施中也会有更多的偶然性。这一点现在仍然适用，也就是说，可以与特定项目中精确的个别数据相结合。它带来的结果——曾被阿兰·科尔孔描述成"概念置换"

149 勒·柯布西耶，费尔米尼文化之家（House of Culture），法国（1965年开工）。透视图。

150 勒·柯布西耶、皮埃尔·让纳雷，国家庆祝活动中心（1936—1937）。模型图。

151 勒·柯布西耶，威尼斯医院项目，意大利（1963—1965）。模型视图。

（displacement of concepts）[123]——也许对最终的建筑功能是非常有效的。因为如我们之前所看到的那样，建筑语汇非常灵活。但是这种结果不是以功能或者结构为主决定的，也必然不是由这些建筑构成制度化的传统来决定的。

　　简单来说，已经没有一种建筑语汇可以与已有的社会功能和文化意义相一致。换句话说，形式和功能已经没有什么传统的普遍惯例了。

在功能与形式之间

第三章附言

BETWEEN FUNCTION AND TYPE

本章的标题"建筑类型学与设计手法"是引自阿兰·科尔孔发表于1969年的同名论文（乔治·贝尔德（George Baird）、查尔斯·詹克斯（Charles Jencks）共同编撰，《建筑的意义》（*Meaning in Architecture*），伦敦，1969）。尽管勒·柯布西耶在科尔孔的论证中占有一席之地，但是"建筑类型学与设计手法"的意义远远超出了这个建筑师甚至是整个建筑领域的范畴。科尔孔所追求的是一种在科技和艺术范畴内具有普遍形式的理论。他论证到，模仿（mimesis）与创造（intuition）已从物理和生物技术的功能主义范畴中开辟了一条新的道路。但他补充道，为了能让那些人工制品形象更易于辨识，形成一种"类型"是不可缺少的。

通过建筑师阿尔多·罗西（Aldo Rossi）、理论家朱利奥·卡罗·阿尔甘（Giulio Carlo Argan）与安东尼·维德勒（Anthony Vidler）的努力，18世纪由卡特梅尔·德昆西（Quatremère de Quincy）等作家定义的"类型"与"建筑类型学"在1970年重新融入了建筑学研讨的血液中（详见罗西所著《建筑与城市设计选集》（*Scritti scelti sull'architettura e la città*），米兰，1975；阿尔甘所著《论建筑类型学》（*Sul concetto di tipologia architettonica*），选自《项目和命运》（*Progetto e destino*），米兰，1965；维德勒所著《第三建筑类型学》（The Third Typology），选自《对立》（*Oppositions*），第7期，1976；还有《类型产品》（The Production of Types），选自《对立》，第8期，1977。从另一个角度来看这个问题，也可以参考拉菲尔·莫内欧（Rafael Moneo），"论建筑类型学"（On Typology），选自《对立》，第13期，1978）。科尔孔的这篇论文对我撰写这一章英文版的时候帮助很大（参考的是1979年的版本），但从总体上看，1960—1970年间人们对建筑理论类型学和建筑历史兴趣的不断高涨仅以暗示的方式在书中有所呈现。

■ 建筑形象、社会功能和形式之间的关系是很复杂的。为了阐述清楚它们之间的联系，这里提供了两种途径：一是对单个项目细节的设计历史进行研究，这种雄心壮志已经超越了本书记录的范畴；二是一种对比的方式——尽管是局限于作品内部的对比。雷纳·班纳姆的著作"艺术工坊——巴黎工作室建筑和现代建筑运动"（Ateliers d'artistes. Paris studio Houses and the Modern Movement）（《建筑评论》（*Architectural Review*），1956）再次点亮了大家前进的道路。对这一章中提及的大多数项目已经做了深入的研究。马克斯·里索拉达（Max Risselada）和蒂姆·本顿（Tim Benton）对巴黎别墅的研究，让我们对问题的理解更加透彻（参考里索拉达，《勒·柯布西耶和皮埃尔·让纳雷——住宅设计选（1919—1929）》（*Le Corbusier & Pierre Jeanneret. Ontwerpen voor de woning 1919-1929*），代尔夫特，1980以及本顿所著《勒·柯布西耶和皮埃尔·让纳雷别墅设计选（1920—1930）》（*Les villas de Le Corbusier et Pierre Jeanneret 1920-1930*），巴黎，1984，2007新版本）。与此同时，拉罗什—让纳雷住宅成为了古典主义和立体主义的研讨核心，具有独创传统，并且对勒·柯布西耶建筑形式语汇的影响也很大。（参考库尔特·W.福斯特（Kurt W.Forster），"拉罗什—让纳雷住宅的特殊性和现代性（1923）"（Antiquity and Modernity in the La Roche-Jeanneret House of 1923），选自《对立》，第15/16期，1979；夏娃·布劳（Eve Blau）和南希·特洛伊（Nancy Troy）编辑，《建筑与立体主义》（*Architecture and Cubism*），剑桥，马萨诸塞州，1997——详见比特瑞兹·克罗米娜（Beatriz Colomina）与伊夫—阿兰·布瓦（Yve-Alain Bois）的投稿。）更近的一个例子是何塞普·克格拉斯（Josep Quetglas）于2008发表的关于萨伏伊别墅的专著《幻想的乡村——勒·柯布西耶和皮埃尔·让纳雷的萨伏伊别墅设计》（*Les Heures Claires. Proyecto y Arquitectura en la Villa Savoye de Le Corbusier y Pierre Jeanneret*），巴塞罗那，2008；以其对细节的关注与挖掘，超越了之前所有此类专著研究的成就。

之后的作品，资料最完整的要数日内瓦的透明公寓（尤其是其对钢框架的运用；参见克里斯蒂安·舒米（Christian Sumi），《日内瓦透明大楼1932》（*Immeuble Clarté Genf 1932*），苏黎士，1989），巴黎的瑞士公寓（伊万·扎克尼克（Ivan Zaknic），《勒·柯布西耶——瑞士馆：建筑传记》（*Le Corbusier–Pavillon Suisse: The Biography of a Building*），巴塞尔，2004），位于纳伊的雅乌拉别墅群（卡罗琳·米妮埃克（Caroline Maniaque），《勒·柯布西耶和雅乌拉别墅群——项目设计和建造》(*Le Corbusier et les maisons Jaoul. Projet et fabrique*),巴黎,2005),朗香教堂,朗香(丹尼尔·保利(Danièle Pauly),《朗香教堂——建筑的一堂课》(*Ronchamp. Lecture d'une architecture*),巴黎,1979),剑桥视觉艺术系的卡彭特中心(爱德华·弗朗兹·塞科勒(Eduard Franz Sekler)和威廉·柯蒂斯(William Curtis),《工作中的柯布西耶——剑桥视觉艺术系馆卡彭特中心的匠心》(*Le Corbusier at Work. The Genesis of the Carpenter Center for the Visual Arts*),剑桥,马萨诸塞州,1978),最后还有未建成的项目——威尼斯医院(伦佐·杜比尼(Renzo Dubbini)和罗伯托·索尔蒂纳(Roberto Sordina)共同编撰,《评勒·柯布西耶的威尼斯医院》(*H VEN LC. Hôpital de Venise. Le Corbusier. Testimonianze*),威尼斯,1999)。由于他们关注的是建筑问题而非档案记载,所以其中最有价值的研究是来自舒米、米妮埃克、保利和赛科勒/柯蒂斯等人。对于坐落在法国的那些建筑这里我应该再多说一点,吉尔斯·拉戈(Gilles Ragot)和马蒂尔德·迪安(Mathilde Dion)在重要著作《勒·柯布西耶在法国》(*Le Corbusier en France*,巴黎,1997)中简短描述了其设计历史,而与此同时雅克·斯布里利欧(Jacques Sbriglio)对勒·柯布西耶基金会出版的手册中提到的同在巴黎的拉罗什—让纳雷住宅和侬凯撒—侬—库利大街公寓楼,还有马赛的马赛公寓也展开了讨论。但可惜的是,有关印度项目的详细考察资料甚是缺乏。

■ 是什么原因使柯林·罗1947年的"理想别墅的数学原理"(The Mathematics of the Ideal Villa)成为研究勒·柯布西耶的参考文献?为什么马克斯·里索拉达于1988年在代尔夫特出版的《空间设计与自由平面——阿道夫·鲁斯,勒·柯布西耶》(*Raumplan verus plan libre. Adolf Loos, Le Corbusier*,鹿特丹,2008年)以果壳形式来展现关键的问题?原因是他们将建筑视为由形式、主题和图案构成的体系,再从其所处时代或从整个欧洲建筑的角度出发,划定艺术和文化背景,强调机理。另一个例子是理查德·A.埃特林(Richard A. Etlin)的《弗兰克·劳埃德·赖特与勒·柯布西耶——浪漫遗风》(*Frank Lloyd Wright and Le Corbusier. The Romantic Legacy*,曼彻斯特,1994)。坡道、气候控制或者自由平面等主题能创造出一个完整体系来做比较研究。的确,若同时考虑无限性和复杂性,勒·柯布西耶的作品完全可以独自挑战建筑类型学的筛选规则。玛丽亚·坎德拉·苏亚雷斯(Maria Candela Suarez)的《柯布西耶的迈耶别墅和绍丹别墅》(*Les villas Meyer y Hutheesing-Shodhan de Le Corbusier*,巴塞罗那,2006)就是例证。与此相似、雅克·卢肯(Jacques Lucan)所著"雅典和比萨——两个杰出的自由空间模型"(Athènes et Pise. Deux modèles pour l' espace convexe du plan libre)(《建筑与城市研究笔记》(*Les cahiers de la recherche architecturale et urbaine*)22/23, 2008)是最近对自由平面理论的审视,他站在更高的视角来看待问题。

这种类型学的交叉审视证实勒·柯布西耶最后的作品——威尼斯医院获得了非常多的赞誉。1965年勒·柯布西耶去世时,第十小组已经在国际现代建筑协会(CIAM, Congrès internationaux d'architecture moderne)乃至现代建筑界注入了新的循环模式。荷兰建筑师,如阿尔多·范·艾克(Aldo van Eyck)和皮特·布洛姆(Piet Blom)(布洛姆曾与勒·柯布西耶共事过)曾尝试重新定义开放性横向发展与集群式发展两种城市项目,它们暗示着一种沿开放式时间轴增长的可能性。范·艾克1958年建于阿姆斯特丹的市政孤儿院正是这个过程的一个模型。事实证明,不论勒·柯布西耶,还是胡安·吉列尔莫·德拉弗恩特(Juan Gulliermo de la Fuente)乃至他工作室的所有成员都忽视了这种发展(参见埃里克·芒福德(Eric Mumford),"网架或建筑领域的形成"(The Emergence of Mat or Field Buildings),选自《勒·柯布西耶的威尼斯医院》(*Le Corbusier's Venice Hospital*),慕尼黑,2001)。

总而言之,勒·柯布西耶同其他人一样(当然是和他在一起工作的人)也会为了寻找灵感而查阅杂志。这是一种让自己融入时代的方式。只有更深入地探究这些资源,我们才能对更广泛的现代主义思潮做出特殊的贡献。

第四章

乌托邦主题的演变

VARIATIONS
ON
A
UTOPIAN
THEME

在欧洲，现代建筑的本源与住房问题是密不可分的。勒·柯布西耶对此也毫无异议。19 世纪中叶，工业化给工人阶级和城市贫困人群的居住环境带来了很大的问题。而这个问题关系着资本主义的生死存亡。在这样的背景下，生物和社会两个层面的卫生标准登上了政治斗争的舞台，于是诞生了城市文明的法规，并且田园城市成了 1900 年左右住房改革的不二法门[1]。

田园城市以小型家庭作为基本的消费单元，以传统乡村住宅为原始模型。但到了20世纪20年代中期，建筑师们开始采用工厂模式和房屋生产流水线的模式。他们不仅阐述了这种建筑生产过程的合理性，还展示了一种合理的经济模式，其中家庭扮演的角色已经被"集体"所取代。一战后的1918年，俄国成功地进行了社会主义革命，许多人担心战火可能向西蔓延，这种情势利于建筑行业进行大规模的操作，尤其是德国、荷兰这些国家，工业化是它们政治议程的重中之重，政府操控着工人阶级的住房，而且往往是由激进的现代主义建筑师设计的。对于俄罗斯自身而言，虽然它在从民主革命和内战中缓慢地恢复，但是在20世纪20年代中期，出现了一批现代主义建筑师，而他们提出了一系列比同时期西方同行们更激进的解决方式。 **163 164 241**

社会凝结器

1926年莫斯科苏维埃组织了一个"公共住宅"（communal house）竞赛。一年后，苏联的领军杂志《当代建筑》（*Sovremennaya Arkhitektura*）也开始探讨研究相同的主题。此后集体居住成为了开始改革以来解决住房短缺问题非常重要的一项务实方针，也是激进的苏联建筑师们讨论的核心问题。他们组织了许多竞赛，特别要提及的是当代建筑师协会（Society of Contemporary Architects）组织的竞赛。竞赛的意义很深远，奥·安德烈·安德烈维奇（Ol Andrey Andreevich）设计的公共住宅就是一个很好的例子。它由两层的跃层居住单元组成，并且设计了室内街道。另一个重要人物是莫伊塞·亚科夫列维奇·金斯堡（Moissej Yakovlevich Ginsburg），他和一个建筑师小组共同研究出一种全新的最小居住形式。（苏联）国家住房委员会（State Commission of Housing）开展了这项研究，提出了著名的"F型"（type F）方案——一种带有室外走廊的居住单元。它也成了不久之后在莫斯科建成的著名的纳康芬公寓楼（Narkomfin apartments）的设计基础（1928）。 **155 156**

152 乔治·古斯塔沃维奇·韦格曼（Georgiy Gustavovich Vegman），公共住宅（1927）。未实施项目的轴测图。

153 勒·柯布西耶、皮埃尔·让纳雷，带有连接各类集体服务设施天桥的别墅（1922）。

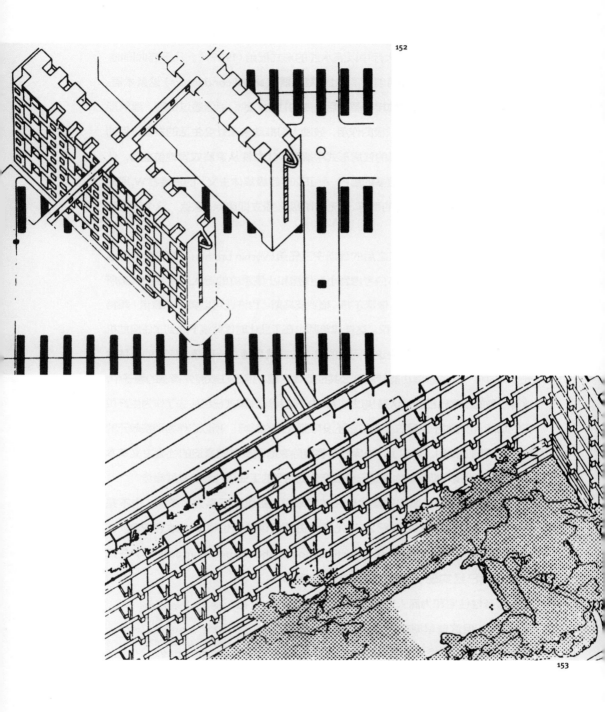

　　也许集体居住理念的标志性蓝图是由米哈伊尔·巴尔希（Mikhail Barshch）和弗拉迪米尔·米哈伊洛夫·弗拉基米罗夫（Vladimir Mihailov Vladimirov）两位莫斯科建筑师绘制的。在他们设计的一个公共住宅项目中，最小居住单元与宽敞的集体大厅并存，餐食在大厅中以流水线的形式配给（1929）[2]。几乎与此同时，当代建筑师协会为这类项目创造了"社会凝结器"（social condensers）这条术语。建筑师们不满足于只被动地接受革命后巨变的社会，他们相信通过试验，建筑能在理想的社会转型中发挥积极的作用，鼓励人们推动未来社会生活的发展，目的是让社会从传统的、小规模的住房形式中解脱，让女性从家庭奴隶地位翻身，让教育在集体的监督下获得更多的重视……正如"超级集体主义"的宣传者W.库兹明（W. Kuzmin）1928年说的那样："无产阶级必须立即废除'家庭'这个压迫和剥削的机构"[3]。

154

　　无论是金斯堡，还是之后的魏斯宁三兄弟（Vesnin brothers）都没有在这条道上走得很远。而他们也本应考虑到小型住房和小型家庭的淘汰是社会的大势所趋。同时代的西方建筑师，像沃尔特·格罗皮乌斯，也许还可以算上布鲁诺·陶特都没有对他们的观点提出异议。这些建筑师也在工业化时代背景下遇到了住房危机的问题。而他们也相信解决这个问题的唯一方式就是建立一种最小标准的居住单元，同时将一定的家庭功能转移到公共或集体区域。但是在欧洲先锋派的圈子中，这种小型的家庭已经被公认是快过时了。由于这种居住模式已经失去了作为生产单元的功能（也许对于世界农业来说它还没有那么大的影响），所以它作为消费单元的特性也受到了批判。事实上，当库兹明将废除家庭制度看做紧迫的社会主义基本条件时，格罗皮乌斯则认为这是已经被充分证明了的工业化社会的发展趋势[4]。

　　对于这种形成风格的现代公共住宅来说，初衷既不是为了革命，也不是为了社会主义。就算20世纪20年代最激进的倡议者们也很清晰地意识到"住房的技术集成化"（technical collectivization of the domestic apparatus）在几十年前就已经实现了，资产阶级公寓住房形式、服务性住宅和为商人们而建的奢华酒店都有涉及[5]。但这些早期的模型大多遵从了居住建筑的惯例，构成主义者（constructivist）将

154　米哈伊尔·巴尔希、弗拉迪米尔·米哈伊洛夫·弗拉基米罗夫，公共住宅项目（1929），展示了小型家庭住宅单元以及宽敞的社区空间。

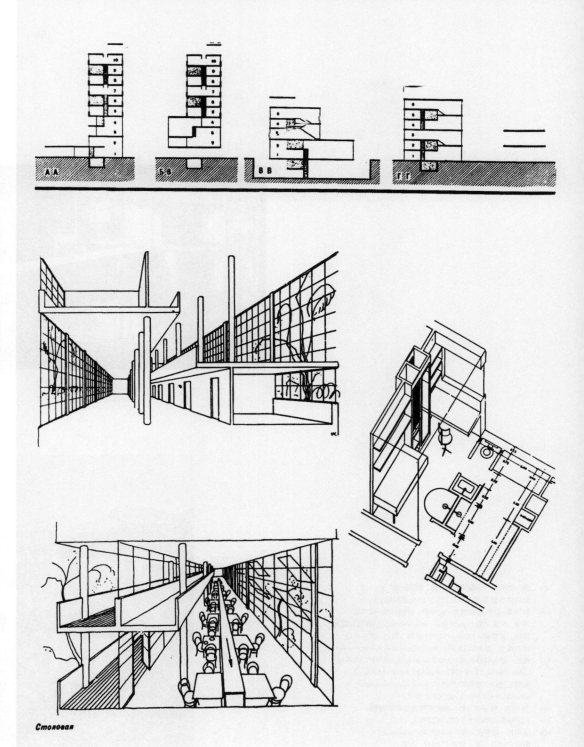

Столовая

154

155

155

155 奥·安德烈·安德烈维奇，带"室内街道"的
公共住宅跃层居住单元（1927）。竞赛投标。

156 莫伊塞·亚科夫列维奇·金斯堡、伊格纳提·弗兰切
维奇·米里尼斯（Ignati Francevic Milinis），纳康芬公寓楼
项目，莫斯科（1928—1929）（摄影，亚历山大·米哈
伊洛维奇·罗申科（Aleksander Mikhailovich Rodchenko））。

157 奥拓·普夫勒格哈德（Otto Pfleghard）、马克斯·黑菲林
（Max Haefeli）和罗伯特·梅拉特（Robert Maillart），
皇后亚历山大肺部疗养院（Queen Alexandra lung
sanatorium）（1907），达沃斯，瑞士。

158 沃尔特·格罗皮乌斯，相较同等密度联排房屋，
9层板楼公寓的优点（约1928年）。

159 沃尔特·格罗皮乌斯，柏林万湖（Wannsee）
附近的板楼公寓，柏林（1931）。方案。

工厂建筑——或是例如巴尔希、弗拉基米罗夫、泰勒式生产系统，甚至包括传送带——都看作为构筑新生活方式的外包装所提供的合适模板。

由于这些乌托邦式项目的出现，田园城市的理念被另一种拥有明确工业化特征的模型取代了。德国很多现代化的尝试就是因为缺少"科技浪漫主义"（techno-romanticism）而止步。尽管在形式上推崇匿名、非私密状态和前所未有的大尺度，但是恩斯特·梅（Ernst May）和布鲁诺·陶特等建筑师将他们在法兰克福或柏林建造的综合住宅楼结合成交错的房屋群，并围合出宽广的开敞空间，这不禁让人联想到了乡村社区。在德国，格罗皮乌斯选择了一种更加明显的方式来表达工业化意象。其中包括建于德绍（Dessau）的包豪斯—特尔腾住宅区（Bauhaus-Siedlung Törten）和卡尔斯鲁厄（Karlsruhe）的达姆斯托克住宅区（Siedlung Dammerstock）。而且希尔伯斯海默、密斯和奥拓·海斯勒（Otto Haesler）等建筑师，在这个方向上之后还进行了更深入的探索。"阳光、空气和开敞空间"是这种新型建筑形式所强调的品质——而肺部疗养院（lung sanatoriums）则可以看做这种新生活方式的样板： 158 159

相关医院医学领域的最新研究成果与整个建筑领域的内在主旨不谋而合；医生也需要最大限度的开窗设计，尽可能让光线照射进来[6]。

城市更新再生的生物学模型不仅仅是建筑师为了工作而自我提升。结核病和其他由于城市过度拥挤及卫生问题而导致的疾病构成了大都市的严重问题。在1930年以前，高大板式住宅的出现彰显了它们对阳光和清新空气的渴求，因此它们也成为了新建筑和新社会风气的范例。阿尔瓦·阿尔托（Alvar Aalto）凭借他建于芬兰帕伊米奥（Paimio）的疗养院（1928），创造了一个现代疗养院的模板。建筑师拥有的道德权柄和在治愈城市疾病中发挥医疗作用的理念在建筑中被含蓄地表达了出来。从此以后，城市可能最终作为一个整体成为社会革新的巨型医院的理念近在眼前。 157

在很长的一段时间里，勒·柯布西耶作为最强有力的代言人，国际现代建筑协会在推动城市模型革新与制度化的过程中发挥着至关重要的作用。1930年布鲁塞尔召开第二届国际现代建筑协会会议，目的是讨论建筑的合理性，整个会议到处弥散着这样的思想。然而在1945年后的事实是能快速、廉价地实现建筑，最终开发出了一种自身的动力。在盛产各种建筑元素之时，板式建筑无疑比其他的建筑形式更加经济（而且在许多地方至今仍是如此）。而多年来，削减人类对"阳光、空气、通透"的需求（这个标准可能只是满足生物学上生存的标准，而不是一个能保证良好社会环境的标准）成了建筑工业以及投资人、政客手中的有力武器——建筑工业依靠"合理性"获利，投资人和政客则以"便利"为信条。

勒·柯布西耶：修行的理想

就"田园城市""社会凝结器"，还有板式公寓而言，勒·柯布西耶不仅从这些国际化的发展中获得了许多灵感，也做出了许多贡献——通常被证明是很重要的解决方案。多亏了1907年他寄给父母的那些信件，我们现在才能知道他几乎是在确定自己成为建筑师的同时，就感觉到了将来会面临住房问题的严峻挑战。他是在一次参观佛罗伦萨附近加卢佐（Galluzzo）的修道院时开始思考这方面的问题。之后，他向（天主教的）"多明我会"的皮埃尔·马瑞—埃兰·库第里埃修士（Père Marie-Alain Couturier）（卡特尔修道院的神父）提到，拜访托斯卡纳（Tuscan）修道院的旅途就已经确定了他一生的职业方向（1948）[7]。加卢佐修道院也许当时帮他打开了"集体生活"的思路。而这个时间远早于他接触19世纪乌托邦社会主义的时间。

甚至修道院的外形都成为了他日后作品的一个参考。这座修道院位于山顶，修道士住的小房屋组成了三面回廊。每个房子都配有花园，从花园望去，托斯卡纳的山色如定格在画框中一般。修道士的日常生活就是在这些居住单元中展开的——研修、冥想，还有园艺。而这些都完美地独立存在着（正如勒·柯布西耶坚持的观点，独立是每一个极富创造力的思想者最基本的要求）。集体空间，也就是教堂、食堂和会议大厅，都坐落在修道院西侧。它们的壮观彰显着修道院建立者尼科洛·阿奇沃利（Niccolo Acciauoli）的身份和地位[8]。 **160**

几年之后，当让纳雷和他高级装饰艺术项目（Cours Supérieur）的朋友一同创办拉绍德封艺术会议工作室时，卡特尔修道院成了最适合的（虽然

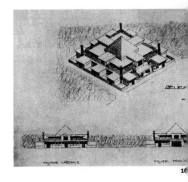

162

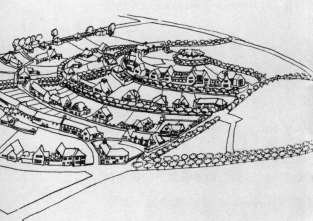

163

164

165

4　乌托邦主题的演变

不是唯一的）模板。一个可供年轻精英建筑师静修默想之所：1910年时这个理念就在流传。海因里希·特森诺曾差一点将它在德累斯顿（Dresden）旁海勒劳（Hellerau）的贾克斯—达尔克罗兹教育机构（Bildungsanstalt Jaques-Dalcroze）的项目中实现——从许多方面来看，这个模型都可以看做是为学生群体设计的住宅模型。就像同年（1910）晚些时候让纳雷参观那里时做的评价："海勒劳是集体主义的彰显之作。"[9]然而，就设计而言，他自己对这个主题的演变——工作室和花园的综合建筑群，围绕着锥状屋顶的中心阶梯教室——与特森诺相比，显然更多是受到老师彼得·贝伦斯的影响。 161

与此同时，田园城市便开始在他的脑中萦绕。几年之后，他设计出了一个工人住宅楼的方案，位于拉绍德封的小型工人之城（cité ouvrière）（1914）。理查德·雷曼施密特（Richard Riemerschmid）、赫曼·穆特修斯，还有特森诺在海勒劳的作品的影响都是难以忽略的。 163 164

别墅建设（别墅—超级街区）

根据两种基本行为类型，包括在私人场合以及在公共场合发生的生活组织，在勒·柯布西耶的社会工程学中一直保持基本的模式。

这是人际关系的经济规律，也是消除空间"浪费"和传统资产阶级家务劳动特征的方式。这个理念成了"别墅建设"（immeuble-villa）概念的一部分，概念由早期的雪铁龙住宅研究开发而来。早在1922年，勒·柯布西耶和搭档皮埃尔·让纳雷有一次在一张菜单背后画了一些草图（勒·柯布西耶之后回忆道），研究如何将雪铁龙住宅盒子置入巨大的、多层住宅大楼[10]。这些住宅单元组成了一个集中服务系统，"像旅店、像社区"，它们是整体设施的一部分[11]。早期的版本展现出的"别墅—超级街区"（villa-superblock），是围绕大矩形庭院的一种设计；公寓大楼通过跨街天桥连接，其中囊括了孩子日托设施、会议大厅、俱乐部，还有为昼夜工作的服务员所建的设施。 153 165

从技术上，确切说是规划方案上，就是建筑形式而言，这项工程预示了之后苏联设计提案中的某些方面——像前文提及的那些。但是考虑到勒·柯布西耶对修行生活的热忱，集成化项目从未暗示过"有产阶级"（译注：或"中产阶级"）家庭的终结——相反，它致力于提供一种可持续的服务模式。对于勒·柯布西耶而言，住房改革意味着供应一种小户型（cell），需要同时满足小资产阶级和工人的需求，让每个人拥有自己的门厅，可以打开门窗享受阳光和空气带来的"基本欢乐"。即使是这样，家庭生活仍受主仆制度的影响：布列塔尼的女佣（Bonne de Bretagne）、传统家庭间的和谐以及不同阶层间合作的重要性，也许已成为过去，但是这并不意味着要消除服务理念。默默无闻但却颇具效率、穿着制服的管家群体将会接手这项工作。　　**152 154 156**

巴黎举办的国际现代化工业装饰艺术展览（1925）中的新精神馆是等比例建造的别墅模型，既可以建成独立单元，也可以是多层大楼的一部分。正如修道院单人住房适应波西米亚小资生活一样，跃层起居空间（雪铁龙住宅盒子）和花园露台的组合是勒·柯布西耶对托斯卡纳修道院的回应。因此，"别墅建设"为不断增加的流浪于城市的中间阶层提供了一种新的生活方式。毫无疑问，这种生活方式比巴黎乔治—欧仁·奥斯曼（Georges-Eugène Haussmann）规划的街区（机动车带来越来越严重的噪声和污染）要舒服得多，日常生活中人们享受经济实惠的服务（私人雇用佣人的困难在增大），同时也保留着大都市的一方净土。再说说集体化，它由多种分散的服务构成——社会主义的合作或"社区"并不能作为解决问题的手段，"有修养的现代人"（homme poli-vivant en ce temps-ci）也不是勒·柯布西耶所设想的理想客户。几乎没有人知道自己的邻居是谁 [12]。　　**69 70 73**

佩萨克

社会主义的浪漫精神几乎没有在勒·柯布西耶的作品中发挥作用——甚至在佩萨克也一样。波尔多（Bordeaux）附近的方糖厂厂主亨利·福胡让（Henry Frugès）曾写信给勒·柯布西耶："佩萨克应该成为一个试验场。你可以在这里自由地打破惯例，颠覆传统做法！我给你这个权力！"[13]因此，虽然将福胡让社区（Quartier Frugès）（建于1925年）规划为工人住房，但实际上却是对普遍实用

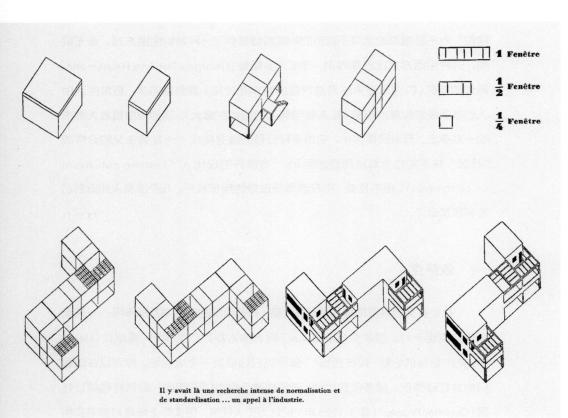

1 Fenêtre

½ Fenêtre

¼ Fenêtre

Il y avait là une recherche intense de normalisation et
de standardisation ... un appel à l'industrie.

住宅形式的诠释。而这种原则早已在阿卡雄（Arcachon）附近莱日（Lège）的一组10个小型工人住房的楼群中制定出来了（1923）。一系列可以组合的空间盒子（space-boxes）作为基底[14]。比较格罗皮乌斯之前设计的开敞灵活的综合标准化模块系统（1921），这一系列建筑看起来极其简单：勒·柯布西耶再一次沉迷于方盒子主题的变换中。而这次的结果是，相同的单元沿着一个几何平面无限重复，事实上个人居住单元的完美标准要比清晰明确的团体住房更加重要（也就是没有试图要建村庄的意图），这些都让人想到了托尼·卡尼尔的《工业化城市》（*Cité industrielle*）[15]。

166

毋庸置疑，这些方盒子形式在设计进程中经历了一系列变化。最终的135个住宅单元的项目（未建成）为人们提供了住宅类型的选择——从带有跃层空间的Z字形双层联排房屋，到被称为"摩天屋"（skyscrapers）的带有屋顶花园的三层住宅楼群。为达到独立住宅的最低需求，不得不放弃一些建造的初衷，因此，工人们的田园城市最后看上去类似中产阶级的郊区。

佩萨克的中期运行并不是很成功。通过反思可以看出，是因为设计中存在的问题导致了它的失败，虽然过程中遇到的真正麻烦是财务、法律、科技以及行政管理这些大的方面的影响和干预[16]。不知不觉几年后，这些房屋已成为当地的居民住宅，他们不得不支付并进行最基本的维修工作。但是否城市中产阶级比农村工人阶级更容易接受这种住宅依旧是一个假设性问题[17]。

若想研究斯图加特魏森霍夫的两栋住宅（1927），《勒·柯布西耶全集》中关于雪铁龙住宅的文章很是有价值的：

> 多年来，人们考虑将这座住宅建在法兰西岛（Ile de France）或是蔚蓝海岸（Côte d'Azur）的地块上，最终却是在斯图加特的魏森霍夫住宅中首次实现[18]。

当他收到了参加德国工艺联盟展览会的邀请时，就注定了雪铁龙住宅盒子和多米诺体系的一齐出现。而这再次为"现代人"的普遍需求提供了解决问题的通用方案 —— 将如何有效解决当时工人阶级住房的问题留给马特·斯坦、雅格布斯·约翰内斯·彼得·欧德（他也参加了

166　勒·柯布西耶、皮埃尔·让纳雷，佩萨克工人住房（1925）。主题单元和多样化双层住宅单元。

167

168

169

魏森霍夫最小化住宅的实验）等建筑师。说到勒·柯布西耶为"现代人"设计的两栋魏森霍夫住宅，批判者远比拥护者更中肯。埃德加·韦德波尔（Edgar Wedepohl）就是批判者中的一员：

92 167

> 当然，这种知识分子是新兴人类，但是他们的诉求与需要真的就应该决定住房建筑的形式吗[19]？

有退台的街道（Rue À Redents）

《瓦赞规划》（Plan Voisin）暗示着公寓大楼的两种形式：一种是矩形大楼（蜂窝原则（cellular principle）），另一种是有退台的蜿蜒建筑带。蜂窝原则随后因大家对退台系统的偏爱而被淘汰。退台系统能带来建筑间有趣的扩展与收缩。尽管它是作为一种潜在无尽序列的一部分，但这样的形式还是会让人想起凡尔赛宫庄园的庭院入口，或者是维克多·孔西德朗（Victor Considérant）的"法兰斯泰尔"（Phalanstère，傅里叶空想社会主义所构想的乌托邦城市，取名"法兰斯泰尔"，意为"方阵之城"）（约1840年）[20]。梯形墙住宅（maisons à redents）形成了一条民主式的宫殿建筑带，因此形式和定义更贴近奥斯曼男爵（Baron Haussmann）的主张，而不是傅立叶（Fourier）。而这种形式与"尖顶"（à redents）这个术语都源自尤金·亨纳尔（Eugène Hénard），他的《巴黎改造研究》（*Studies on the Transformation of Paris*）是其他城市问题专家的一个很重要的参考，勒·柯布西耶如是说[21]。

168 202 181

167　住宅。斯图加特德国制造联盟展览会广告（1927）。左下方有两栋勒·柯布西耶设计的住房（4）；密斯设计的公寓楼在上方（9）的位置。

168　勒·柯布西耶、皮埃尔·让纳雷，尖顶公寓与传统城市图案并置（约1925年）。

169　雷纳特·布里姆（Renaat Braem），"直线城市"的局部展示（1934），布里姆与勒·柯布西耶在1935—1937年间一起工作，这样的图例用作1937年国际展上"光辉城市"的宣传推广（"新时代馆"）。

1930年后的公寓大楼

一战后法国政府尽管偶尔在这个领域有一些口头上的努力[22]，但并没有颁布与之相应的规划与建筑政策。特别是公共机构对现代建筑师参与社会住宅项目规划几乎或者完全没有兴趣。于是勒·柯布西耶继续专注于努力宣传精英文化，然而工人住房问题仍未得到解决。试图在巴黎棚户区建造的称为"凯勒曼堡"（Bastion Kellermann）的"光辉城市"（Ville radieuse）样板的尝试也无疾而终（1937）[23]。尽管它类属于别墅建设概念，但1930年这两座分别于日内瓦和巴黎竣工的别致公寓楼在容纳集合服务方面还是太小了——尽管其中的一个项目，日内瓦透明公寓，带来了一系列有趣的关于居住单元空间组织的类型划分[24]。

在新精神馆中，两层高的起居单元呈L形向露台敞开。起居室、化妆间和卧室嵌在楼上，前方开敞，通向双层风景窗。右拐角处是侧翼配楼，在露台后方，包括厨房和佣人房，卫生间和另一个卧室设在上层。所有房间都通向巨大的有顶露台——勒·柯布西耶的超级街区"空中花园"（hanging garden）。在做日内瓦透明公寓项目时，这位建筑师回归基本手法，但是修改了入口与室内连接系统。他没有将走廊建在大楼后面，而是设计在了每隔一层（之后的项目是每三层）的室内走廊中。通过这样的调整，马赛公寓极具特色的剖面和配套的居住单元也建了起来。起初，建筑师们称这种连接为"峡谷走廊"（couloirs généraux），但很快"室内街道"的概念就产生了[25]。这个理念早在1928—1929年就被很明确地定义了出来。很有可能是像先前提到的，如1927年奥·安德烈·安德烈维奇设计的苏联竞标项目，对方案的可行性提供了很大的帮助。

69 184 185

苏联先锋派的影响：瑞士公寓

从本章先前提到的许多苏联项目都可以看到勒·柯布西耶早期建筑作品的影子。幸好之后出版的书籍和苏联的杂志中记载了他的作品，苏联先锋派才能熟知他在建的工程项目；如果脱离了勒·柯布西耶早期别墅建设的理念，1927年乔治·古斯塔沃维奇·韦格曼的"公共住宅"便是不可思议的。如果没有新精神馆，金

170　伊万·尼古拉耶夫，学生公寓（1930），莫斯科。

171　伊万·尼古拉耶夫，学生公寓，莫斯科（约1928年）。

172　勒·柯布西耶，瑞士公寓，大学城，巴黎（1930—1932）。素描展现设计构思。

173　勒·柯布西耶、皮埃尔·让纳雷，哈德图姆大街（Hardturmstrasse）工人住宅，苏黎世（1933）。方案。

170

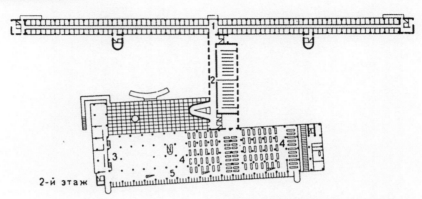

171

2-й этаж

172

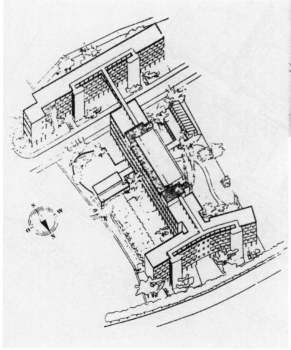

173

4　乌托邦主题的演变

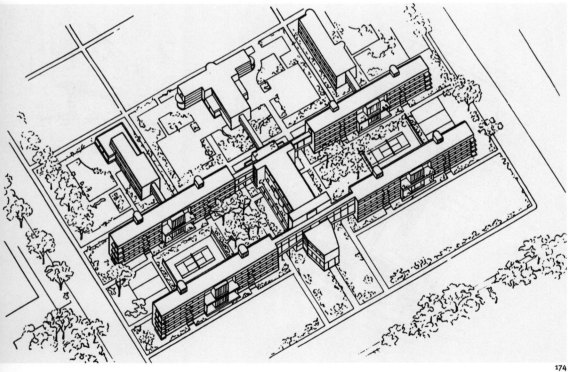

斯堡配有外廊的纳康芬公寓楼中的"F型"住宅单元也很难成形（1928）。　**152 156**

从1928年——柯布西耶第一次造访莫斯科——开始，主导信息恰好倒流向了对立的方向，以至于塞夫勒大街工作室中的设计成了苏联在建项目中极具争议的典型[26]。1928—1930年期间，莫斯科的新建筑给勒·柯布西耶留下了缺乏想象力以及规模不大的印象。1930年他回应道：

> 在莫斯科，我有幸参观了"公共住宅"。它的结构坚固且施工良好，在使用上也完美无缺。但是室内布局和建筑理念都太冰冷了（……）建筑缺乏微妙的艺术特征，想到这个我有些难过（……）这样的建筑也导致了几百人无法享受住在其中本应享受的乐趣[27]。

米哈伊尔·巴尔希和弗拉迪米尔·米哈伊洛夫·弗拉基米罗夫设想的"社会凝结器"几乎没有一座在当时建成，至于这样的批判到底是针对哪栋建筑就不很明朗了。把目光放到伊万·尼古拉耶夫（Ivan Nikolaev）建在莫斯科的学生旅社（建于1928—1929年）上，暗示了勒·柯布西耶所设想的那种建筑形式。尼古拉耶夫以一种简单的并置，将公共空间（集中在主楼一侧的低矮配楼）变成无数的独立单元（在高层板式住宅中）。而1930—1932年建于巴黎大学城的瑞士公寓与尼古拉耶夫巨大板楼构成的小房间是那么的一致，难道仅仅是巧合吗[28]？　**170~172**

在巴黎，用学生旅社作集体住宅样板的例子并不比莫斯科少。而另一方面，瑞士公寓相对较小的"人体"尺度赋予了这栋建筑额外的视觉冲击力：仿佛，尼古拉耶夫窄长的板楼一造访巴黎就变成了地面上巨大的立方体与公共空间，弧形楼梯被改造成了一种具有肌肉感的雕塑体量构成。刊登在《勒·柯布西耶全集》中的照片以1:1的比例模拟光辉城市（Radiant City）的环境，强调了这座建筑的自然特征。学生扮演了"新人类"的小白鼠角色。　**81**

柯布西耶所建的第一座板楼，采用了巨大的架空支柱，将建筑"从沙石中解放"，玻璃外墙朝南面向体育场（阳光直射），这就是最初的城市规划雏形。（需要提及的是，他对阳光和健康的狂热追求最终带来了相当大的热能问题：为了避免刺眼的阳光，玻璃外墙必须装配繁复的百叶窗）[29]。另外其他的方案瞄准了社会住宅方面（也许是因为这个原因而没有实现），也非常直接明

174　亚历山大·罗切戈夫（Aleksandr Rochegov）和魏斯宁兄弟，库兹涅茨克公共住房（1930）。方案。

显地表现出了俄罗斯集体住宅项目的影子。魏斯宁兄弟在库兹涅茨克（Kusnetsk）设计的公共住宅（1930）直接启发了将要建在苏黎世的宏大的工人住宅综合楼（1933）。再次为苏黎世设计的一个更为优雅的、配有艺术工作室的公寓楼项目，同时参考了金斯堡的纳康芬公寓楼（1932）的设计，但依旧没有建成[30]。　　**173**

　　在住宅区域与城市规划中一样，俄罗斯先锋派和社会主义乌托邦的设计惯例是主要的灵感来源。勒·柯布西耶与社会主义乌托邦理念及其最重要的空想家——夏尔·傅立叶建立起联系是否归因于他对金斯堡和魏斯宁兄弟作品的了解呢？我们无从知晓。但令人好奇的是，傅立叶的名字在20世纪50年代前都没出现在勒·柯布西耶的文章中。

救世军：救世军大楼

　　相较魏玛共和国、荷兰或是苏联对政府参与社会住房项目的热情，法国政府几乎没有任何社会住房项目，勒·柯布西耶别无他法，只能试着在中产阶级住房项目中吸引一些私人的投资者来让他的理念变为现实。但是更为重要的是，这个令人沮丧的处境也促使了勒·柯布西耶和救世军建立起长期有趣的合作。

　　大约在1928年，华尔街危机迫近之时，勒·柯布西耶是众多强势政府支持者中的一员。法国最需要的是道德领袖，能够挖掘国家财政资源，促使刚刚通过的住宅法案（《卢瑟尔法案》（Loi Loucheur））有效地发挥作用。领导的职责是统筹和指导中央宏观战略。在其他国家中（他似乎想到了苏联），这种使徒职责（apostleship）由国家机构和媒体共同承担。然而，法国"还没有尝试过这些方法"，他争辩到——尽管法国并非没有增加一个机构，然而要寻找与群众的真正需要息息相关的，同时又具有"很高道德内涵"的机构。这样的机构就是救世军[31]。

　　1929年他造访了住房建设部长路易·卢瑟尔（Louis Loucheur），并建议政府应该将救世军定位成"人们的住房供给部门"。"这是自相矛盾的，"他之后承认，"但有一件事是毋庸置疑

175　救世军大楼。《军报》特刊头版，法国救世军组织出版的一本杂志，为救世军组织寻求援助资金（1929）。

176　勒·柯布西耶、皮埃尔·让纳雷，浮动救助站，巴黎（1929）。塞纳河上救世军大楼入口坡道的小船。

175

Supplément au journal EN AVANT !

La "Cité de Refuge"

par Albin et Blanche PEYRON

COMMISSAIRES DE L'ARMÉE DU SALUT

« Ils attendaient une patrie... Il leur a préparé une Cité. » — (L'Épître aux Hébreux.)

En cette année du Centenaire de William et Catherine Booth, fondateurs de l'Armée du Salut ; nous avons pris la résolution d'édifier avec l'aide de Dieu, une cité, *La Cité de Refuge*.

Le Général Bramwell Booth en avait approuvé l'idée, le Général Higgins en a accepté la réalisation.

Sous la sage direction du Secrétaire en Chef, assurés de la coopération joyeuse de nos Officiers et Soldats, aidés par nos Amis, nous mettrons bientôt nos projets à exécution. Une Cité... la Cité du Refuge.

Moïse nous parle de ces « villes de refuge », où les meurtriers involontaires ne pouvaient être frappés par les « vengeurs du sang ».

Les antiques prophètes hébreux ont chanté Jérusalem, cette cité de fête et de paix vers laquelle les Juifs en exil tournaient des regards d'espérance nostalgique.

Le voyant de l'île de Patmos nous décrit une cité « qui descendait du ciel sur la terre, parée comme une épouse qui s'est parée pour son époux et toute pénétrée de la gloire de Dieu. »

Saint Augustin consacra un Traité célèbre à *La Cité de Dieu*. Au siècle dernier, le prêtre A. Gratry, pionnier du christianisme social, raconta la vision que Dieu lui donna « d'une ville dont tous les habitants s'aimaient ».

Plus près de nous, le poète philosophe, Sully Prudhomme, écrivit :

Nous pressentons alors quelque cité dernière,
Où s'uniront nos mains, nos fronts dans la lumière,
Tous frères, et rois tous par un sacre pareil ;
C'est dans notre tourmente une aire éclaircie,
Dont nous reste longtemps la splendeur obscurcie,
Comme aux yeux refermés luit un profond soleil.

On vient de fonder à Paris : la *Cité Catholique*, la *Cité Lindbergh*, la *Cité Universitaire*...

La gloire de l'Armée du Salut, sera d'édifier la CITE DE REFUGE, une Cité où les miséreux et les vagabonds trouveront un refuge ; où le nomade, le chemineau, le fatigué, le désespéré, le meurt-de-faim, le sans-taudis, le sans-foi, le sans-Dieu, pourront venir avec la certitude d'être accueillis.

Denise Moran écrivait récemment, dans un grand journal parisien qu'il existe à Paris, 12.000 œuvres, 150 par quartier, mais qu'une mère errante, serrant un enfant dans ses bras, n'en a pas trouvé une seule. L'écrivain ajoutait : « C'est la multiplicité des œuvres qui fait leur pauvreté. J'aimerais voir dans Paris des œuvres riches, avec des permanences vraiment *permanentes*, des œuvres dont le téléphone sera l'organe principal, réalisant entre elles une liaison étroite et rapide, des œuvres conduites, moins comme des administrations, que comme des cabinets d'affaires.

« Elles feraient une grosse réclame. On a mis des affiches qui disent : « Soyez bons pour les animaux. » C'est fort bien. J'en voudrais de plus grandes, de plus éclatantes, de plus nombreuses pour dire : « Tournez le coin de cette rue, vous y trouverez une soupe, un lit, du travail. On vous conseillera, on vous tendra une main fraternelle. »

Ce vœu, l'Armée du Salut est en train de le réaliser. Il y aura bientôt, à Paris, une Cité où le malheureux trouvera une aide temporaire : une soupe, un lit, un vestiaire, où le pauvre honteux pourra renouveler sa garde-robe ; là on recevra le conseil désintéressé d'un avocat ou d'un médecin ; là une mère sera reçue pour la nuit avec son enfant ; une famille chassée de l'hôtel borgne, bénéficiera d'un refuge provisoire. Il y aura un jardin, des fleurs en été. Avant tout, il y aura de l'amour, beaucoup d'amour, l'amour que Dieu répand dans le cœur de ceux qui L'aiment et qui veulent Le servir dans la personne des pauvres et des souffrants.

Mais cette Cité sera surtout un centre *social*, une sorte de *gare de triage* ou mieux une *plaque tournante*, un organe de distribution et de reclassement en relation constante avec l'Assistance Publique, avec les Œuvres confessionnelles ou non, avec les Institutions sociales de l'Armée du Salut à Paris ou en province, telles que les Hôtelleries, les Refuges, le Palais du Peuple, le Palais de la Femme, les Maisons de Relèvement, les Colonies de Vacances pour enfants et notre Asile pour vieillards.

La Cité rayonnera dans la province et même au delà de l'océan, vers ces terres lointaines où des malheureux attendent un peu de pitié, un peu de justice, un peu d'amour.

***

Et ce rêve d'une Cité de Refuge commence à se transformer en une réalité vivante. Le Conseil municipal de Paris vient de mettre à notre disposition un terrain magnifique, dans un des quartiers les plus populeux de Paris, où nous pourrons édifier cette Cité de nos songes.

La Ville de Paris nous a également cédé un autre terrain où pourra s'élever bientôt la MAISON DU JEUNE HOMME, une des œuvres de la Cité ; cette Maison recueillera les petits vagabonds que notre bon Préfet de Police envoie au Palais du Peuple, où ils ne sont pas tout à fait dans leur milieu, et aussi les jeunes ouvriers ou employés isolés à Paris, et qui risquent de se perdre dans l'immense ville.

Le Commissaire A. PEYRON

Le Ministre des Travaux Publics ne vient-il pas de mettre aussi à notre disposition, pour une somme purement nominale, un grand chaland en ciment armé, vaste vaisseau de 70 mètres de long sur 8 m. 40 de large ? Bientôt, amarré à l'un des quais de la Seine, arborera fièrement le drapeau de l'Armée du Salut, et il sera, en effet, un véritable Asile flottant, le *Louise-Catherine* (*). Il recevra les derniers sans-taudis de la Capitale qui, lamentables parias, rôdent encore la nuit autour des Halles, ou s'étendent pour dormir sur les berges de la Seine.

Et puis, la Cité de Refuge projettera sa lumière dans les ténèbres du BAGNE, sur ces terres lointaines où d'anciens criminels, qui ont payé leur dette à la société, sont réduits à mourir de faim, de froid, de fièvre, après avoir maudit la France et Dieu.

Sans parler des Hôtelleries diverses, des Palais du Peuple, des Palais de la Femme, qui nous sont demandés en province, nous envisageons, pour plus tard, la création d'autres œuvres de la Cité de Refuge : LA COLONIE AGRICOLE pour les jeunes délinquants des grandes villes de France — le FOYER FAMILIAL où seront reçues à demeure les mères qui travaillent pendant la journée, et qui, le soir, pourront retrouver le bébé confié le matin à l'Armée du Salut.

Telle est la Cité de Refuge à laquelle nous avons résolu de consacrer nos peines. C'est à cette tâche surhumaine et sacrée que nous convions tous ceux qui aiment Dieu, tous ceux qui ne peuvent pas accepter qu'une partie de l'humanité souffre, peine et meure, sans qu'un effort soit accompli pour lui donner un peu de bien-être et de bonheur.

Il est vrai que, pour diriger les Œuvres de la Cité, il nous faudra des Officiers et des Soldats de l'Armée du Salut, des hommes et des femmes prêts au dur travail et à l'âpre effort. C'est là le problème de demain.

Celui d'aujourd'hui, c'est de trouver les QUATRE MILLIONS de francs indispensables pour créer une partie, tout au moins de ces œuvres.

Quelques promesses généreuses semblent être le gage que notre appel sera entendu de la France charitable et du monde entier.

Le Général vient de prélever 125.000 francs sur le fonds international de l'Armée du Salut, pour nous aider à créer en Guyane le Foyer du Bagnard libéré. Une amie de l'Armée du Salut nous assure 100.000 francs pour la Cité.

Enfin, dans mon cabinet, au Quartier Général, un Français au cœur généreux me promettait une souscription d'un DEMI-MILLION de francs.

« Vous serez le parrain de la Cité », lui dis-je, dans la joie de cette bonne nouvelle.

Mais qui en sera la marraine ?

(*) Appelé ainsi en souvenir de Mlle L.-C. Booth, l'artiste bien connue.

Œuvres de la CITÉ DE REFUGE en voie de création ou projetées
Œuvres de l'A.d.S. Hôtelleries Refuges Palais de la Femme Palais du Peuple etc
Œuvres de l'A.P. (Assistance Publique) et Œuvres d'Assistance Privée
CITÉ DE REFUGE

Les hommes dans la peine, les femmes malheureuses, les enfants sans foyer se dirigent vers la Cité de Refuge, où, après avoir été reçus et réconfortés, ils seront dirigés sur des Institutions de Bienfaisance, parmi lesquelles celles qui dépendent de la Cité de Refuge : l'Asile-flottant, la Maison du jeune homme, etc.

LES CONSTRUCTEURS DE LA CITÉ

Où sont les **Fondateurs** qui souscriront **100.000 francs** ? — Les **Bienfaiteurs** de la Cité qui en donneront **10.000** ? — Les **Amis** qui en promettront **5.000** ? Où sont ses **Maîtres-artisans** qui apporteront le billet de **1.000 francs** ? — Les **Ouvriers** de la Cité, qui verseront **500 francs** ? — Les **Compagnons** qui en donneront **100**, — et les **Manœuvres**, qui en donneront **5** ?

Tous à l'œuvre !

Et de même que les cathédrales du Moyen Age, tendant leurs tours, leurs flèches, leurs clochers, en plein ciel, vers le Christ compatissant, disent l'effort humble et joyeux des multitudes, — la Cité de Refuge, dressée bientôt au cœur de la France, proclamera la bonne volonté de ces âmes innombrables qui ne veulent pas séparer l'amour de Dieu et l'amour des frères.

A. et B. PEYRON.

***

LE COMITÉ D'HONNEUR ET LA CITÉ DE REFUGE

Dans sa dernière séance, et après une communication de M. Albin Peyron, Commissaire Général de l'Armée du Salut, le Comité d'Honneur des Œuvres Sociales de l'Armée du Salut, que présidait M. Justin Godart, Sénateur, ancien Ministre, a donné sa pleine approbation au projet de *Cité de Refuge* qui lui a été soumis et a accepté le budget approximatif de création, s'élevant à 4 millions et dont nous donnons ci-dessous le détail :

Œuvres à créer immédiatement.	
La Cité de Refuge proprement dite, rue Cantagrel, Paris (13e)	1.250.000
La Maison du jeune homme, rue Crespin, Paris (11e)	1.000.000
L'Asile-flottant (sur la Seine)	200.000
Les Foyers du Bagnard libéré, en Guyane. .	400.000
Œuvres projetées.	
La Maison de la Mère et de l'Enfant.	500.000
Colonie agricole pour jeunes délinquants. .	250.000
Paris à la mer (Colonie de vacances)	400.000
	4.000.000

Tout don peut être adressé à l'Armée du Salut ou au Commissaire ou à Mme Albin Peyron, 76, rue de Rome, Paris — Compte de banque : Crédit Lyonnais. Agence A. M. à Paris, C. E. 50.043 — ou par chèque postal : Armée du Salut, Paris, 53.05.

On peut également nous adresser des promesses de souscription à réaliser d'ici fin décembre.

BULLETIN DE SOUSCRIPTION

Monsieur Albin Peyron, Commissaire Général, 76, rue de Rome, Paris (8e).

Désireux de m'intéresser à la Cité de Refuge et à ses Œuvres, je vous prie de m'inscrire dans la catégorie des (*)................ de la Cité, et noter une souscription de (**)................fr.

et que je désire voir appliquée à (***)................

Nom................ Signature :

Adresse................

Date................

(*) **Parrains** : 500.000 fr. — **Fondateurs** : 100.000 fr. — **Bienfaiteurs** : 10.000 fr. — **Amis** : 5.000 fr. **Maîtres-Artisans** : 1.000 fr. — **Ouvriers** : 500 fr. — **Compagnons** : 100 fr. — **Manœuvres** : 5 fr.

(**) Indiquer si possible, l'époque et la manière dont l'envoi sera fait.

(***) A La Cité de Refuge, proprement dite. — L'Asile flottant. — La Maison du jeune homme. — Le Foyer du Bagnard libéré. — La Maison de la Mère et de l'Enfant. — La Colonie agricole pour jeunes délinquants. — Paris à la mer (Colonie de vacances).

F
LC

176

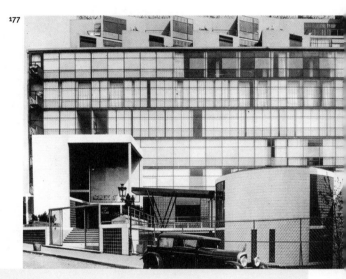

177

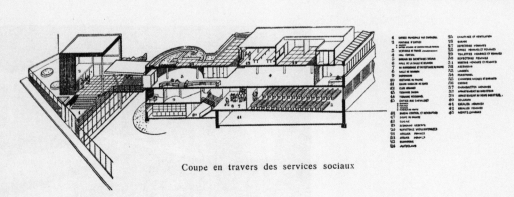

Coupe en travers des services sociaux

的：国家的住房重建项目是一项事业，包括的核心问题是需要寻求新的技术、更高角度的视角和清晰的视野"[32]。

　　勒·柯布西耶和救世军的合作始于1926—1927年。那时他在位于塞夫勒大街的工作室为救世军的人民宫（Palais du Peuple）设计新的侧翼配楼[33]。1928年，在一封写给法国救世军前领导者阿尔宾·贝朗（Albin Peyron）的信中，这位建筑师建议制定一个由国家机构尝试着改善住房状况的长远方针。有趣的是他似乎一直考虑建设郊区田园城市。然而，贝朗在回复中表示，田园城市基本上不是解决救世军服务对象住房问题的方式："在我看来，当下我们应该尽全力解决那些没有家和朋友的单身汉的住房问题。他们经常风餐露宿，过着完全没有希望的生活。"[34]简而言之，贝朗设想了一个配置齐全、服务良好的大型收容所："服务住房"或者旅社，可以为造访者提供完备的医疗保障和法律支持以及急救和长期照护的服务。几年之后这个理念在救世军大楼的设计者勒·柯布西耶的手中实现了（1929—1933）：它是社会突发事件的急救行动，以"工厂"的造型呈现。这也就难怪勒·柯布西耶在之后谈到这个建筑时，称它为"善意的工厂"（usine du bien）。

177 178

　　救世军用来尝试宣传这种理念并筹集资金的广告和小册子揭示了勒·柯布西耶革新主义令人惊讶的强大背景。在这些小册子中，住房被表示成一个以仁慈的基督之名进行的一次社会救助。贾斯汀·戈达德（Justin Godard），救世军的高级官员、议会议员和前任部长，曾用如下辞藻描述救世军大楼的功能："在这里（……）那些在生活中曾受过伤害、深陷不幸或掉入罪恶泥淖中的人们都可以得到慰藉与友好的对待：工作与默观生活（基督教的一种虔诚的生活方式）。"[35]

　　救世军杂志《军报》（En Avant）（风格介于表现主义（Expressionism）和装饰艺术（Art Deco）之间）中的一幅插图展示了新建机构的功能，其中有巴黎现有的慈善机构：这里将会变成一个济世的天堂。在这里，那些有需要的人会在救世军的其他机构和社会公共服务中获得救助品的再分配。　**175**

　　然而救世军大楼的原型样板是停泊在临近卢浮宫的塞纳河堤旁的船形小型救世军救

177　勒·柯布西耶、皮埃尔·让纳雷，
　　　救世军大楼，救世军旅馆，
　　　巴黎（1932—1933）。临街立面。
178　勒·柯布西耶、皮埃尔·让纳雷，
　　　救世军大楼（1932—1933）；
　　　剖面图展现了公共设施：入口门廊
　　　（左侧），接待和会议大厅（右侧）。

济所。勒·柯布西耶在1929年完成了这个设计：一艘承载着那些为生活所迫的人们的诺亚方舟。而驳船的设计是为了以最基本的方式和最低的社会救助水平提供生存保障与道德准则。救世军大楼像船头一样的西端可以看做是这种舰船形式的原型——事实上彼得·谢雷尼曾将这座建筑形容为一种交通工具，将人们快速安全地从人生的一个阶段送到另一个阶段[36]。这个设计明确了供人永久居住和短暂停留的区域[37]。居住单元（宿舍和睡眠区）堆叠在全玻璃的板式主楼里，也就是所谓的"小旅馆"（hotellerie）中。弧形的坡道入口从底部通向提供"社会服务"的侧翼配楼和小旅馆。 176

好像是为了将这个项目定义成具备服务功能的说教模式，建筑的"胃部"也就是其社会服务（services sociaux）功能，如同正在简洁独立的体量中享受一道开胃菜（hors d' oeuvre）。所有的一切都是从康塔格雷尔大街（rue Cantagruel）的主入口开始的。目的是接待客人时让他们有宏伟之感，然后把他们送到基督教慈善会。服务员的小屋，即加大的方盒子形状的华盖是一座桥塔，客人们从这里通过廊桥进入圆形大厅，然后分别被引到适合自己的社会官员那里。"忏悔"用的小房间和医疗咨询的房间都在前厅中[38]。下面的一层设有讲堂。 178

若不是它表达了客户与建筑师立场间有趣的和谐度，勒·柯布西耶和救世军的联络也许就仅仅被当做趣闻了。建筑师作为社会慈善家，减轻了人们的痛苦，治愈他们的伤口，甚至为让社会摆脱苦难而牺牲自己（……）这不正是他在学生时代接触的普罗旺萨尔和尼采的核心思想吗？理想主义和慈善机构受军队意志的影响和推动，确保每个人兼顾到自己的"工作和内在精神生活"（避免社会动荡和政治变革）：这听起来就像是对勒·柯布西耶改革项目的高度概括。也难怪他会觉得这个项目这么符合自己的胃口了。事实上，他希望这些宿舍可以以他虔诚的姑姑——"波琳·让纳雷"（Pauline Jeanneret）的名字命名。

这栋建筑比其他任何作品都更能代表被称为"社会凝结器"的基督教人道主义——就像苏联模式对教育的推动作用一样。在这两个例子中，住宅单元都被定义成了泰勒式的（Taylorized）临时宿营地，为居民的社会生活提供更好的形式。

马赛公寓——宏伟的独立住宅

勒·柯布西耶在现代形式的社会住房中最著名的贡献就是马赛公寓。若没有这些20世纪30年代的建成作品为积淀的话，马赛公寓便不可能诞生。当然抛开那些苏联先锋派项目和他们对傅立叶精神遗产的诠释，马赛公寓也是不可能形成的。实际上，马赛公寓融合了所有这些主题，并将它们融入了整个现代都市改革的服务中。

20世纪20年代的住房改革普遍追求街区系统（如在维也纳和鹿特丹）或者以四五层的单元楼为基础的带状开发（如法兰克福和柏林）。仅在布鲁塞尔举办的第三届国际现代建筑协会会议上（1930），那种高耸的、板式公寓就成为了解决欧洲住房危机的标准方案。勒·柯布西耶对格罗皮乌斯、布劳耶和其他人的项目也同样很感兴趣。布鲁塞尔大会结束没多久他创造出了"光辉城市"这个术语，撰写了独立板楼屹立于开阔空间的诗篇。在这些建于30年代屈指可数的公寓楼中，威廉·范·达耶（Willem van Tijen）在鹿特丹的作品值得一提[39]然而法国在这个方面从未进行过一次大规模的实验。

158 159

事实上，是由于二战的破坏才使这个项目提上了议程。1945年，继任住房建设部部长罗勒·多特里（Raoul Dautry）[40]下令为马赛建一座"宏伟的独立住宅楼"（Unité d'habitation à grandeur conforme），1947年它的地基便落在了米歇尔大道（boulevard Michelet）上。这个项目工期长达5年[41]。1945—1952年间，它的委托人，也就是法国政府，更迭了不下10届，但是这个项目得到了其间全部六任房屋建设部部长的支持。这就难怪它会受到强烈的反对。在施压群体中，建筑师（尤其是政府职业建筑师协会（SADG, Société des Architectes Diplômés par le Gouvernement）的建筑师们）是最强烈的反对群体。他们反对政府实施在建筑规范架构之外建造马赛公寓的决定，同时高等卫生理事会（Conseil supérieur de l' hygiène）尽可能地预言这个建筑会给住户带来的心理疾病。与此同时法国美学协会（Société pour l'Esthétique de France）还采取法律行动来阻止它的实现[42]。然而最后一位房屋建设部部长对于建成这栋建筑的决心仍保持不变。1952年10月，欧仁·克劳迪亚斯—佩蒂（Eugène Claudius-Petit），一位由木匠升任的政府领导，在公开场合授予这位建筑师法国最高荣誉——巴海特荣誉勋章（Barette de commandeur de la légion d' honneur）[43]。

马赛公寓被认为是法国即将迎来重建的模板。它的结构原则很简单，拥有结构上相互独立（这样隔音效果好）的337个住宅单元，像是嵌在架子里的酒瓶。它的标准户型贯穿板楼前后；并且像雪铁龙体系那样是跃层的，起居室为两层。然而，为了满足合理的社会综合需求，他设计了23种不同大小和形状的住宅单元——小到旅店单人房，大到可容纳8个孩子的大户型。每三层有一个室内走廊，并有通向单个小户型的通道。 180

勒·柯布西耶独创的术语"延伸寓所"（logement prolongé）产生于1953年于普罗旺斯召开的国际现代建筑协会会议。它可能是对马赛公寓组织理念的最好概括。"延伸寓所"这个术语不仅指集体服务内容，还强调了每个独立单元的构成部分。这座建筑提供了26种服务。其中最重要的部分集中在

179

屋顶露台：幼儿园、孩子们的游乐场，甚至是体育馆。其他的则安置在位于板楼一半位置的高层商业街上——这两点都在一个混凝土薄层幕墙下显露和隐匿。事实上，空中街道使马赛公寓在视觉上就像是一个"光辉城市"的载体，呈连续的带状，与高架高速公路连接（如同阿尔及尔的《炮弹规划》（Plan Obus））。也正因如此，马赛公寓一建成就被认为是这类建筑的样板。　**225**

灵感来源与参考模型

整个建筑凝练出了"延伸寓所"这个理念。然而，这种凝练是概念和图像的奇特融合，构成了基督教与社会主义传统的融合。修道院是最终的功能模板形式——但极具争议的是，20年代的集体住宅形式模板是与它最接近的。修道院和集体住宅都可以在维克多·孔西德朗1840年精编版的傅立叶空想主义的"法伦斯泰尔"中找到现代副本。夏尔·傅立叶（1772—1837）是现代城市改革理论启发者之一的事实我们已不需要在此加以讨论[44]。但傅立叶的空想主义"法兰斯泰尔"与马赛公寓令人惊讶的一致性是不容忽视的：都是"微型城镇而且没有开敞的街道"（傅立叶）；都是为大约1600个居民所设计的；都遵循私人和公共区域分开设计的基本原则；而且都将巨大的多层走廊街道设计为居民的会面场所。　**181**

就如孔西德朗详细描述的那样，傅立叶空想主义的"法伦斯泰尔"在法国并没有很好地实现，直到工业家让—巴普蒂斯特·戈丁（Jean-Baptiste Godin）在吉斯（Guise）（始建于1859年）建造了一个稍微小一些的版本。通过合作以及对工厂和工人住宅单元的管理，戈丁在经济基础与社会主义哲学步调一致的前提下进行了这场试验。这些被赋予"工人之家"（familistère）之名的寓所集中在3个环绕着巨大屋顶的大厦中。在一位访客1886年的叙述中，我们发现了这个综合建筑群一系列的本质特性：

179 勒·柯布西耶，马赛公寓，
马赛（1947—1952）。

一个将近20英亩的公园环绕着"工人之家"，土地可以得到经济地利用。每个寓所都有前、后、侧窗（……）因为"工人之家"对面没有建筑，所以不管开不开窗，都不会有那种好奇心过盛的邻居来偷窥。在美丽的仲夏夜，每个住户只需关上大厅的门，便可以倚在打开的窗子前吞吐烟圈或品读佳作，而这一切都不会泄露一点隐私，因为他（住户）就像是独立别墅的主人一样[45]。

尽管我们不知道勒·柯布西耶对傅立叶空想主义的"法伦斯泰尔"和"工人之家"究竟熟悉到何种程度，但马赛公寓是以相似的方式展现在大家面前的。

另外，傅立叶的名字曾在他的书中附带提及——至少在马赛公寓的相关内容中提到过一次[46]。但是虽然他对傅立叶的熟识可能很有限，但是他的直接信息来源，包括苏联集体住宅在内都是傅立叶传统的一部分。从救世军大楼开始，他就可以称得上是一位傅立叶空想主义的信徒了。

航海的隐喻

孔西德朗"专注人性化的社会大厦"的模型成就了凡尔赛宫。尽管勒·柯布西耶在20世纪30年代仍关注着凡尔赛宫，但在几年之后，当他玩味有退台的街道理念时，脑中的画面已经发生了变化。二战后，远洋邮轮的意象完全取代了凡尔赛宫。在勒·柯布西耶的杂文《视而不见》（Eyes That Do Not See）中，邮轮是《新精神》杂志的标志性图标，让人们感受到的是庄严与纯净。在20世纪30年代，他开始对于它们作为全人类栖息之所的潜在模型更感兴趣：现在让他着迷的则是私人空间与公共空间的分配，这是高科技有机体的经济运行规律。就这样，在上流社会优越生活条件以及《圣经》中"诺亚方舟"隐喻的氛围中，邮轮成了勒·柯布西耶整个建筑体系中的代表角色，也让他轻松超越了孔西德朗的庄园别墅。

62

在《光辉城市》（1933）中，乘坐豪华邮轮旅游的愉悦感觉就像现实版的乌托邦城市。意大利奥古斯都（Augustus）邮轮公司的手册中称它为"人间天堂"（或者说"海上天堂"），并作了如下描述：

180　马赛公寓模型，展示了框架格中插入式的居住单元。模型（1947）。

181　维克多·孔西德朗，遵循夏尔·傅立叶理论的"专注人性化的社会大厦"（Un palais sociétaire dédié à l'humanité）（1840）。

182　"水上之屋"（Maisons sur l'eau）。邮轮的纵截面及横截面，后者来源于冠达邮轮公司（Cunard Line）广告。

180

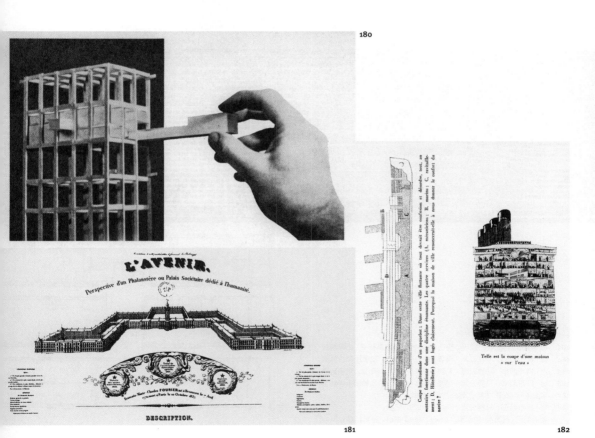

181

182

183

Ceci en plein océan, sur un bateau ; tennis, piscine, bain de soleil, conversation et divertissement ; les bateaux ont une largeur de 22 à 27 m. Les immeubles de la Ville Radieuse aussi. Sur toute l'étendue de la ville au-dessus de la mer des arbres, un nouveau sol serait ainsi gagné.

GARDERIE D'ENFANTS
RAMPE (SERVICE SANTÉ 17ᵉ ÉTAGE SUD)
TOUR D'ASCENSEURS
CHEMINÉE DE VENTILATION
MUR BRISE-VENT (THÉÂTRE)
GYMNASE
VESTIAIRES ET TERRASSE SUPÉRIEURE
RUES INTÉRIEURES
SERVICES COMMUNS DE RAVITAILLEMENT
LOGGIAS BRISE-SOLEIL
ESCALIER DE SECOURS
TERRAIN ARTIFICIEL (MACHINERIES)
LES PILOTIS

NORD

184

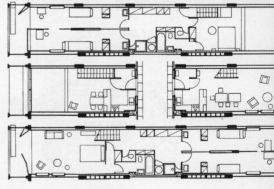

183 海洋中心。旅行社的宣传小册子上绘制的"奥古斯都号"邮轮甲板。
184 勒·柯布西耶，马赛公寓，马赛（1947—1952）。剖面图和立面图。
185 勒·柯布西耶，马赛公寓，马赛（1947—1952）。典型公寓平面图。
186 勒·柯布西耶，马赛公寓，马赛（1947—1952）。儿童游乐场和烟囱。
187 阿道夫·阿皮亚，"有节奏的空间"（1909）。
188 勒·柯布西耶，马赛公寓（1947—1952），马赛。
屋顶视图（吕西安·埃尔韦（Lucien Hervé）拍摄，摄影相版）。

18

186

187

188

这一切都在海洋中的一艘船上：网球场、游泳池、日光浴、会谈和娱乐：船的宽度为22~27米，在《光辉城市》中同样也是如此[47]。

作为豪华酒店的邮轮：勒·柯布西耶的散文没有试图去掩盖社会等级的差别。相反，他让这些成了卖点。   183

邮轮是封闭体系中的代表产物，它遵守劳动力和严格等级制度的清晰分工。奢华的巡航意味着可以享受国王般的待遇，佣人服务群体遍布各个角落。等级制度的顶端是船长和绅士官员。他们来保证完美的航线和服务。联想一下早期不幸的船只海难与海上救援，船和船长都是柯布西耶神话的主题元素[48]。

粗混凝土

总的来说，远洋航行为建筑提供了统一的视觉效果和标志性隐喻。但是，当设计马赛公寓实体建筑时，它为勒·柯布西耶的建筑语汇开辟了一条更加清晰的建筑公式：板楼、跃层居住单元、遮阳板、底层架空支柱，最后还有屋顶花园。但是除此之外，早期豪华邮轮的洁净与完美无瑕的粉饰都是世界风格建筑的特点。然而现在却因为这位建筑师对混凝土运用的偏爱而被拒之门外。如果说20世纪20年代的屋顶板是光滑而庸俗的，那么马赛公寓的则是粗糙、质朴，彻底回归原始状态的风格。勒·柯布西耶甚至拒绝清理原始木质模板留下的痕迹；一旦浇筑，混凝土表面就会很粗糙，并且部分地方会自然产生白灰涂染的效果，精致且细微：   85 337

结构上各部分的瑕疵非常明显！我们没有钱真是太幸运了！暴露的混凝土最大程度地展示了原本的模板、厚木板连接节点、木料纤维和木材结疤等。

他甚至这样继续写道：

在男人和女人中你看不到皱纹和胎记吗？看不到鹰钩鼻子吗？看不到那数不清的怪癖吗？（……）缺点就是人类；它们就是我们，也是我们的日常生活中必须直面的[49]。

屋顶露台被誉为勒·柯布西耶空间概念的巅峰之作。它集20世纪屋顶板和阳光房之大成——普瓦西（萨伏伊别墅）、加歇（斯坦因别墅）等——超越了常规的用途，就像这里在上演古老的太阳祭祀仪式。勒·柯布西耶从阿道夫·阿皮亚和他早期的舞台设计中找到了灵感。 **187**

我们不知道勒·柯布西耶是否熟知孔西德朗提出的"法伦斯泰尔"鸟瞰图，将"专注人性化的社会大厦"的屋顶定义成宽大开放的露台。相比孔西德朗只有护墙的完全空白的外观设计，柯布西耶的概念看起来更很让人费解。立面效果大多来自钢筋混凝土构筑的多层板式住宅单元结构和功能设计：不可避免的是，通风井和电梯塔占用了屋顶相当大的一部分空间。由于"延伸寓所"项目还要求有一个混凝土方盒子，包含一个幼儿园、一个小迷宫、孩子玩耍的游泳池和体育馆以及一个露天舞台，所以总的效果肯定是杂乱无章的。 **181 188**

然而这种"杂乱无章"极具争议地成了现代建筑最打动人的地方[50]。在一定程度上，混凝土原始状态的表层强调并升华了体量带来的稳重效果。建筑师选用这种手法是来突出体现"低科技"成分的特点，唤起人们对原始雕塑或者史前日用品的欣赏。人们跨出电梯走到屋顶平台，看到的景象是灰色的护墙和深蓝色的地中海上狭长的波纹。走下台阶到了铺成红色的赛场跑道上，人们会发现海平面已经从视野中消失了。水平剖面从围墙的位置出现，像一个加长的讲堂，防止人们向外或向下窥探马赛公寓的邻居（也是防止眩晕的安全保障）。因此人们可以免受打扰。

"阳光下演绎着各种成熟、精确与宏大的体量。"[51] **188**

建筑，自传，神话

人们也许会认为，建筑不是反映自身性质的媒介。通风井的形状、电梯引擎、体育馆或者幼儿看护中心几乎全部都应该由它们的功能来决定。但这里却完全不是这样的。通风井像一座座矗立在基座上的雕塑，从方盒子形的墩座墙后浮现出来。锥形的通风井就像倒立的树干，在末端留一条狭窄的缝隙。从这里人们可以最大限度地看到被围墙挡住的全景（或者人们是否应该将它们解读为巨大的假腿，就像偶然碰到消失已久的神话中的人体模型（manichini））？勒·柯布西耶的建筑和雕塑作品都时而证明，又时而推翻这些暗示性的联系，所以这个谜变得相当复杂。

从本源上讲，这些通风井最明显的借鉴样本是贝斯特吉公寓屋顶平台上有趣的潜望镜（实际上，用那些颇高的护墙阻挡住周围城市景色的做法也源自于这里）。就像对体育馆来说，龙骨结构是"不必要"的：也许是借鉴了远洋邮轮蕴含的高科技浪漫主义？或者是回忆起了泊于阿卡雄的渔夫驳船，或者说是那条载着尤利西斯（Ulysses）（它也许是勒·柯布西耶的第二自我）横越爱琴海时被劈成两半，变成了海龟的船？[52]　　　　　　　　　　　　190 344

在屋顶平台建筑静物边缘，伫立着一个单独有"凹槽"的烟囱。它以狭长的模板式的木板外形显现出古老立柱的意象。　　　　　　　　186 189

成功还是失败？

一些人把马赛公寓评价为"也许是现今城市规划思想中最重要的假设。"[53]另一些人却称之为"荒唐"，甚至失败。当"一种可以普遍适用的生活方式"这种理念开始变得落伍时，封闭、自给自足的社区环境（这位建筑师自己称之为"垂直村落"（vertical village））也许只能围绕它自身的应用品质来讨论了。这样看来，根据居住在这里几十年的居民们的好评判断，"马赛公寓"在绝大多数方面都是很成功的——尽管不完美。马赛公寓起初是为工人阶级设计

189

的，但现在却住满了喜爱独立小户型设计与完善社会服务的中产阶级家庭。这些居民相互合作、监督管理公共设施并资助社会活动[54]。因此这座建筑成功地透过形式创建了一个令人称颂的社区。

然而较之战后法国不容回避的社会经济问题，马赛公寓的出现也就不能算作成功的故事了。它将丰富的公共设施和雕塑般的主体普遍应用在国家重建项目中，所以显得太过昂贵（但是这并不妨碍它成为国家福利房的参考原型，如在英国、瑞士等其他国家）。

然而就设计而言，马赛公寓也有瑕疵：首层架空支柱式丛林就是一个败笔，独立小户型有些狭窄，而第11层宽敞的商业街相对于整个建筑尺寸而言又显得太大[55]。但另一方面，马赛公寓展现了一种对建筑极高的驾控能力。这一主题，在之后丰富的变体中无一可以企及。南特·雷泽公寓（Nantes-Rezé）（1953—1955）曾展示了若想让马赛公寓成为一个经济合理的保障性住宅需要削减多少东西（包括形式和社会设施）。但是尽管如此，像社会主义者保罗·雄巴尔·德·劳维（Paul Chombart de Lauwe）所展示的那样，勒·柯布西耶的这座大楼还是可以作为一个曾经在法国实践过的低成本住房样式的有趣设计方案[56]。马赛公寓位于布里埃森林（Briey-en-Forêt）（梅斯（Metz）附近），坐落于丛林中间，带着过时的乌托邦气质和夸张形象勉强幸存于世[57]。如果需要证据来证明名垂历史的建筑不能效仿其他成功建筑，那么马赛公寓日后就是强有力的佐证，反之亦然。

拉图雷特

勒·柯布西耶其住宅设计的工作重点一方面是作为设计修道院住房的专家（确切地说是设计了一所学校和多明我会（Dominican order）的研究机构），另一方面是学生旅社的设计（如位于巴黎大学城的柏林公寓大楼（Maison du Brésil））。这两个项目都代表了当时西方社会集体生活的典型形式——而且正如我们看到的，勒·柯布西耶在住房问题的观点上有着举

189 乔治·德·基里科，"两张面具"（Two Masks）（1916）。布面油画。

足轻重的地位。

这里我们只讨论拉图雷特修道院，这个作品无疑是他晚期最重要的作品之一[58]。修道院从1960年开始正式投入使用，但项目委托设计的时间却是早在1952年。法国神圣艺术（Art sacré）空想家皮埃尔·马瑞—埃兰·库第里埃修士曾经建议勒·柯布西耶以多明我教派的里昂分会来取笔名，他还鼓励勒·柯布西耶参观法国南部土伦附近的勒·托罗内修道院（Le Thoronet）。这个建于20年代后期的宏伟的罗马式综合建筑最终成为了勒·柯布西耶设计此类建筑的标杆。　191 193 194

然而勒·柯布西耶从没有考虑以中世纪修道院建筑作为自己设计项目的模板。实际上，这个项目甚至与传统手法背道而驰：从严格意义上讲，拉图雷特修道院不能算是一个修道院，就像之前提到过的那样——它的选址是在郊外（传统的修道院大多是在城市里）[59]。

若把这个建筑定位成一个传统的典型修道院，就意味着它必须有可以承载回廊、教堂、食堂和寓所的巨大地基，要用新的方法另辟蹊径。所以拉图雷特最终方案要追溯到1929年提出的城市巨型建筑的理念。对于蒙得维的亚大规模的城市更新再生，勒·柯布西耶提出了高速公路系统。通过这个系统，将丘陵高地与嵌在下方的住宅设施、办公室等连接起来。他认为这不是一个从下至上，而是从上至下，通过交通网络来构筑坐落在城市之巅的城市。由于它的地基是斜的，施工难度很大，所以拉图雷特的意义已经不仅仅只是检测这种理念了。　192

近乎怪异的是，这个U形居住与研修单元的入口位于最高的海拔处。深邃的凉廊以及小户型屋顶，说明那里是居住区域。教室、服务区域、图书馆和餐厅位于下方，这样就可以与立柱上方的建筑在地面的某处位置相交汇。这里的公共空间像马赛公寓一样，再一次应用了薄板幕墙，它们精致的韵律与混凝土柱与遮阳板的巨大体量共存并形成强烈的反差[60]。　191

虽然很容易理解它在建筑语汇上与马赛公寓的相似之处，然而在表现形式上却不尽相同。弧线和体量感（如同马赛公寓的底层架空支架或排气井）由严格的直角和锐角所取代。

190　勒·柯布西耶、皮埃尔·让纳雷，香榭丽舍大道贝斯特吉公寓楼顶房间，巴黎（1930—1931）。"潜望镜"视图。

191　勒·柯布西耶，拉图雷特修道院，里昂附近的艾布舒尔阿布雷伦（Eveux-sur-Arbresle）（1957—1960）。

192　勒·柯布西耶，蒙得维的亚、城市再开发建议（1929）。实现了城市"自上而下"的建设。

191

190

192

4 乌托邦主题的演变

其统一性大多不再是由棱角转变成有机形式来实现，而是通过不同部分相互混杂的蒙太奇手法来达到。一条水平的细缝（正好在视平线上）从上层空间走廊向内院敞开：礼拜堂的金字塔顶、楼梯间和连接走廊的台阶一同形成了一种雕塑般的组织机构。它的三个面被修道院的配楼立面围绕。而这些配楼本身作为背景体现着一种雕塑的诗意。总让人想起那些叠合梁，迸发出由浇筑混凝土打造构成的伐木场的美感。**193**

　　建设经费来源大都是善款，所以这个建筑不只是看起来便宜，也缺乏最起码的舒适性。朴素便成了这个建筑的主导氛围。只粉饰了几片墙体。水管和风管暴露在外并用原色粉刷。就这样，拉图雷特最终成为了一台机器，但也正是因为这样，一种粗野的机械化象征手法统御了整个形式，展现出一种逃脱与静默并存的现代文明，它来源于城市，也来源于当时开始涌入法国的浮华与繁荣景象。

　　这个U形的居住用侧翼配楼是一个面向森林的"光辉城市"，然而靠近内院的方盒子形的教堂却是完全内向的：一个魔幻方盒子（boîte à miracles，勒·柯布西耶在设计一个剧院项目时所用的术语）。在它内部，继续保持雕塑与空间之间强烈的"相互让步"的特征。教堂本身是一个巨大、纯净、静谧的方盒子。它的比例遵循了罗马科斯梅丁的圣玛丽亚大教堂的比例。但是地下一层还有个地窖，它与斜坡侧面相连并形成了突出的景致。就像一个粗犷的洞穴，阳光通过巨大的"光线加农炮"透过彩色的墙洒进室内。**194**

　　就形式而言，拉图雷特的外表传达了一种戏剧般的错乱感，似乎这位建筑师想要通过一个极端绝望的强硬形象来阐释他对社会和谐的观点，他已经明确，这个社会只会把它当作个别现象来接纳。

193 勒·柯布西耶，拉图雷特修道院，
里昂附近艾布舒尔阿布雷伦
（1957—1960）。"回廊"视图。

193

住宅问题

第四章附言

如今勒·柯布西耶通过努力为建筑做出了巨大的贡献，使它们充满魅力又壮观美丽，这样的表现手法也使他作品中蕴含的社会学思索和社会空想主义有些黯然失色。事实上，现在乌托邦被认为是一种尴尬的理念，它并不是建筑合理性的重要组成部分。人们会担心这类极具争议建筑的最终效果，或者是它在政权利益争夺中是否能巩固自己的地位。

弗朗索瓦·肖埃（Françoise Choay）提出了第一个论点。她这样说道：傅立叶的"法郎吉"（phalange）可能让你觉得可笑，但是当勒·柯布西耶准备用8套马赛公寓和一个市民中心来取代圣迪耶（Saint-Dié）爆炸式膨胀的城市时，人们就完全被这种荒诞吓傻了（选自《城市规划——建成的乌托邦》(L'Urbanisme.Utopie et réalités)，巴黎，1965）。勒·柯布西耶普遍应用的住宅模型系统被宣传得过多了，那些评论家这样表示，但他们从未真正对问题进行过深入的考虑。实际上，在（乌托邦）这个领域，许多建筑师的设计初衷，对功能方面的考虑明显不足（文中提及的佩萨克就是一个例子）。不仅如此，国际现代建筑协会几个核心理念的切实应用都最终成了梦魇——也许部分问题是整体缺乏维护。位于美国圣路易斯（Saint Louis）的普鲁特—伊戈住宅群（Pruitt-Igoe housing complex），由于遭到故意破坏，1974年时不得不拆除一部分，之后类似的事件也时有发生——并且不止是在法国。众所周知，普鲁特—伊戈的灾难曾一度高调地宣告了一切现代建筑的死刑（参见查尔斯·詹克斯，《后现代建筑语汇》(The Language of Post-Modern Architecture)，伦敦，1977，1978年修订版）。尽管勒·柯布西耶的建筑不会重蹈普鲁特—伊戈的梦魇，但几乎没有人否认这样发展的背后为"光辉城市"的理念模型蒙上了一层阴影。从更广泛的方面来说，这位建筑师有了解决普遍问题的自信。

另一方面，这个被刘易斯·芒福德（Lewis Mumford）在60年前称为"马赛愚行"（Marseille Folly）的建筑（《高速公路与城市》(The Highway and the City)，1962年再版），现在正被居住在这里的人们精心地照料着。就居住者的满意度来看，主流建筑界对"光辉城市"和马赛公寓理念的借鉴——在荷兰、英国、瑞士都取得了相似的好结果。马赛和柏林公寓

成了（或几乎成了）传播艺术灵感的大本营。

除此之外，从伊斯坦布尔到迈阿密的奢华旅店设计，抑或是旧金山或鹿特丹的那些中上阶层云集的住宅区的高级艺术设计，体现出马赛公寓的精髓，难道这些能够被忽视吗？在这种背景下，参见安娜贝尔·珍妮·沃顿（Annabel Jane Wharton）所著《建筑冷战——希尔顿国际酒店与现代建筑》(Building the Cold War. Hilton International Hotels and Modern Architecture)（芝加哥与伦敦，2001）。回顾过去，战后重建在时间和资金短缺的情况下，具有普遍性的《雅典宪章》(Charte d'Athènes)和特殊性的勒·柯布西耶马赛公寓如果没有在建筑界出现，那么最坏的结果又会是什么呢？是否可以说它们既是成功的，又是失败的？我们应该依据怎样的标准来评判呢？

历史与推测无关成败。谁又能说什么是最成功的举措或典范呢？或者什么是受伤害最大的呢？在诸如米歇尔·福柯（Michel Foucault）1975年所著的《规训与惩罚》(Surveiller et punir)，还有曼弗雷多·塔夫里1973年所著的《乌托邦项目》(Progetto e utopia)这些宗教崇拜式文章的光芒下，人们需要在熟悉各种相关思想的背景下检验住房改革的理想、规划和实际绩效，客户与建筑师的立场都应予以考虑。也许有些让人恼火，福柯和塔夫里在本章都没有注释（1965年出版的弗朗索瓦·肖埃的《城市规划——建成的乌托邦》也没有标注）。尽管如此，我猜测也许对福柯观点的直接反映在1979年修订版中的救世军大楼那一节可能会提到，特别是对社会卫生话题的关注。（也许保罗·奥弗里（Paul Overy）更现代、涉及更广泛的研究《阳光、空气和开敞空间》(Light, Air and Openness，伦敦，2008）也是如此，尽管这个例子中，更夸张的是所有福柯的确切参考都缺失。）

■ 我近期的观点是，勒·柯布西耶对"苏维埃社会主义共和国联盟奥秘"（mystique of the USSR）的贡献被夸大了，尤其是最近参考资料中它只是模糊地被提及，例如在亨利·索瓦日的作品中，索瓦日是巴黎"卫生住宅"的主要参与者（布莱恩·布里斯·泰勒（Brian Brace Taylor），"索瓦日与卫生住宅和巴黎洁净改造"（Sauvage and Hygienic Housing or the Cleanliness Revolution in Paris），《建筑学理报》，第

12期，1974）。然而他对苏联先锋派和极具创意的实验室作品的喜爱还是在20世纪70年代的建筑讨论中延展开来（查尔斯·詹克斯、格里特·乌尔塞斯（Gerrit Oorthuys）、雷姆·库哈斯（Rem Koolhaas）、维埃里·奎利奇（Vieri Quilici）、曼弗雷多·塔夫里、弗朗西斯科·达尔科（Francesco Dal Co）和其他一些建筑师为此铺平了道路，而且就像肯尼斯·弗兰姆普敦证实的那样，构成主义者作品包含的理想主义议题触及了勒·柯布西耶1928年后的核心思想（《光辉城市的兴衰：勒·柯布西耶 1928—1960》（The Rise and Fall of the Radiant City：Le Corbusier 1928-1960），选自《对立》，第19/20期，1980）。这位建筑师的苏联情结、对本源的研究，成就了让·路易·科恩的同名著作（《勒·柯布西耶与苏维埃社会主义共和国联盟的奥秘》（Le Corbusier et la mystique de l'URSS），1987），尽管科恩没有特别提到苏联的经验对勒·柯布西耶1930年后的设计作品产生了怎样的影响。即便这本书以英文版本发表后，他也没有（其他人也没有）改变我不尽相同的观点。如果我是正确的，那么来自瑞士的、勒·柯布西耶最狂热的反对者亚历山大·冯·森杰（Alexander von Senger）在他把现代建筑定义为"布尔什维主义的特洛伊木马"（Trojan Horse of Bolshevism）（1928）时至少留下了一个有趣的观点——忽略那些反共产主义的（和反现代主义的）、无关紧要的言论。

■ 马赛公寓是勒·柯布西耶建成的住宅项目中最知名的一座。当芒福德谴责它的社会缺陷时，这个建筑即将要成为当今国际现代建筑协会的神话：实际上它的辉煌与普罗旺斯的艾克斯（Aix-en-Provence）召开的第九次国际现代建筑协会会议同步开始（参见基提恩，《建筑与社区》（Architektur und Gemeinschasft），汉堡附近赖恩贝克（Reinbek n.Hamburg），1958年以及更近期的由让-卢西恩·伯尼洛（Jean-Lucien Bonillo）、克劳德·马苏（Claude Massu）和丹尼尔·潘松（Daniel Pinson）编辑的《对现代主义的批判——论1953年在普罗旺斯召开的第九次国际现代建筑协会大会》（La modernité critique. Autour du CIAM 9 d' Aixen-Provence-1953），马赛，2006）。那时先锋派关于城市化的论述已经向心理学、人类学等类似领域开放。在这样的情形下，勒·柯布西耶对功能主义的抵触以及他作为画家的原动力将他推到了国际现代建筑协会探索居住领域的岔道口。就这样，第十小组也拒绝了功能主义和《雅典宪章》，而是遵从着马赛公寓的理念。"人们匆匆地从维多利亚式电梯奔向了幽深的走廊，这样才能到达他们私人抽屉似的监禁独居处"，史密森兄弟（the Smithsons）这样描述着马赛公寓，而且不忘附加道："尽管如此，它仍是我们这个时代最重要的建筑。就像帕埃斯图姆（Paestum）的波塞冬神庙（Temple of Poseidon）一样名留历史。"（参看埃利森·史密森（Alison Smithson）和彼得·史密森（Peter Smithson），《平凡与光线》（Ordinariness and Light），伦敦，1970年；还有《零修饰》（Without Rhetoric），伦敦，1973）。

自此开始，查尔斯·詹克斯和威廉·柯蒂斯之后在他们的建筑师专论中强调了它的诗意及带有雕塑感的戏剧性（参见查尔斯·詹克斯，《勒·柯布西耶和现代建筑的悲观观点》（Le Corbusier and the Tragic View of Architecture），剑桥，马萨诸塞州，1973；《勒·柯布西耶和建筑的继续革命》（Le Corbusier and the Continual Revolution in Architecture）纽约，2000；还有威廉·J.R.科鲁兹（William J.R.Cruits），《理念与形式》（Ideas and Forms），牛津，1986）。最近，杰拉德·莫里耶对这一项目几个版本的历史以及它们对法国建筑和城市文化的影响进行了更加独立的分析（《勒·柯布西耶——法国的住宅单位》（Le Corbusier. Les unités d'habitation en France，巴黎，2002；还可参见雅克·斯布里利欧编纂的很实用的马赛公寓指南，2004）。但是评价阐述勒·柯布西耶在整个住房问题方面做出的贡献仍旧迫在眉睫。

第五章

城市
文明

URBANISM

　　城市发展形成的过程，并不能完全按照建筑师的意愿进行，而是由各种
内在和外在的因素决定：社会经济的影响力和兴趣、体制模式，还有受到当时
的精英阶层认同的"进步与效率"的概念。换言之，建筑师们仅仅是在提供能
够代表这些影响力和兴趣的融合方案，当然，有的时候这个方案会是特别出众
的——勒·柯布西耶就经常能够提出这样出众的方案。举个例子，在政治和城
市学方面，没有什么比"化简"更加行之有效，而柯布西耶1922年提出的"拥
有300万居民的当代城市"这一程式，可谓工业世界的一朵奇葩。　　197

应当如何看待这个现象呢？我们可以假设"当代城市"一词中"城市"象征着一个对未来文明天堂的构想，但是如今，我们是否更充分地领会了它作为一个早期预警系统的含义——表现了未来沉溺于技术而忽视了文化的人们可能犯的错误呢？不可避免的，"当代城市"方案的提出者会一直饱受争议，要么被褒赏，要么被责骂。因为他自认为掌握了一个时代的关键资产——以服务于资本积累和社会福利为基础的现代工业与中央集权统治——并且将此作为一切行动的框架[1]。如他在早期项目中所做的一样，把这些观点上升到了宇宙和自然法则的层面。

柯布西耶的这些项目的确隐隐透出了独裁主义的特点（有时候甚至表现得很明显）。事实上大约10年之后，柯布西耶假设的国家对权力的狂热痴迷在欧洲大部分地区成为现实（只是一定程度上，并且仅在建筑学范围）；大约25年之后，它们隐含的福利国家的意识被工业世界广泛认可（尽管只是在相当数量的建筑中模棱两可地反映）——然而，这些实践工程反映出，柯布西耶的项目作为对"城市文明"这一新领域的探索研究，其本质是朴实无邪的。

从300万人的城市到《瓦赞规划》

夏尔—爱德华·让纳雷关注于城市形态与城市生活的结构原理，是从1910年他的导师夏尔·勒波拉特尼埃为了城市研究送他去苏黎世、慕尼黑、柏林和其他大城市搜集素材开始的。事情的直接背景是，很快地在拉绍德封开始筹备一次建筑与城市设计的会议（"瑞士的城市"（the Schweizerischer Städtetag），1911），而且，勒波拉特尼埃想要为他的家乡建立一个设计指导方针。整个事件仅仅若干年后就淡出了人们的视野。在第一次世界大战爆发后，让纳雷空有许多城市文明研究的零散手稿，却因为都是基于德国的经验，而无法以法文发表，或是在法国发表[2]。

因此，当1917年让纳雷移居巴黎后，城市文明不再是他最关注的课题。然而在1922年当

195　高地公园，密歇根，美国。
　　　福特工厂（建于1910—1913年）。
　　　鼓风炉、铸造厂及工厂铁路轨道。
196　"浪费时间，滥用资源"。
　　　米其林庆祝工业效益的宣传品
197　勒·柯布西耶、皮埃尔·让纳雷，
　　　供300万居民生活的当代城市，
　　　秋交会上的立体模型（1922）。

199

195

196

197

他受邀为当年的秋交会提供一个城市设计方案时，已经改名"勒·柯布西耶"的让纳雷没有太犹豫。柯布西耶问秋交会的组织者马塞尔·坦波拉尔（Marcel Temporal），何谓"城市规划"，后者解释说他希望有长椅、凉亭、街灯、路标和广告牌，"嘿，干嘛不给我设计一个喷泉呢？"勒·柯布西耶接受了这项设计任务，回答道："没问题，我会设计一个喷泉，但是在它身后，将有一座容纳300万居民的城市。"[3]

这个项目被冠名"当代城市"（Ville Contemporaine）。如其名，这并不是一个为了长远未来而规划的乌托邦，而是对当下城市的一个重新定义："这是一个允许我们大胆畅想的规划，向我们证明，梦想是可以实现的。"[4] 尽管设想富有远见，可能不会在短期内实现必要的改变，这个项目还是直接可行的，至少从技术层面着眼是可行的——如建筑师（柯布西耶）声称的那样。 **197**

柯布西耶从零做起，如他早期设计雪铁龙住宅一样，先定义一个广泛适用的场景，然后认定这个方案可以在不对"系统"做革命性改变的时候实现：

> 我的目的不是超越现有环境的状态，而是通过一个严格的理论构造，实现现代城市文明研究的基础要领[5]。

这些规划在1922年的秋交会上展出。很明显，没有任何评论，既没有引来愤慨，也没有带来赞誉。秋交会上和会后进行的讨论都记录并总结于1925年出版的《明日之城市》（*Urbanisme*）一书当中。更重要的是，这本书提出了一种可能性，以重拾曾经在这个领域的研究成果[6]。

最终，《明日之城市》对于其相关论题给出了相当透彻的归纳和讨论，这或许比《走向新建筑》更加有说服力。如果说《走向新建筑》大胆地糅合那些语无伦次、充斥华丽辞藻的论断，间或引用引人入胜的与古希腊、罗马相关的非凡意象，又涉及了现代工程技术，那么《明日之城市》则是一篇结构紧密的论文[7]。反观勒·柯布西耶早期的研究，他惯于以史为鉴，以大众

198 拉绍德封，瑞士，冬季的利奥波德—罗伯特大街（约1900年）。

199 夏尔—爱德华·让纳雷，利奥波德—罗伯特大街和火车站广场，规划的扩建项目创建闭合的城市空间目标，将铁路轨道与邮政总局环绕其中（1910）。摘自夏尔—爱德华·让纳雷给勒波拉特尼埃的信件。

200 夏尔—爱德华·让纳雷，研究皮埃尔·帕特（Pierre Patte）所著《纪念法国路易十五的荣耀，1767》（*Monumens érigés en France à la gloire de Louis XV, 1767*）（1915）。

201 混乱不堪的中心直线。勒·柯布西耶《明日之城市》中的插图（1925），反映了依照皮埃尔·帕特的理念，对18世纪巴黎中心塞纳河沿岸的重新规划。

198

La Chaux-de-Fonds en hiver.
Rue Léopold Robert

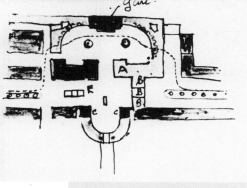

199

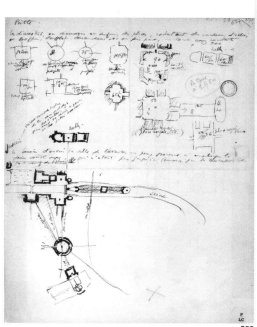

200

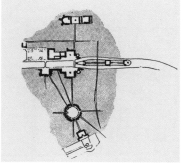

201

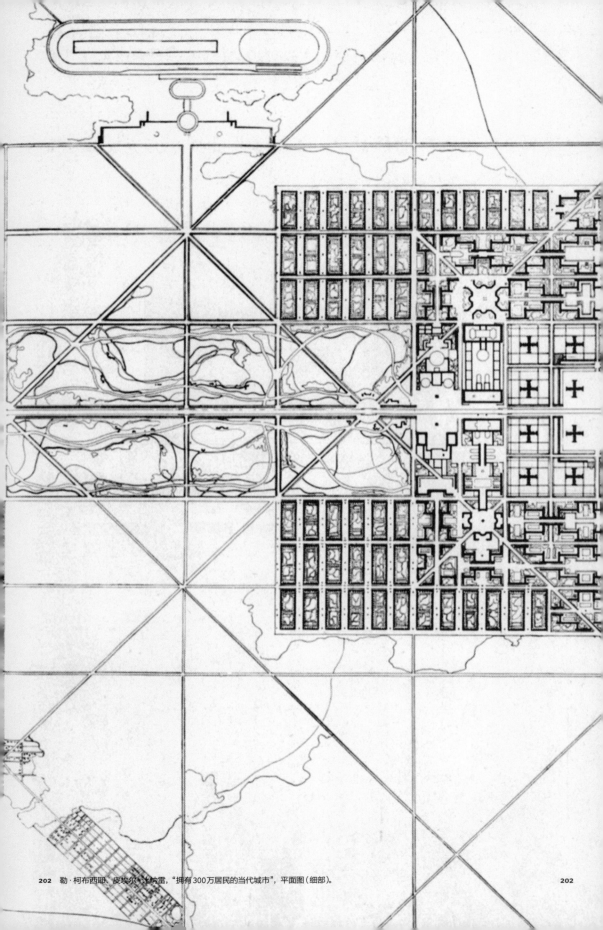

勒·柯布西耶、皮埃尔·让纳雷，"拥有300万居民的当代城市"，平面图（细部）。

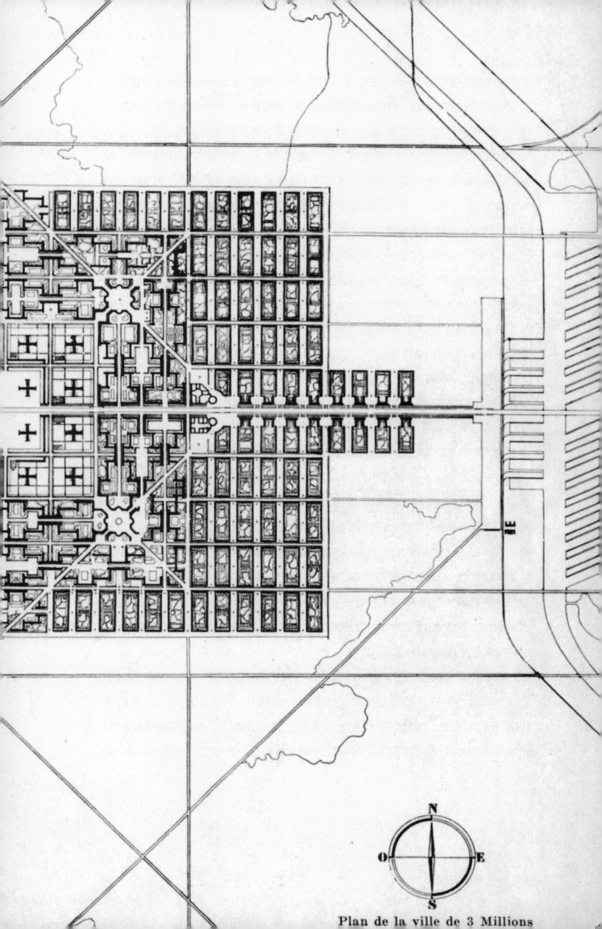

Plan de la ville de 3 Millions

审美与道德规范来开启论证的线索。并且从一开篇，他的评论就充满着强烈的爱恨混合、热情与反叛，鲜明地反映着他与巴黎的联系。他所引证的历史被视为他对当代建筑学的批判，反过来，他对当代建筑学的批判也反映着历史。为了认定他的论题属于当务之急，他引用了大巴黎地区的人口膨胀和交通问题的统计数据。当时，报纸已经证实了首都人民和整个社会在战后遭受的苦难，各大街道都有群众游行[8]。因此，中产阶级遭受的雾霾、沙尘、空气污染以及肺结核、贫民窟为现代主义最奢华的梦想创造了舞台。

因此，尽管它只是一个不受时代和地点制约的理论模型，"当代城市"对于巴黎的依赖不亚于托尼·卡尼尔的"工业化城市"（1903）之于里昂，或者安东尼奥·圣伊里亚的"新城"（Città Nuova，1914）之于米兰火车站。"当代城市"规划响应了战后巴黎的迫切需求：大尺度的住房、写字楼和新的交通形式。尽管比任何时候都要迫切，这些需求并非新生事物，实际上它们在世纪之初便衍生了一系列有远见的项目，只是很大一部分没有为人所意识到。在这些规划项目中，最有生命力的如尤金·亨纳尔的《巴黎改造研究》（*Études sur les transformations de Paris*）[9]，在1903—1906年间分8部分出版。从1882年开始，亨纳尔，这位任教于巴黎美术学院的教授，就同时供职于巴黎工程局（Travaux de Paris）——管理市政建筑的机构。他作为市政建筑师的经验，和他参与规划1889年与1900年巴黎世博会的经历助他成为一位杰出的城市规划专家。如"当代城市"和1925年的《瓦赞规划》所描绘，勒·柯布西耶非常熟悉亨纳尔的作品——虽然他们欣赏建筑的口味由于代沟而分异。诚然，亨纳尔虽然预测了城市对于开敞空间和高效交通的需求，但还是将他的憧憬构建于不拘一格的、装潢精美的巴黎"19世纪末"（fin-de-siècle）建筑之上。反之，勒·柯布西耶相信结合新的社会需求和新的交通技术，必定创造出新的城市文明形态，这种形态正好呼应着新时代的精神。 200~202 210 217

1922年，做出"当代城市"这个宏伟计划之余，勒·柯布西耶还展出了一个针对当时巴黎特点制定的小规模规划调整[10]。到了1925年，巴黎的重建成为一大主题。在国际现代化工业装饰艺术展览会上，勒·柯布西耶利用新精神展区的一个侧翼展示了两幅巨大的立体模型，一幅为"当代城市"，对面的另一幅则将"城市"落实到它的生源地：巴黎，成为"欧洲之眼"（eye of Europe）——他称其为巴黎的《瓦赞规划》（即指巴黎市中心的改造方案）。

"瓦赞"这个名字指明了这个规划的一个基础特点：它的交通形式。坚信当代大都市的需求与未来城市变革都与机动车交通密不可分，勒·柯布西耶为他的展区从各大汽车制造公司拉来了赞助，包括标致、雪铁龙，还有瓦赞牌（Avions Voisin，一个曾经的法国豪华汽车品牌，一度与宾利、布加迪匹敌，后因资金周转问题而没落消失）（他曾尝试过的还包括米其林轮胎公司）。此外，他还找寻力图展现特定的城镇规划项目，最终，正是加布里埃尔·瓦赞（Gabriel Voisin）响应了他的请求并为之冠名。

为了让巴黎更适宜居住，建筑师对它开始了大规模的改造。首先是把从塞纳河到蒙马特区之间（几乎）夷为平地，这个行动被视为拯救巴黎的先决条件。这个区域间，幸存下来的只有少数几个建筑——卢浮宫、皇宫和孚日广场（这是柯布西耶格外偏爱的），还有圣雅克塔（Tour Saint Jacques）、协和广场、凯旋门和经挑选的一些教堂和住宅。这样，历史性的遗产受到尊重并保全下来[11]。205 212

然而，柯布西耶谦虚地补充道，《瓦赞规划》并不是一套完整的解决巴黎中心城区相关问题的办法[12]。实际上，它主要的目的是引起公众的注意，让公众的关注点从传统的城市设计提升到新的高度——包括住房、商务住宿和交通在内的巨型系统：城市文明[13][译注]。

［译注］

"城市文明"原文Urbanism，与《明日之城市》（Urbanisme）使用同一个词汇，作者在此处及本章标题均使用该词呼应《明日之城市》一书。但是，"明日之城市"来源于译者对于书稿内容的理解——阐释柯布西耶对于未来城市的憧憬，而urbanism一词本身则远远大于"城市"或"明日之城市"。在刘易斯·芒福德的若干著作中有提到：urban一词所呼应的是人类文明从愚昧走向文明，从碎片走向聚合的过程。在urbanization中，既包括了从乡村走进城市的空间形态变化，也包括了从随心所欲变得遵守规则的意识形态变化，表现的是人类文明的进步过程。urbanism作为一个学科，研究的是人类文明的聚落形态在由乡村走向城镇时的全部方面。但是考虑到在当下汉语言文字的习惯中，urban已经根深蒂固地与"城市"绑在了一起，译者将urbanism解作"城市文明"。

塔楼

早在1921年，勒·柯布西耶就在《新精神》发表了他设计塔楼城市的设想[14]。塔楼俯视成十字形，将达到60层高（大约825英尺）（约251.5米），相距800英尺（约243.8米）排列。柯布西耶说这个设想是奥古斯特·佩雷向他提起的——当佩雷在1922年8月发表他的设计初稿时，两个方案的差异十分引人注目[15]。最终，由于佩雷的那些高楼采用了传统的样式，柯布西耶全盘否定了佩雷的设计，包括佩雷规划中最醒目的"未来主义"设想：在高空连接这些塔楼的廊桥[16]。 **203**

在勒·柯布西耶眼中，这些摩天大楼需要一个十字形的平面、如正方体般的立面和光洁闪耀的外壁。此外，为了让内部得到充足的光照，这些高楼的外立面将设计成锯齿状，即设计连续的凸出与凹进，使得无论取景还是采光都有最佳的效果。无论是十字形的平面还是锯齿形立面都不是柯布西耶的原创，也许从一定程度上，它们取自路易斯·沙利文的十字形摩天大楼方案，还有1890年前后在芝加哥被频繁采用的凸出的隔间设计[17]。想要探寻勒·柯布西耶严谨且精准的基础立体几何原理的先前范例，也许人民需要在机械或者谷仓间探索，而不是1920年之前的建筑。 **204**

从工业化开始，过度拥挤、社会无序和交通阻塞就一直是困扰大城市的典型问题。当埃比尼泽·霍华德（Ebenezer Howard）及其后的规划者们以疏散和扩张作为传统应对方法时[18]，勒·柯布西耶却提出了要聚合并提高密度。尽管同意田园城市运动所倡导的城市人可以受益于周围的自然环境，柯布西耶还是相信城市的高密度是文明进步的先决条件。因此，他反对当时的城市无限制扩张及遍布独立住宅的主流思想。勒·柯布西耶声称，尽管高密度大都市在今天没有很好地运转，我们也不应该草率地否定它（就如同田园城市运动和弗兰克·劳埃德·赖特在之后构想的广亩城市（Broadacre City）），反之，我们应当在建设高密度大都市时，严格监控、装备试用的工具并维持它在文化和建筑上的整体性，使之清晰地区别于周围的乡村。

至此柯布西耶同时追求着两个相互矛盾的目标：通过巩固城市中商务核心的统治地位来提高城市密度，同时将绿色和自然带回城市

203 奥古斯特·佩雷，未来"塔楼"（1922）。

204　霍拉伯德与罗奇（Holabird & Roche），塔科马大楼
　　　（Tacoma Building）(1887—1989)，芝加哥。
205　勒·柯布西耶阐述《瓦赞规划》。取自于皮埃尔·谢纳尔
　　　（Pierre Chenal）的电影《今日建筑》(*L'architecture d'aujourd'hui*)
　　　(1931) 中的图像，圣马丁门（Porte St.Martin）和圣德尼门
　　　（Porte St. Denis）作为大广场上随意的艺术佳作。
206　巴黎，蒙梭公园（摘自《明日之城市》)。
207　罗伯特·德劳内（Robert Delaunay），《埃菲尔铁塔，
　　　战神广场》(*La tour. Champs de Mars*, 1922)。布面油画。
208　勒·柯布西耶，"在这里，对学院派说不！"(1929)。
　　　以草图的形式说明地标式建筑在构建巴黎过程中的历史与
　　　现代意义（引自《建筑与城市规划的精确现状》)。

206

Ceci n'est ni à Chantilly, ni à Rambouillet, mais à Paris, parc Monceau. Et voilà le but nettement fixé : la ville de demain peut vivre totalement au milieu des verdures. Il manque à New-York de n'avoir pas érigé ses gratte-ciel au milieu du parc Monceau. Utopie ? Acceptons le gageure !

207

Paris s'est transformée sur elle-même, sur son propre sol, sans évasion. Chaque courant d'idées s'est inscrit dans ses pierres, à travers les siècles. Ainsi s'est constitué le vivant visage de Paris. Continuer Paris !

ici, l'académisme dit. Non!

205   208

中。在他对于"当代城市"的描述中，这两个目标如一体两面[19]。一方面，在对城市人口进行快速的社会分析后，勒·柯布西耶认为应当提高城市密度；另一方面，他试图创造一个绿色空间。

自然与空间

城市中心的大部分区域都是大型休闲娱乐区：95%的商业用地和85%的居住用地将被改造成公园[20]。为什么柯布西耶如此固执地崇尚公园和绿地呢？一部分答案仍然在巴黎。为了让精英们信服他的方案，柯布西耶需要让方案合法化。在1920年前后，把一座城市设计成一个巨大的休闲空间相当于整合完成法国历代国王和皇帝的作品：杜伊勒里花园（the Tuileries）、卢森堡公园（the Jardins du Lexembourg）、蒙梭公园（the parc Monceau）等都是他在规划中不断引用的例子，并且在他的书中也多次重新设计[21]。

206

在立论中，他还掺杂了许多个人感受增加情趣。在追忆东游的故事时，他引用了一条土耳其格言："想盖房，先种树"——他还针对自己头脑中的19世纪城市，补充道"如树木扎根一般，我们建立起城市"[22]。如果说植树造林是城市美好生活的生理基础，那么公园就是城市之肺，是城市的呼吸系统。更进一步，可以说整个城市变成了一个巨大的肺！对勒·柯布西耶而言，呼吸不仅仅是一个生理过程。他的眼睛比他的肺更加渴望呼吸。早先，他可能在汝拉山上感受过无限的广阔空间。现在，是埃菲尔铁塔给了他灵感：

> 步步登高，我感受着平静与安详，那个时刻，既愉悦，又庄严。随着脚步，我感觉思维进入了更广阔的轨迹。当一切事物变得宽广，当空气更猛烈地灌入肺部，当双眼看到无垠的地平线，灵魂被轻快地点亮。这是一片为乐观所占据的净土[23]。

我们可以认为，在渴求广阔地平线的时候，勒·柯布西耶规划的出发点——让城市环境贴近自然——变得越发模糊了：在800英尺的塔楼之巅，谁能感知地面的落叶呢？绿色的

209 阿梅德·奥占芳，"美丽的奋进，但是没有头和双臂"。《勇气》杂志（L' Elan）封面，1915年6月第5期。

210 尤金·亨纳尔，建议巴黎林荫大道的交叉路口（1903）。

211 勒·柯布西耶、皮埃尔·让纳雷，拥有300万居民的当代城市（1922）。

210

209

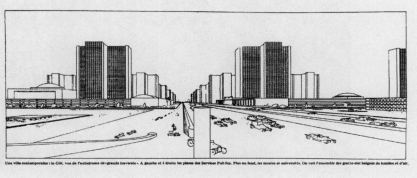

211

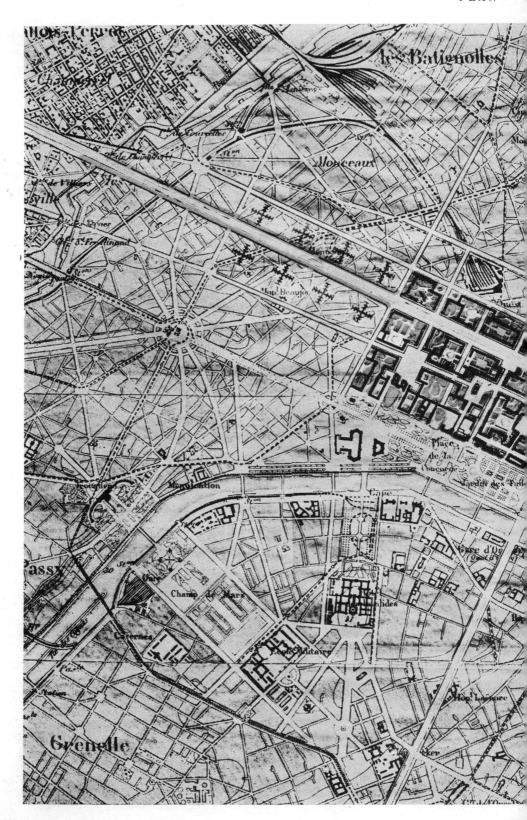

勒·柯布西耶、皮埃尔·让纳雷,《瓦赞规划》(1925)。

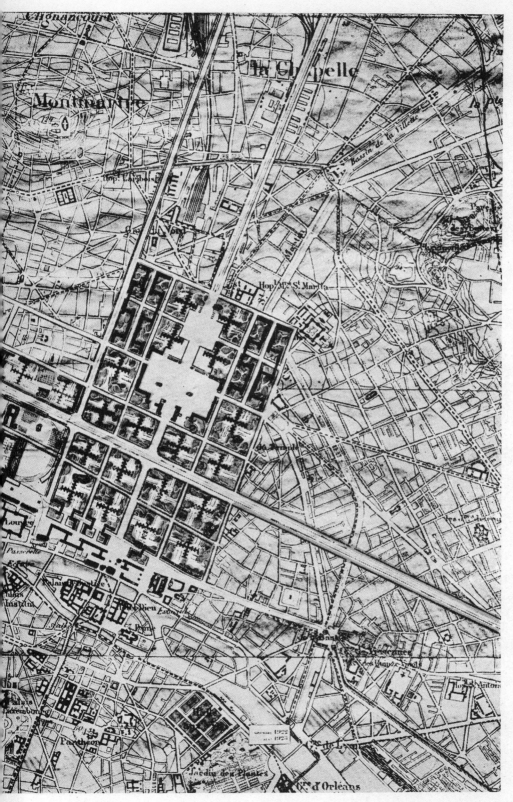

(Exposé au Pavillon de l'ESPRIT NOUVEAU
à l'Exposition Internationale des Arts Décoratifs).

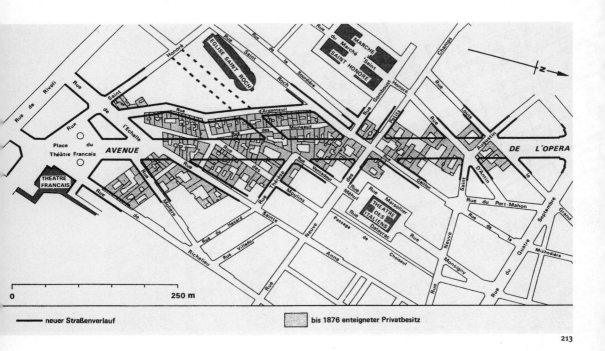

Rue de Rivoli · Rue · Rue · Saint · Honoré · Rue · de · la · Sourdière · Rue · Roch · ÉGLISE SAINT ROCH · MARCHÉ du Marché Saint · SAINT HONORÉ · Champs · Saint Honoré · Gomboust · Rue · Louis · Rue · de · l'Échelle · Rue · Saint · de · Place du Théâtre Francais · AVENUE · d'Argenteuil · Rue · des · Moineaux · Rue · Petits · Rue · Augustin · DE L'OPÉRA · THÉÂTRE FRANCAIS · Rue · de · Rue · Molière · Rue · Thérèse · Rue · des · Moulins · Rue · Ventadour · Rue · des · Rue · Méhul · Rue · Marsollier · THÉÂTRE DES ITALIENS · Rue · Dalayrac · Rue · Gaillon · Saint · D'Antin · Rue du Port-Mahon · Septembre · Grand · Rue du Hasard · Rue · Villedo · Sainte · Rue · Neuve · Passage · de · Choiseul · Rue · Neuve · Rue · de · la · Quatre · Michodière · Richelieu · Anne · Rue · Monsigny · Rue · du

0					250 m

— neuer Straßenverlauf   bis 1876 enteigneter Privatbesitz

植被与灰色的构筑物交织在一起——像一席华丽的地毯 [24]。

轴线和速度的秘密

巴黎，作为法国的首都，必须在20世纪建立起她的统治地位 [25]。

以大扫除般的姿态，勒·柯布西耶的城市嵌入到地形之中。它的轴线向四面八方的地平线伸展开。凡尔赛和奥斯曼男爵的中产阶级大都市观点——基于拿破仑三世时代对巴黎的认识——开始被社会所关注。尽管这本书并没有讨论政治，但政治就隐埋在项目肤浅的表象修辞下面。虽然有时会被一些尖刻的讽刺冲淡，在两座凯旋门的八个门前伫立起八个巨大的萨莫雷斯的胜利女神雕像（Nike of Samothrace）仿制品，宣告着帝国主义的信息。复制的八个雕像，缺头无臂，卢浮宫的胜利女神似乎成为了第一次世界大战中法国能否战胜德国的不祥比喻 [26]。197 209

然而，如前面所讲，《明日之城市》一书的措辞是严格的技术语言。所有有关政治或者民族主义的线索都只是推测。棋盘式或者叫"方格式"的规划布局，经常也添加对角联络线，被指定为现代城市规划中唯一正确的途径。《明日之城市》通过例证强调了这一观点：自13世纪开始，矩形城市遍布世界各地，法国南部、北京皇城、明尼阿波利斯及华盛顿特区 [27]。还有一个"方格状"的规划，并未收录于《明日之城市》书中，尽管我们知道在勒·柯布西耶的心中，这项规划已经存在了十年之久：他对故乡拉绍德封的规划。（1794年，拉绍德封在一场大火中严重受损，之后依照一个被称作《美国规划》（Plan américain）的方案重建，在城镇中心有一条主轴，利奥波德—罗伯特大街（avenue Léopold-Robert），那里正好是年轻的夏尔—爱德华·让纳雷曾经生活的地方。） 3 198

《美国规划》是否就是勒·柯布西耶固执于横纵轴规划的根源呢？实际上，勒·柯布西耶在成为城市学者之前的故事表明，在早年，他对于拉绍德封的方格规划，厌恶多于喜爱。所有他早期做出的改造城镇中心的规划都意在打破街道两侧无限延伸的单调外墙，意在通过模仿慕尼黑、罗马和巴黎建设广场和市场来抹掉沿着狭长的利奥波德—罗伯特大街看到的管窥

213 巴黎，奥斯曼男爵规划的开放式剧院大街（约1858年）。

之景[28]。然而，经过一阵对于卡米洛·西特（Camillo Sitte）——或者说是他认为的西特的理论（出现于《城市建设》（*La construction des villes*）一书的核心部分，但有争议）的狂热痴迷，又通过研习中世纪与巴洛克时期的城市空间，让纳雷开始与横纵轴线规划和平共处。并且，在1922年，他的"当代城市"项目开始以香榭丽舍大道作为城市空间设计的原型——甚至在城市的两座大门处放了一个凯旋门。

199

因此，在1925年，严格遵守轴线规划在字里行间被冠以道德、功能和审美的目的：

> "人能走一条直线，是由于他有目标并且知道他将去向何方。"[29]

直线是人的路线，曲线是驴走的。由中世纪的城市总结出的发展模式，通过随机多变的城市设计来体现浪漫而华丽的思想，现在被果断地拒绝了。勒·柯布西耶认为，这种模式是卡米洛·西特——"一个博学而敏感，却天真地把问题搞糟了的维也纳人"的根本失误[30]。

《明日之城市》一书提出，1853—1868年间，奥斯曼在巴黎这座迷宫中插入的轴向大街，正是解决城市问题的当务之急——尽管勒·柯布西耶并不认同拿破仑三世把大街用于游行和阅兵的目的[31]。一而再地，他把奥斯曼的巴黎用作论证的背景。比如在1937年，勒·柯布西耶指出，在奥斯曼的城市中"传统意义上（……）所有的直线大街都要有一个标志性建筑来引领：歌剧院（Opéra）在同名大街的终点、圣奥古斯丁教堂（church of Saint-Augustin）在马勒塞布大街（boulevard Malesherbes）的终点。"[32]但勒·柯布西耶希望交通干线不受阻碍地从城市中穿过。十年之前，他在拉绍德封的规划中，还坚持要封闭主要大街的管窥之景，但现在，封闭协和广场（Place de la Concorde）的方案被认定是与规划不相容的："那是一个荣耀的广场，就像一座尊严的大堂。但是（……）它不是一条街，更不是交通动脉。让我们明确一下：这个时代是属于长途客运和行人的。"[33]因此无悬念，在1936年造访曼哈顿时，他赞许10英里长的大街是大都市中决定性的高效交通线[34]。

213

为了阐明"当代城市"中的轴线系统，柯布西耶还原了它们最本真的意思。

城市的主轴是一条在两座凯旋门之间的超级高速路。沿着交通干线是各种方尖碑、柱廊和巨大的圆顶。又一次，传统理念与机械时代相融合。速度被升华成一个有魔力的指标："拥有速度的城市拥有成功。"[35]

不可避免地，又要想起安东尼奥·圣伊里亚在十年之前所做的项目——尽管我们不知道勒·柯布西耶是否熟悉它们。他喜欢参考汽车广告的措辞。在《明日之城市》中，他引用了菲利普·吉拉德特（Philippe Girardet，标致汽车工厂的一位经理）的一篇文章，吉拉德特明确将汽车视为人类憧憬很久的梦想，其中将人类描述为造物主创造的最慢的生物之一：

> 像毛虫一样艰难地在地壳上拖拽前行。多数生物都比这种在速度方面创造失败的两足兽行动更快。如果我们假想一次地球上所有生物都参加的赛跑，人类无疑要分在"落败者"组并且大抵和绵羊战平[36]。

毫无疑问，是机动车让人类彻底地走出了这个可悲的境地。

交通线的分化：街道的死亡

巴黎的状况又一次成为勒·柯布西耶对城市街道进行重新定义的背景。在他看来，传统的多重功能在汽车时代已经过时。城市密度上升和迅速的机械化交通让街道变得毫无秩序且充满危险。在1924年他将街道重新定义为"流线机械"，甚至是"一种建立流线的仪器（……）一种长度的工厂"[37]。这导致了他将超级高速路设计成为城市格局中的主轴，也导致了他执著于把机动交通与行人分隔开，并将交通流按照不同的距离与速度进行分层。

在发表于《不妥协者》（l'Intransigeant）杂志1929年5月号上的一篇文章中，柯布西耶嘲笑城市中的世俗元素，传统街道："那是一千年之前为了行人建设的街道，在今天就是遗迹；是没有功能的、过时的器官。街道已经让我们受够了。简直是令人作呕！那么，为什么它们还存在着？"[38]

从那时开始，问题的关键就不再是分析解决传统街道的问题，而是在"当代城市"（或者"光辉城市"）中彻底抹杀它们的存在。

214

214　安东尼奥·圣伊里亚，新城（1914）。
215　纽约，五层叠加的交通要道（1925）（沃纳·黑格曼
　　　（Werner Hegemann），《美国的建筑与城市建设艺术》
　　　（*Amerikanische Architektur und Stadtbaukunst*））。
216　列奥纳多·达·芬奇，建议的多层城市（约1500年）。

MAIRIE DU IXᵉ ARRONDISSEMENT

AVENUE DE RICHELIEU

BOULEVARD HAUSSMAN

VUE DU CARREFOUR A GIR

尤金·亨纳尔，巴黎转弯式路口（摘自《巴黎变迁研究》（*Etude sur les transformations de Paris*））。

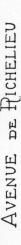

AVENUE DE RICHELIEU

BOULEVARD DES ITALIENS

ON DES GRANDS BOULEVARDS

用街道、运河和管道建立高效循环系统服务于城市的观点如同将城市视为完整"器官"的看法一样古老。在16世纪初，列奥纳多·达·芬奇（Leonardo da Vinci）就已经给出了对未来发展的指导[39]。在铁路时代，随着第一张地下铁路网开始运作，垂直分层的交通线网在大都市生活中成为现实，并且成为宣传画的常用素材[40]。在广泛宣传的城市乌托邦和1900年前后对于改造城市中心的提案中，分离交通线网占据首要地位。 216 215

尽管是为了马车设计的，亨纳尔的环岛设计（Carrefour à giration）——这可能是现代的第一个交通环岛——在勒·柯布西耶的《明日之城市》中出版，作为一个在"当代城市"核心地带的中心站点的参考[41]。亨纳尔提出了两层循环——车辆在地面，行人在地下——而"当代城市"的设计者提出了至少要设计七层叠加。最底层是主要线路的终点站，往上依次是郊区线路、城市地铁线路，之上是纯步行区域，再之上是机动交通穿行的快速道路。最终，顶端是机场。217

218

整体布局混沌；细节整齐划一

在尝试将他的美学系统与法国学术传统相融合时，勒·柯布西耶引用了马克—安托万·洛吉耶神父（Abbé Marc-Antoine Laugier）——18世纪著名建筑理论家的座右铭"在整体布局上混沌、无序、变化多端；在细节中整齐划一"[42]。实际上，"当代城市"对于神父座右铭后半句"在细节中整齐划一"的热情高于"在整体布局上混沌、无序、变化多端"。在《明日之城市》中，勒·柯布西耶为了他脑中的"整齐划一"列举了一整串历史上的先例，涉及的案例从威尼斯的旧行政官邸（Procurazie Vecchie）——他自己评论"圣马可广场的鸽子和旧行政官邸的建筑模块一起，营造了一种多样而有效的规划样本"[43]，到坐落于梵蒂冈的多纳托·布拉曼特（Donato Bramante）设计的美景宫（Belvedere Palace）、南锡的斯坦尼斯拉斯广场（la place Stanislas）、孚日广场（la place des Vosges）、旺多姆广场（la place Vendôme）和巴黎的里沃利路（la rue de Rivoli）[44]。至此我们又一次被告知这样大胆的方案仅仅是对于伟大的法兰西传统的正确理解和重新表达。

800英尺（译注：约合244米）高的写字楼由钢铁和玻璃构成，整齐排列在超级高速路之间，好像棋盘上的棋子。对于它们的社会和经济特点，勒·柯布西耶非常清楚他要做什么。他不遗余力地阐明"当代城市"的核心目标是创造并维护商业利润和社会安全；毕竟，他的那些从瑞士来到巴黎的最好的朋友都是银行家。"城市化就是要创造价值"，他宣称，"城市化不是要花钱，而是要挣钱，要创造钱。"[45]怎么做？关键就是密度：土地利用的密度越大，房地产的价值就越高。简而言之，向你保证：那些巨大的塔楼绝不是为了颠覆传统，它们是一种增加商业利润的手段。

因此《瓦赞规划》其特点就是资本主义的理想城市，并且它的商务范围不局限于法国——外国资本理应来此享受其份额：同时，法国、德国和美国的资本分布于同一片土地上，可以最大程度减少这里遭受空袭的危险[46]。直到几十年后，整个欧洲才跟上他的思维脚步。从经济上讲，在纳伊（Neuilly）北部的拉德芳斯（la Défense）和巴黎其他的大规模开发项目的动

218 巴黎，建设中的拉德芳斯区（约1965年）。

力都基于勒·柯布西耶希望用来推动他的《瓦赞规划》的推动力。对正统的成果进行类比，结果是惊人的。 **218**

把城市比喻成一个造钱的机器，这种商业为导向的描述方法可以被认为是《明日之城市》这本书的促销手段。保守派批评家们绝不会阻止在布尔什维克当中对建筑师进行分组归类，对他们而言中央集权的体制与建筑中的现代技术是共产主义观点的发源地——那里与人身自由和思想自由格格不入 [47]。这本书对于中产阶级幻想的秩序、清洁与社会安定的追求，使得读者不清楚自己是被愚弄还是获得了警示。面对勒·柯布西耶声称的，人们结束一天的工作后，理应在自然中享受"必要的愉悦"，谁能拒绝呢？柯布西耶宣称，如此一来，巴黎人就不会在离开自己那又小又脏、不通风无暖气的小屋后，晚间沉溺流连于蒙马特或者蒙帕纳斯（Montparnasse）一带找寻娱乐慰藉 [48]。柯布西耶规划的实际上是一个天堂般的周末，人们可以在摩天大楼周围的公园打球，而不是仅仅和朋友一起找个咖啡厅喝杯酒 [49]。

对于这个项目，一些马后炮的批评是不公正的。考虑到十字形的塔楼对于城市革新领域的正统惯例的冲击（在美国尤甚）[50]，人们应当记住，这种设计形式在之前从未被用于住宅——而且也不会被1930年之后的开发者完全放弃 [51]。 **232**

与国际接轨：南美、非洲和苏联

巴黎没有接受勒·柯布西耶的城市乌托邦思想，但在20世纪20年代末，新的因素带来了转机。世界上部分地区，如南美洲和非洲，刚刚开始工业化，研究视野囊括这些地区后，带来了对于建筑风土起源的新认识。另一方面，苏维埃统治下的俄国似乎将勒·柯布西耶的观点视作解决紧急社会问题的技术手段。

在1929年夏天，勒·柯布西耶受邀于《风格》杂志和艺术之友团体（Amigos del Arte group），首次造访南美洲。他乘坐飞艇巡游并在布宜诺斯艾里斯、蒙得维的亚（两次）、里约热内卢（两次）和圣保罗（两次）一共做了10次演讲。并乘坐"鲁特西亚号"客轮（Lutetia）回程，他对这些演讲

219 勒·柯布西耶，为布宜诺斯艾利斯建议的商务中心（1929）（选自《建筑与城市规划的精确现状》）。

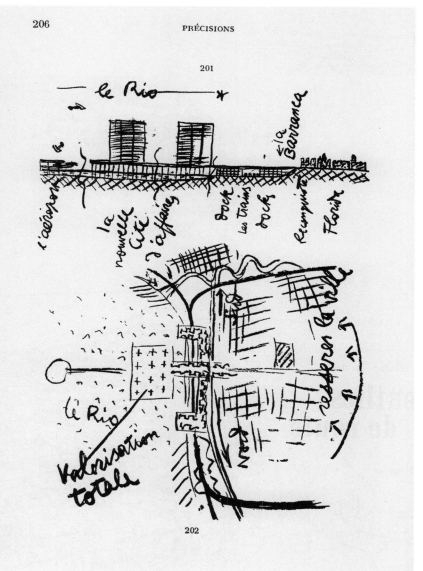

219

220

221

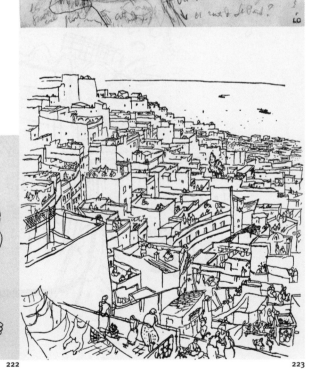

222

223

做出总结。轮船公司给他安排了豪华套房，让他有足够的空间陈列出他在演讲中即兴绘制的草图。

旅行的成果总结成书，名叫《建筑与城市规划的精确现状》（*Précisions sur un état présent de l'architecture et de l'urbanisme*），他回国后出版发行[52]。除了生动灵活地总结了他对于建筑与城市文明的观点外，柯布西耶还留了些笔墨给南美洲的地貌和居民。与《走向新建筑》不同，这本书并非以学术和历史为主，可以称作是"建筑与城市规划学的史诗"，反映了叠嶂的层峦、广阔的平原、河流与大海。柯布西耶在飞机上看到的百川归海的景致给他对于城市文明研究的追求增添了新的动力。

在南美洲地形的影响下，早期对于巴黎的规划框架显得太过僵硬，缺乏灵活性。于是柯布西耶重新洗牌，从头再来。怎样才能在蒙得维的亚陡峭的海岸边建立一个商务中心，又不会偏离《明日之城市》所设定的逻辑体系？从1922年的"当代城市"开始，中心交通动脉能够一直是城市规划的主心骨吗？基于山峦起伏的海岸地形和对于平直的交通动脉的必要需求，要做的只能是把这条交通动脉从地面上举起来，放到城市最高点的位置。因此，从海岸的山顶上，朝地平线方向延伸出三条高架桥，构成三个比港口高出250英尺的平台。这里商务中心的写字楼半悬在空中。简而言之，这里不是摩天大楼，勒·柯布西耶把它们替换成了"海洋大厦"（seascraper）[53]。

192

对于里约热内卢的问题，柯布西耶设计的解决方案不比这个保守。他在1929年10月到达里约，立刻就惊讶得说不出话："在这里建立城市文明，简直就是想要填满无底洞。"[54] 在柯布西耶眼中这里地形起伏剧烈，如糖面包山（Pão de Açúcar）、耶稣山（Corvocado，又称"驼背山"）、上桅帆山（Gàvea）和大趋势山（Gigante Tendido），建筑设计即使是从城市的尺度下手，也无法成功。然而，在几个星期后，他从惊讶中恢复，并且找到了解决问题的方法。就在他返回欧洲之前，在12月的一次演讲中解释了他的想法。

220 勒·柯布西耶，里约热内卢内城风景（1936）。铅笔素描。

221 勒·柯布西耶，为里约热内卢设计的高架桥住房（1929）。铅笔素描。

222 布莱斯·桑德拉斯（Blasie Cendrars）撰写的《路线图》（*Feuilles de route*）（1924）。塔西拉·多·阿马拉尔（Tarsila do Amaral）绘制的封面。

223 阿尔及尔，旧城区（约1930年）。夏尔·布鲁蒂（Charles Brouty）的钢笔画（选自《光辉城市》）。

从遥远的地方看，我的脑海中浮现出大量壮丽的建筑物，沿着条带分布，顶上环绕有超级高速路，高速路从一个山顶飞跃到另一个山顶，从一个海港延伸向另一个海港[55]。

柯布西耶对于来自这崎岖地貌的严酷挑战，是这样回应的：高架桥在山间飞跃，好像玻璃和金属构成的巨大屏风。1936年，勒·柯布西耶重回里约，这个构想被进一步诠释，并毫无疑问衍生出他最奢华的创意之一——阿尔及尔的《炮弹规划》(Plan Obus)。

221

阿尔及尔：《炮弹规划》

在1931—1942年间，勒·柯布西耶怀揣城市规划师的理想投入到阿尔及尔。在1930年前后，为了筹备法国殖民者占领北非一百周年庆典，许多影响深远的城市革新项目迫在眉睫[56]。就如之后大家所看到的，这座城市此刻很难投入大规模的城市肌理革新。然而它所引发的建筑师对规划的热情是无穷的。在阿尔及尔，勒·柯布西耶似乎找到了年轻时在君士坦丁堡和雅典寻求的景象：阳光下面朝大海的白色城市。在他眼中，阿尔及尔不仅仅是一座胜过法国本土所有城市的商业和商务中心，它同时保留了几个世纪以来不加修饰的乡村传统。从未被19世纪的工业革命玷污的卡斯巴(Kasbah，阿尔及尔的旧城区)是乡村建筑和未工业化的生活形式的聚集地——在1930年，它未被污染的环境成为了一个值得借鉴的方面。由于法国近期对于北非重提兴趣，勒·柯布西耶试图说服当地行政部门相机采取行动。并且他迅速着手进行信函、讲座、文章和宣传手册一连串的多渠道工作。在1933年12月写给阿尔及尔市长M.布鲁内尔(M.Brunel)的一封信中，勒·柯布西耶绘制了一个由四个字母组成的正方形：

P

B   R

A

这些大写字母中，P代表巴黎，B代表巴塞罗那，R代表罗马，A代表阿尔及尔：

沿着子午线从北向南延伸的统一体，涵盖了全部的气候类型。从英吉利海峡到非洲赤道，资源丰富且自给自足。

他还补充道：

> 阿尔及尔不再是一座殖民城市。它现在是非洲的要冲。它是首都（……）阿尔及尔发展城市文明的时刻到了[57]。

在若干年之前，勒·柯布西耶已经和阿尔及尔有了初次联系。1931年，柯布西耶受邀于阿尔及尔新建的赌场进行过两次关于现代建筑的演讲。1932年，他重回阿尔及尔，在城市规划展览会上展示了他的初次设计。他将由此诞生的蓝图称作《炮弹规划》[58][责编注]。　　　　　　　　　　　　　　224 225 300

从整体上看，《炮弹规划》蕴含着实现爆炸性增长的意图和决心。这种意图和决心混合了多种看起来相互矛盾的观念。这些观念实则严格受控于对形式的一种全新理解，并且仰仗某种政治哲学，包容殖民主义秩序以及当前阶级等级结构的特征，将其当作文化与经济发展中积极可取的趋势。

整体布局的设计实际上就是里约规划的一个变体。实现这个规划的第一步是在阿尔及尔靠近海港的行政核心区——已经废弃多年的海军基地所在地——建造一座摩天办公大楼。从这座楼的屋顶，伸出一座路桥，连通帝王堡（Fort l' Empereur）山头上的公寓，那里将是供22万居民居住的地方。于是公共管理部门的所在地就被维系在了新的中产阶级聚居地。在那之下，与海岸线平行，与路桥成一定角度，是服务于整个区域的交通动脉，像巨大的发卡一样向西弯折的高架桥，为另外18万居民提供居住空间。

这个规划的基本原则很直白。首先，高速路的路政部门在大约350英尺高空建设一套横跨海岸地形的高架桥系统；之后过度拥挤于城市中心区的人口

[责编注]

> 柯布西耶坦言1931年阿尔及尔的规划
> "是如此粗暴，如此革命，如此崭新，
> 我们称之为'炮弹规划'"。

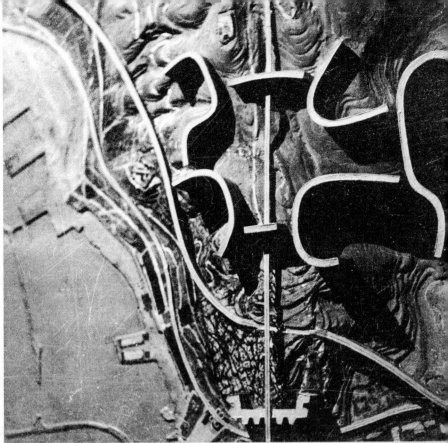

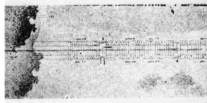

224 勒·柯布西耶、皮埃尔·让纳雷，阿尔及尔的
《炮弹计划》(1931—1932)。模型视图。

225 勒·柯布西耶，阿尔及尔《炮弹计划》以及"人工地面"(1931)。

226 米哈伊尔·巴尔希和莫伊塞·亚科夫列维奇·金斯堡，
莫斯科绿城计划（Green City）(1930)。

227 埃德加·钱伯利斯，罗德城规划（1910）。铁路轨道埋在地下。

228 伊凡·列昂尼多夫（Ivan Leonidov），马格尼托哥尔斯克
（Magnitogorsk）(1930)。城市规划示意图。

154. "Green City," ribbon of individua

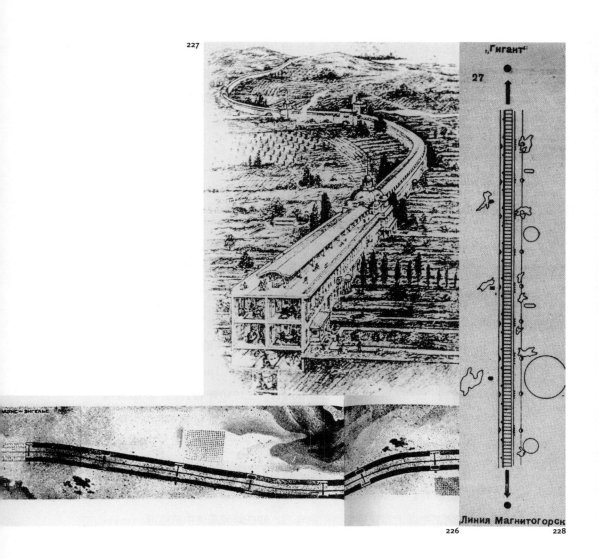

227

27

„Гигант"

226   228

Линия Магнитогорск

将逐渐移居到高架桥下面构建的人工区域。这样一来，建设这些超级高速路，并没有减少城市的可用土地，反倒是成倍地创造了新的土地——并且旧城区一半以上的区域将完整地保留下来。在实现这个规划的过程中所创造的土地，将会被居民们自己建设的住宅一点点地填满：雪铁龙式的住宅，旁边是重新演绎成诸如加利福尼亚平房样式的摩尔式住房（Moorish house）。于是，曾经在刻板的别墅建设中严格贯彻的"秩序中的随意"，如今被替换成为一个鼓励居民拥有房屋的系统，甚至还能够促进建筑风格的多元化。 **225**

这就是一个通过建设城市中的超级高速路来缓解市中心住房压力的方案。在近代史上，超级高速路通常起的是负面作用，于是很难说哪一个更让人惊讶：是这一规划内在的创造力呢，还是它假设的经济背景中的悖论？这个创意的确奢华，但其中的逻辑却是站得住脚的，毕竟在资本主义经济体制下，为了汽车和高速路寻找公共资金支持，比为了住房和城市革新要容易得多。

先驱与后继

1934年6月12日，阿尔及尔市政厅正式拒绝了《炮弹规划》。由于城市行政部门从来没有要求过这个规划，这一决定没有遇到太多阻挠。从此《炮弹规划》进入了城市科幻小说的行列，但是或多或少由它衍生出了一些改编方案，证明它在技术层面的可行性——其中最有意思的内容出现在了里约热内卢及阿尔及尔当地[59]。

在结合高架桥和居住区的设想中，勒·柯布西耶参考的资源有很多，被默认的有中世纪在伦敦、巴黎和佛罗伦萨的"城市化桥梁"（urbanized bridges），此外还有埃德加·钱伯利斯（Edgar Chambless）在1910年设计的"罗德城规划"（Project for Roadtown）、一些俄罗斯当代规划以及贾科莫·马特—特鲁科（Giacomo Mattè-Trucco）设计的都灵菲亚特工厂（Fiat factory）（1920—1923）——工厂的测试跑道被安置在了厂房的屋顶[60]。勒·柯布西耶在《新精神》和《走向新建筑》中已经赞赏过菲亚特工厂，当1934年他最终有机会到现场参观，并在测试跑道上驾驶最新型的跑车后，他在新闻采访中总结道：**226~229**

菲亚特工厂在这个机械时代中已然领先于整个城市文明。修建在屋顶上的高速公路已经被证明不再是一个梦,它是可以依靠现代技术来实现的。一些城市,如热那亚、阿尔及尔和里约热内卢即将到来的灾难,是可以通过这个设计来避免的[61]。

至此,机械化交通、速度和配套基础建设又一次成为了城市规划的关键。当然,沿着海岸线蜿蜒的高速路,也是可以找到它们的先例的——在本书其他地方,我们会讨论这个问题(见第322页)。

229

在阿尔及利亚的苦难:最后的规划

在1931—1942年的12年间,勒·柯布西耶为了阿尔及尔的转型修改规划不下七次之多。几乎每一年,高架桥城市的雄伟和奢华程度都被不断地缩水,并且打散变成更加容易操作的规划——到了1942年,这项规划最终变成了一座在阿尔及尔海军基地(quartier de la Marine)的500英尺(译注:约152.4米)高楼[62]。而这座高楼,在同年(1942)也遭否决了;十年之后,勒·柯布西耶的规划才再度引起人们的兴趣。

230

毫无疑问,勒·柯布西耶与政府部门和规划管理部门之间的含糊关系,很难让他成功。1937年,在皮埃尔·安德烈·艾莫瑞的推荐下,总督乔治·勒庞将军(General Georges Le Beau)任命勒·柯布西耶为阿尔及利亚区域规划委员会的委员。勒·柯布西耶相信由于他的参与,势必会加速城市的转型。但这是毫无希望的:事实与希望正好相反,让他参与规划委员会正好是"和谐"他的最好方法,无论是在建筑设计还是城市规划领域(这个规则在之后的联合国和联合国教科文组织建筑竞赛中得到证实)。在1940年之后,柯布西耶试图得到法国政府的支持并希望由此向当地政府施加压力。在1941年和1942年,他代表维希政府来到阿尔及尔,马克西姆·魏刚将军(General Maxime Weygand)致以他很高规格的迎接。这让他在阿尔及尔国际现代建筑协会(CIAM Alger)的反法西斯朋友们无法替他斡旋协调——而另一方面,勒·柯布西耶自己的政治主张又非常独立,以至于亨利·菲利浦·贝当(Henri Philippe Pétain)的阿尔及利亚朋友们也看不懂他。

在这种境况下，柯布西耶在阿尔及利亚的工作已经没有太多开展的余地了。而致命的一击是一篇名为"危机中的建筑"（L' Architecture en péril）的文章，1942年6月4日发表于《北非工程》（Travaux Nord-Africains），署名"亚历山大·冯·森杰"[63]。这篇文章态度傲慢，"用事实证明"了现代建筑是"国际犹太人"和布尔什维克主义的成果。这足以将勒·柯布西耶从舞台上抹杀。文章发表的短短几天之后，阿尔及尔市政厅正式否决了柯布西耶的全部方案[64]。

至此，柯布西耶在阿尔及尔的工作以惨败告终。然而，阿尔及利亚规划的影响却尤加深远了。二战后，《炮弹规划》的影子浮现于巴西和意大利的若干大规模住房项目中；最终的摩天大楼方案，特别是其上遮阳板的部分，被昌迪加尔秘书处的设计采用。最终，在1932年苏黎世的一个项目中已经使用过的菱形规划，出现在了米兰的倍耐力轮胎公司塔楼设计（吉奥·庞蒂（Gio Ponti），1958）及纽约泛美大厦（Pan Am Building）设计（沃尔特·格罗皮乌斯和建筑师联合事务所（The Architects' Collaborative），1958）中。

230 279

苏联与美国

在20世纪20年代末，俄罗斯成为了许多西欧建筑师眼中的"新世界"。在那里可以在很大的尺度上实现现代城市规划的新观点，在那里建筑师能够长期领导一个社会的转型。在制定第一个五年规划（1928）时，俄罗斯确定了一个全国范围的工业化与城市化计划，这个计划是西方建筑师们想都不敢想的，在他们的国家，由于经济危机，导致很多激进的建筑师和规划师丧失了前途。

来自德国、荷兰和瑞士的先锋派建筑师在俄罗斯找到了工作。其中一部分被安排去领导很重要的工作，并且他们在那些岗位上工作了很多年。布鲁诺·陶特和埃里希·门德尔松则更早就开始工作，一段时间后勒·柯布西耶也随之而来。赢得了设计消费者合作社中央联盟（Centrosoyuz）总部大楼的机会后，柯

229　"勒·柯布西耶，都灵"。抬高的高速公路诠释了阿尔及尔《炮弹计划》(1931，上图)；《走向新建筑》中一页表现了都灵菲亚特试验跑道以及在这条跑道上的勒·柯布西耶和他的跑车 (1934)《勒·柯布西耶全集》）。

230　勒·柯布西耶、皮埃尔·让纳雷，海军基地多层办公楼项目，阿尔及尔 (1942)。模型视图 (罗伯特·杜瓦诺 (Robert Doisneau) 摄影)。

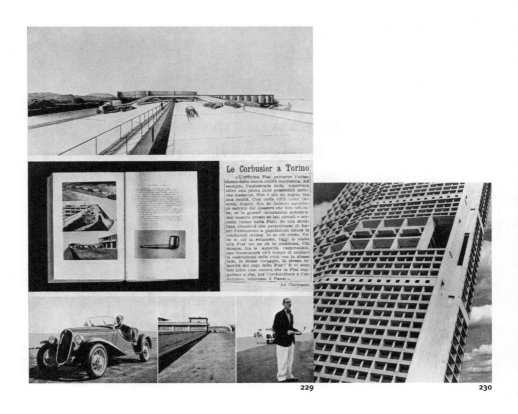

229 230

布西耶在1928—1931年间至少亲临莫斯科三次，监督这个项目的进度[65]。在莫斯科，勒·柯布西耶会见了先锋派建筑师的领军人物，包括魏斯宁兄弟和莫伊塞·亚科夫列维奇·金斯堡。金斯堡后来在1930年为莫斯科的逆城市化进行工作。随后，在1931年勒·柯布西耶也为莫斯科制定了一份规划，尽管被俄罗斯政府拒绝，仍然成为了他自己的新书——《光辉城市》（*La ville radieuse*）（1933）的基础。

127 263 264

接下来，各种构想紧密交织并衍生出新的观点——其中的一部分我们已经讨论过了。勒·柯布西耶熟知他的俄罗斯同事们的研究成果，这不仅表现于他的许多设计都基于人们的集体居住与生活（参见前面一章）。1940年后，由勒·柯布西耶领导的"建筑装修与建设协会"（ASCORAL group，Assemblée de Constructeurs pour une Rénovation Architecturale）筹划的线性工业城市，是直接基于尼古拉·亚历山德罗维奇·米柳京（Nikolay Alexandrovich Milyutin）为俄罗斯做出的工业城市规划，尤其是1928年的拖拉机工厂，其后还有一些让工业城市沿着铁路、河流和运河发展的规划更是如此[66]。

238~240

纽约

1930—1932年间，苏联成了新建筑的"应许之地"，但之后，当苏联在斯大林官僚体制下，于1934年开始全国推行社会主义现实主义（Socialist Realism）的教条后，西方先锋派建筑师迅速迷失了自己的位置。与此同时，美国虽然仍然承受着经济危机，但已经开始重新思考从"现代建筑"角度而言的大城市面临的问题。1932年在纽约，菲利普·约翰逊（Philip Johnson）和亨利—拉塞尔·希区柯克（Henry-Russell Hitchcock）在现代艺术博物馆展出的"国际风样式"吸引了精英们的注意[67]。当时纽约已经拥有了一座绝对"现代"的摩天大楼——麦格劳—希尔大厦（McGraw-Hill building），由雷蒙德·胡德（Raymond Hood）、弗雷德里克·奥古斯塔斯·戈德利（Frederick Augustus Godley）和雅克·安德烈·富尤（Jacques André Fouilhoux）在1931年设计。同时，洛克菲勒中心（Rockefeller Center）以及由乔治·豪（George Howe）与威廉·埃德蒙德·莱斯卡兹（William Edmond Lescaze）设计的费城储蓄基金会大厦（PSFS Tower，Philadelphia Savings Fund Society）也在建设之中。由这些建筑所诠释并彰显的那种理性设计，一瞬间让许多建筑师认定，在大萧条的年月，这是唯一一种面对社会与经济问题的解决途径。随着美国人对于欧洲城市乌托邦的兴趣迅速增加，《纽约时报》刊登了一篇插图丰富的长篇文章，阐释勒·柯布西耶的"理想中的特大城市"。在文章中，柯布西耶如此赞颂他心中的"美国的青春期"（1932 年 1 月 3 日）：

272

> 在当代世界上，美国是青春的少女，而纽约是她所展现出的热情、青春、张扬、进取、荣耀与自豪。纽约如同站在世界边际的英雄[68]。

1935 年 10 月，当勒·柯布西耶乘坐法国游轮"诺曼底号"再临美国时，美国的摩天大楼和粮仓大规模地体现出他曾著述的观点。相比他最早提出这些观点的时间，已经迟到很多年了，但最终它们还是实现了[69]。此时，诸如伊莱尔·沙里宁（Eliel Saarinen）、埃里希·门德尔松和理查德·诺伊特拉等建筑师早已超越了柯布西耶，当然，他们也纠结于寻找合适的词汇来解释城市的悖论，这个悖论让他们从根本上难以接受，却又让他们为它的狂野而神往。在抵达纽约的当天晚上，勒·柯布西耶口出狂言惊动了新闻界："（纽约的）这些摩天大楼太小了。"[70] 之后他补充道：

231 233

> 这是一个灾难，但这是一个美丽而且值得经历的灾难（……）美国不可小视！与（欧洲）旧世界相比，在二十年间她（美国）搭起了通向新时代的天梯[71]。

文章在他尝试唤起城市的"狂野的侧影"时达到高潮，在晴朗的早晨，日出时分，"好像病人床脚的体温记录表"[72]。

一本名为《当大教堂是白色时 —— 去可怕的国度旅行》（*When the Cathedrals Were White. Journey to the Country of the Fearful Ones*）的书总结了他对于美国现实和美国梦的暴力且矛盾的看法[73]：

> 我从美国回来了。真好！如果让我举例说明美国，我想说，那些房子尽管都是新的，却没法住。桌子在餐后根本没有被清理，宾客离开宴会后留下各种残渣——凝固的酱汁、吃剩的碎肉、斑斑酒渍、面包碎屑，还有脏盘子[74]。

235

231

À même échelle et sous un même angle, vue de la
Cité de New-York et de la Cité de la « Ville contem-
poraine ». Le contraste est saisissant.

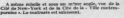

à atteindre ? Nous en sommes exactement là. Des autorités mises aux abois
se lancent dans des aventures de gendarmes à bâtons, de gendarmes
à cheval, de signaux sonores et lumineux, de passerelles sur rues, de
trottoirs roulants sous rues, de cités-jardins, de suppression de
tramways, etc... Tout, coup sur coup, en halètement, pour tenir tête à la
bête. La BÊTE, la Grande Ville, est bien plus forte que cela ; elle ne fait que
s'éveiller. Qu'inventera-t-on demain ?

232

The City of the Future as Le Corbusier Envisions It.

LE CORBUSIER SCANS GOTHAM'S TOWERS

The French Architect, on a Tour, Finds the City Violently Alive, a Wilderness of Experiment Toward a New Order

By H. I. BROCK

THE citizen of the French Republic who is known as Le Corbusier—he was born Jeanneret and his given name is Charles-Edouard—is just now paying his first visit to America and has had his first eyeful of the man-made miracle which is New York. In circles where disputing about art is a major sport, Le Corbusier is identified as the founder and public exponent of the mood in architecture which has been labeled the International Style and which certain stiff conservatives insist does not look like architecture at all.

The basic principle of this style is to regard the architect's function as primarily one of household efficiency engineering. His job is to furnish human creatures with a convenient "machine for living in." As stated, the principle applies specifically to the family dwelling. But it applies also to the multiple arrangement of buildings which takes care of the composite employments and the complex human activities of a city where great numbers of people must live and most of them attend to business.

Since the modern dwelling and the modern city have each new demands to meet, since each has at command a service of machinery and materials which no dwelling and no city has ever had before, Le Corbusier and his school begin by discarding traditions and dismissing prejudices which would perpetuate formulas of building evolved from conditions of life that have ceased to exist.

THE rough idea is that the machine age, with its vast concentrations of population and its prodigious accumulation of mechanical devices for quantity production and for mass movement of goods and men, has created problems which the older architecture is incompetent to solve. The new architecture must face these problems squarely and find a solution on a sound mechanical basis, let the chips of academic enthusiasms fall where they may.

New York City, for example, is planted thick with skyscrapers filing cases of millions of human beings at work or stowed away for the night. The streets of New York are ...

vehicles engaged in distributing the quantity-production output or moving these millions of people about, back and forth between home and business, and generally where they want to go, creating in the process no end of traffic-tangles and even seriously endangering in life and limb those who still have to get about on their own feet.

Le Corbusier has built in France and other European countries machines for living in—machines also for doing business in. Whether these machines are, in fact, more efficient than the houses other architects build is a question which will not be argued here. But it is true that, at three years short of 50, he is more famous as the articulate ...

voice of the new architecture than as the exponent of its projects. He represents a vision of the future rather than a proved practice of the present.

MODERN architecture—that is, machine-made architecture—was born, as even its most ardent European advocates admit, in this country. The Europeans who have taken it up have made it much more "modern" than we have dared or cared to make it. Nevertheless, New York—the part of it, at least, which enjoys high visibility—is the creation on ...

Too Small?—Yes, Says Le Corbusier; Too Narrow for Free, Efficient Circulation.

appalled by the brutality of the great masses—the "sauvagerie"—the wild barbarity of the stupendous, disorderly accumulation of towers, trampling the living city under their heavy feet, like a herd of mastodons.

As the ship moved up the river and he got the city broadside on, as the clutter of bunched towers of the stronghold of finance thinned out and other towers began to stand out separate, gleaming in the sunlight in the open space above their lowlier neighbors, his despondency abated. Hope revived for the future which the first bright vision had seemed to embody. That vision might not, after all, be a mirage.

LATER, while touring the city in the company of the writer, he stood at the base of the steep sheer cliff of Raymond Hood's slat in Rockefeller Center and said that it was good, then began ruefully to rub the crick out of the back of his neck that was the result of trying to look up to the very top of anything so tall and uncompromisingly perpendicular.

He found the smaller buildings on the Fifth Avenue front—dedicated to France and the British Empire—out of scale, both with the upreared mass and the human beings walking about the central plaza. That plaza itself, all bare (as it is apt to be when the tourist season is on the wane), struck him as decidedly dull—in spite of Prometheus and his fountain.

Then he was shot in an elevator (at the rate of 1,200 feet a minute) to the very top of the big slat—the deck under which lurks the Rainbow Room—and looked out upon the map of the city, by that time half veiled in a soft gray mist which cut off the horizons far short of the two extremes of our narrow island but revealed the bounding ribbons of water on either side.

North, south, east and west, the skyscrapers nevertheless stood out boldly. Now and again the sun thrust through the thin clouds and bathed their faces in a brief glory of high light or gilded the fancy tops which some of them have borrowed from all the styles—important to M. Le Corbusier that came before the steel skeleton revolutionized large-scale building. It was excellent theatre—spectacular drama.

BUT the modern architect was not particularly impressed. He was looking for architecture, not theatre, and sky, besides, of succumbing to drama so melodramatic. Moreover, he was looking for architecture in his own sense of the word—in this case, the city that is a machine for living in—not merely frightfully expensive scenery built to knock the beholder's eye out.

"They are too small," he said, looking straight at the Empire State Building, tallest in all the world of filing cases for men and standing on one of the biggest pieces of ground devoted to that purpose in the city.

Somebody pointed out a building with "modern" horizontal lines, belting continuous windows above it, down by the Hudson, and a building with "modern" vertical lines, stacking up windows in parallel slits, over toward the East River.

"I am not interested," said Le Corbusier, "in that sort of thing: both sets of lines are all right as expressing the idea of horizontal and vertical circulation respectively. But what counts is the actual existence in the building of the two kinds of circulation and their efficient coordination. That is the combination which creates adequate machines for business for swarms of people—human beehives—if it is joined, of course, with free circulation among the buildings."

The skyscrapers that thrust up ...

(Continued on Page 23)

234

Salon d'Automne.

PARIS S'AMÉRICANISAIT...

rêve de l' « Esprit-Nouveau » aux Arts décoratifs

On aperçoit comme repères, l'Institut à gauche, au centre le Louvre, à droite Saint-Germain-l'Auxerrois

1925

233

　　和许多他之前的文章——如《东游记》一样，这本书是一部游记，只不过对于建筑学有所偏重。而且鉴于他对于美国大城市中的生活和建设有着复杂且尖锐的批判，柯布西耶可能止步于此，而不去重述他已归纳完善的城市文明原则[75]。但另一方面，他率直地表达所见所闻，又摆出文化上的优越感所带来的高姿态，用这样别具一格的手法，对美国的交通拥堵、城市蔓延、城市中心发展和区域规划提出了建议。而实际上，这样表达出的大部分内容都是在他之前的文章、讲座（在美国之行中他曾在20座城市举行23场讲座）中和接受采访时提到过的。

　　对于柯布西耶纽约之行新闻界所报道的内容，实际上是格外引人瞩目的，并且可能已经干扰了他美洲同行们的工作[76]。然而，他所期待的如潮般的反响根本就没来——新政对于"从旧世界来的老贤臣"（"a Colbert from the Old World"，其中"柯尔贝尔"指让—巴普蒂斯特·柯尔贝尔（译注：Jean-Baptiste Colbert），是法国国王路易十四手下名臣）完全没用，新政是面向优秀的技术人员和管理人员的。总之，勒·柯布西耶的纽约之行又一次以失败告终，因为在一个先进的工业社会中，自由主义和金钱主导一切，那样的社会中，没有一位建筑大师的容身之地[77]。

235

笛卡尔摩天大楼

截至1935年，除却在巴黎、阿尔及尔和纽约的研究，勒·柯布西耶还在莫斯科、巴塞罗那、斯德哥尔摩、安特卫普、日内瓦、布宜诺斯艾里斯等许多城市设计了城市革新工程，其中多数是没有经过当地有关部门许可的。尽管这些设计仍然基于"当代城市"的理论，它们包含了对于之前项目的继承与改进。1930年，统领《瓦赞规划》的十字形塔楼被"笛卡尔的摩天大楼"（Cartesian skyscraper）所替代。这种"丫"字形的平面看起来"就像母鸡的脚掌"[78]。其目的很明显：大楼向着阳光，就像一面反光镜（相对的，在十字形大楼中，总有55%的办公空间难以避免地终年不见阳光）。新设计初次面世于霍塞普·路易斯·赛尔特和西班牙当代建筑技术与艺术小组（GATEPAC，Grupo de Artistas y Técnicos Españoles Para la Arquitectura Contemporánea）（1932—1935）为巴塞罗那绘制的蓝图上[79]。之后，它出现于安特卫普和法国小镇艾勒库（Hellocourt）的蓝图中[80]。当然，它还出现在1937年的"巴黎规划"和1938年的布宜诺斯艾里斯规划中，在后者，五座玻璃摩天大楼面向大海排开，如士兵列队待命一般。**236**

国际现代建筑协会与雅典宪章

勒·柯布西耶对于城市文明的设想与其在20世纪二、三十年代被创立时一样，看起来好像一串刻板的条条框框，严格而坚定，就和它试图取代的学院派传统一样。乍看上去，既不见它隐含的社会进步的概念，也不见其在社会学研究中用到的定量分析，更不用说对于建设场地的理性分析了。这些问题都经过国际现代建筑协会的讨论，并且获得"协会"的支持和捍卫。"协会"是一个国际性研讨组织，旨在推动现代建筑学的发展，其成员都是从欧洲先锋派建筑师中精挑细选出来的，代表着建筑学发展走向的核心。勒·柯布西耶是"协会"创始人之一[81]。

城市文明研究是"协会"的奠基文

235 勒·柯布西耶，《当大教堂是白色时》（1937）。图书封面。

件——1928年《拉撒拉兹宣言》(manifesto of La Sarraz)中讨论的重要关注点之一。然而,随后这个问题成为了"协会"在历次会议中集中讨论的焦点——其实也有两次会议(1929年法兰克福和1930年布鲁塞尔)专门讨论住房问题而没有关注城市文明研究。在布鲁塞尔,科内利斯·范·伊斯特伦接替了卡尔·莫泽(Karl Moser)成了"协会"的会长,科内利斯在之后还成了阿姆斯特丹城市规划部门的领导。与此同时,"协会"的执行委员会(CIRPAC,Comité international pour la résolution des problèmes de l' architecture contemporaine,解决现代建筑问题的国际委员会,以下简称"委员会")成立,旨在创立一种对比研究城市规划的方法并筹备一个纯粹讨论城市规划的会议。这次会议计划在20世纪30年代在莫斯科召开。

最终,会议定于1933年召开,但由于苏联——这个一瞬之间有360多座城市从平地拔起的国家联盟有太多的未解之谜,这次会议根本没有成功召开。事实上,先锋派建筑师对于俄罗斯的兴趣,在1932年苏维埃宫殿(Soviet Palace)的竞标结果公布后就已经大打折扣——中标方案反映了苏联官方的兴趣完全倾向于传统学院派[82]。俄罗斯人似乎也失去了他们先前对于与国际组织交换看法的兴趣。我们不清楚俄罗斯人是否正式撤回了会议邀请,但是不管如何,"协会"的领导们决定取消这次会议。这个决定促使马歇尔·布劳耶想出一个超具吸引力的替代方案:一次航海旅行中的会议。勒·柯布西耶很喜欢这个主意,于是通知了克里斯琴·泽尔沃斯,因为克里斯琴的一个兄弟在一家希腊轮船公司做经理。于是,"协会"的第四次会议在"巴黎二号"邮轮(SS Patris II)上召开,会议全程包括从马赛到雅典的航程、在雅典的会议以及回程。会议的主题是"功能城市"(The Functional City)。

269

航行途中,根据委员会所做的准备工作,会议讨论了33座大城市。讨论中还得到了一些画家和艺术评论家的参与,包括画家费尔南德·莱热和拉斯洛·莫霍利—纳吉(László Moholy-Nagy)(他为这次会议制作了一部纪录片)、评论家让·贝多维奇(Jean Badovici)、克

236　勒·柯布西耶,笛卡尔摩天大楼(1930)。

237　勒·柯布西耶、皮埃尔·让纳雷,内穆尔蓝图,北非(1937)。

238　尼古拉·亚历山德罗维奇·米柳京,拖拉机厂(1930)。斯大林格勒拖拉机厂规划简图。

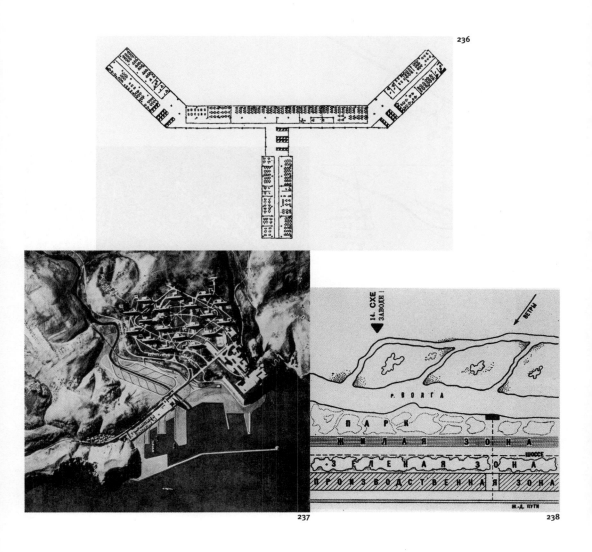

236

237

238

239

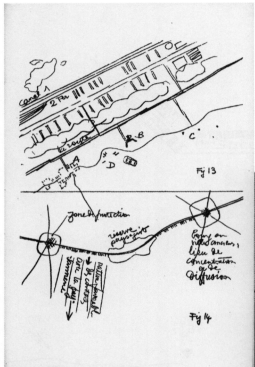

Fig 13

Fig 14

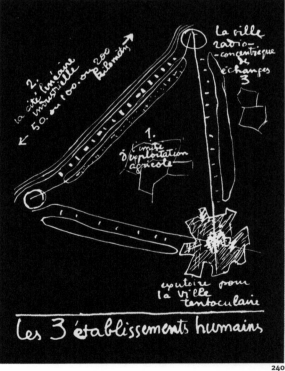

240

里斯琴·泽尔沃斯和卡罗拉·基提恩—威尔凯尔。他们的参与为会议带来了不同于纯学术会议的气氛。希腊的氛围也给这次会议带来了冲击——她的景观和建筑，无论是地标性的还是风土气息的，都成为了重新定义现代建筑的理想舞台，对于现代建筑的重新定义将超越曾经的单纯功能性的定义。西格弗尔德·基提恩从传统的潜意识角度评价了希腊带来的冲击：

> 这些潜意识中的问题只有在会议结束后才变得清晰。它们实际上是建筑学在发展中，由纯粹的功能取向转而开始囊括其他的元素——美学、社会学和生物学。在与历史、与希腊传统的接触中，我们对这个全新的、独立的平台进行全面评价，受益匪浅[83]。

会议的直接结果是在其后总结而成的一系列"公报"，发表于瑞士和荷兰[84]。而《雅典宪章》尽管它总是被误认为是这次会议的官方成果，实际上是十年之后在法国发表的。而且，诚然基于1933年的原始结论，这份庄重的声明主要还是勒·柯布西耶的个人作品[85]。

《雅典宪章》发表的时间是经过周密策划的。1943年，人们对战后重建工作的担心与日俱增，这时候发表一份激进的城镇规划声明，几乎不可能被人们忽略。而且，《雅典宪章》在更大范围提出了更多的建议：它不像"协会"早先的文件那样，仅仅针对技术性的问题，比如最小住房面积、建筑工业化，而是如它名字中的"宪章"所表征的，一部高屋建瓴的声明，广泛的总结胜过琐碎的说明。尽管它那八十四项要点中，大多数都要求基于对城市规划的经验总结，尽管它呼吁城市规划中的各项因素（如交通、住房）需要同等对待，其中仍然有一个关键论题，是整个《雅典宪章》的核心，也是从它发表以来一直受到尊奉的："功能城市"应当作为一个整体来定义，其目的是解决"居住、工作、游憩、交通"四大功能活动的正常进行。

乍看之下，这似乎就是在地质学和人种学调研之前进行预分类的标准规程，但是从更深层看来，在一项新规划中，这些功能应当被分开来——阐明。在《明日之城市》中，勒·柯布西耶比喻概括了他的中心思想："无论'布

239 勒·柯布西耶，
      "线性城市"（1941）。
240 勒·柯布西耶，三种城市群
      类型注定要取代传统的
      "有触角的城市"：（1）农业
      开发单元，（2）线性工业城市，
      （3）聚合交互型城市（1943）。

列塔尼的美少女'有多漂亮，一座正规房子的后门楼梯不会出现在客厅里。"[86]
在《瓦赞规划》中，这个经验之谈也的确找到了它在城市文明这个尺度中的位置
（1925）。另一方面，对于城市功能的严格区分显得教条，在这之后的后现代主义
对于城市功能主义的批判也是基于这个教条原则进行的[87]。

　　想要确定勒·柯布西耶在国际现代建筑协会中的重要性，我们还需要进一
步研究。然而有一件事是可以确定的：他个人的城市化项目的视觉影响力可谓是
宣传"协会"理念的强力广播车。并且，在《雅典宪章》提出的所有概念中，被
各种规划项目所强调的正是那严格的城市功能分区。这些项目包括北非内穆尔
（Nemours）的城市发展（1937）、法国圣迪耶的重建项目（1945）等，也许还有更
多，但没有一个真正投入建设[88]。在阿尔及尔，内穆尔的商业中心被设计在海岸
边，紧挨着海港。十八座住宅单元排列在山坡上，如露天剧场般面对大海，而工
业和手工业后退到河边的位置。行政、教堂和休闲旅游业建筑最终设计成卫城一
般，在峭壁顶端俯瞰大海[89]。

237

战争、政治悖论与重建

　　虽然在之后，这些笛卡尔学派的概念大举渗透到西方（不久也包括了东方）
政府规划的词汇中，但是早在十多年前，勒·柯布西耶就开始把聚焦点上升到对
城市的形而上的定义中，其中包括历史文物保护的必要性、在一定程度上没有
固定答案的社会——经济进程及民主自助的元素。就是在这样的环境中，出现了
"三个人类居住区"（Les trois établissements humains）的概念。根据这个概念，
城市的理念不再是纲要性的、表格式的[90]。这个构想没有从建筑角度，而是从农
业用地和城市中心聚集的角度提出了（城市的）组织形态。同时他还介绍了一种
名为"线性工业开发"（linear industrial development）的概念，这种安排工业生
产场地的方案，明显就是从米柳京的方案中衍化而成的（见第239页）。

　　这项工作的一部分始于1940—1941年间，那时政府发布了一项新
的法律，使勒·柯布西耶无法再以建筑师的身份进行工作。"慕隆丁住宅"
（Murondin houses）——一个发表于1940年比利时和荷兰刚遭入侵后，使用

黏土、乱石和树枝建造的非官方重建项目——正是这个新焦点的体现[91]。与此同时，勒·柯布西耶尝试恢复与政府之间的工作关系。这在 1940 年前后似乎是可行的，因为此时他被国防部委任建设一座军火工厂。然而，这座工厂的进度没有超过基础工程——1940 年 6 月 14 日，德军进攻巴黎使这项工程终止了。勒·柯布西耶退休到了奥桑（Ozon），一座比利牛斯山中的小村庄。与他一起前往的堂弟皮埃尔随后加入了抵抗组织，柯布西耶则在奥桑继续画画和写作，等待之后在被解除武装的法国地区建立起来的亲德国政权召唤他。

带着他对于贝当元帅（Maréchal Pétain）的信心和他那足以很快带来法国"文艺复兴"的交际圈，柯布西耶觐见维希傀儡政府，希望能够参与领导法国战后的重建工作。在卡尔顿酒店（Carlton Hotel）住了数月，他与弗朗索瓦·德·皮埃尔弗（Francois de Pierrefeu）合作为重建提出建议。1941 年出版的三部书体现了他在研讨法国重建工程的理论基础上的持续努力：《目标巴黎》(Destin de Paris)、《四条路线》(Sur les quatre routes) 和《建设慕隆丁》(Les constructions Murondins)。1943 年又出版了另外三部：《男人们的家》(La maison des hommes，这是他与弗朗索瓦合作的成果)、《雅典宪章》(宪章没有署名，但由让·季洛杜（Jean Giraudoux）做序) 和《建筑学院学生专访》(Entretien avec les étudiants des écoles d'architecture)。一年之后，又出版了两部：《三个人类居住区》(Les trois établissements humains) 和《关于城市规划》(Propos d'urbanisme)[92]。1941 年，勒·柯布西耶被任命为政府中一个研究住房部门的负责人，但是，如让·皮特（Jean Petit）所言，现实是柯布西耶无法完成任何事情[93]。

因此我们仿佛面对一个悖论。法国这条航船在与纳粹德国合作的旗帜下航行，勒·柯布西耶预料到了这个遭受了经济重创的国家需要现实性的帮助。他利用其在维希政府中的位置，开始研究法国重建的发展标准。尽管这些标准都是基于国际现代建筑协会的反城市倾向，它们还是帮助纠正了——至少是修饰了——政府对于教条的极权主义和形式主义解决方案的趋向。因此，一方面，战争导致了贝当政府领导的政治崩溃——这也是勒·柯布西耶的人生污点之一。另一方面，它引发出一个研究城市的日渐微妙的新视角，这个视角中包含的很重要的一部分是对文化的考察。

昌迪加尔

由于勒·柯布西耶出版了自己的作品，诺玛·伊文森（Norma Evenson）就此出版了重要的专题论文和大量相关研究成果，昌迪加尔应该是近期历史上整理得最完善的城市革新案例了[94]。在新城建设的历史上，这个案例一直以来令西方评论家两极分化很鲜明：对一部分人而言，这是一次进步的社会学规划，那个国家（甚至可以说整个印度次大陆）原本城市人口过剩、贫穷，缺少卫生设施，新生儿死亡率居高不下，声名狼藉，借此规划最终走向了体面的生活状态；而对于另一部分人，这项规划无异于西方规划体系傲慢而冷酷地将自己强加于第三世界。

下面的文字并不是要搭接这两种立场，而是试图理解哪个能实现这个规划项目的环境，换句话说，就是在1950年前后——刚刚从英国统治下取得独立的印度政局。印度的传奇精神领袖，圣雄甘地（Mahatma Gandhi）曾希望从殖民者手中取得独立，但不进行大规模的工业化：在他的梦想中，泛印度社会是一个基于农业和制衣业的社会，不使用电，没有炼钢厂和高速公路，更不用提核能发电厂了[95]。然而，当贾瓦哈拉尔·尼赫鲁（Jawaharlal Nehru）在1947年担任总理时，一切都变了。现在，印度已经开始认为自己是一个新的国家，并且急切地想要成为工业化国家中的一员，而不再像之前的一个世纪中，仅仅作为向工业化国家提供原材料和人力的跟班。印度的政界精英们等待着一个时机，以冲上一个新的平台，在那里印度将掌握自己的未来。而昌迪加尔似乎提供了这个机会。

1947年的印度《独立法案》确定了英属印度的西部，包括旧的首府拉合尔，划归巴基斯坦自治管理，终结了在旁遮普省（Punjab）一年之久的印度教与穆斯林的流血冲突。但这个划分使得东部的印度联邦没有首府，却有上百万无家可归的难民。联邦政府犹豫再三是否将首府定在一个已有的中心村镇，最终决定重新建立一座新的省府。旁遮普省的首席工程师P.L.瓦玛（P.L.Varma）和前市政公职人员普瑞姆·纳斯·塔

241 埃比尼泽·霍华德，韦林花园城（Welwyn Garden City）(1907)。
242 勒·柯布西耶，修订的昌迪加尔设计蓝图(1951)。

241

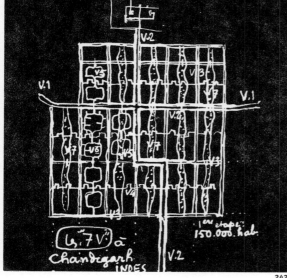

242

帕尔（Prem Nath Thapar）确定了新首府的地址和名称[96]。

新德里（New Delhi）的中央政府从一开始就参与其中。总理尼赫鲁亲自提名阿尔伯特·迈尔（Albert Mayer）——一名曾是驻印美军中校的美国建筑师——为首府规划绘制蓝图。中央政府还答应提供新省府建设经费预算的三分之一（340万美元）并同意任命马修·诺维斯基（Matthew Nowicki）负责对政府大楼进行设计[97]。巧合的是，诺维斯基正是勒·柯布西耶曾经的一位同事。可以想见，他的方案与迈尔的初稿有所偏差，体现了对于大手笔编排的国会建筑群的偏爱。议会被安置在仪式广场的正中，好像马斯塔巴石室坟墓（mastaba）一般；秘书处的外形是一座三铰拱壳。这些就是在勒·柯布西耶最终介入这项工作前，该城已经完成的概念与布局[98]。

243 278

这是发生在1950年末的事情。1950年春天诺维斯基乘坐的飞机在埃及失事，诺维斯基遇难；同时，在财务上，印度方面又难以与迈尔达成共识。这两件事打乱了昌迪加尔的规划工作。为此，旁遮普省的两名官员行走欧洲，去寻找一支新的规划师与建筑师队伍。他们最早联系到了马克斯韦尔·弗雷（Maxwell Fry）和简·德鲁（Jane Drew），正是这两个人建议印度应该联系勒·柯布西耶。柯布西耶最初的反应完全没有热情。但最终他答应成为"旁遮普省政府在建设新首府方面的规划顾问"，月薪420美元，要求在建设昌迪加尔期间，每年两次在昌迪加尔工作四个星期。此外，他还被任命为议会建筑群的建筑师。1951年2月，他和皮埃尔·让纳雷飞抵印度，与马克斯韦尔·弗雷和简·德鲁会面。在紧邻西姆拉（Simla）的一间小旅馆中，昌迪加尔新规划于四天之内出炉[99]。

实际上，这次修订规划的结果并非一个全新的设计，而是对于已经完成（并通过审核）的迈尔绘制的蓝图做了些微的规范化。迈尔的规划中，大部分特色都被保留下来：行政中心设置在城市以外，就像城市的"头"一样（这个主意和勒·柯布西耶对于"光辉城市"的具象化不约而同），中央商务区设置在城市内部，再将版图分割成不同的分区。对于规划的调整主要涉及邻里单元的大小。在修改后的规划中，每个邻里单元都具有粗略的长方形轮廓，长宽

243 阿尔伯特·迈尔，昌迪加尔设计蓝图（1950）。总体规划显示出各部门的尺度规模和议会大厦的位置。

244 昌迪加尔，人民大道街景，城市主轴线。右侧：美术馆和画廊（摄于1968年）。

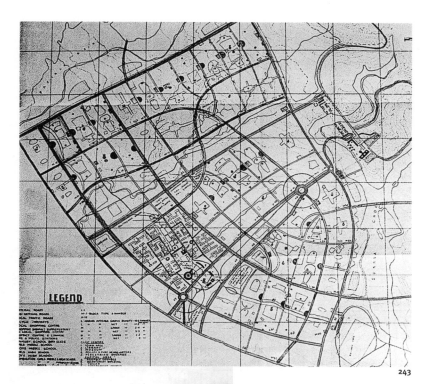

243

244

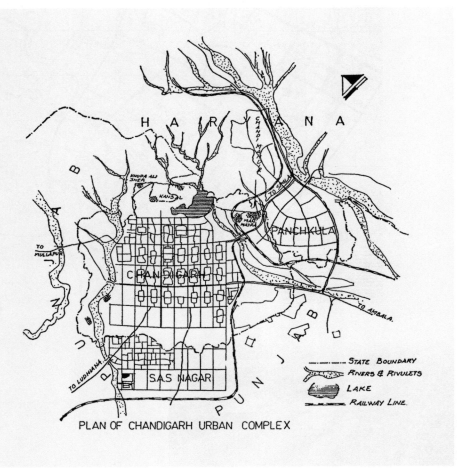

PLAN OF CHANDIGARH URBAN COMPLEX

大约1200米与800米——这是勒·柯布西耶邻里单元（"分区"）的"模块"。然而，最明显的修改是道路系统。勒·柯布西耶坚持在道路系统中遵从"7Vs"原则〔责编注〕——一个他在《三个人类居住区》中提出的分类法。在主要交通干线的形式方面，迈尔的设想是建成连绵的曲线形式。而勒·柯布西耶将之替换为直线（只有通过城市主要干线，人民大道（Jan Marg）的横向道路有轻微的偏折，如柯布西耶所主张的，这是"为了更好地防止日晒"）。

242 245

〔责编注〕

V1	连接昌迪加尔与其他城镇的国道；	V4	蜿蜒的购物街；
V2	主干道；	V5	各区块间的道路；
V3	环绕城市各区块的快速道路；	V6	通向住宅的通道：
		V7	步道和自行车道。

这种宏大的轴线设计从1922年就已经存在于勒·柯布西耶的城市规划体系中。昌迪加尔甚至有一点相似于"300万居民的当代城市"（1922）。在"当代城市"的图纸中，有一幅显示超级高速路连接着两座凯旋门。在城市外面，四车道的高速公路继续延伸，而城市路网退化成简单的乡间道路。在昌迪加尔正是这样。在崎岖的乡间道路上颠簸六个小时后，来自新德里的乘客在大客车上突然发现自己已经上了铺设得很好的高速公路，而且当刚明白快到省会时，他已经在城市的主要大街上了。

211 244 248

勒·柯布西耶对于迈尔原本设计的改动很快就被接受了。如果说迈尔的规划是基于英国的田园城市与其在美国的衍生品（迈尔在向美国引进埃比尼泽·霍华德的思想中扮演了重要角色）的话，勒·柯布西耶的修改则引用了皮埃尔·夏尔·朗方（Pierre Charles L' Enfant）的华盛顿规划与奥斯曼的巴黎规划。对于印度的官员们来说，新德里规划研究类比的结果一定让他们非常满意，其中的"国王大道"（King' s Way）成为了印度城市文明启蒙的展品[100]。

将昌迪加尔——印度"美丽的城市"打造成国家之骄傲的过程中，对这类城市的类比研究贡献是最大的。鉴于在英国统治下，网格规划从来就没有被引入印度：以斋普尔（Jaipur）为例，那座城市18世纪初期就已形成了，并且，作为勒·柯布

245 昌迪加尔，印度。城市平面图。

西耶蓝图的原本，是纯粹的印度城市。然而，它的街道是多功能的公共控件，而非单纯的交通线路。 ²⁴⁷

第17区城市中心的巨大步行广场是勒·柯布西耶对于封闭的城市空间的唯一体现，它好像在向周围的交通线路伸出手臂[101]。它单一的功能反映了《雅典宪章》的功能主义困境，而它的形式——巨大的开敞空间，被有着长拱廊的办公楼所环绕，响应了"狂野的开放空间""空间、空气和光照"的号召以及对于"恐怖贫民窟"的谴责。这些都是在尼赫鲁的演讲中反复提起的[102]。与此同时，步行广场让人想起勒·柯布西耶的草稿本中的法国广场和罗马论坛——如果没有让人想起威尼斯的圣马可广场（Piazza San Marco）的话。由于明显的尺度过大（这个广场在两端的街道之间有550米宽，而圣马可广场"只有"200米深），城市中心难免会受立面形式单调重复的影响，实际上，立面的形式应该有更多的变化才对[103]。在这方面，这项建筑设计不如赫伯特·贝克爵士（Sir Herbert Baker）的康诺特广场（Connaught Place）的拱廊，后者将帕拉迪奥在维琴察大会堂的灵活设计搬到了新德里。 ^{249 250}

思想体系的聚合

勒·柯布西耶在正确的时间成为了正确的人选，这并不单单是巧合。相比迈尔和诺维斯基，柯布西耶的城市文明理念（议会大厦的建筑设计将在此后进行讨论，见第298页）能够更有力地唤起新的印度精英们想要称颂的理念和价值。帝国主义和法西斯主义的记忆在新古典主义严谨的外表下只有腠理之深。

实际上，勒·柯布西耶也从未隐藏他对于独裁主义政治的倾向。同样明显的还有他的家长作风甚至是家长式的国家法律，在他看来，这些就如同家庭中父亲的权威——他知道什么对于孩子是最好的[104]。柯布西耶热衷于"权威"、强大的领导力和重要任务中的英雄（有时也可以是女英雄）领袖。这种热衷在《全部的权力》（*Pleins pouvoirs*）（引用让·季洛杜1939年出

246 勒·柯布西耶，光辉城市将政府核心区域设计在城市的一端（1933）。
247 斋普尔，印度。市中心（摄于1968年）。
248 昌迪加尔，人民大道的墙，将居民区与机动车道分隔开来（摄于1968年）。
249 皮埃尔·让纳雷，市中心（第13区）（1960），昌迪加尔（摄于1968年）。
250 勒·柯布西耶，威尼斯的圣马可广场，1915年绘制于18世纪时出版版印刷的图片上，1946年再版（选自《城市规划》（*Propos d'urbanisme*））。

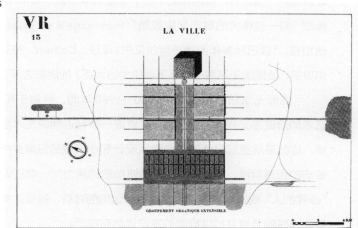

版的一本书的名字）中就像谚语一般随处可见。实际上，柯布西耶大部分关于城市文明研究的著作都包含了对于强力政治权威的诉求：《光辉城市》（1933）明确地提到献给"权威"。回溯1925年，在《明日之城市》的结尾，勒·柯布西耶曾插入一张图片，表现路易十四下令建造荣军院（Hôtel des Invalides），配以标题"向一位伟大的城市学家致敬"（Hommage à un grand urbaniste）。之后，他坦言："我已经多年困扰于柯尔贝尔（译注：Colbert，指让—巴普蒂斯特·柯尔贝尔，法国国王路易十四手下最伟大的大臣）的阴影之下了。"[105]   **251**

然而无法否认的是，在1950—1960年间，他对于印度农村文化和乡村艺术的浪漫主义兴趣甚至是喜好，更进一步贴近他的艺术创作核心。进一步观察，这就是从更加具体的议会建筑设计和小规模的日常乡村生活中分隔出专制姿态的街道网络，它创造了今天昌迪加尔的活力[106]。然而即便如此，在他对于"赤裸的人"或者其他同等的观点深刻认同的背后，他早先将西方殖民主义作为鼓舞士气的壮景并加以推崇的意识依然存在[107]。

尼赫鲁总理毫无疑问地赞同了勒·柯布西耶热情洋溢的陈述。陈述的内容包括技术本身和工业发展对于人类生活的裨益，并且成了包括《建筑与城市规划的精确现状》（1929）在内的若干著作的理论基础。这些内容反映了他对于为了"建设美洲"付出努力的投资者和企业家们的敬畏：

> 在许多办公室中，我看到德国和英国为了支援这个国家而派遣技术人员；我尤其感觉到了美国巨大的财政和工业能量。人们从世界的各个角落赶来阿根廷，一切的努力都是有用的[108]。

因此，到了印度，虽然勒·柯布西耶对于农村文化抱有同情，但还是因为没有对当地风俗给予足够重视而受到了责骂。当一位印度访客问起他为什么没有在昌迪加尔停留更长的时间时，他回答"我怕被蛇咬到。"之后又补充道"在今天的世界上，你们接受了机械、长裤和民主后，印度风格的重要意义是什么呢？"[109]勒·柯布西耶能够实现他的构想，得益于他见到了尼赫鲁——这位政界领袖不仅与他见解一致，还拥有足够的权威能够让他实现他的构想。

251 勒·柯布西耶，"向一位伟大的城市学家致敬"：路易十四向建筑师下令建造荣军院。17世纪印刷图片，再版于1925年的《明日之城市》。

252 勒·柯布西耶与总理尼赫鲁和旁遮普省省长视察昌迪加尔工地（1952）。

251

Louis XIV ordonnant la construction des Invalides

Hommage à un grand urbaniste.
Ce despote conçut des choses immenses et il les réalisa. Le rayonnement de sa gloire est sur tout le pays, partout. Il avait su dire : « je veux ! » ou : « tel est mon bon plaisir. »

(ceci n'est pas une déclaration d' «Action Française»).

252

第五章附言

TWILIGHT OF THE PLAN　　对于秩序的狂热、对于繁复的轻蔑以及在乐观主义和社会卫生健康方面的修饰，使得勒·柯布西耶在20世纪20年代写出的城市文明科幻小说成了他档案中的一个污点——至少，在20世纪70年代，主流观点是这样认为的。具体到《瓦赞规划》（1925）或者"光辉城市"（1933）的时空观，这种教条直接危害到城市生活的根基，无论在历史上还是在当下。最终，在1945年之后的政府规划中取得的巨大成功才使得他的理论得以解脱。

　　实际上，如弗朗索瓦·肖埃所说，"勒·柯布西耶自己没有意识到，他最重要的影响，是在城市文明研究的领域。他的贡献在于将建筑与城市规划连接成一个整体。他发出的宣告代表千万人的心声，这些人无力、虚伪而无知，却想在新城镇中自己做主"（"展望勒·柯布西耶，1995—1966"（Le Corbusier in Perspective 1995-1966），收录于《明日之城市》，1995年5月/6月）。肖埃并不是唯一这样说的人。

　　第二次世界大战之后，对于功能主义城市研究的批评甚至来自于勒·柯布西耶的朋友们。甚至有人说这导致了1959年国际现代建筑协会的凋亡。无论如何，即便这是导致第十小组与他决裂的致命因素，仔细去看的话，仍然可以发现，勒·柯布西耶在20世纪30年代的城市规划项目有许多闪光点，这些闪光点应用在了日后人们修改国际现代建筑协会的早期功能主义项目中，由此增加了人文主义色彩（参见埃里克·芒福德，《国际现代建筑协会关于城市文明的论述，1928—1960》（The CIAM Discourse on Urbanism, 1928-1960），剑桥，马萨诸塞州，2000和马吉斯·贝肯（Mardges Bacon），"霍塞普·路易斯·赛尔特关于城市核心概念的演进"（Josep Lluis Sert' s Evolving Concept of the Urban Core），收录于埃里克·芒福德与哈希姆·萨尔吉斯（Hashim Sarkis）编著的《霍塞普·路易斯·赛尔特——城市设计的建筑师，1953—1969》（Josep Lluis Sert. The Architect of Urban Design, 1953-1969），纽黑文，2008）。

　　尽管如此，在20世纪60年代，大规模廉价住宅运动在欧洲（甚至更广泛地包括美国的城市革新）畸形发展并且日渐降低标准，这已经难以被忽视了。"光辉城市"的魔法已经失效了。对于传统城市空间质量的要求，对于混合功能城市而非政府武断控制城市的需求，对于公共空间应当被市民占据而非空置的畅想和建筑，特别是住宅，应当被明确地定义为环境和历史的一部分，这些思想开始普遍被重视起来。刘易斯·芒福德和亨利·列斐弗尔（Henri Lefèbvre）指出了前进的道路（芒福德的"反对现代建筑的案例"（The Case Against Modern Architecture）收录于《高速公路与城市》（The Highway and the City），伦敦，1953/1963；列斐弗尔，《城市中的权利》（Le droit à la ville），巴黎，1968和《在空间中思考政治》（Reflexion sur la politique de l'espace），巴黎，1970）。简·雅各布斯（Jane Jacobs）充满激情的著作《美国大城市的死与生》（Death and Life of Great American Cities）在这样的环境中成为了一本邪书；同样命运的，还有罗伯特·古德曼（Robert Goodman）的论战《在规划者之后》（After the Planners），纽约，1971。

　　与此同时，阿尔多·罗西著述了《城市的建筑》（L'architettura della città），帕多瓦，1966；罗伯特·文丘里、丹尼斯·斯科特·布朗（Denise Scott Brown）和史蒂芬·艾泽努尔（Steven Izenour）出版了《向拉斯维加斯学习》（Learning from Las Vegas），剑桥，马萨诸塞州，1972；还有不能忘记，柯林·罗和弗瑞德·柯特（Fred Koetter）的《拼贴城市》（Collage City），伦敦，1978。这些书籍（还包括罗布·克里尔（Rob Krier）的《城市空间理论与实践》（Stadtraum in Theorie und Praxis），斯图加特，1975；还有存在争议的：雷姆·库哈斯的《癫狂的纽约》（Delirious New York），纽约，1978）一起，构成了一个图书馆小书架，它们中间至少有一点是相同的：对于乌托邦这个幻想和纯粹功能主义城市学的厌恶。它们同时孕育了一种趋势，希望人们从勒·柯布西耶的项目中总结这些病症。

　　难道还包括雷姆·库哈斯，这个被认为是"现代主义"的作者么？没错，尤其是当他用这样的语言来评价未来城市文明发展的机会时："它不会基于秩序与全能这两个幻想的；不确定性才是它的主调；它不会再考虑建永久性构筑物的排布，而是用'潜在可能性'来'浇灌'领地；它不会再瞄准一成不变的设定，而是去创造允许自由发挥的场地，场地上的项目拒绝'固化'为某个特定的形态（……）既然现在城市区域已经相当广阔，城市文明发展将不再关注于'新的'，而是关注于'更多的'和'变化的'"（《小、中、大、特大》

（S,M,L,XL），鹿特丹，1995）。如果库哈斯是正确的，城市的未来将与《瓦赞规划》背道而驰。

■ 这样的例子还有更多。20世纪70年代，与建筑的浪漫主义历史、背景与惯例平行的是衍生出了一种新的现实主义，它被一部分人称为是"肮脏的"。建筑师与城市规划师幻想破灭却又傲慢独断，丹尼斯·斯科特·布朗和罗伯特·文丘里再度审视了效果最不理想的美国版"光辉城市"。他们总结到，毕竟这已经是现实了，为了那些不得不居住在这样环境中的人，建筑师必须学习怎样改进它们，因为它们已经无法被简单地重置了（"合作城市：学着去喜欢它"（Co-op City: Learning to Like it），收录于《进步建筑学》（Progressive Architecture），1970年2月）。类似的，雷姆·库哈斯选择了一个被广为诟病的阿姆斯特丹的庇基莫米尔项目（Bijlmermeer），一个技术规划的原型。库哈斯将它诠释成一个期望中的对后现代主义的环境感伤与浪漫主义批判："当国际现代建筑协会和其他现代主义规划与保守的学院派争斗时，庇基莫，在迟到40年后，由于冗长的酝酿期，变成了一场针对后现代主义、反国际现代建筑协会派别——比如第十小组的论战武器"（此外，参见"庇基莫米尔的条带"（Bijlmermeer-Strip），收录于《工作—建筑论文》（werk. archithese），1977和《小、中、大、特大》，鹿特丹，1995）。相应的，曾经对于功能主义城市的批判已经被一个同样激烈的反击赶上（如果没有能够阻止它的话）。

承认官僚主义对于功能主义教条的曲解所带来的疾病，那么它们各自的形态学难道没有在这个飞速城市化发展的世界中成为城市的一种主导形态吗？在之前的二十年间，越来越多的城市行政管理机构为传统城市发展创造了一些小的区域，让它们展开一系列的建设项目（比如在柏林或者海牙），但是功能主义方法依然让城市可以在监管者和承包商的管理下飞速建设。这样的结果是，看着世界范围内城市聚落飞速发展所衍生的现实形态，一些对于"光辉城市"失效的后现代主义责难拥堵了勒·柯布西耶的大门。这些批判在今天看起来，幼稚程度不亚于当初他们眼中的"光辉城市"。其中很多都可以说是支持了（并且在今天还可以这么说）罗和柯特对于重塑卡米洛·西特在城市建设艺术领域中的权威而做的努力，即尝试颠倒当今城市空间中图形与地面之间

的联系。在欧洲和美国，对于历史古城内部改造的成功案例阐释了这种方法是如何重新定位普遍理解的城市空间。并且，可能致命的是，这种图—底范例从传统城市空间渗透到了购物环境的设计中（参见雷姆·库哈斯等，《哈佛设计学院购物设计指导》（Havard Design School Guide to Shopping），科隆，2001）。但是，它能够在更大范围的城市建设中产生持久的影响吗？

今天，大部分1980年之后建造的建筑都是在开敞的空间中各自独立，简单地拼接在一起成为城市。面对这个事实，我们只能承认，无论是好是坏，《瓦赞规划》对于城市在资本主义制度下生长机理的基础假设，现实到让人无法怀有敌意。

■ 勒·柯布西耶认为城市和城市建设应当最终形成《瓦赞规划》所抽象出的官僚政治，他对此怀有的好奇心大概是他所有的工作中最令人不悦的一面。这份好奇心始自拉绍德封，并在他之后穿越意大利、德国、法国、罗马尼亚、土耳其、希腊的长途旅行中，在巴黎、慕尼黑、柏林和其他地方的图书馆中继续追寻。通过他的草稿本和偶然写给家人及朋友的信件，我们了解到作为城市空间的观察者与研究者，属于他的时代已经到来，并且与任何其他有着相同兴趣的人相比，我们能了解到的更多（参见朱利亚诺·格蕾丝雷利、哈罗德·艾伦·布鲁克斯的作品，和更近一些的克里斯托弗·斯诺对于让纳雷的《城市建设》（La construction des villes）的评述版本，2008）。为什么勒·柯布西耶在20世纪20年代提出的功能主义城市学系统在之后变得与经验体验完全脱节？这一章远不足以给出一个似乎可信的解释。

从另一个角度看这个问题：为什么勒·柯布西耶对于历史和历史性城市空间的理解，在建筑学领域比在城市文明研究领域中更有成就呢？实际上，尽管他从舒瓦西、保罗·舒尔茨—瑙姆伯格（Paul Schultze-Naumburg）和西特那里继承的"美丽如画般的"城市视觉效果，成了他在国内开展项目的关键（参见理查德·A.埃特林，《弗兰克·劳埃德·赖特与勒·柯布西耶——浪漫的遗产》（Frank Lloyd Wright and Le Corbusier. The Romantic Legacy），曼彻斯特，1994），但他对于城市文明研究的理念原则却是从另一个方向提出来的。1929年和1936年对南美洲的两度访问，在阿尔及利亚经年累月的痛苦磨砺（1931—1942）以及

1935年对纽约和整个北美的"探索发现"，他自己以游记与著作的形式记录下来，并在之后极度精细地编审（其中最为精确的记录是马吉斯·贝肯的《勒·柯布西耶在美国——在胆小鬼的国度旅行》（*Le Corbusier in America. Travels in the Land of the Timid*），剑桥，马萨诸塞州，2001）。但是在作家、画家和摄像师各自收集到的资料之间，总是会存在很大的差距。对此，弗朗索瓦·肖埃又一次一针见血地给出了评论："两套评价系统，两组人类命运的概念定义相互对立，于是引发了所谓'发达社会'中存在的问题。勒·柯布西耶终有一天会受到崇敬，因为他用令人难忘的玻璃与混凝土的隐喻将这个问题具象化"（弗朗索瓦·肖埃，"展望勒·柯布西耶，1995—1966"，上文已有注释）。

在第二次世界大战之后，上述矛盾中有一部分在其他一些领域重新出现，虽然依旧复杂，但是似乎容易操作。当勒·柯布西耶在昌迪加尔最终将理论用于实践时，尽管揭示了一些过程中出现的社会与政治间的矛盾，其结果与他在20世纪20年代做出的预期大相径庭（参见马杜·沙林（Mahdu Sarin），《第三世界的城市规划：昌迪加尔的经验》（*Urban Planning in the Third World: the Chandigarh Experience*），伦敦，1982和维克拉玛蒂亚·普拉卡什（Vikramaditya Prakash），《昌迪加尔的勒·柯布西耶——后殖民时代的印度为争取现代性的斗争》（*Chandigarh's Le Corbusier. The Struggle for Modernity in Postcolonial India*），艾哈迈德巴德，2002）。比起印度人自己和来自盎格鲁—撒克逊的专家所引进的线性行列住房（Zeilenbau housing）相比，勒·柯布西耶更偏爱居住单元这套系统，其交通系统以"7Vs"为基础，这套原则是此前为波哥大精心设计的，完全是他自己的创新。

事实上，城市的交通系统在视觉上与纪念性的城市建设空间，尤其是与议会建筑群相脱离，正好暗示出了今天的规划。循着勒·柯布西耶在《四条路线》（*Sur les quatre routes*）（1941）一书中著述的观点，登记官员将各个领域分开来单独对待，允许建筑学意义上的"规划"与城市规划"项目"进行更多、更广的衔接与组合，甚至超过了勒·柯布西耶和国际现代建筑协会所要求的设计原则。这样看来，"规划之黄昏"的思想在城市文明研究领域中徘徊，而昌迪加尔已经在基因中包含了与之相抗的能力（参见霍塞普·阿瑟比洛，"昌迪加尔与巴西利亚：城市规划之黄昏？"（Chandigarh & Brasilia: The Twilight of the Urban Plan?），2007）。

第六章

公共
建筑

PUBLIC
BUILDINGS

　　城镇市政厅、教堂、宫殿和国王的城堡，还有近期选民代表的议会，这些建筑项目都属于很容易为建筑师带来威信和声誉的类型。与其他项目比较，这些建筑要求在设计中采纳传统项目手法并且表现出该机构的特征感觉，其权威性，无论是世俗的还是宗教性的，很大程度上取决于建筑的年龄。事实是，在早期现代建筑时期，大尺度的公共建筑往往委托给传统建筑师进行设计。现代建筑的领军人物可能会认为'表现机构或部门特征的含义'过时而不值得遵从。

在"当代城市"（1922）中，勒·柯布西耶没有设计任何公共建筑：无差别的塔式办公楼满足了政府所需要的一切功能。然而，他对于传统建筑设计方案全无兴趣的时间也不是很长。几年之后，在20世纪20年代，他就参与了"出类拔萃"的公共建筑的国际竞标：国际联盟的万国宫（Palace of the League of Nations, 1926）。这次竞标，连同其后的争论，为柯布西耶提供了绝佳的自我提升的平台，让他能够从建筑师的角度更好地诠释政治权力的空间。实际上，他想象着在即将到来的时代中自己将作为总建筑师，但是他大举攻击学院派对于建筑的口味以及政府部门所采用的正统决策机制，并没有给他创造出更大的发挥空间。并且最终他的方案全盘崩溃，造成的创伤又一次确认了他牺牲在推进现代建筑道路上的悲惨命运。   197 202 253

在国际联盟的竞标

由于第一次世界大战的影响，国际联盟希望维护世界和平的政治抱负在知识分子中激发了可观的热情。在历史上这也是第一次筹建一座世界议会大楼。如果这个受人尊崇的国际机构采纳了现代建筑的方案，其影响力是甚为可观的。国际联盟（在1919年第一次世界大战结束后建立）选择了日内瓦风景如画的湖滨作为总部地址。根据竞标规则，新的国联宫将包括：一座办公楼，服务于一些临时委员会；和一座综合议会大厅。367套的规划方案——一共排了8英里长——在1927年1月竞标截止前提交给了评委会。由于评委会包括了亨德里克·彼得勒斯·贝尔拉格（荷兰）、维克多·霍塔（比利时）、约瑟夫·霍夫曼（奥地利）、卡尔·莫泽（瑞士）等与现代建筑的神秘起源密切相关的建筑师（法国、英国和其他一些国家的代表都是来自巴黎美术学院的建筑师），即使是全心投入新建筑设计的竞标人也有相当的中标可能性。

刚开始时，评委会似乎承认勒·柯布西耶和皮埃尔·让纳雷的方案有着卓越的质量。实际上，这个方案是唯一一个认真考虑到现代元素的方案[1]。然而由于无法做出明确的决定，评委会违背了原来的规则，给出了9个同等的奖项。勒·柯布西耶和皮埃尔·让纳雷也取得了这个奖项，而且，如果不是法国代表

M. 勒马雷基耶（M. Lemaresquier）声称他们的规划没有满足竞标的要求（他们提交的是印刷版的图纸而非原件），他们可能已经中标了。最终，对于这 9 个平分秋色的方案，评委会把决定权交给了政客们。而那些政客的要求——让其中的 4 组选手联合提出一个新的方案，让形势变得更加复杂了。最终的成果，一个仿造新古典主义的设计，在若干年后实现，成了（当时所谓的）国际风格的政府大楼（秘书处，1936；议会大厅，1938）[2]。

即便勒·柯布西耶的方案没有机会实现，瑞士的专家们在1927年之后不久还是估算了其方案的耗资，大约是1250万瑞士法郎（注意，实际建造国联宫的开销大约在5000万瑞士法郎）。在竞标的若干年后，那些建筑师被要求修改他们的方案以适应一块远离日内瓦湖的新选址，而他们最终的设计竟然和柯布西耶在1929年绘制的第二套方案非常接近。勒·柯布西耶与皮埃尔·让纳雷试图挽回这项委托，但以徒劳告终[3]。最终，在1931年，他们提交了一纸长达36页的诉状。得到的回答非常简洁：国际联盟不会遵从某个个人的主张[4]。　　254 259

人文主义与功利主义

在这次竞标中，勒·柯布西耶与皮埃尔·让纳雷不是现代建筑运动中的傀儡领袖。实际上，如果以其他建筑师——理查德·诺伊特拉、波兰"现在时"团队（Praesens）、来自巴塞尔的汉斯·威特沃（Hans Wittwer）与汉斯·迈耶（Hannes Meyer）等的方案为背景来看[5]，勒·柯布西耶与皮埃尔·让纳雷的方案非常夺目，出色地掌控了现代主义特色。进一步观察，它并没有激进地想要替换建筑中惯常采用的新古典主义成分，而是更倾向于尝试给传统的巨大而庄严的意向赋予新的意义，在大尺度上融入"五个要素"：底层架空支柱、屋顶花园、自由平面、自由立面和横向长窗。如肯尼斯·弗兰姆普敦所讲，勒·柯布西耶的国联宫的空间组织，用轴线与花园诠释了一座文艺复兴式宫殿的主题[6]。于是，另一位批评家指出巴黎大皇宫（Grand Palais，建于1900年）也是这项设计取材的资源之一，也并非偶然[7]。

对于勒·柯布西耶而言，他毫不留情地把这个项目从本质上视为一个工

253

253 勒·柯布西耶、皮埃尔·让纳雷，国际联盟的万国宫，
日内瓦（1927）。竞标项目。轴测图。

254 亨利—保罗·内诺（Henri-Paul Nénot）、朱利安·弗雷根海梅尔
（Julien Flegenheimer）、卡罗·布罗吉（Carlo Broggi）、卡米尔·列斐
弗尔（Camille Lefèvre）、约瑟夫·瓦戈（Joseph Vago），万国宫竣工
（1935—1936），日内瓦。明信片。

255

256

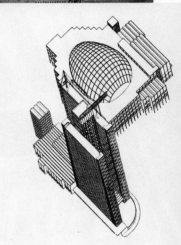

255 "两个带有降噪功能的大厅"。选自勒·柯布西耶，
《独立房屋——万国宫》（Une maison-un palais）（1928）。

256 F.G. 兰伯特（F.G.Lambert）、G. 勒让德（G.Legendre）和
让·卡莫莱蒂（Jean Camoletti），万国宫，日内瓦（1927）。竞标项目。

257 汉斯·迈耶、汉斯·威特沃，万国宫，日内瓦（1927）。竞标项目。

258 "声学设计良好的大厅"。选自勒·柯布西耶，
《独立房屋——万国宫》（1928）。

259 勒·柯布西耶、皮埃尔·让纳雷，万国宫，日内瓦（1927）。
草图突出对比中标项目与他二人的设计方案以及项目在最后
建造中逐渐呈现出后者的基本特征（最右端）。

257

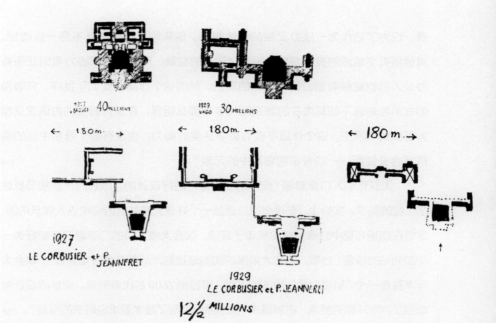

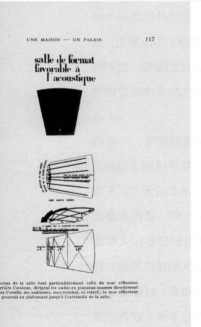

具，仅为了它作为一座办公楼的用途服务。他声称：它根本就不是一座地标。其他所有学院派的竞标方案都设计了闭合的庭院，而柯布西耶的方案则让所有办公人员都能够看到公园和远山的景色。然而这个作品也受到了批评：它表面的古典色彩远不如其内在的激进现代姿态那么明显，在没有明显的古典主义作为基础的情况下，这个作品不会有竞争头奖的能力；也没有哪个最后中标的建筑师会去使用——或者说剽窃其中的元素[8]。 259

国联宫的入口是遵循"宏伟的对称形"进行设计的，而它的一些细节反映了工程的美学。实际上，参观者可以通过一个好像火车站台的结构进入建筑内部。尽管在组织布局中好像是柱廊统御了庭院，议会大楼入口的门廊看起来却好像一个加油站的顶盖（当然，如此大规模的加油站直到此后很久才开始建设）。议会大厅本身是一个"机械时代"版本的讲堂，可容纳2600名代表列席。会堂的设计考虑到了声学环境的要求，古斯塔夫·里昂亲自参与了技术要求说明书的编写[9]。 258

会堂的设计远远不止于在一个简单的盒子里用耳机与麦克风进行交流（这在当时也无法实现），会堂被定义为一个有回声的发布平台。它的外形是一个梯形，屋顶向基础较低的方向倾斜，好像一块被切掉了尖儿的蛋糕。可以预见，这种"蛋糕切片"的形式成为了勒·柯布西耶设计的所有议会大厅的原型，直到他1947年为联合国所做的设计。更进一步，这个形式在接下来的25年内都是理性主义建筑学在解决会堂设计问题时的一个标准解法。 270 271

从整体上看，这个设计鲜明地混合了古典的严格与唯美的随性——在自然与几何造型之间取得协调。在庭院中，巴洛克式的统一在某种程度上混合了花草和树木的奇特排列——好像一个英式花园叠加到了一个法式公园上。不仅建筑和花园分别代表着平常看来相互对立的元素又并列在一起，建筑本身也好像是将具有不同特征的部件拼贴在一处。雕塑式的元素出现在会议大厅面湖而立的对称正立面上：盒子般弯曲凹陷的议长阁耸立在高大的桩柱顶端，在它后面是楼梯间塔楼，如同椭圆的粗管道，支撑着一组骑马雕塑。好像是在重申艺术王国中的古典等级风格一般，这些雕塑在白墙之前确立了整个建筑的焦点。"这几处地方控制着空间，"勒·柯布西耶曾经解释道——可能他在想着当时的设计： 253

作为雕塑者，居高临下地看着他那好像明星或信标一样的作品，一定要控制这些巨大、纯洁、安静的水晶或石头棱柱，让它们保持一个合适的距离[10]。

曼达纽姆。或：从智慧的神庙到知识的博物馆

国际联盟项目的崩溃没有阻止勒·柯布西耶的决定——通过与新建立的国际组织合作来建立自己的名望。当保罗·奥特勒（Paul Otlet）——一位布鲁塞尔的国际协会联盟（Union of International Associations）成员告知他一个依附于国际联盟的文化实体即将成立时，柯布西耶得到了一个新的机会。奥特勒认为，不仅仅是政治方面，更要在文化方面进行国际层面的协调，因此国际联盟应当成立一个世界文化合作中心，来收集、比较和研究各种各样的文明形式。

这个构想是要在地球上确定一个地点，人们在那里观察世界的形象，理解世界的意义。这个地点将成为一座神庙，激发伟大的观点，协调高尚的行为[11]。

早在1913年，亨德里克·克里斯蒂安·安徒生（Hendrik Christian Andersen）和恩斯特·赫巴（Ernest Hébrard）就发表了他们的"世界交流中心"设想，主张要在全球范围进行文化上的协调与合作——这是通向联合国教科文组织的第一步。"曼达纽姆"这个项目（Mundaneum），如奥特勒所设想的，集合了一所大学、若干办公室、体育场、供国际协会使用的会议室，还有一座坐落在开敞空间正当中的"世界博物馆"。博物馆周围的开敞空间则作为在机构庆典中，各个大陆、国家和城市代表的临时集结地。这座全人类的"国会"将被建立在距离万国宫不远的地方，俯瞰着日内瓦湖。尽管尚未弄清这个雄心勃勃的项目是否仅仅是一个理想家的白日梦，勒·柯布西耶毫不犹豫地给予了热情的回复。

国际联盟的方案可以看做是巴黎大皇宫的精简版。而"曼达纽姆"的设计让人想起美索不达米亚的通灵塔和它周围的神圣领域。这座世界主义与国际合作的卫城就坐落在加尔文的根据地日内瓦——现代资本主义发源地之一的旁边，并且即将被冠以"世界博物馆"之名。它"神圣"的核心被设计成一个阶梯状的金字塔形，放置在一个平台上，从平台延伸出两道斜坡，通向一个长

260

261

方形的前院。紧挨着这个核心部分，两组建筑与花园对称摆放，其中一组（在最终版本的方案中是这样显示的）有一条轴线直通向湖岸。

260 262

在勒·柯布西耶的脑海里，一座世界博物馆的概念基本上是来源于对自己的"大旅行"（游学时期）的记忆。这个为人类带来文化自省的庄严机构如长廊般展开，始自通灵塔的最高点，逐渐下降到基部，其间分为三个平行的殿堂，各自专注于一个学科领域的信息。如此，它可以在任何时候都将人类的艺术创作、历史事实和地理环境等同看待。至于图书馆，其主要作用在于增进不同文明环境与不同民族之间的联系，其中不仅收藏图书和档案，更有之后被勒·柯布西耶称为"圆形图书"（round books）的电影、微缩胶片和磁带。

透过先锋派建筑——风格派、包豪斯、构成主义（Constructivism）的背景来看，这项设计是个怪胎。它对于古代建筑形式赤裸裸的迷恋最好地呼应了古典主义建筑师们的兴趣。1925年，纽约海尔姆勒与科伯特（Helmle & Corbett）建筑事务所，发表了他们重建所罗门王神庙（Solomon' s Temple）的方案。借助于休·弗里斯（Hugh Ferriss）大气磅礴的渲染，这个重建方案的声名很快从美国远播到了欧洲[12]。勒·柯布西耶找不到比这个来自纽约的所罗门智慧神庙更加切合他"世界文化档案中心"的模型了[13]。毫无疑问，勒·柯布西耶方案的主神光环与它显示出的理想主义意愿，在左派建筑学界眼中，如果不是彻头彻尾的反动，就一定是属于学院派了。以勒·柯布西耶为中心的"理性主义"（或者叫"人文主义"）和政治上的左派所带领的"功能主义"之间，已经积怨多年了。

261

当卡列·泰格（Karel Teige）开始批评这个作品，这种对抗变成了一个公众话题[14]。先不去理会这些讨论，"曼达纽姆"设计观点中的多数构想，虽然最终一个都没有实施，却大多数都在其他地方获得利用。在1946—1947年勒·柯布西耶设计联合国总部时，对于"曼达纽姆"的追忆算作一个线索。还有在1960年左右，他计划在昌迪加尔的议会区域增加一个"知识博物馆"（Museum of Knowledge），以胶片和磁带为媒介，向旁遮普省的代表们阐述这个国家所面临的问题，如

260　勒·柯布西耶，"曼达纽姆"项目设计中形似通灵塔的"世界博物馆"（1929）。为日内瓦项目设计的草图。

261　海尔姆勒与科伯特，重建所罗门神庙方案（1925）。

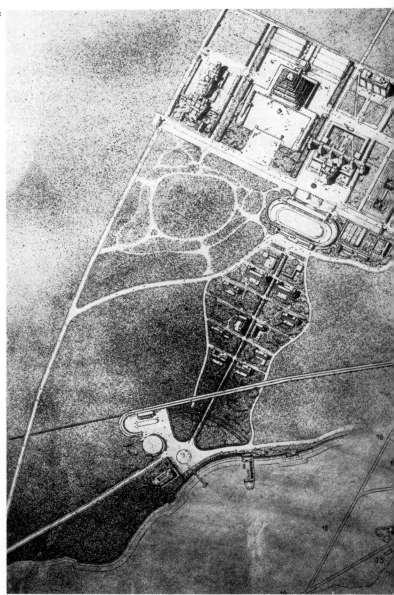

262 勒·柯布西耶、皮埃尔·让纳雷，"曼达纽姆"（1929）。

263 勒·柯布西耶、皮埃尔·让纳雷，消费者合作社中央联盟大厦，
　　苏维埃合作联盟所在地，莫斯科（1928—1936）。

264 勒·柯布西耶、皮埃尔·让纳雷，消费者合作社中央
　　联盟大厦，莫斯科。模型（约1929年）。

263

264

饥饿、人口过剩和工业化。在他看来，这样做，印度便可以避免那些令联合国等机构瘫痪的假大空的繁文缛节[15]。

最终旁遮普省并不愿意建设这个电子时代的智慧神庙，就如同三十年前的国际联盟一样。

消费者合作社中央联盟与苏维埃宫

听起来自相矛盾的是，最终见证了国际联盟工程中一些思想付诸实现的城市居然是莫斯科。勒·柯布西耶在1928年苏联消费者合作社总部工程的竞标中获胜，并且迅速决定"通过现代科技在莫斯科实现真正的当代建筑"[16]。这里的会议大厅是日内瓦那座会堂的精简版。相对于日内瓦的项目，这里由于场地相对狭窄，秘书处更加紧密地集成到了整个工程中。并且，办公室那一侧的立面成为了完美地采纳"热中和通风幕墙"思想（"neutralizing wall" idea）的第一个大尺度实践。

127 263 264

由于其复杂的坡道系统，门厅的设计令人惊叹。勒·柯布西耶固执地认定一、二层楼之间的连通应当仅仅通过坡道[17]。这座大楼的两大表现手法，会堂的组织形状和楼内交通系统设计坚持运用坡道，在勒·柯布西耶设计苏维埃宫时被进一步深化，并且成为了苏维埃宫的关键设计思想。这样设计的结果使整个工程好像完全与他以往的作品脱节，特别是在总部大楼面对米亚斯卡亚大街（Miasnitskaya）的正立面，明显地融入了古典主义的严谨特征。新的宫殿中没有规划办公室但有大量的会议室与会堂，也似乎推动了这个新思想的实现。

苏联政府希望通过建设一座新的政治会议与苏维埃代表会议中心来庆祝第一个五年计划（1928—1933）的成功实施。在莫斯科河边，紧挨着克里姆林宫，就是在建设救世主大教堂（Basilica of the Saviour）的地方，将要建设一座新的宫殿，作为社会主义与工人运动的纪念碑。只有极少数西方建筑师被邀请参与苏维埃宫的竞标，勒·柯布西耶是其中之一（其余的还有佩雷兄弟、沃尔特·格罗皮乌斯和埃里希·门德尔松等）[18]。这个项目的要求是一座巨大的建筑，实际上勒·柯布西耶的方案中包含了不下六座礼堂，其设计又一次引起了听觉与视觉的问题（和以前一样，古斯塔夫·里昂依然参与了计算）。但是这一次，这些问题被提到了一个新的尺度上。最大的礼堂计划容纳15000名听众并且舞台上至少可容纳1500多人。第二礼堂将容纳6500人；另外的两座礼堂每座容纳500人，还有两座每座容纳200人。

265

在外面，坡道和平台将在集会与游行时提供5万人的容量。在其中一份激情飞扬的草图中，勒·柯布西耶总结了这份设计的每一步发展深化：从随意总结每一个独立部件的需求，到最终的直轴对称性的总览[19]。

两座礼堂大厅面对面好像两个巨大的三维风扇。从平面图上看，整个方案好像一个沙漏：两座大厅通过一座封闭的天桥相连，这座天桥同时是整个方案的轴线。其他较小的礼堂沿着这座天桥如树枝上的树叶般排布。整个方案的焦点在一座如雷达屏幕一般凹形的高墙。在这一点上，雕塑被引入视野。群众游行上下大坡道时，礼堂的一堵巨大的曲面墙好像背景幕布一般。这个方案的模型（现收藏于纽约现代艺术博物馆）看起来在模仿蟹与牡蛎的外形。尽管在它的设计者看来，模仿生物体结构的外形仅仅为了与传统模式相区分。这些仿生结构的巨大骨架让人想起阿尔伯托·贾克梅蒂（Alberto Giacometti）在1930年前后的雕塑作品中的超现实动物和植物[20]。

至于大会堂的屋顶，勒·柯布西耶大胆地谋划了这样一个系统：会堂的声反射板悬挂在巨大的梁下，好像风扇的扇叶。这个系统的结构部件本身也是悬挂在一些金属棒上，这些金属棒则固定在支撑整个工程的抛物线拱上。这个设计构思直接建立在欧仁·弗雷西内在圣皮埃尔—迪沃夫赖（Saint-Pierre-du-Vauvray, 1922）设计的悬索桥或者他在奥利（Orly）和沙特尔（Chartres）设计的飞机库之上[21]。

266 267

早期勒·柯布西耶的公共建筑都显著地设计有直挺对称的立面，而在苏维埃宫设计中我们看到了壳形结构和宽阔而凹形的玻璃表面，巨大的梁像手指一样伸出，让整个会堂和礼堂看起来像被一只手抓起悬挂着。这个形态学方向的巨变应该如何解释呢？1928年之后，柯布西耶几次来到莫斯科联系消费者合作社中央联盟的工程。尽管对于这种无拘无束的结构表现主义仍保留一些疑问，他仍然被俄罗斯的构成主义先锋派视觉设计——如埃尔·李西茨

265

Vue à vol d'oiseau

266

265 勒·柯布西耶、皮埃尔·让纳雷，苏维埃宫，
    莫斯科（1931）。竞标项目。鸟瞰图。
266 欧仁·弗雷西内，飞机库，奥利，法国（1916）。
267 勒·柯布西耶、皮埃尔·让纳雷，苏维埃宫，莫斯科（1931）。
    竞标项目。大厅视图阐释了屋顶的室外悬挂结构。
268 亚历山大和维克多·魏斯宁，哈尔科夫剧院（1930）。竞标项目。
269 鲍里斯·约凡（Boris Jofan）、弗拉迪米尔·乔治维奇·盖尔弗里赫
    （Vladimir Georgievitch Gelfreich）、弗拉基米尔·舒科夫
    （Valdimir Scucov），苏维埃宫（1933—1935）。最终的规划（未建成）。

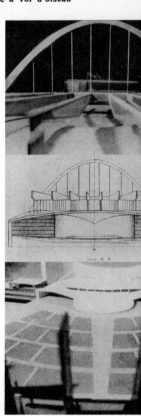

26

268

269

基（El Lissitzky）、魏斯宁兄弟和梅尔尼科夫的设计所打动。他也不希望被推到形式主义极端保守的角落里。要说将勒·柯布西耶作为一个学者进行评价的时机未到，或者，如果你想要证据说最伟大的构成主义建筑也可以出自法国人之手，还有什么更好的方法来阐释呢？一些在杂志中刊登的壮观的俄罗斯设计项目，比如在斯维尔德洛夫斯克（Sverdlovsk）由乔治·巴尔欣（Grigori Barkhin）和米哈伊尔洛维奇·巴尔欣（Mikhail Barkhin）设计的新剧院（1928）或者在哈尔科夫（Kharkov）由魏斯宁兄弟或是由亚历山大·米哈伊洛维奇·格拉希莫夫（Aleksander Mikhaylovich Gerasimov）与萨穆伊尔·克拉维茨（Samuil Kravets）设计的剧院，可能带来了额外的推力[22]。

268

最终，与构成主义同化的设计方案让勒·柯布西耶的俄国朋友们惊异诚服，却完全没有打动评委会。若干年后，官方为这个项目找到了归宿：一个新古典主义的拼凑作品，顶上立着一尊巨大的列宁塑像，对其中的原因，勒·柯布西耶的评价十分尖刻。在建筑设计方面，他同大众的口味从未交好，而这一次他甚至直接表示评委会的裁决就是：

> 当前的环境下非常合理（……）一座宫殿，通过它的形态和技术表现当代的灵魂，这是一个在征服过程中的文明产物，而不是一个在其开端的文明产物。一个刚刚开端的文明，比如俄罗斯，需要带给人民的是鲜花盛开般的物质产物和俗艳的美丽：比如雕像、柱廊和人字墙这种容易理解的部件；而不是那些打通地心引力的难关、解决其他一些曾经没遇到过的问题时衍生成的纯洁无瑕的线条。因此，在莫斯科，这是一个睿智的裁决。我重申：我向这个决定致敬，我认同它。同时，我很遗憾[23]。

这个在很深的封建与农民基础上一步迈入了现代工业化社会的国家，对于先锋派的地位进行如此现实的评价，应该也受到外交因素的影响，而且在里面多少有一些讽刺挖苦的味道。实际上，曾经计划在莫斯科召开的国际现代建筑协会会议被取消的事情，距离勒·柯布西耶发表这篇评论已非常久远，而且俄罗斯一直以来由于消费者合作社中央总部的项目而成为他最重要的客户。这样说来，很可能勒·柯布西耶证明了让人惊讶的结论不仅仅反映了他在苏维埃宫竞标中的感触——毕竟，这是他在日内瓦的国际联盟国联宫项目之后的又一个类似的绝望抗争与惨痛失败。

联合国总部

如果说第一次世界大战带来了国际联盟，第二次世界大战则引导了联合国的建立。这一次勒·柯布西耶又被授予了一个重要的角色，并且似乎一次大变革又迫在眉睫了。然而，与此同时，形势也发生了变化：美术学院的古典主义，至少在欧洲向法西斯妥协并与之联合。而即使是在美国，现代建筑也不再是一小撮精英的主张——更不用说在诸如荷兰和瑞典等一些小国，在那里现代建筑迅速成为了官方思想的表现方式——大众开始熟悉的现代艺术博物馆（Museum of Modern Art）早在1932年就宣称的"国际风格"意象[24]。简而言之，在1945年以后，一个以共和及世界主义理想为目标的国际组织没法把自己的总部建成一座新古典主义的宫殿。

1946年5月，勒·柯布西耶被法国政府任命为代表参加一个五人小组委员会，负责为联合国办公室找寻理想的场地。这个组织本身是1946年6月16日在旧金山正式成立的，并且决定将总部设在美国。在一个名为《联合国总部》（*UN Headquarters*）的小册子中，勒·柯布西耶总结了寻找合适场地时无心栽柳柳成荫的过程。他还将这个故事插入了他在联合国永久性总部委员会的总结会议（12月13日）上的讲话中，说这是一个"在虚幻与现实中妙不可言的旅程"[25]。纽约、旧金山、费城和波士顿周围的大块场地都在考虑之列。建设总部的理念是建设一座"世界首都"，一个全球中心，除了联合国秘书处和大礼堂外，还包括为其官员和雇员服务的一整座城市，其中有世界立法中心、国际图书馆、国际协会总部和一座"世界博物馆"。

终于，一个类似于日内瓦"曼达纽姆"的设计被实现了，尽管这次是在一个硕大无朋的尺度上。这座世界首都要在处女地上建起来，因为勒·柯布西耶说"在曼哈顿高楼大厦的影子下建立联合国总部，是缺少尊重的"[26]。

经年累月的考察一切可能性之后，当务之急是做出一个可行的决策。为了提供"联合国总部需要占地20~40平方英里"的"科学证据"，他们制作了一部影片，反映了委员会工作的概况。然而，究竟哪里是这座国际政府的"光辉城市"的基址，依然没有解决。根据勒·柯布西耶的计算这块场地至少要比曼哈顿（一共占地17平方英里，公园、干道、街道、码头和工厂占据其中11平方英里）大一倍。

1946年12月，小约翰·戴维森·洛克菲勒（John Davison Rockefeller junior）为东河（East River）岸边42街与48街之间的区域支付了850万美元作为首付。这给之前狂热的构想画上了句号，并且勒·柯布西耶率先让步。抛开了之前的声明，现在他承认这三块东河沿岸的城市街区足够满足联合国总部的需要。既然总部的实现近在咫尺，曼哈顿摩天大楼的阴影也不再是联合国完美运作中不可逾越的阻碍。相反，通过一座带有"光辉城市"精神的建筑，联合国将引领曼哈顿的城市革新[27]。

像在莫斯科（还有之后在昌迪加尔），他顺应当地的场所精神给项目以特定的形态呈现并让它被大众接受——或者说基本上被大众接受。勒·柯布西耶早期想要将曼哈顿改造为功能至上的笛卡尔摩天大楼的设想事实上被遗忘了[28]。在它的位置上，是板状的城市中心办公楼，这是一个他在参观费城储蓄基金大厦时就已经反对了10年的建筑形态[29]。实际上，勒·柯布西耶遵从着一个似乎是"语境主义"（contextualist）的冲动，将洛克菲勒中心（Rockefeller Center）视为一个展示他设计优势的范例，尤其是以图解形式阐释了在高耸的办公楼下面大面积开敞空间无用武之地！ 271 272 234

有一阵儿，他似乎想当然地认为联合国会委托他进行这项工作，并且在1947年1月底，他回到纽约准备正式接受委托。两个月之后，另外的一些专家加入并一起组成强大的十人专家组：奥斯卡·尼迈耶（巴西）、斯文·马克琉斯（Sven Markelius，瑞典）和一些代表苏联、比利时、加拿大、中国、英国、澳大利亚和乌拉圭的建筑师[30]。勒·柯布西耶在1947年3月底提出的"23A"项目，轻易地成为了这支队伍工作的基础。 271

在一系列会议之后——其中一些相当激烈——工程最终被交给了华莱士·柯克曼·哈里森（Wallace Kirkman Harrison）[31]。哈里森曾经在设计建造洛克菲勒中心的时候担任了重要的角色，并赢得了洛克菲勒帝国的信任。他的建筑设计尊重了"23A"项目的要旨，为

270　华莱士·柯克曼·哈里森，联合国大厦和秘书处，纽约（1947—1952）。由休·弗里斯渲染。

271　勒·柯布西耶，联合国总部，"23A"项目。选址研究。

272　乔治·豪和威廉·埃蒙德·莱斯卡兹，费城储蓄基金大厦（1932），费城。

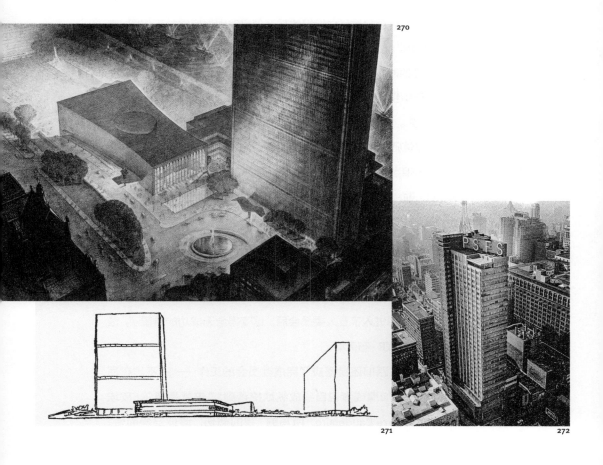

270

271   272

此他也和勒·柯布西耶本人一起进行工作。但是，在技术上巧妙实现的过程中，许多原本设计概念的韵味已经荡然无存。部分勒·柯布西耶的思想被完全曲解了，特别是在会堂部分。对于勒·柯布西耶而言，"切片蛋糕"的形态仅在观众坐在宽大、加高的尾部，看向会堂的尖端时才有意义。而在由哈里森实现的建筑中，这个轻微流线化的巨大三角形，仅仅包含一个过分夸大的休息厅，里面的会议大厅拥挤得让人伤心。这个解决方案"就好像给美人鱼穿裤子一样不容易"。它根本就没有成功[32]。

270

联合国教科文组织总部

当联合国决定将教科文组织的总部设立在巴黎时，联合国总部的这部悲喜剧抵达了尾声。由于作为联合国教科文组织的基础项目很大程度得益于保罗·奥特勒所提出的"世界城市"（Cité Mondiale），而勒·柯布西耶为了给这个概念以建筑学的形态付出了大量的时间，因此，勒·柯布西耶很有可能被选中完成这项工作。他希望有一个国际组织能够最终公正地评价他的才学，尤其是考虑到巴黎官方已经忽视他40年之久。在关于新建大厦的开放讨论环节中，巴西代表正式提议勒·柯布西耶作为建筑师，而美国国务院的代表简洁地回应道"没有可能"。美国资助这个项目的比重相当大，因此这项否决就是最终结果了[33]。

过了一段时间，勒·柯布西耶被他的一些国际现代建筑协会的朋友们推举进入五人委员会，负责构建这个项目的操作程序。五人委员会中的另外四名同事（沃尔特·格罗皮乌斯、斯文·马克琉斯、卢西奥·科斯塔和埃内斯托·纳丹·罗杰斯（Ernesto Nathan Rogers））爽快地承认了柯布西耶的领导地位。格罗皮乌斯还特别努力地说服联合国教科文组织和法国当局，希望让他们相信勒·柯布西耶并委以这项工作。但是，当他进入了五人委员会后，这变得全无成功的希望了。最终，这项工作被交给了马歇尔·布劳耶。

尽管如此，勒·柯布西耶还是答应了完成委员会的工作——还不忘在写给格罗皮乌斯的信中添油加醋或者说自我放纵地挖苦到："这就是夏尔·皮埃尔·波德莱尔（Charles Pierre Baudelaire）所写的'我的悲伤，请你安静而侍'

（Sois sage, ô ma douleur, et tiens-toi plus tranquille），联合国教科文组织，巴黎，1952年5月13日。"[34]

朗香

截至20世纪50年代初，勒·柯布西耶想要取得重要公共建筑的任命所做的尝试，在美国和欧洲都遭受了全盘惨败，更不用提在法国了。实际上，他能够在法国实现的、服务于机构而非个人的建筑，也只有三座天主教堂而已。这时，兴趣与利益复杂地汇集在一起，成为了转折的根源。这里一方面是建筑师以及柯布西耶屡遭挫败的热情，怀揣着展示给观众一座不朽功业般建筑的梦想；另一方则是一位法国教士，期望宗教艺术的改革和最终脱离罗马自治。双方通过现代艺术家们建立了联系（其中包括费尔南德·莱热、马克·夏卡尔（Marc Chagall）、让·巴赞（Jean Bazaine）），希望借此为法国带来他们盼望已久的宗教艺术复兴[35]。1950年初，其中一位改革家：皮埃尔·马利—阿兰·库第里埃修道士提名勒·柯布西耶作为在距离贝尔福（Belfort）西北几英里处的朗香附近新建朝圣教堂的建筑设计师。

勒·柯布西耶最初对这项提议的态度很是冷淡。就在不久前的1948年，他重建法国南部的一处地下避难所（圣—波美的山洞；传说抹大拉的玛利亚（Mary Magdalene）曾在那里居住）的规划被教会否决了[36]。

最终，由于贝桑松大主教艺术委员会（Fine Arts Commission of the Archbishopric of Besançon）的秘书——吕西安·勒德尔（Lucien Ledeur）的坚持，勒·柯布西耶改变了他的想法。

勒·柯布西耶的建筑设计包含着不仅仅是面对形式的态度，更是面对人民的。并且在从国际联盟到联合国教科文组织总部的一系列溃败之后，朗香的设计任务好像是从治国平天下的幻境中返璞归真的一笔。不管怎样，这虔诚的氛围击中了勒·柯布西耶的理性之魂。让·皮特出版的《虔诚的朗香书》（Livre de Ronchamp）不仅仅记录了这所建筑，更歌颂了信徒们的信仰与希望，他们在庇护所外排起长队，好像追随着某个远古的仪式[37]。"阁下，当我建造这个教堂的

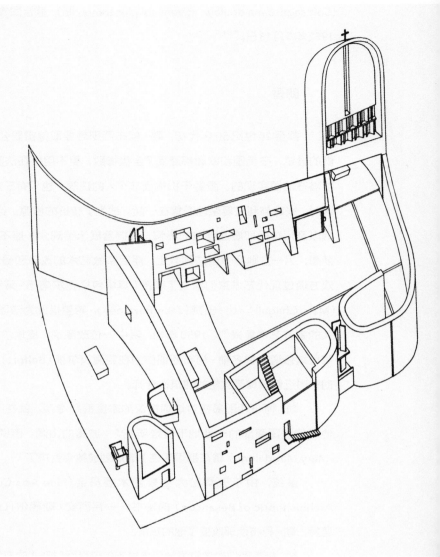

273　勒·柯布西耶，朗香教堂，朗香。轴测图。
274　勒·柯布西耶，盖尔达耶中心区视图，
　　　北非（1931）。选自《规划》（*Plans*）。
275　勒·柯布西耶，朗香教堂，朗香（1951—1953）。

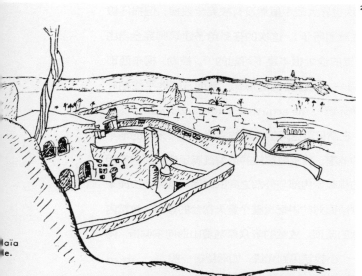

274

275

时候，我想要创造的是一个宁静的空间，为了祈祷、为了和平与内心的喜悦，"在落成仪式上，勒·柯布西耶将教堂的钥匙交给贝桑松大主教时如是说。

> 对神灵的感受鼓舞了我们。有些事物是神圣的，其他的不是，这与它们是否属于宗教无关[38]。

朗香教堂坐落在孚日山脉的南部山脚。这里的人们从12世纪开始供奉一座圣母玛利亚雕像。由于其重要的战略地理地位，孚日山脉长久以来屡遭袭击，山顶的一座新哥特式教堂在第二次世界大战中虽然没有被完全毁掉，但损坏极其严重（如勒·柯布西耶的第一张草图所示）。这次的任务给予建筑师完全自由的发挥空间。维护或者重建旧教堂的遗址根本是不可能的[39]。被勒·柯布西耶列为最首要的问题是"纯净"空间——通过建筑的形式，与远方的地平线相呼应，借此发掘他所说的"景观的声环境"（the acoustics of the landscape）[40]。

实际上，向南越过汝拉山，在晴日可见阿尔卑斯的尖峰，一望无际的地平线上，森林与牧草提示着汝拉山的范围。教堂雕塑般的造型既满足庇护所的实用需求，又激起大地诗意的脉动，仿佛教堂内部与外部之间的对话。当大型庆典来到，将在户外举行庆祝活动，听众所面对的讲坛是整个露天舞台的焦点。教堂内部可容纳200人，上面盖有蘑菇状的屋顶。教堂的听众席随着山形向东偏折，同时使得少部分信徒可以在侧面的一个小教堂见到光线，如潜望镜一般。 275 273

尽管在那个时代经常被指责是"粗暴地违背"了勒·柯布西耶自己创立的观点，朗香教堂还是能明显地在勒·柯布西耶的早期作品中找到先例的。厚重、曲折、倾斜的白墙上毫无规律地开着窗洞，这似乎是直接从柯布西耶1931年在北非的设计草稿中脱化出来的（其中盖尔达耶的一幅特别相似）；"空间容积"的戏剧性透视效果甚至让人回想起20年代的"白房子"（maisons blanches）的日光浴室。在重新定义的建筑语汇中，一个更加热门的角色可能是现代艺术。它凹凸不一的墙壁由内向外和由外向内展开，回应了瑙姆·加博（Naum Gabo）和安东尼·佩夫斯纳（Antoine Pevsner）作品的空间动态。同时矩形的窗户如星座般分布在南立面上，让人想起皮特·蒙德里安（Piet Mondriaan）的一个作品。至于混凝土外壳向下倾斜向听众席，在深色外壳与白灰粉刷的墙体之间留下一个狭窄的裂缝；再有屋顶落在墙体的上端，如"盘旋的飞鸟"，自外侧看来又像"睁开的一只眼"[41]，这既是结构工程的实验，也是"从对象反应诗意"的一个准超现实主义的并置（据勒·柯布西耶自己说，他设计屋顶的灵感来源于他在长岛海滩上见到的一个贝壳）。 85 108 274 299 342

理性主义危机

和历史上其他标志性建筑物一样，朗香教堂迅速成为了一张石蕊试纸，揭示了理性主义批判的思想意识轨迹。其中真正激怒他们的是这个工程的"非理性主义"。如尼古拉斯·佩夫斯纳所说：

> 勒·柯布西耶（……）完全改变了他自己的建筑风格。朗香的这座朝圣教堂（……）是新非理性主义中被讨论最多的一座丰碑[42]。

詹姆斯·斯特林（James Stirling）也认为朗香教堂是对于当下的"理性主义危机"的一种考量[43]。在朱利奥·卡尔洛·阿尔甘看来，这个工程巴洛克式的修饰和"原生态"的诱惑，把它划归到了后启蒙时代的伦理与审美标准之外[44]。

实际上，朗香教堂的"非理性主义"更加让人不安的是它介入了传统观念——"世俗"与"宗教"建筑对立的垮塌当中，或者，它甚至影响了"建筑"与"雕塑""绘画"的对立。在这中间"非理性主义"支持了具有潜在颠覆性的"原生态"浪漫主义以及向着返祖的自然神秘主义汇聚的超现代。"朗香教堂的宗教特征并非来自于神圣或者迷信。在这里'自然'将现实推向一个新的高度，在以往的庇护所中全没有见过。"[45]我曾经引用过卡尔·雷德格伯（Karl Ledergerber）的言论，如果他是正确的，朗香教堂则是一座"宗教"但非"神性"的建筑（这里"神性"沿用他曾经定义的"宗教为了政治所表现的形式"，而非勒·柯布西耶所说的纯感性的区分事物是神圣的或者非神圣的）[46]。并且，这样看来，朗香教堂对于勒·柯布西耶，似乎有一些其他的意义，而非仅仅是一个托词：用来实现"世纪末"梦想中的"奉献给自然的庇护所"——这个梦想在半个世纪之前，鼓舞了在拉绍德封艺术学院中围绕在勒波拉特尼埃周围的学生们（参见前文，第20~21页）。

昌迪加尔议会建筑群

聚集了三大权力的大厦——昌迪加尔议会建筑群，记录了勒·柯布西耶职业生涯的制高点。就建筑形式而言，它们所表达的是，实现了柯布西耶发现、质疑及重构的思想和概念，这些思想和概念贯穿了柯布西耶充满创造力的一生，有些甚至不为我们所知。与朗香教堂一样，这些大厦的形态学根基在勒·柯布西耶早期的工作中，而非任何编辑成册的雄伟建筑目录里。它们中的任何一个（秘书处、高等法院和议会大厅）都代表着一个其类型学环境中的全新开端[47]。

276 280

在议会建筑群中，设置着旁遮普的司法、立法、执法机构——或者说，就是为了这个目的才设计这个建筑群[48]。但它强有力的形象明显寄托了超过象征一个省政府的意义。它为之庆贺的完全是当时印度通过独立法案，成为了一个国家。不可避免的，鉴于他们的独创性，这些建筑是复杂进程的一部分：在这个进程中，新政府借用并改变了旧的建筑与城市规划的潜在规则。并且，很自然的，其具有象征意义的参考框架的转变不仅仅发生在旁遮普省，而且遍布印度全境，特别在新德里——英国殖民统治的核心。

288 289

1951年P.L.瓦玛和普瑞姆·纳斯·塔帕尔与勒·柯布西耶会面的时候，说服勒·柯布西耶来负责设计议会建筑群应该不是一件困难的工作。简单浏览一下本章前文中讨论过的工程，即可知道他早已准备好面对这个挑战了。作为一个坐落在近乎神圣区域的办公建筑群，曼达纽姆（1928—1929）直接预测了昌迪加尔议会的建筑形态。曼达纽姆的一些关键概念在昌迪加尔得以实现，这并非巧合。如果苏维埃宫（1933）得以实现，它对于苏联应该就像昌迪加尔议会对于印度一样，成为一座砌筑的宣言，记录着新兴的、"以技术为导向"的政治秩序的巩固。进一步追忆，甚至连联合国世界首都的工程（1946）都可算是旁遮普省会的测试版。

262

粗糙的土堤作为前景，背后则是绵延无尽的山脉和无数散布着的芒果树：昌迪加尔这个雄伟的"首善之区"并不缺少文艺气息。高等法院

276 勒·柯布西耶，从高等法院、秘书处（左）、议会大厅以及总督府（1951）观察昌迪加尔建筑群。初步方案设想将秘书处建为板式办公楼，议会大厅的立面为抛物线拱形。

的形状像是一个制造阴影的盒子。高耸的柱子支撑着连续的拱，而审批厅就在柱子之间，好像一个个嵌进的鸽笼。一个巨大的露天广场将议会大厦与司法大厦隔开，成四方形围合一个开放的庭院。上面有一个向内弯曲的圆筒（上院）和一个不规则的金字塔形（下院），好像轮船的烟囱。一条巨大的水渠从主立面上方经过，形成一个门廊。至于行政管理大楼（秘书处），那是一个254米长，42米高的板块结构，竖直分割成三个鲜明的部分。遮阳板如狂野的交响乐，依照内部空间的大小与功能进行谱写，安装在主立面上，一个个斜坡好像巨大工具的手柄。 282 279

1956年3月16日由印度总理宣布落成的高等法院，是第一座完成的建筑。不承重的拱在柱子间跃动，这个巨大的盒子所构成的建筑物容纳着众多的审判庭[49]。构造开口位于这座高耸的多柱式建筑的中央偏左位置。在这里，一系列的斜坡形成了前往上层的通路。由于缺少吊车和绞盘等机械工具，在建设过程中这些斜坡是运输混凝土所必需的。

建筑的侧面强调了拱顶的曲线，统一了主立面，看起来还好像一个巨大的檐口围框起广场。400米长的缓冲斜坡将法院大楼与议会大厦分隔开，使后者与秘书处联合在一起，形成一个独立的通过坡道与天桥相连的群组。落成于1958年的秘书处[50]有着按两种不同方式排列的遮阳板，既有整齐划一的行列，又有很不规则的布局。从远处看，这幢建筑就好像一个重伤的巨人。议会大厅就坐落在旁边，是整个建筑群的中心。它所遵从的基本思路是，屋顶是上、下两院建筑的巨大顶棚——这是在若干年前世界首都项目中就形成的思路[51]。 277 279 281~284

好像是为了排除一切危险隐患，对秘书处的初次研究显示出的是一个竖直的板式办公楼，直接从纽约联合国秘书处类比而来——联合国议会在设想中

276

勒·柯布西耶，高等法院，昌迪加尔（建于1952—1955年）。主立面侧视图。

有一个典雅的、由连续的抛物线拱构成的门廊。人们可能会发现这项研究稍稍略早于巴西利亚的成立：奥斯卡·尼迈耶在设计那里的政府建筑时，会忽略这些吗？[52]

276 271

如果是这样，就让人很难忽略掉这项工程在进程中所发生的巨变了。早期的设计构想了一系列有着典雅韵律的拱，与高等法院及其自身那奢华的门廊相呼应。而今整个建筑群被剪辑剧本似的重组，产生了强烈的对比，不仅在体型方面，还在体量方面。上议院采用冷却塔的造型，如烟囱般穿透大厅的屋顶。而下议院造型好像巨大的四面体。1953年6月，从空中俯瞰艾哈迈达巴德附近的一座发电站，给了柯布西耶最初的灵感，还有一份报纸报道了有一座美国的发电站给了他更多的启发。

内凹的抛物线型圆筒、流线型的金字塔、棱柱型的窄小楼梯间，越来越高，一座步行天桥通向倾斜的上议院屋顶：如果按早期的设计来建造，这些富有张力的造型一定会从视觉上毁掉下面主立面上由拱构造的典雅形象。工程师的智囊团又一次被召集起来，解决一个突然出现的强力冲击问题：一条巨大天沟，由竖直的刀刃般的立柱支撑，在主入口上方形成一个门廊。正对面就是高等法院宁静的形象，议会大厦却与50年代主流审美的沉稳造型背道而驰。

281 284

与拉图雷特修道院一样，议会大厅采用了棱角分明的形状与对比：它并没有被设计成从属于某个富有生命力的整体（比如朗香教堂，或者高等法院建筑），而是并列存在着很多个雕塑般的、彼此清晰明确的几何构型。怎样才能让高等法院和它有着白色柱子的主立面不至于消逝于这强烈的对比之中？这些表现多柱式建筑的柱子最初粉刷成白色的，在1962年，为了不让它们和广场对面的议会大厦对比起来过于逊色，它们被漆成了绿色、黄色和红色[53]。

生物力学与政治象征 [54]

从国际联盟到昌迪加尔议会，在建筑象征政治形象时拒绝传统形式，是勒·柯布西耶办公建筑设计的一个关键主题。然而，就像我们看到的，拒绝传统后，他并没有走向新古典主义威严壮观的一面，而是保留了尺度、比例甚至构造

278　马修·诺维斯基，昌迪加尔建筑群
　　（约1950年）。规划的政府大楼。

279　勒·柯布西耶，议会建筑群，昌迪加尔，印度
　　（1952）。从高等法院的华盖处望向秘书处。

280　勒·柯布西耶，议会建筑群平面图，昌迪加尔，
　　印度（1952）。献给西格弗尔德·基提恩。

281　勒·柯布西耶，议会建筑群，昌迪加尔。
　　议会大厦上院的圆顶（皮埃尔·让纳雷拍摄）。

282　勒·柯布西耶，议会建筑群，议会大楼，昌迪加尔
　　（建于1951—1964年）。戴着"占星帽"。

283　斋普尔，印度。天文台（建于1718—1734年）。

284　勒·柯布西耶，"第一个原子能发电站"和它的
　　冷却塔。根据《印度周刊画报》（*Illustrated Weekly
　　of India*）上的铅笔素描（1955年11月11日）。

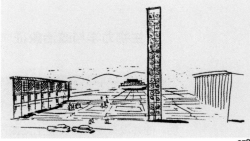

278

280

281

282

283

284

的特征，把曾经依照古典秩序安排的雄伟表现形式，置换为这些具有巨大器官的生物技术机能。

在昌迪加尔议会，虽然和国际联盟万国宫有着截然不同的历史背景，却与之一样地有着从实用功能升华而成的造型：高等法院的华盖应当被理解成一个遮阳与降温的设备。一道道拱在柱子顶端跃动，引来风的流动，置换建筑中的空气。这是在通过建筑设计的语言来回应亚热带气候的现实特征——这是一个通过结构与建筑设计来定义的空调设备，其中没有机械辅助[55]。议会大厅的讲坛也并非仅仅只是单纯的凉爽且荫蔽的内部构造，同时还是一个阴影中的圣堂、一个被周围炎热和炫目的旷野环绕的朦胧轮廓。 285

在昌迪加尔，政府部门的目的一开始便是称颂与劝导，而不只是一个平稳运转的管理部门和官僚机构。在昌迪加尔大厦群的混凝土墙体上雕刻的符号或者挂毯上编织的符号中，太阳决定地球上的昼与夜，太阳的符号发挥主要作用。它标志了昌迪加尔建筑设计的基本主题：配置光明与黑暗、炎热与凉爽。 287

在议会大厅建筑中，太阳的标志占据了整个珐琅质大门——这是一个仪式性的大门，仅为国家元首每年打开一次。于是，政府特有的工作就被夸张地安排在了太阳的标志之下。实际上，议会上下院中的较大者甚至可以配置安排一年一度的神秘祭日仪式，在仪式开始的时候一束阳光会照射在发言者的讲坛上。它的外表皮是在建筑正中的冷却塔造型，顶上环绕着倾斜的盖子，盖子的外观体现着一个巨大的静态宇宙，让人想起16世纪斋普尔和德里的天文台。勒·柯布西耶解释道：

> "帽子式的顶盖"（……）会变成一个真正的物理实验室，是为了确保用光来造型（……）而"塞子"将用于一年一度的太阳节日，提醒人们他们是太阳之子[56]。

在阿布辛拜尔神庙（Abu Simbel），阳光会射进停尸洞，一年一度照亮法老雕像的额头。这个实例直截了当的暗示程度（或令人不安），不亚于勒·柯布西耶设计的粗糙混凝土帽子顶盖同萨瓦伊·杰伊·辛格（Sawai Jai Singh）在德里和斋普尔科学严谨地修建起来的天文台之间的继承关系。 282 283

285 勒·柯布西耶，议会建筑群，议会大厦，昌迪加尔。讲坛。

285

埃德温·鲁琴斯（Edwin Lutyens）与新德里国会

如果说国会建筑群可以被理解成一个对于机械时代的纪念碑——它的广义价值和政治制度进行长期追求的终结点；那么新德里的帝国国会——背景中隐约可见的穹顶、柱廊、大街和巨大广场，无不处处赞美大英帝国，则是勒·柯布西耶实现他从1927年以来梦想的机遇。当这个宏伟的建筑群刚刚完工时，其壮丽程度是任何照片都无法表达的；它的壮观向印度人民传达的独立意志则是另一个问题。引用罗伯特·拜伦（Robert Byron）在《建筑学评论》（*Architectural Review*，1931）中所说的：

> 道路描绘了曲线，不知不觉间形成了梯度。突然，高塔和穹顶的景色从右侧地平线上升起，日光映照出的粉色和奶油色在蓝天上舞蹈，如牛奶般新鲜，如罗马一般壮美。近在眼前的是一道白色的拱。进入主干道，关掉引擎，绕过巨大的纪念碑的红色基石，终于停了下来。旅行者深吸一口气。在他眼前的是一条碎石路逐渐在上升，有着近乎无限远的透视感，好似透过凹透镜的变形。在路的尽端，从绿色的树梢上方升起，隐隐闪烁的是政府部门的所在地，那里是德里的第八城，在高地上的正方形——穹顶、高塔、穹顶、高塔、穹顶、高塔、红色、粉色、奶油色，还有白色和金色，闪耀在清晨的日光中[57]。

在拜伦到访后20年，勒·柯布西耶同样对鲁琴斯与赫伯特·贝克的工作致以礼赞：

> 新德里（……）印度王国的首都，已经建成30多年了，城市建设极度的小心、拥有卓越的天赋并取得了真正的成功。让批评家们随便说去；而这里的行事方法让人不得不致以尊敬——至少它得到了我的尊敬[58]。 **289**

如阿伦·格林伯格（Allan Greenberg）所评论的，勒·柯布西耶对于昌迪加尔天际线的早期研究完全可以为罗伯特·拜伦描述的鲁琴斯的宫殿与穹顶作插图："它们的基础成分几乎相同——由政府办公楼构成的如画的天际线、扁平交叠的城市和雄伟壮观、纵横相交的轴线。"[59]国会工程的一个早期版本升华于"孤独的自白"这个意向，勒·柯布西耶在之后描述它为"在头脑里进行空间战争"[60]。其中，勒·柯布西耶设想了一个和德里的宫殿与穹顶尺度相近的建筑群。随着

286 同新德里的国会大厦的尺度比较（左），昌迪加尔议会第一版设计方案与最终实现的议会大厦（右）。
287 勒·柯布西耶，对议会大厦仪式性大门的珐琅制作工艺研究（1962）。图解上院房间"遮阳顶盖"的光照。
288 勒·柯布西耶，描绘了昌迪加尔以及坐落在城市之"首"的议会建筑群的素描草图（约1952年）。
289 埃德温·鲁斯琴爵士，国王大道与国会大楼，新德里（建于1911—1931年）。

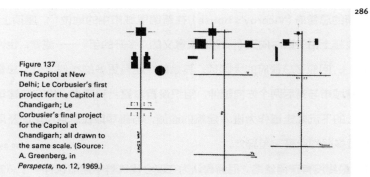

286

Figure 137
The Capitol at New
Delhi; Le Corbusier's first
project for the Capitol at
Chandigarh; Le
Corbusier's final project
for the Capitol at
Chandigarh; all drawn to
the same scale. (Source:
A. Greenberg, in
Perspecta, no. 12, 1969.)

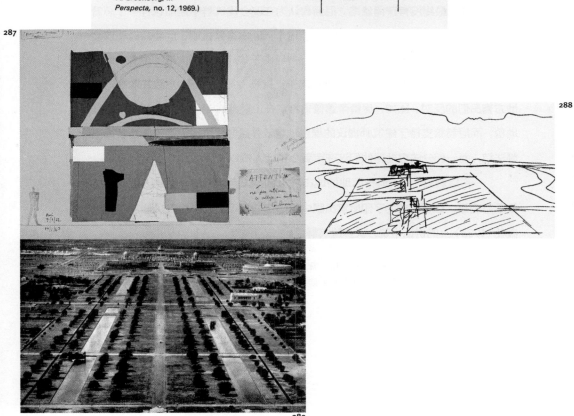

287

288

289

项目逐渐推进和细化，其尺寸被缩小，原本的对称特性也被改变（特别是沿轴线排列的议会大厅与高等法院）。

288 286

从1951年开始到1957年的整个开发过程中，从视觉角度，总督府（Governor's Palace）一直在建筑群中居于主导地位。在规划的最初阶段，这个建筑被过分地夸大了。当时它被设计成为"国会的王冠"（crown the Capitol），就好像鲁琴斯的总督府（Viceroy's house）在新德里城市中的地位[61]。屋顶上，一个巨大的混凝土钳子直冲向天（一个抽象意义的"张开的手"——或者，也许是公牛的角？），回应了总督府的大圆顶。其余的，还有更多的类似之处。总督府的花园向着城市与背后两个方向延伸，组织设置着露台和喷泉，排布在建筑的侧面轴线上的下沉式走道作为进入建筑的通道，与鲁琴斯在总督府里面及周围睿智地布置多层构造毫无差异[62]。

290 291

总督府最终没有获得建造。尼赫鲁认为在议会建筑群中建造这样一个总督府是不合民主思想的[63]。如果需要证据，这个判断本身就挑明了尼赫鲁对于议会建筑的兴趣导向。实际上，他干预很多，并且由于政府投入了大量的资金，他的干预都是决定性的。总体上说，他是倾向于支持勒·柯布西耶的方案并帮他对抗地方官员们的反对。比如，尽管旁遮普省希望在上院继续沿用英国上院采用的红地毯，而尼赫鲁支持了建筑师提议的绿色地毯。并且他同意建筑师用挂毯装饰高等法院，而一部分法官批评他们这在审美上是让人难以接受的。

一言以蔽之，勒·柯布西耶的城市，尤其是议会建筑群，是他辩证地坚持传承与变革，让它们成为了印度官员眼中新国家的象征。尼赫鲁在昌迪加尔落成典礼（1953）上的讲话中说，议会建筑群是：

> 我们创造性天赋的首个大尺度的体现，颂扬我们新近争取到的自由（……）不再受过去传统的桎梏（……）跨越了旧城镇和旧传统的阻挠，甚至最终成为了新印度的神坛[64]。

290　勒·柯布西耶，为昌迪加尔议会建筑群规划的总督官（1953）。

291　埃德温·鲁斯琴爵士设计的总督府，新德里（1911—1931）。花园和池塘。

292　勒·柯布西耶，笔记本中一页，回忆与尼赫鲁总理的谈话（约1951年）。

291

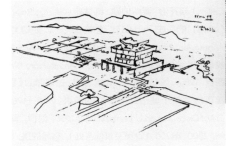

290

292

庄严与古典主义传统

第六章附言

MONUMENTALITY AND THE CLASSICAL TRADITION 在《建筑、权力与国家特性》（*Architecture, Power and National Identity*，伦敦，1992；2008年第二版，322f.）中，劳伦斯·J.韦尔（Lawrence J. Vale）提出了政府建筑设计师针对政治象征意义表达时常用的三种手段，这与本章讨论的项目紧密相关。首先，他们可能会避开整个问题，弱化建筑的政治意义并将问题简化为一个单纯的建筑审美问题。第二，他们可能会与这个问题正面交锋，将政府坐落的地点升格为国家的缩影，由此将其演化成肖像拼图——他们通常会用社会上一些主要群体的形象来进行拼图。第三，他们可能会将建筑定义为一个对未来某一时刻的象征性的期待，在那时国家的权力和冲突会被调和。

勒·柯布西耶，连同现代建筑运动一起，在上述第一种与第三种选择之间来回摆动。在纽约的联合国秘书处，很普通的办公板楼，议会大厅在底部延伸进一多用途的裙楼，代表了第一种途径。1931年的苏维埃宫项目和1951—1964年的昌迪加尔议会建筑群，则属于第三种途径。在任何一种情况下，理想化的社会条件都设定成工业时代，即通过工程技术衍生的造型。然而苏维埃宫的"构成主义"明确地被灌输了对于未来的想象，而昌迪加尔的建筑则从高科技形态学转变成为存在主义的个人表现。于是，在昌迪加尔，工程学作法既被美学所接管并升华，同时也弥散其中。其结果几乎是一个古董般的氛围——废墟式的凄楚。

可能自相矛盾的是，在今天的逻辑中，这两层符号体系——公共工业化和高度个体化——都可以作为政治的代表。（毋庸坚持，韦尔所说的第二种途径——将政府建筑作为现实状况的缩影，一直以来都被现代建筑师认为是禁忌。）

▪ 在设计语汇中，政府建筑比任何其他建筑都蕴含更多的表现学内容。在功能主义早期，新建筑学都在坚持严格的生物技术的功能主义原则，华丽的修饰要么被彻底拒绝，要么仅仅是作为同质功能整体中隐含的正规细化层级。而公共建筑不可避免地要同时明示给观众它们公用的姿态——从正式而严格的国家庆典，到随意的花园聚会。这时就提出了"庄严"（monumentality，又译为"纪念性"）这个问题。

"新式庄严"（New Monumentality）这个概念是在第二次世界大战时期由国际现代建筑协会提出，试图以此来颠覆传统建筑师在政府委派的公共建筑设计中独揽垄断地位。尽管勒·柯布西耶没有直接参与这个概念的提出（1943），但本章讨论的所有工程都从属于这个范畴（参见"新式庄严的九个要点"（Nine Points on New Monumentality），这是一份由西格弗尔德·基提恩、霍塞普·路易斯·赛尔特、费尔南德·莱热签署的宣言，之后收录于基提恩的《建筑与社会》(Architektur und Gemeinschaft. Reinbek n. Hamburg，1956。其英文版名为 "Architecture, you and me"（《建筑，你和我》），剑桥，马萨诸塞州，1958））。对这个问题的争论，最终的总结可参见克里斯蒂安·克雷斯曼—科林斯（Christiane Crasemann-Collins）与乔治·罗易伯勒·科林斯（George Roseborough Collins）的"庄严：现代建筑的一个关键性议题"（Monumentality: A Critical Matter in Modern Architecture），收录于《哈佛建筑评论》(Harvard Architecture Review) 第四卷，1985，第15~35页；和埃里克·芒福德的《国际现代建筑协会关于城市文明研究的演讲（1928—1960）》(The CIAM Discourse on Urbanism, 1928-1960，剑桥，马萨诸塞州，2000，第150~152页及其他各处)。有趣的是，路易·康（Louis Kahn）关于"庄严"的论文中——在开头就对帕提农神庙（Parthenon）致以敬意，认为它是"希腊文明发源的明确标志"——甚至没有提到过勒·柯布西耶。（该论文发表于"九个要点"之后的一年，收录于保罗·祖克尔（Paul Zucker）编纂的《新建筑设计与城市规划》(New Architecture and City Planning，纽约，1944)）。

▪ 然而，康所作与勒·柯布西耶密不可分。是康在其设计的孟加拉国首都达卡的议会大厦（1967—1975）中，从建筑学意义上最完整地定义了昌迪加尔的对立形态。在这本书首次杀青时，达卡尚未存在于世。现在回顾来看，对比观察勒·柯布西耶与康对于"新式庄严"的贡献以及整体上他们与古典传统之间的对话，是非常具有诱惑力的；二者都将帕提农神庙放在了他们设计的核心位置（见本书第二章）。基提恩曾将20世纪新古典主义整体看做"伪庄严"并对此提出质疑，这让他从某种程度上曲解了这个问题（见《建筑与社会》，上文已注释）。尽管基提恩的同道、瑞士建筑评论家彼得·迈耶（Peter Meyer）的立场让人难以捉摸，从长远来看，想要解释这个复杂的问题，需要说的还很多。1937年，迈耶在一篇关于新开放的巴黎现代艺术博物馆（Musée d'Art Moderne）的文章中，严厉地批判了法西斯主义和国家社会主义纪念碑式的庄严风格，引出了现代古典主义这个议题。1937—1941年间，他在《工厂》（Das Werk）上出版发表了不少于5篇关于庄严形式的文章，无一例外地点明了迈耶的观点——建筑设计中，"庄严"将不可避免地通过古典主义传统来定义。

迈耶不仅为反对基提恩的"新式庄严的九个要点"的反古典主义偏见给出了建议性的背景。与20世纪60年代的一些论战相比，他的论点超前于时代。之后，柯林·罗与肯尼斯·弗兰姆普敦等作家相继重新发现了古典主义传统的关键作用——不仅用于解读现代建筑整体，尤其用于解读勒·柯布西耶。弗兰姆普敦的论文"人文主义者与功利主义理想"（The Humanist versus the Utilitarian Ideal）必然地成为了我理解国际联盟项目时的必修课。至于罗，他在1947年已经通过"理想别墅的数学原理"奠定了基调（The Mathematics of the Ideal Villa，发表于《建筑评论》（Architectural Review）——鲁道夫·维特考尔（Rudolf Wittkower）的著作《人文主义时代的建筑原则》（Architectural Principles in the Age of Humanism）当时正准备出版发行）。四分之一个世纪之后，在1975年，著名的"美术学院的建筑设计"（The Architecture of the Ecole des Beaux-Arts）展览在纽约现代艺术博物馆开幕，罗通过两篇关于"新古典主义"与"现代建筑"的论文（都出版于1974年）回到了之前的主题。这之后又过了15年，阿兰·科尔孔不仅以"现代性与古典传统"（Modernity and the Classical Tradition）为题发表了从1980—1987年间写作的一系列论文著作，还在书中设定了"勒·柯布西耶的三项研究"作为核心（该书1989年出版于马萨诸塞州剑桥）。其中之一，"伟大作品中的战略"（The Strategies of the Grands Travaux）就是本章的核心议题。

在现代运动的历史化过程中，"古典主义"所体现的奢华与铺张可谓一个时代的标志；同样，也容易激怒他人。无论哪种情况，它都与之前的解读大相径庭。基提恩对于古典主义的抵触不仅批判了柱廊；被抵制的是整套理论系统，在该系统中建筑设计被定义为建筑与文化功能之间的联系（私人的、公用的、商业的、仪式的）；而设计方法遵从"特点"与"构图"的评价标准。又一次，柯林·罗在近期的理论研究中重新引入这个概念，扮演了一个特殊的角色（见"特点与构图；或是19世纪的建筑词汇变迁"（Character and Composition; or some Vicissitudes of Architectural Vocabulary in the Nineteenth Century），收录于《对立》，第2期，1974年）。有两个人将工作延续下去：卡洛斯·爱德华多·迪亚斯·科马斯（Carlos Eduardo Diaz Comas）在其作品中对于卢西奥·科斯塔的分析以及玛丽·麦克劳德关于勒·柯布西耶设计构图的思考（参见科马斯，"'巴西的推论'：现代建筑与学术传统"（"Corollaire Brésilien": L'architecture moderne et la tradition académique），收录于菲利普·沛纳海（Philippe Panerai）编纂的《巴西的法式建筑设计》（Brésil France: Architecture，巴黎，2006）；麦克劳德，"'细节中的秩序，整体上的暴动'？勒·柯布西耶建筑作品中的统一与分裂"（"Order in the details, Tumult in the whole"？Composition and Fragmentation in Le Corbusier's Architecture，收录于巴里·伯格多尔（Barry Bergdoll）与沃纳·奥克斯林（Werner Oechslin）编纂的《碎片：建筑设计与未完成的设计：提交给罗宾·米德尔顿的论文》（Fragments: Architecture and the Unfinished: Essays presented to Robin Middleton，伦敦，2007）））。

■ 事实最能说明，关于勒·柯布西耶的"人文主义"阅读材料从20世纪60年代开始统领整个时代，本章就是其中之一。然而在40年后，情况发生了变化，在本章中讨论的另外两个隐藏在"公共建筑"背后的议题，需要拿来重新审视。首先，"公共"空间的定义与"市民"空间的定义二者间的对立。现在的建筑师们倾向于将"公共"空间的陈旧且理想主义的特征称为"市民"空间——与其他相比，在其中最能实现民主的权力。他们将它不仅仅对立（或者说互补）于"私有"空间，更重要的是与市场交易活动相对立。像昌迪加尔议会等工程，对于在建筑师与城市规划师（也应该包括像我这样的评论家和历史学家）的头脑里植入这样的范例，肯定也起到了作用。实际上，在"公共"与"商业"空间之间，这样神秘的区别不仅仅因为新自由主义的"购物"体制而变得完全是疯狂和歪曲的;再进一步看,城市文明历史本身——从中世纪的锡耶纳,到文艺复兴的威尼斯,直到当代的拉斯维加斯——暗示了一个更加精密的体制,在各个范畴之间有着更多的交叠和交涉。

城市的未来已经展开,我们有充足的理由相信,明天的"庄严",相比昌迪加尔和达卡,将更接近于毕尔巴鄂、拉斯维加斯或者新加坡的形式。(参见罗伯特·文丘里、丹尼斯·斯科特·布朗和史蒂芬·艾泽努尔,《向拉斯维加斯学习》(*Learning from Las Vegas*,剑桥,马萨诸塞州,1972);翠华·朱迪·宗(Chuihua Judy Chung)、杰弗里·稻叶(Jeffrey Inaba)、雷姆·库哈斯和梁思聪编纂的《哈佛设计学院购物指南》(科隆,2001))。

■ 最终,建筑设计如何具有政治性呢?"9·11"事件提醒了我们,建筑可能是在不知不觉中成为了符号。由于它们陡峭的造型和醒目的位置,纽约的双子塔在几十年间成为了全球资本主义的标志。不到一小时之内,它们又变成了一个国家的伤心之处。相比于未来可能在那里建造的任何艺术品,最能真实记录它们倒塌悲剧的一定是双塔倒塌后留下的残骸。因此,说起"公共建筑"与"市民空间"时,我们不能忽视,建筑设计与政治之间的关联,因为这并不完全遵从建筑师的意向。

融合

"世上没有纯粹的雕刻家，也没有纯粹的画家，更没有纯粹的建筑师。这三者相辅相成交融成诗。"

——勒·柯布西耶

　　"融合"是勒·柯布西耶思想体系的核心。这个语汇出现在《新精神》杂志第一期序言的第一句中："有一种新的精神：在一个清晰的概念指引下的构建与融合。"[1]这是远在第一次世界大战刚结束之时。到第二次世界大战结束后，重建的大潮再次来临，"融合"也再次成了主旋律。在1945年8月8日，报纸《愿望》（Volontés）发表了一篇文章，题为《通向融合——二十年如一日在建筑中寻根的成果》[2]。

　　在勒·柯布西耶的写作中多次出现"融合"这个语汇，表明它担负了不止一项重要意义。它唤起了"艺术之大同"（Gesamtkunstwerk）的思想，将绘画与雕刻的艺术融汇到建筑之中。当然，这只是其中的一部分。这个语汇还定义了一种思维方式，甚至影响了一个时代的精神。再有，这些意义还会随着时间而改变，表达出完全不同的知识与视觉范式。其中有一些适合于勒·柯布西耶早期时代，包括他在建筑超验主义中的根基：在夏尔—爱德华·让纳雷作为装饰艺术家，对于拉斯金与欧仁·塞缪尔·格拉塞不懈追求时，已经体现出对"整体"的热情。这里，借助"融合"的思想才好理解。如果世界真像勒·柯布西耶在他的作品和文章中多次提及的那样，现代社会的自然环境成为"艺术万象"的一个整体，那么我们所面临的问题就是如何让设计与自然界的普遍法则相和谐——也许拉斯金（或者达西·汤普森（D'Arcy Thompson））会这么说。这样的探索随后给予勒·柯布西耶的作品传奇般的跨领域交融，从完形心理学到数学以及比例论，反之亦然。在1948年由勒·柯布西耶提出的模度系统中，这种交融达到巅峰。

7 8 11

　　有趣的是，在这个时候，勒·柯布西耶用积年累月的时间进行理论猜想的比例系统最终汇编进他的模度理论，"融合"与"大一统"再一次与艺术相结合。事实上，到了1950年，国际先锋派在战后文化中寻找自己的位置，艺术的融合思想成了串联所有散碎片段的密钥。总之，当国际现代建筑协会于1947年在英国布里奇沃特（Bridgewater）开会，将建筑师、画家与雕刻家合

293　勒·柯布西耶、皮埃尔·让纳雷，阿尔及尔《炮弹规划》（1932）。原始模型图的照片。

294　勒·柯布西耶，《温存！》（Tenderness!，1955）。平版画；"女人与贝壳"主题的变奏曲。

295　勒·柯布西耶办公室全景，塞夫勒大街35号，巴黎（大约1960年）。前景是昌迪加尔议会大厦模型，背景是壁画《女人与贝壳》（Femme et coquillage，1949）。

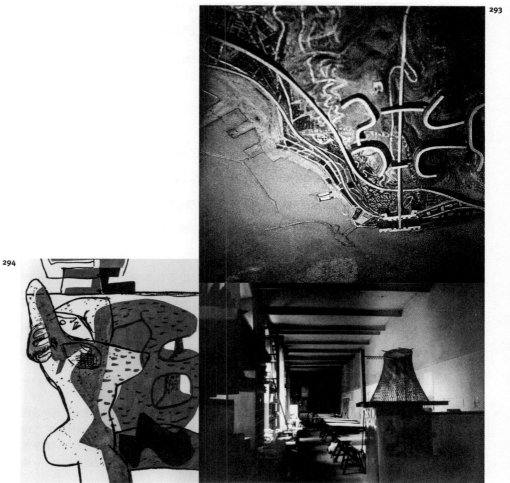

293

294

295

7 元素之融合

作的问题提上日程时，勒·柯布西耶给予了热情满满的响应[3]。那年之后，他在一篇文章中用一个词总结了自己的感想，这个词同时作为了那篇文章的标题:《大一统》（unity）[4]。

349 350

相对于他早期对融合艺术的习惯——自然与机械是一个整体，设计是驾驭这个整体的一种手段——这次对于传统艺术的回归可以看作是在抵御现代环境中的一些难以控制的元素，比如交通、广告和电子设备。就算不至于称为"抵御"，也至少是将关注点从真实世界转向艺术象征表现的世界。朗香教堂就包含了这样一种元素，作为纯粹的"艺术"立于自然中，来对抗现代文明的混沌——更不用说勒·柯布西耶以朗香之名不懈努力地去恢复建筑艺术设计在现代环境中丢失已久的领导地位（这次依然是冠以"融合"之名）：

> 建筑设计是各种艺术的交融；它是形，是体量，是颜色，是声音，是音乐[5]。

275

概念置换[6]

对比勒·柯布西耶早期设计的拉罗什宅邸（1923）的平面图，与一幅同一时间完成的画作，比如《垂直静物》（*Nature morte verticale*），其形态上的类似是显而易见的。起居室中斜坡的曲线与螺旋上升的楼梯似乎是直接从画中抽取出的。整个场地的平面及其这种由长方形和曲线构成的拼花图案，也一样如同从画中直接借用而来。

296 297

拉罗什是一位艺术品收藏家。实际上，以拉罗什宅邸为起点，勒·柯布西耶的建筑作品开始了复杂的跨学科交融、变异与重组：这是一个混合了绘画与雕刻，显著超越了形态学所谓的"纯粹主义"（Purism）的规范[7]。在拉罗什给勒·柯布西耶的信中，有一封经常被引用。在其中拉罗什形容了这座建筑所带来的麻烦，这个窘境可以说是历来博物馆设计的核心问题：

101 102 298

> 记得我们最初提出的任务么："拉罗什，如果一个人拥有了像你这样顶级的收藏，他一定应该造一栋房子，配得上这些藏品。"我的回答是："好啊，让纳雷，给我造一栋出来。"但是，现在怎样了呢？这房子建成了，而且这么漂亮，我一看到它就不由得喊出来："把画放到这里简直是犯罪！"但我还是得把它们放进去。我还能做什么呢？我对这些画家——你也是其中一个——难道没有这种义务吗？

他继续道：

> 我要"给我的藏品配一个画框"。你却给了我"用墙创造的诗歌"。我们俩之中，到底是谁的错呢？[8]

早在1930年之前，这样的罪愆就激怒过建筑师，却吸引了艺术史学家。前者包括了布鲁诺·陶特和弗兰克·劳埃德·赖特[9]，后者包括了西格弗尔德·基提恩和阿尔弗雷德·汉米尔顿·巴尔（Alfred Hamilton Barr）。基提恩在比较佩萨克住宅（Pessac housing）与西奥·范·杜斯堡用穿插的颜色色块创造的空间效果（1928）时，强调了前者与荷兰风格派运动共同的目标[10]。与之相反，巴尔强调了其间的差异，将勒·柯布西耶的"纯粹主义"画作形容为"颜色的体操：勒·柯布西耶在建筑中使用非常微妙的浅蓝、粉和深棕，而荷兰风格派使用鲜亮的蓝、红和黄色。"在他的《立体派与抽象艺术》（Cubism and Abstract Art）中，巴尔将让纳雷的《静物与碟子》（1920）与普瓦西的萨伏伊别墅（1930）的模型放在一起，似乎在强调别墅就是建筑的静物；静物则是一座虚拟的建筑[11]。

299

这些难道仅仅是巧合吗？[12]后来，在乔治·布拉克、毕加索、莱热和超现实主义（Surrealism）的影响下，勒·柯布西耶的绘画作品打破了紧密控制建筑作品的纯粹主义魔咒。实际上，对于后纯粹主义的作品，刘易斯·芒福德评论为勒·柯布西耶画作具有互补的属性，柯布西耶的建筑作品中完全没有后纯粹主义"纵欲、野兽般的感觉、同性恋的奔放姿态"[13]。然而，1933年芒福德写作这篇文章时，这种在绘画领域研究的"野兽般的感觉"已经在勒·柯布西耶的建筑作品中留下了痕迹。比如新近完工的瑞士公寓，其笨重的骨骼形状的底层架空柱和曲面石墙就体现出了这样的品质。几年前，即使是城市规划也借由互文性共鸣，成为了这种系统性融合的一部分——就像在诙谐的里约规划和阿尔及尔的《炮弹规划》中所阐释的那样。当与1931年柯布西耶在阿尔及尔绘制的裸体素描以及随后一些基于此类研究的画作相比，这种共鸣更加明显。从20世纪20年代开始，以"媒体对话"为平台，"概念置换"持续地从绘画渗透到建筑与城市规划中——比如1938年，柯布西耶在阿尔及尔摩天大楼项目的立面设计中运用了他早期绘画中的比例线段[14]。

172 221 293 300

早在若干年前，勒·柯布西耶就受到这种罪愆的吸引，开始以画布作为

其建筑形态设计的实验室。1935年，他写道"主要艺术或伟大艺术劳动的神圣同盟"（La sainte alliance des arts majeurs ou le grand art en gésine），一年之后他又在罗马进行了题为"建筑与绘画及雕塑相结合的理性趋势"（Les tendances de l'architecture rationaliste en rapport avec la collaboration de la peinture et de la sculpture）的演讲[15]。实际上，1937年的巴黎世博会为艺术家之间的积极合作提供了许多重要的机会。费尔南德·莱热、罗贝托·埃乔伦·马塔（Roberto Echaurren Matta）、阿斯格·约恩（Asger Jorn）都参与了新时代馆（Pavillon des Temps Nouveaux）的设计工作[16]。

301 302

　　值得一提的是，在1937年之后，除了少数很重要的项目以外（比如他和雕刻家约瑟夫·萨维纳（Joseph Savina）的合作，还有他在飞利浦馆（Philips Pavilion）项目中与埃德加·瓦雷兹（Edgar Varèse）的合作），这样的团队成了他职业生涯中的一种默认形式。不过这也没能阻止他在接下来的一些年里继续对相关的政客做着空口保证，或者在一些朋友家里面把图纸铺得满墙，只因为他们对他的尊重或者趁他们不在家[17]。

313

　　除了与其他艺术家们接触外，他更加喜欢与不同的自我对话，即比如在他自己从事的艺术实践中可能发生的转换、交流与互促（还有补偿）。从20世纪30年代中期开始，在建筑、绘画与雕刻之间进行的形态学转换可以看作勒·柯布西耶的标志。于是，在《勒·柯布西耶全集》的第四卷中（包含1938—1946的战争年代），他的绘画与雕刻作品首次被囊括到作品集中[18]。第二次世界大战后，那种"罪愆"成了更加有力的话题。在从1940年左右开始的一系列具象研究和绘画作品中，勒·柯布西耶从一个毫不掩饰重点的提纲开始，逐渐达到了一种自成体系的形态，几乎没有反应出任何最初的具象起源：一种软骨状的、潜望镜式的形态，在1945年开始成了一个在他的画作中时常出现的主题[19]。联系到木雕作品《听觉》（Ozon），1946年由雕刻家约瑟夫·萨维纳在勒·柯布西耶的指导下完成，并且是直接从这些画作中衍生而成的。对此柯布西耶评论道：

296　让纳雷（勒·柯布西耶），
　　　　《垂直静物》（1922）。布面油画。

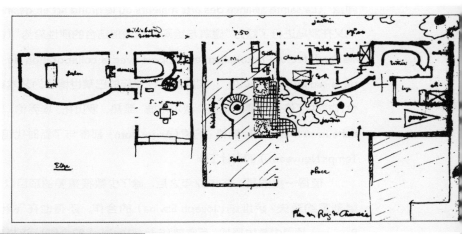

298

29

299

178 (129) Le Corbusier (Jeanneret) : Still life, 1920

179 (317) Le Corbusier: Chair

180 (299) Le Corbusier: Model of Savoye house, Poissy-sur-Seine, 1929-30; cf. Le Corbusier, fig. 178.

181 (300) Le Corbusier: de Beistegui penthouse, Paris, 1931

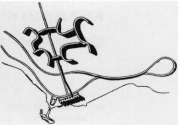

300

这种雕塑样式属于我所说的听觉艺术；换句话说，这些造型会发声，也会聆听[20]。

他想要表达的意思大概可以在朗香教堂那潜望镜形状的光柱中找到，在那里，这些试验从建筑形态中找到了出路。

273 306

变化中的融合

朗香教堂集中体现了这种（从建筑）退入美术界的行为。第一眼看去，它甚至隐约地打碎了传统意义上建筑与雕刻、雕刻与绘画之间的壁垒——不过，更深入地观察后，仍然可以发现，朗香教堂的"自由风格"实际上也被建筑构造学的根本理念牢牢地把持。尽管整个建筑似乎反映了瑙姆·加博和佩夫斯纳的雕塑艺术，其南立面看起来又很明显带有蒙德里安风格（Mondriaanesque），但是，设计中严格的艺术规范依旧清晰易懂。任何细节都被赋予了特定的角色，来符合各自类型的传统。居于首位的是建筑（沉重的高墙和飘浮的屋顶——用事实讲述了戈特弗里德·森佩尔（Gottfried Semper）定义的"土方工程"与"屋面工程"）[21]，其次才有绘画（染色玻璃、珐琅门），最终是雕塑（耶稣受难像以及17世纪的圣母像）。

在之前提到过的名为《单元》（Unité）的文章中，勒·柯布西耶坚持认为"融合"不应该被错认为"绘画和雕塑从属于建筑学"，或是反之[22]。实际上，"融合"是希望将建筑、绘画和雕塑整合成一个整体，避免相互妥协或各自为战。这三种艺术形式各自都有诗意般美好的功能，没有任何一个需要"艺术万象"的综合来为之申辩。在勒·柯布西耶早期的作品中，各种艺术形式在整体中各自都有自主的领域，比如他在万国宫和苏维埃宫这种庄严的建筑群的核心部分摆放了诸如亨利·劳伦斯（Henri

297　勒·柯布西耶、皮埃尔·让纳雷，拉罗什—让纳雷别墅，巴黎。初期的楼层平面图反映出与左侧绘画有鲜明的对比（1923）。

298　勒·柯布西耶、皮埃尔·让纳雷，拉罗什—让纳雷别墅，巴黎。从藏书室层看侧翼画廊的坡道（约1925年）（弗雷德里克·柏伊斯纳斯（Frédéric Boissonnas）拍摄）。

299　引自阿尔弗雷德·汉密尔顿·巴尔的《立体派与抽象艺术》（1936）中将让纳雷1920年的《静物与碟子》、他后期的家具设计以及他的建筑设计并列。

300　勒·柯布西耶，阿尔及尔的《炮弹规划》（1931）。

Laurens)、雅克·里普希茨和康斯坦丁·布朗库西（Constantin Brâncuşi）的现代雕塑作品[23]。

> 当下我们并不是壁画、檐饰等装饰品的拥护者（……）我们将雕刻与绘画从墙壁上分离，忽略因为它们可能含有镭而采取的措施[24]。

因为所有这些恢宏的项目都没有投入建设，室内设计在"融合"思想中依然只是一种设想。最具象征意义的项目是1925年的新精神馆。其中展示了一幅莱热的绘画《柱》（Le balustre）。它可以说是简单明了地表达了这个问题。在绘画中，莱热所表达的主题在于物体与框架、碎片与整体、展品与展示空间之间的张力。于是这幅画被陈列于一面空旷的墙上，如同一幅从古书中引用的图片，既是一个样本，也是一份声明——新精神馆的其他部分同样回响着这样的主题，如里普希茨的雕塑，在错层空间的阳台上背对着光线。　304 305

至于壁画，则是一个相对被动的角色——壁画更应该成为"背景"，并因此成为建筑的主体，而不是在空洞的墙前"闪耀"。他的朋友让·贝多维奇坐落在马丁岬的住宅成了这个概念的试验田。那里的一系列壁画，据说都是勒·柯布西耶特意选定的在建筑学层面上"没有任何意义"的位置[25]。同类的还有在巴黎大学城瑞士公寓中的巨幅壁画。这幅壁画被设置在大厅旁边的音乐厅与阅读室中，因此不会影响到建筑空间的组织形态。这又一次表示了艺术之间的对话是基于一种广泛而灵活的组合——一系列不同艺术形式的自由组合而不是基于严格的等级制度与从属关系。这个观点最好的体现可能是在勒·柯布西耶"游牧民的壁画"（Muralnomad）理念中，这个理念总结了他对于挂毯的看法[26]。　323 339

于是我们看到，绘画、雕塑和建筑学各自保有自己的领域，有着自己的形式语法。在有意识地对抗风格派运动或者俄国构成主义中，统一这些艺术形式的语言也不是官方的意愿。当统一发生的时候，绝大多数是缘于偶然。实际上，从20世纪20年代开始，勒·柯布西耶在不同的身份之间切换替代的手法就成为了一种习惯。从1920年开始在建筑学领域使用他的笔名之后到1929年，他在绘画上仍然签署"让纳雷"。从1923年到1938年（当年他的绘画作品首次在苏黎世美术馆的大型展会上展出），他一直致力于维护这个公开的秘密——

"让纳雷"的真实身份其实就是"勒·柯布西耶",反之亦然——好像他深信一个建筑师如果同时绘画,就不会被同行或者客户认可一样。在《勒·柯布西耶全集》的前三卷中,只提及建筑学和城市学。视觉艺术仍然是一个禁区。

建筑师与画家

20世纪20年代,勒·柯布西耶不情愿地以一个画家的身份出现在公众面前,但是到了1950年,"不同角色的综合体"却成为了被推崇的形象。实际上,"艺术家—建筑师"的双重身份让他成为了建筑界独一无二的人物。他与毕加索一起参观马赛公寓建设现场的那张照片,正是这个背景的鲜明体现。照片拍摄于1950年前后,画面中毕加索出现在正中,在阳光下,他耀眼的贵族形象与背后阴暗的柱廊形成对比。勒·柯布西耶带着角质框架的眼镜,笨拙地站在一边,被一群同事紧紧盯着(很明显的,左边最远处就是伯恩哈德·霍斯里(Bernhard Hoesli)),他们都急切地想知道,他们的老板怎样才能通过这位"现代艺术第一人"的审视。勒·柯布西耶认为这幅照片表现了一个关键的场景。他将它印到了《勒·柯布西耶全集》第五卷[27]的扉页上。 307

1948年,也就是与毕加索富有意义的会面前两年,勒·柯布西耶在塞夫勒街35号的建筑工作室中设置了一幅巨型的壁画——《女人与贝壳》(*Femme et coquillage*)——这两者很明显属于同一条线索。在之后的对话与采访中,勒·柯布西耶表示他年轻时想要成为一名画家,他希望让事情看起来好像是他很意外地成了一名建筑师。 295

> 大家都认为我只是一名建筑师,没有人愿意把我当作一个画家。不过事实是,通过绘画,让我发现了建筑[28]。

除毕加索之外,有没有可能是费尔南德·莱热和萨尔瓦多·达利(Salvador Dalì)这样的美国同行们给了他灵感,让他有计划地将自己定义为一个专注于艺术的建筑师呢?莱热对于纽约的爱与恨比他更甚,达利在美国卓越的作品在后来也成为勒·柯布西耶潜在的劲敌[29]。即便如此,在1935年勒·柯布西耶的纽约之行

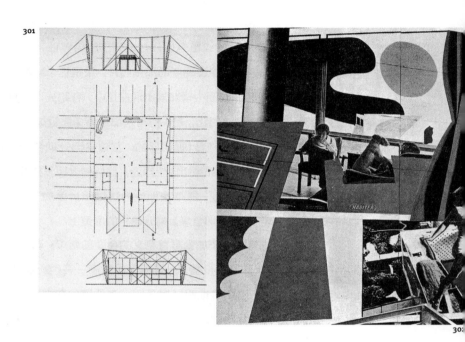

301

302

301　勒·柯布西耶、皮埃尔·让纳雷。新时代馆, 国际艺术与
　　　技艺展览会, 巴黎 (1937)。平面图、立面图和剖面图。

302　勒·柯布西耶与合作者, 照片式壁画展示新时代馆中
　　　"光辉城市"的特征, 国际艺术与技艺展览会, 巴黎 (1937)。

303　勒·柯布西耶、皮埃尔·让纳雷, 鲁日塞—伊—库利大街
　　　公寓, 巴黎。勒·柯布西耶公寓以及费尔南德·莱热的
　　　《构图与侧面》(Composition avec profil, 1926)。

304　勒·柯布西耶、皮埃尔·让纳雷, 新精神馆, 国际现代化工业装饰
　　　艺术展, 巴黎 (1925)。起居室挂有费尔南德·莱热的《柱》及
　　　勒·柯布西耶的《新精神馆中的静物》(1924)。

305　勒·柯布西耶、皮埃尔·让纳雷, 新精神展馆, 国际现代化
　　　工业装饰艺术展, 巴黎 (1925)。从卧室地板观察主空间的视线
　　　以及里普希茨的《水手》雕像 (Le marin, 1924)。

303

304

305

7　元素之融合

后，大概也是由于那次旅行的主办方是现代艺术博物馆，柯布西耶似乎更加乐于在公众面前以知名艺术家的姿态出现，把这种个人癖好融入了他的公众形象当中。

"一个画家被这样判定（……）画作——他的画作，好比把他赤裸地扔在大街上。这太不好了！"他在1938年这样宣称[30]。日渐专注于将绘画空间定义为揭示潜意识的平台，他还提出一套独特的模糊理论，试图定义出"公众艺术"或者说"官方艺术"。在一篇关于"现实主义"的文章中，他归纳了过去的牧师和独裁者们尝试用艺术作为他们各自的宣传手段，但实际上，那种联盟"可能成为艺术的或好或坏的体验（……）但绝对不是它（艺术）的归宿"[31]。

1938年，勒·柯布西耶"征服艺术世界"的旅程在首次重要的博物馆展览中达到顶峰——苏黎世美术馆的"造型作品"展（oeuvre plastique）。尽管如此，他的绘画工作继续被很多人仅仅视作是一种业余爱好。1954年，他在巴黎现代艺术博物馆的另一次重要展览收到了巴黎新闻界的多方面反应，其中克里斯琴·泽尔沃斯在《艺术笔记本》（*Cahiers d'art*）上的评论是毁灭性的[32]。另一方面，这些作品处在建筑与艺术的十字路口，这个微妙的位置又正好使它们吸引了诸如卡罗·鲁卡韦科·拉吉安提（Carlo Ludovico Ragghianti）等一批作家——1964年，卡罗还在佛罗伦萨的斯特罗齐宫（Palazzo Strozzi）组织了勒·柯布西耶的另一次大型展会。在拉吉安提这样的看客眼中，勒·柯布西耶的绘画作品就像一条纽带，连结了建筑师的自我与公众形象。在尝试发觉潜意识的经验时，它一直联系着建筑学本身[33]。

图形学中的注释：从"对象类别"到"反映诗意的对象"

绝少有绘画作品如《静物与碟子》（1920）那样明确地揭示了勒·柯布西耶的"对象类别"（objets type）概念。展示在桌子上的，是带来纯粹主义灵感的全部日常物品：一本直立的打开的书，并且是轻微俯视；一只烟斗（看到两次），它的头部是画面的"脐部"；一只玻璃杯，一部分表现为侧视，另一部分表现为俯视；一叠盘子融合成一个单

306 约瑟夫·萨维纳、勒·柯布西耶，《听觉》，彩色木质雕塑（约1946年），展于国家现代艺术博物馆，1962—1963。

一的体量；一些瓶子，它们的瓶颈用圆圈来表现，像其他的一些物体：烟斗、玻璃杯和碟子一样；最后，还有一把吉他。　　　　　　　　　　　　308

　　这种对于"对象类别"的热情背后的重要意义是什么呢？在早期发表于《新精神》上的文章中，勒·柯布西耶崇尚谷仓、汽车、轮船和其他机械时代的产物，视它们为纯粹形态的具象化。在绘画中，他最先也是最多对日常出现的对象感兴趣，也印证了他的理论：简单的形体触发了最万有的感知。但是，事实上纯粹主义者们急切地想要重塑传统图像学中的立体派静物绘画（而不是进入抽象的领域），这使得图像学在他们脑中的重要性大打折扣。这些静物并不单纯因为其可塑性而被选中。它们用于体现纯粹主义的另一个同样热门的观点：艺术具象化的联想理论（the theory of figurative associations in art）。　　　　40 42~47

　　如果按照他们声称的一般性和可理解性来理解，这些杯子、碟子、烟斗、瓶子和吉他就打破了立体主义那种"深奥的奢侈"并且为新的流行艺术奠定了基础——尽管阿尔弗雷德·汉密尔顿·巴尔认为后者更明显的成就在于阿道夫·默隆·卡桑德尔（Adolphe Mouron Cassandre）为法国烟草管理局（French Tobacco Administration）、杜本内酒（Dubonnet）和国际房车公司（International Sleeping Car Company）制作的海报[34]。实际上，纯粹主义的美学不仅长期影响了20世纪20年代的法国广告界，它还被明确地认可为一种销售推广手法，将对象视觉化——通常表现为在不显眼的背景上孤立这个对象[35]。　　　　310

306

307

307 勒·柯布西耶，马赛公寓（1947—1953）。勒·柯布西耶和
帕布罗·毕加索在建筑工地（1949）。

308 让纳雷，《静物与碟子》（1920）。布面油画。

309 让纳雷—勒·柯布西耶，1917—1927年间绘画中应用的"对象类别"。

310 安德烈·科特兹（André Kertész），"好酒，好酒，
杜本内酒"（Dubo,dubon,dubonnet）。阿道夫·默隆·卡桑德尔
设计的巴黎海报街景（1924）。

7　元素之融合

尽管日渐玄化，勒·柯布西耶绘画题材的象征性在1925年以后的作品中成了一个更加明显的方面。这时候，石头、贝壳、水果、松果、绳索和骨头都被纳入了他的素材库。勒·柯布西耶现在就是为"反映诗意的对象"代言。卵石、贝壳、屠宰场中褪色的骨头，还有其他稀奇古怪的事物都成了轻微超现实化的小装饰，用来装点新精神馆中的家具[36]。就在1925年，马克斯·恩斯特（Max Ernst）绘制了一系列名为《自然历史博物馆》（*Histoire Naturelle*）的版画，把自然界动植物的形态和肌理进行了幻想与超现实的变形，重新定义了自然形态学。在接下来几年的绘画作品中，勒·柯布西耶越来越多地使用自然与人造形态之间奇妙的联系和对比，引入了一种"对象魔法"的气氛，让人想到曾经的达达主义（Dadaism）或者意大利形而上画派（Pittura metafisica）。 70

诸如天空、大海、岩石、街道、桌子、面包、门和房屋之类的语汇变幻出的视界，正是从勒·柯布西耶的绘画题材中来，又是不可与之分割的一部分。

绘画的语汇只能是大量的、拥有完整的含义，并且表达的是一个观念而非品质[37]。

这是一种标识和信号的艺术：

标识代表着过去的观念，植根于我们的脑海里，像教理解答中的短语一般被磨灭，然后露出成果丰硕的一系列自动行为[38]。

与其说是一种仔细地、"自然地"重述现实，不若说其目的是唤醒最基础的观念——在其中意识与现实紧紧地联系在一起。唤醒的手段则是通过一种尽可能庞大的信号系统。 312 326

人类的形态

除"对象"（objets）之外，人类的形象在20世纪20年代末开始进入勒·柯布西耶的艺术世界，并很快就成为了他绘画中的主导元素。这样的主题在1918年——官方宣称他作为画家生涯的起点——之前很久就已经开始让他感兴趣了（1918年的《烟囱》（*La cheminée*）被认为是他的第一幅绘画作品）。

如奥占芳所评价的，勒·柯布西耶融合了一种独特的精确性与优越感：

> 他通过画一些幽默的、讽刺的、具有一些维也纳风格并且极端华丽的水粉画来取悦自己。他的偏好是有肥胖女人的妓院场景[39]。

再自然不过地，纯粹主义的精神很快就结束了这种轻浮，勒·柯布西耶说他是在阿尔及尔发现了女性胴体的美，"缘于阿尔及尔的紧张气氛和五彩光线下的那种卡斯巴（Kasbah，阿尔及尔的旧城区）女人的立体造型"[40]。阿尔及尔国家艺术博物馆（National Museum of Fine Arts）的馆长让·德·迈松塞勒（Jean de Maisonseul），当1931年春天勒·柯布西耶首次考察阿尔及尔时，带他参观了卡斯巴。迈松塞勒说：

> 我们在阿尔及尔的狭窄街道上游逛，到一天的最后时段，我们到了卡塔洛蒂大街（rue Kataroudji）。在那里，他（勒·柯布西耶）被一个西班牙姑娘和一个非常年轻的阿尔及尔女孩儿深深打动。她们领我们通过一条狭窄的楼梯上到她们的房间。在那里，勒·柯布西耶为她们画了裸体素描。我很惊异地看到，他绘制这些精确而真实的画作时，使用的是学校笔记本上的绘画纸和一些彩色铅笔，连他自己都认为很寒酸，不愿意展示。他单独画了西班牙姑娘，也画了两个女孩儿在一起的[41]。

迈松塞勒还回忆了他看到勒·柯布西耶在政府广场（Place du Gouvernement）上的报亭购买明信片时的惊讶之情，明信片上是在东方市场的背景前，彩色灯光照着裸体的原住民。

从阿尔及尔返回后，勒·柯布西耶在草图纸上画了数不清的草稿，并添加到原来的阿尔及尔规划草案中，逐渐形成了规划的轮廓。从很多年前开始，他就梦想着一幅三个裸体女人的壮观绘画，为此他对欧仁·德拉克洛瓦（Eugène Delacroix）的《阿尔及尔女人》（Femmes d'Alger）做了多次研究[42]。他自己的最终版本在1938完成，这是在毕加索的《格尔尼卡》（Guernica）完成后的仅仅一年，并非巧合（很可能是《格尔尼卡》给了勒·柯布西耶单色构图的构思）。他将最终的画作呈现到位于马丁岬的让·贝多维奇住宅的一面墙上，并且将其轮廓演绎成白色石膏上的五彩拉毛粉饰。 313~315

除了在图形学上与毕加索的古典时期有着确定的亲缘关系外，而这种比喻

311　勒·柯布西耶，《渔民与牡蛎》(*La pêcheuse d'huitres*, 1928)。
312　勒·柯布西耶，《构图与月亮》(*Composition avec la lune*, 1929)。

312

313　勒·柯布西耶，《马丁岬涂鸦》（1938）。位于罗克布伦马丁岬的
　　让·贝多维奇住宅房屋一层露台的五彩拉毛粉饰壁画。

314　欧仁·德拉克洛瓦的《阿尔及尔女人》（1835）。布面油画。

315　帕布罗·毕加索，《阿尔及尔女人》（Les femmes d'Alger）
　　（在德拉克洛瓦之后）（1955）。布面油画。

316　费尔南德·莱热，《女人与孩子》
　　（Femme et enfant，1924）。布面油画。

317　勒·柯布西耶、皮埃尔·让纳雷，鲁日塞—伊—库利
　　大街公寓，巴黎。在勒·柯布西耶绘画工作室中，
　　朗香教堂的模型放置于《威胁》（Menace）前面（1938）。

316

315

317

的表现手法从毕加索那里继承的很少，从立体主义那里继承的更少。相比之下，它是建立在纯粹主义的"重叠平面"（superimposed planes）理念之上的。从风格上讲，《马丁岬涂鸦》（graffite à Cap Martin）可以被认为是与纯粹主义及其典雅冷漠的理想主义的告别。勒·柯布西耶在这一时期的其他裸体绘画都已经没有了纯粹主义静物的高雅气氛；取而代之的是，它们将戏剧性地演绎着基础的生存条件："我寻找野蛮人，并不是为了他的残暴，而是去判断他的智慧。美洲或欧洲，农民或渔夫。"[43]   311

勒·柯布西耶的抽象作品并没有像莱热的作品那样，把人简化成抽象的古代人偶。莱热画的是头，不是脸；是身体，不是人物。而勒·柯布西耶笔下的女人，没有人会把她们和机械人偶类比。脸、手和脚永远被夸大表现。通常，脸部会扭曲地露齿而笑——好像一副神精深邃的面具。手脚痉挛般地扭曲，最终形成整体中的装饰性构图。一种混合了滑稽模仿、悲伤、绝望与狂怒的情绪渗透在这些作品中。   316 317

在他1930年之后的很多作品中，怪异的形状和挤压堆叠的胳膊和腿往往夹杂在绳索和各种物体之间，表现出一种痉挛般的不可控状态，一种危机。在随后的一些作品中，则是一些模糊的安格尔式（Ingresque）的相互倚靠的形象，更加放松的组合，比如1949年的一幅壮观的《里约魂36》（Alma Rio 36）。就好像同时从很近和很远的距离描绘自然，其轮廓交响乐般的旋律，同深度和高度的相互呼应，唤起了河流、半岛、山峰与山脉的记忆[44]。

鸟瞰

这幅画的标题：《里约魂36》——意指勒·柯布西耶1936年在里约热内卢的旅行。尽管绝大多数时间他都用来为未来的教育卫生部（Ministry of Education and Health）和里约大学（University of Rio）寻找一处建设场地，他仍然回忆了一次在科帕卡瓦纳海滩（Copacabana）的晚餐："在里约画美女的香肩，实在是太美妙了。"[45]   318

从那些香肩后面突然冒出的却是里约城市化中的一个个项目，当然还有阿尔及尔的《炮弹规划》。诸如呼应着海岸线展开的蜿蜒的高架桥那样的城市形态，也只能在飞机上被想到。实际上，在1929年，南美和非洲蜿蜒的河流正形成一种新的城市理念，旨在展示城市的"第五立面"——从上向下的视图。勒·柯布西耶如此总结了他在飞机上学到的"经验"：

> 在飞机上我看到的那种景观可以被定义为"宇宙一般"。它是那么引人入胜，那么让人记起地球最深层的真相[46]。

221 319

1933年飞越阿特拉斯山时，他写道：

> 飞机上的视野教给我们一件事，或者说一种哲学。它不仅仅是感官上的欢愉。在离地5英尺（译注：约合1.5米）的位置，花草树木蕴含了一种比例关系，是一种与人的活动、人的比例相关的尺度。那么从天上向下看，又是什么样子呢？那是一个与我们千年来的习惯思维完全无关的荒漠，是众多突然降临事件的宿命（……）我能够理解并丈量它，但我无法爱上它。我感觉生来就不能喜欢上这种居高临下的视角（……）没有专业（并且一无所知）的人在飞行时被带入了深思。只在自身与其作品之中，他才找到了一个避难所。一旦回到地面，他的目标和动机都会达到一个新的高度[47]。

几年后的1939年，"飞行诗人"安托万·德·圣—埃克煦佩里（Antoine de Saint-Exupéry）用下面这些文字描绘了他的飞行经历：

> 于是我们变成了物理学家、生物学家，观察研究人类文明——经过装饰了的峡谷底部，当气候适宜的时候还不可思议地像公园绿化空间一般扩散开去。我们在这里，一个宇宙般深远的尺度上，评判人类，如同从显微镜中一般，从舷窗观察他们。在这里我们重读了人类历史[48]。

不管对于勒·柯布西耶还是圣—埃克煦佩里，在飞机上的视角都意味着脱离了与自然在直觉上的亲近感，远离了与灌木、人、日常琐屑和积年累月的习惯，却获得了一种"宇宙般（广阔而深远）的"视角，以此科学地审视生命，当然，也会激进地重新塑造它们。以此观之，它表现了勒·柯布西耶的困惑，他在之前试图通过在现场的近距离观察和经验归纳来建立绝对而普适的理论。他是否意识到，圣—埃克煦佩里从天上鸟瞰这个世界，将其视为一个与人类命运完全无关的世界，这其中蕴含了哪些警示呢？在描绘一次飓风之后，圣—埃克煦佩里补充道："如果我给你讲一个孩子遭到不公平惩罚了的故事，惊悚效果一定会（比飓风）更加强烈。"

地球与宇宙的符号

勒·柯布西耶对于"绘画'语汇'"的描述——巨大，并且有着完整的意义，表达的是一种观念而非品质——让人想到汝拉山典型的地形走势风貌被纹章化后的语言，这也是在拉绍德封艺术学校的一个重要议题。勒·柯布西耶在朗香没有被十字架形象所束缚，也许也是可以预料的。他谈到朗香教堂是怎样被树立在山上的：

7 8 13

> 打破墙壁的寂静，是发生在东方山（Oriental hill）上最严重的悲剧。（……）当博纳（Bona）把十字架抬到肩上，穿过教堂中厅然后钉在祭坛背后的墙上，那是一个悲怆而苦难的瞬间。甚至连工人们都开始开玩笑，以免陷入窒息[49]。

为了昌迪加尔，他设想了一整套碑文和图形符号，预备未来可布置在大厦的混凝土墙上或是编织进举行仪式用的房间挂毯里。这些碑文和图形都是从他的草图本中取材：芒果树、神牛、印度水牛，还有伸出左臂的模度人形。出现的还有手、脚印、蛇、闪电、云彩、日月、从印度军队中借鉴来的马车轮、象征正义的尺子，还有柯布西耶记录太阳轨迹的符号[50]。

287 321

很多这些纹章化的标志都已经是昌迪加尔大厦中的装饰性、符号化的形象。在他去世后，又在更大尺度上实现了一些额外的标志，在一个有着奥妙抽象形态（比如"和谐的螺线""阴影塔"（Tower of Shadows）），的巨像群（译注：指的是议会建筑群中宏伟的有纪念意义的建筑与构筑物，原文使用的词汇是"monuments"），一直延伸跨过议会建筑群中的"沉思渠"，象征着勒·柯布西耶个人的十诫。在勒·柯布西耶对于这个伤感景象的评论中，甚至有一个不确定的因素——他很少如此急切地承认他的同事（这次是简·德鲁）提出了原始的构想[51]。"张开

318　勒·柯布西耶，《科帕卡巴纳》（À Copacabana）（1929）。铅笔画。
319　勒·柯布西耶乘飞机途中的一页手绘（1935），里约热内卢海湾全景以及1929年在飞行途中的手绘。

318

A Copacabana, 1936.

111   Rio de Janeiro, enclosed.

112   Two sketches made during a flight in 1929, just when the conception of a vast programme of organic town-planning came like a revelation.

319

7 元素之融合

的手"明显是这些巨像中最有名，也是最具标志性的，尽管威廉·J.R.科鲁兹在评论时提到一点："意在作为流行艺术，但这些标志非常接近于华而不实与媚俗"[52]。

325

张开的手

又一次，勒·柯布西耶作为画家的作品成为了这件事的前奏。在他20世纪30年代的绘画作品中，人类的形体大多是手脚纠结在一起的样子——常常纠结得手与周围情境缺少联系。比如在《红手》(La main rouge，1930)中，一只手被表现成祈求的姿态，好像佩赫—默尔山洞(Pech-Merle)和埃尔·卡斯蒂约(El Castillo，西班牙语"城堡"的意思)的史前掌印[53]。如果类比成让莱热着迷的交通信号灯的纹章化形态，是不是更加合适呢？

320 322

在巴黎瑞士公寓的壁画上，一个有翼的女性生物漂浮在透明的几何与生物形态的地形之上，她的右翼被一只半张开的手轻轻托住。在这只手的一侧，勒·柯布西耶写道："Garder mon aile dans ta main"(将我的翅膀放在你的手中)——这是斯蒂凡·马拉梅(Stephane Mallarmé)的诗《马拉梅小姐系列》

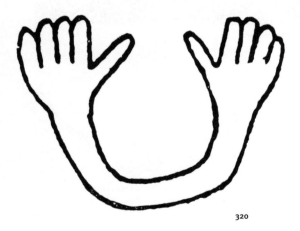

320

（*Autre éventail de Mademoiselle Mallarmé*）第一段的最后一行：

> 啊，梦想家，我陷入其中，
> 从未有过这样纯粹的喜悦，
> 我知道，这是个微妙的谎言，
> 将我的翅膀放在你的手中 [54]。

323

　　在昌迪加尔，"手"的象征意义超越了私密的神秘主义，变成了一种公众纪念物。如此，它主导了整个议会建筑群。作为政治层面的宣言，它有一个非常接近的先例——为法国共产主义领袖保罗·瓦扬—库久里（Paul Vaillant-Couturier）树立的国家纪念碑（1938）。说到这种目的，它也扎根于政治雕像的长期传统之中：库久里那张激情演讲中的脸，还有高举着的手，都能在弗朗西斯·鲁德（François Rude）的《马赛曲组雕》（*Marseillaise*）——在凯旋门面对着香榭丽舍大道的正面中找到根源。马赛曲组雕是法国19世纪公共雕塑的一个典型 [55]。

324

　　至于"张开的手"，它成了昌迪加尔城市的一个商标，其价值在建设开始前很早就有了体现。我们可以认为这个标志代表了虚拟的国家艺术形象，而不包含国家宗教在里面。虔诚的人在其中看到了"佛教的施无畏印与盘旋的毕加索和平鸽的交融"。愤世嫉俗者则只看到了奇怪的棒球手套 [56]。

　　这样做的动机最早可以在1948年的一幅草图中找到 [57]，但实际上在更早就开始被提及——当勒·柯布西耶用张开的手来描述一棵树枝繁叶茂的过程："一个数学过程，每年春天，每根树枝都张开变成一只新的手。" [58] 最终，张开的手可以被认为是勒·柯布西耶个人思潮中的一种象形文字、一种他作为先知的自我认知的结晶——因而必须承担痛苦，从而为人类带来新的活力。"我用全身心去接受，也用全身心去给予"是他为自己的全集所写的标题。在最终的分析中，他所引用的是尼采，或者说尼采笔下的主要角色，树林中的孤独圣贤查拉图斯特拉（Zarathustra）。他从山上下来，宣称着"我爱人类"和"什么! 我刚才提到了爱! 我给人类带来了一件礼物。" [59] 还有"我也更乐于给予并分享，直到智者重新为他们的愚蠢而快乐，穷人重新为他们的富有而快乐。" [60]

320　埃及象形文字"太阳神"
　　　（选自基提恩《永恒的现在》
　　　（*The Eternal Present*））。

321　勒·柯布西耶，遍布于昌迪加尔议会大厦建筑群的凹浮雕和挂毯的象征符号（约1954年）。

实际上，查拉图斯特拉本人对于张开的手如是说：

> 实际上，这才是最艰难的一步：为了爱，合上张开的手；在给予的同时，维护他人的羞愧[61]。

有一次在印度，勒·柯布西耶为了能代表昌迪加尔——"新印度的神坛"的神秘符号，而急于取得（政治上的）认可。在一封给尼赫鲁的信中，他提到，在人群中建立起新的友谊时，科学技术的重要地位：

> 印度没有义务承担这个世纪中第一次机械时代所发生的问题（……）印度应当推崇这个构想，并且现在开工前就做，将"张开的手"这个抽象又动人的标志放在所有将要设置昌迪加尔议会与权力机构的建筑当中。张开的手，去迎接新创的繁荣，又把它分配给人民。"张开的手"将确认机械时代的第二纪元——和谐的纪元——的开始[62]。

勒·柯布西耶对于和谐社会的保证，在印度人听来可能比他自己想象的更加熟悉。他所说的信念：人与人之间永恒的友谊将建立在技术进步的福泽之上，至少可以追溯到维多利亚时代，这种信念在建设印度的基础设施时即被加以强调。然而实际上，科学技术在印度只是西方帝国主义扩张的一种手段，无关人与人之间的友谊[63]。

绘画图形学的更多内容：框景

在对建筑空间的理解中，门和窗都是关键的因素。并且因此它们都是生活的一部分，也是视觉认知和想象中老生常谈的内容。对于勒·柯布西耶，框景是一种区别表达内部与外部空间的途径，并主宰着建筑与绘画甚至想象的空间。不止一次地，人们认同他为画家，是缘于他作为建筑师时安置窗户的位置，还有作为建筑师时表达景观的视角[64]。通常，在一所房子中向外看的视角是由风景画家所框出的，摆弄这个视角，把它作为微妙的惊喜，就好像在画架上摆弄一幅画一样。在《一间小房子》（*Une petite maison*）（1956）——关于他1923年在日内瓦湖为父母建造住宅的小册子中，勒·柯布西耶坚持说，即使是最美的风景，也会因为一成不变而渐渐无趣：

322 勒·柯布西耶，《手的纹路》（*Les lignes de la main*, 1930）。布面油画。

你是否注意到，在这种情况下，没有人再去看它？想让景观变得有趣，就必须采取激进的手段来限制它，给它确定的尺度：通过升起围墙来遮挡地平线，并且通过在特定地方留下空隙来显示它（……）我们在南墙上开了一个方形的洞，取一个有趣的比例（……）突然间，墙壁消失了，景观显现出来：光线、空间、这一片水体和这些山（……）我们拥有了它！[65]

在普瓦西的萨伏伊别墅，通过设置直和曲的墙体来框出日光浴室，为这种空间操控提供了另一个很关键的范例。从通向日光浴室的斜坡开始，人的目光被引导到东边挡上的一个大长方形开口，在那里是一幅克劳德·洛兰（Claude Lorrain）的塞纳河谷的壮美景象[66]。接下来，从屋顶上更加奢华的贝斯特吉阁楼（Beistégui penthouse）看到的远景，选择和截取需要与形而上画派相呼应——或者说直接与勒内·马格利特（René Magritte）相呼应。 119 344

这些主题依然根植于勒·柯布西耶早期的旅行：独立的围墙环绕着屋顶与花园，这个元素在1911年的东方之行中被频繁画出[67]。在20世纪20年代，他的一些典型做法看起来都好像"框景"这个意大利守旧主义主题的衍生品（比如帕拉蒂尼山（Palatine hill）上曾经围圈起来的法尔尼斯花园（Farnese gardens），花园开口给人们留下了古罗马广场（Forum）一瞥）。弗兰克·劳埃德·赖特或者理查德·诺伊特拉的建筑设计都一成不变地让建筑与周围环境——草坪、灌木紧密接触，而勒·柯布西耶喜欢保持一定的距离——虽然其风险是让自然退化为单纯的布景。 25

甚至于朗香教堂的狭窄缝隙也应当根据这个背景来观看。当勒·柯布西耶说朗香教堂的窗户是"透明的"，因为他"觉得这种用光手法太过明确地绑定了过时的建筑思想，特别是罗曼式和哥特式艺术"。针对莱热在欧丹库尔（Audincourt）附近建筑上设计的花窗玻璃，勒·柯布西耶几乎不加掩饰地给予恶评[68]。相比于哥特式大教堂中的那种明亮的墙壁，朗香教堂中的彩色玻璃在南面的厚墙上是一个个孤立的长方形孔洞，引人向外凝视。穿过这些"孔洞"，天空和云彩穿透了建筑。在功能上，这些窗户不仅是视觉上的背景，更形成了一个纵深的维度[69]。 273

323 勒·柯布西耶、皮埃尔·让纳雷，瑞士公寓，巴黎大学城（1929—1933）。音乐教室壁画（1949），细节。

324 勒·柯布西耶、皮埃尔·让纳雷，在巴黎犹太城为保罗·瓦扬—库久里树立的纪念碑（1938—1939）。

325 勒·柯布西耶，张开的手（约1953年）。水粉画。

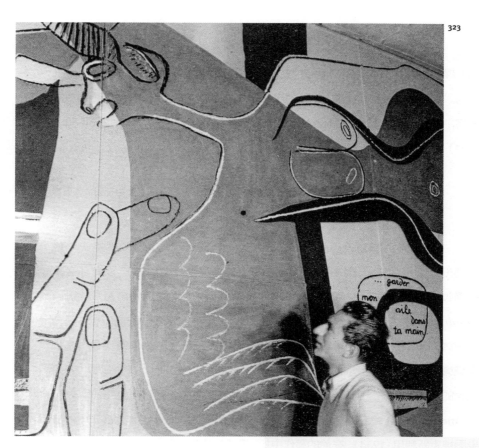

323

325

324

7　元素之融合

毫无疑问，在勒·柯布西耶的绘画中，门和窗户都扮演了重要角色。在《静物与碟子》中，门（也许是一扇窗户？）在房间的后部隐约可见，被刻画成是敞开着的。在其后的大量画作中，敞开的门都作为必要的空间元素，也是一种诗意的描写，回应着他在谈到土伦的曼德洛特夫人（Madame de Mandrot）别墅（1930—1931）时曾经描述的一种效果：

45 308

> 面对风景的房间被墙壁围住，墙中间放了一扇门，门打开后是一个空中花园，风景像爆炸了一般展开[70]。

勒·柯布西耶对于门和窗的处理，有一个很有趣的特点。不是一个静物浸没于阳光中的效果（好像毕加索的后立体主义作品中那样），没有那么多的通过颜色对比表达空间的动态连结（好像德劳内的《同步窗户》(Fenêtres simultanées)）。它更像是一个戏剧性的动作，一场视觉闹剧：一扇门或一面窗被一阵狂风甩开[71]。在《精巧》(Léa, 1931)中，过分夸大的物体聚集在一张折叠桌旁：一个骨头的剖面、简单勾勒出的吉他外形和一杯水。在背景中，一只巨大的牡蛎悬浮在一扇门前，门打开着，面对着黑色的天空。在为"光辉农场"(Ferme radieuse)绘制的透视图和类似的图中，这种形象范例都作为建筑学的渲染图被重新利用（1934）。在他的写作中找到用"打开窗户"来修辞（"让我打开通向艺术的无尽空间的窗户"）[72]；或者用这个概念来隐喻"奥秘"（"奥秘是渴求空间灵魂面前的一扇深邃的窗"）的现象[73]，也不足为奇。

326 327

绘画与色彩

柯布西耶描绘的图像——"对象类别"、阿尔及尔裸女极具变化感的曲线、张开的手、将窗户睿智地嵌入墙壁的空间魔法——弥漫在从绘画到建筑设计的所有作品中。毫无疑问，它的整体性并不是简单地叠加、综合和回收来的各种旧主题。

制图术是勒·柯布西耶作为艺术家的招牌，也是他从雕刻学徒开始一直具有的关键技能。尽管他遭到了勒波拉特尼埃早期论断的彻底打击："你不是一个有天分的画家。就画画吧，这就够了（……）"。我们可以认为，这些在勒·柯布西耶16岁时说出的话，注定留在了他的血液中[74]。对他而言，比其他任何人都更多的是，素描成为了主宰甚至定义建筑设计与绘画两个学科差异的造型技法。在他的写作中，不乏对于这件事故弄玄虚的赞美：

（……）我们把看到的事物画下来，以此观察得更深。一旦事物化为铅笔画，留下的是它们鲜活的形象；如果是被写下，则只是被记录下来[75]。

仅仅是柯布西耶基金会收藏的73本速写簿就记录了他作为建筑师的日常中心活动——"铅笔劳动"[76]。在绘画时，他习惯于先随意素描，好像他需要一个踏实的二维布局图作为下一步行动的跳板和保障。

古典艺术理论为这种做法提供了理论基础。在学校，夏尔·布兰克的《设计艺术语法》（*Grammaire des arts du dessin*）就是一本参考书。布兰克宣称，"素描是雄性艺术，色彩是雌性艺术"——这句话总结了四个世纪的学院派艺术理论[77]。勒·柯布西耶的绘画作品为这个"素描重于色彩"的论调提供了数不胜数的范例，1920年的《静物与碟子》就是一个很切题的例子。好像就是为了通过图解来解释这个原理——从创作之初，图像的线条与色彩必须被视作各自独立的语言——《静物与碟子》有两个版本（一个在巴塞尔美术馆，另一个在纽约现代艺术博物馆）。基于独特的构成与设计，这两个版本展示了全然不同的两种配色。巴塞尔的版本基于冷色调——钢铁蓝、墨绿、棕色和灰色；纽约的版本基于暖色调——浅粉色、黄色和背景的天蓝色（吉他是粉红色，而书是深蓝色）。当转化成行动时——"有关造型的理念会比有关色彩的更早生成（……）造型是主导，色彩仅仅是它的附属"——很难想象有比布兰克的理论方式更加固执强硬的了[78]。

45 308

除了重提这些看似陈旧的学院派艺术原理，纯粹主义还探索了有趣的短路艺术方式与"工业语言"。在新精神馆的背景下（完全受到杜尚和弗朗索瓦·皮卡比亚（Francis Picabia）的生物力学现成作品的影响），这个多领域的交汇点具有一种程序化的特点。同时，它也不仅仅是图形学的问题，或是"对象类别"中不可思议的工业魔力的问题。它触及了工业时代视觉沟通中最深的根基，西格弗尔德·基提恩对此早有记述，在《机械化的决定作用》（*Mechanization Takes Command*）中，他比较了一幅奥占芳的素描作品与一幅从亨利·科尔（Henry

Cole）在大约1850年的英国小学绘画课上的图版[79]。 330 40 328

然而，到了1930年，即使是勒·柯布西耶的艺术，也不能把"工业语言"作为艺术的衡量尺度了。先锋派对于科学技术进步的自信遇到了晦暗期，夏尔·布兰克从中生存下来，反而变得更加固执了。1955年，距离之前引用的那段言论大约过了40年，勒·柯布西耶给出了一个更加简化的教科书评价，坚持认为构图的过程是由"线条"和"色彩"这两个独立过程完成的：

> 要绘制（一幅画），拿一张画布或者画板，把设计描在上面，然后拿出画笔把颜色涂上去。做更多准备工作的回报是不再需要在画布上找任何东西。你可以表达已经形成的构想，并加以执行[80]。

在此类言论中，布兰克的学院派艺术理论被推崇到极致——更不用说勒·柯布西耶对于绘画的定义是

> 实际上仅仅是花费用一层厚厚的颜料涂到上面的时间[81]。

所幸的是，在勒·柯布西耶的绘画作品中，其成功远比他的言论精妙得多。更令人惊讶的是，纯粹主义时代细致的粉笔素描、20世纪30年代的钢笔水彩和第二次世界大战时期在奥桑创作的大量水彩作品，都显示出他是一位极品的色彩大师。

然而在绘画中，他喜欢将线描的框架和色彩的施用分开处理。这种图形布局的独立性导致了另一种图形学的连锁反应。他不断地从自己的作品中引用，并重复施用之前作品的图形格式，通过纯粹主题思想的重复与叠加，将它们转化固定在画纸之上（这是他作为建筑师的一种习惯）。此时，几乎不可避免地浮现出新的形态。让人印象深刻的系列作品《公牛》(Taureaux)就是这种反刍过程的产物。坐在飞往印度的飞机上，勒·柯布西耶倾斜着90°角，回忆着以往画过的静物，拿起他的钢笔，在膝盖上画出他所看到的东西。于是，玻璃瓶底转化成了公牛的犄角[82]。 332

彩色的建筑

20世纪50年代，彩色照片成为发表建筑类作品时的惯例。所以早期的现代建筑一直

326 勒·柯布西耶，《精巧》(1931)。
布面油画（海蒂·韦伯收藏）。

7 元素之融合

被认为只是黑白的故事，但在现实中则完全不同。第一次世界大战期间，莱热和列夫·托洛茨基（Léon Trotsky）就开始在巴黎大肆讨论未来的多彩城市。随后，莱热认为通过色彩把家变成"弹性四边形"是有可能的[83]。一段时间后，勒·柯布西耶也宣称要用色彩在确定的形态中增加空间的弹性。受到荷兰风格派在莱昂斯·罗森伯格的现代成就画廊（Galerie de l'Effort moderne）展览的挑战，他在拉罗什别墅的内部使用了大型的彩色平面——按照一个规划方案，设想了多种多彩建筑，包括大厅、侧翼的画廊和拉罗什的居住空间。不久以后，色彩成为了一种组织外部空间的方法；其中最惊人的是佩萨克的工人住房，在那里临街的立面被粉刷成白色或者棕色，侧立面被刷成灰绿色和白色，这些都是勒·柯布西耶在那些年的绘画中所使用的颜色。 101 298

"作为一个'带来空间'的元素"，色彩被用在了城市的尺度上[84]。当它们在房子的边缘相互碰撞的时候，色彩"消灭了"它们的体积，转化成一种没有重量的平面系统。天蓝色的房子侧影融合进了天空，灰绿色与春天的树叶混合在一起。

1927年，勒·柯布西耶给他在斯图加特的助手阿尔弗雷德·罗斯发了一份壁纸样本[85]。在背面，他黏上了小片的纸和颜色小样，作为两座魏森霍夫住宅彩色立面的样本（就像佩萨克的住房一样，斯图加特的住宅后来被重新粉刷成原始定义的颜色）。勒·柯布西耶使用典雅的、"巴黎式"的多种色彩，相比于布鲁诺·陶特在魏森霍夫旁边的住宅所使用的颜色，尤其具有冲击力。如果说陶特使用的颜色是传统的乡村文化，那么勒·柯布西耶使用的术语（"空间""天空""沙""天鹅绒"之后都成了他的萨鲁巴墙纸（Salubra wallpaper）色卡目录中的名字）[86]唤起了巴黎高级时装界。

然而，在1930年之后，细致的彩色粉笔阴影（的做法）逐渐被遗弃，勒·柯布西耶的口味转向了更加生动的色彩——进入了一个前工业文明中乡村文化的情境。此外，随着原石和水泥板立面（比如瑞士公寓）和砖墙（比如拉塞勒—圣克卢（La Celle-Saint-Cloud，意为"一朵神圣的云"）的住宅）开始取代纯粹

327 勒·柯布西耶、皮埃尔·让纳雷，光辉农场（1934）。从里向外的透视图。

328 亨利·科尔，在小学绘画课上用简单物体作为绘画模型（《设计杂志》（Journal of Design），1849）。

329 让纳雷—勒·柯布西耶，《垂直的吉他》（Guitare verticale，1920）。布面油画。

330 弗朗索瓦·皮卡比亚，《瞧，这就是哈维兰，如同诗歌一样》（Voilà Haviland.La poésie est comme lui）。钢笔画和拼贴艺术。

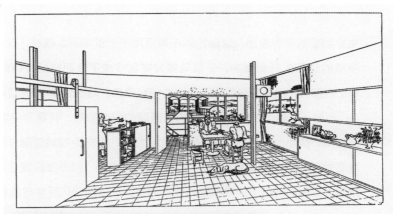

327

328

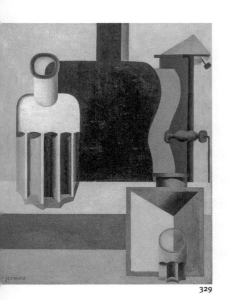

329

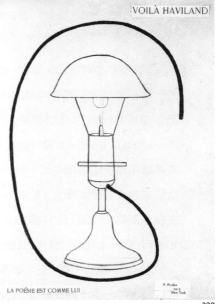

330

主义别墅的平滑表面，这些色彩不再适用于外部墙面。最终，在1945年之后，粗糙的混凝土开始暴走，于是马赛公寓大楼成了表面材质与色彩相生的试验田。在那里，门廊的多色分区造成的色彩效果，如同面纱下的肌肤[87]。　　　**133**

另一方面，在朗香，使用的是低调的白色粉刷，有着爱琴海地方特色的白色调。侧面的小教堂沐浴在闪亮的红色中，而临街的墙壁则是深紫色——大斋节的颜色。这种颜色只有在苏黎世馆（1967年，柯布身后建造）中才再次运用到外立面，创造了扑克牌屋的神奇效果。在它对于几何学与色彩的奢侈表现中，主楼上珐琅质的钢板可以被认为是风格派运动的最后回响——从1922年开始，风格派对于多色彩的理论与实践就是勒·柯布西耶的跳板。　　　**140**

想法与工艺

依循之前对于艺术与多彩建筑中"线条与色彩"的推测，我认为很值得做出一些综述，归纳勒·柯布西耶的建筑设计与实践中的联系。我们可以认为，这个问题在15世纪被列侬·巴蒂斯塔·阿尔伯蒂（Leon Battista Alberti）讲到过：

> 我们可以做到在想象中，不论抽象或具象地，创造建筑的完美形态，而丝毫不去理会建筑的材料[88]。

在阿尔伯蒂眼中，实现一座建筑设计作品，与"构思"相比是次要的问题；它归根结蒂只是把平面的设计机械地誊抄到另一个维度当中。实际上，阿尔伯蒂曾经通过通信往来，比如与合作伙伴伯纳多·罗塞利诺（Bernardo Rossellino），控制一个设计的实践过程。鉴于勒·柯布西耶的建筑学词汇完全清晰地根植于结构宿命论，他的建筑似乎与这种做法不兼容——实际上，也许就应该这样。但实际上，他的态度与阿尔伯蒂相似。或者说，在结构材料与现实技术面前，（他设计的）形态太过超前，从施沃泊别墅开始，这就是个众所周知的问题——这就是为什么他的许多作品都漏雨（有的直到现在还在漏！）。　　　**37**

尽管，就如同在"五个要点"中所编写的，这样的表现方式需要一种特殊的钢筋混凝土来支持，实际上，特别是在1930年之后，单一建筑中材料的选择常常是一个次要的因素——在技术上实现他的设计作品允许相当程度的即兴发挥。比如说，在智利的埃拉苏里斯住宅（Maison Errazuris），勒·柯布西耶出奇地宣称，平面布局与现代审美取向的确定绝不依赖于特定的材料：因此，在智利，一个现代的空间概念可以被完美地通过乱石和随意砍削的树干表达出来[89]。当工业主义者埃德蒙德·华纳建议在日内瓦巨型街区别墅中的一个剖面上使用玻璃和钢铁时，从钢筋混凝土到钢架架构的跳跃并没有造成建筑设计层面的困扰。更近一些（大约在1960年），勒·柯布西耶甚至想要在莫城（1955—1960）的五栋公寓住宅单元项目中完全用金属来代替钢筋混凝土[90]。

334 335 123

对于雕塑，勒·柯布西耶有趣地形容"一件雕塑作品不是被塑造的，而是被组装起来的"[91]。这里也一样，给予物体良好品质的是合理组装的体量以及其间的平衡，而非对于表面的精巧处理。考虑到创造形态的技术，形态可以被认为是自主的。尽管施工工艺造成的变故、木料的肌理、金属的亮度和混凝土的粗糙表面都可以是活跃的因素，但隐藏在艺术作品背后的"构思"有着自己的生命，与上面这些影响无关。

当然，所有这些也不意味着旋律中的乐团伴奏不需要精确的把控。因而，从1930年开始，勒·柯布西耶对于"自然"材料的偶然效果给予了越来越多的关注，同时养成了在建筑场地即兴创作的习惯。在混凝土建筑的建设中缺乏准确性，着实严重激怒了大多数他的同事，但勒·柯布西耶甚至欢迎这样的技术缺陷，认为它是一种造就丰满的元素，激活了整体的特征。在马赛，如果有人质疑那些混凝百叶窗过于粗糙，勒·柯布西耶会建议他们去看看樱桃树的树皮，或者佛罗伦萨宫殿粗石堆砌的墙体[92]。面对这样的命题，看起来像一片新陶瓦材料的原始力量比传统工艺或者技术上的完美无缺更加合适。

186 337

相似的，据他朋友所说，虽然侧立面显得很寒酸的昌迪加尔最高法院从落成开始就每天遭受潮湿的天气侵蚀，勒·柯布西耶却一点都没有为此沮丧。当很多人都相信昌迪加尔议会还在等待着完工的一天时，它其实早已被默认为英雄般的景观遗迹了，让人想起乔凡尼·巴蒂斯塔·皮拉内西（Giovanni Battista Piranesi）笔下的帕埃斯图姆遗址[93]。当勒·柯布西耶的建筑在大量迅速地恶化时，游客和使用者都为此苦恼，但众所周知勒·柯布西耶自己对这种灾难却熟视无睹——反

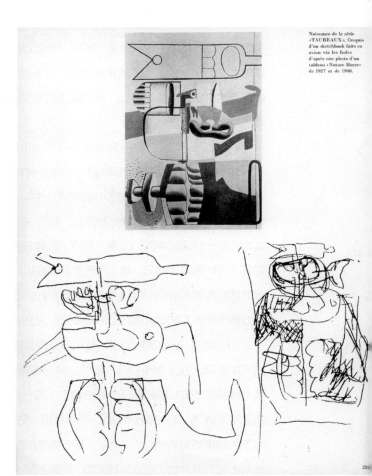

Naissance de la série
«TAUREAUX», Croquis
d'un sketchbook faits en
avion via les Indes
d'après une photo d'un
tableau «Nature Morte»
de 1927 et de 1940.

331

33

正其中的思想、纯粹的形态完好地收录在七卷《勒·柯布西耶全集》当中。 **279 282**

机械复制时代的"光环"

构思与现实材料之间的概念隔离，为艺术打开了很宽泛的可能性。而且值得一提的是有多少这样的案例被勒·柯布西耶本人所实现。如果没有一个理论框架将概念与艺术的成型过程分割为两部分工作，能够让两个不同的人来完成，那么，在这名建筑师兼艺术家与"他的"雕塑师约瑟夫·萨维纳之间的分工是不可想象的[94]。从20世纪30年代开始，勒·柯布西耶对于挂毯的兴趣日渐增长，一部分是由于他看到自己所控制领域之外的随性元素丰富了他的"发明"，因此感到欣喜——当然还因为这种材料的温暖感觉，这在他的作品中往往是欠缺的。在昌迪加尔的大厦群中，他希望编织576平方米的挂毯，他为此构想的生产过程如史诗一般[95]。

306

在建筑中应用挂毯，是把绘画转换成了一种新的媒介，是将艺术家的理念具象化的一个不可剥夺的平台。尽管艺术的原件有着一种复制品所欠缺的光环，对于勒·柯布西耶而言，人们很难不去想，这个光环是不是与最根本的艺术真实性相去甚远[96]。他不仅仅是将他的构思转换到其他媒介中，似乎还为这个过程中产生的意外效果而欣喜。于是，他怎么可能不会对照相——这种自动并机械地操作现实与艺术的手段投入特殊的兴趣呢？实际上，他曾经赞扬相机镜头的发明，说它是现代艺术文化的枢纽[97]。

如果我们用建筑代替绘画，用威利·博尔西格代替泽尔沃斯，那么安德烈·马尔罗（André Malraux）对于身为画家的毕加索和他"完整"作品的评论，几乎完全适合勒·柯布西耶：

331 勒·柯布西耶，由后纯粹主义静物画衍生的"公牛"主题（约1958年）。

332 转动90°的"静物"照（1927/1940）的草图，为"公牛"系列作品提供了基础。

他最终的目标不是他的画，而是泽尔沃斯所复制出的画册。在后者中，他作品那令人窒息的成就，其震撼程度远远超过其任何一个的独立效果[98]。

作为《新精神》的编辑，勒·柯布西耶通过小技巧和视觉双关语，将自己文章中的视觉信息简化并动态化，在这方面他是专家。他还用同样的手法为杂志创作了大量的广告。在《新精神》中刊载的一些拉绍德封的施沃泊别墅照片，由于被修饰得太严重，甚至连他的瑞士朋友都认不出来[99]。在之后的一些书中，他开始探索摄影过程中的偶然效果——通过一些夸张的手段，程度上不亚于他在之后的一些建筑中对原石和混凝土表面所作的随性效果。在他的《造型作品》（*oeuvre plastique*，1938）中，他拿一幅画的底片横向镜像来重新绘制，使用反转的色调和阴影，以此增加作品附带的视觉与符号信息[100]。　59 60 63 74 37

　　这样的做法在20世纪60年代成为了艺术界的常事。随着多种材料的安装到位，巴黎贸易展览会（Foire Commerciale）（1928）的雀巢馆（Nestlé Pavilion）和巴黎世界博览会（Paris World Fair）（1937）的新时代馆不仅回应着埃尔·李西茨基诙谐的展会设计，还预示了流行风格（Pop）和建筑电讯派（Archigram）。从1930年开始，勒·柯布西耶在他的项目中重复使用放大的照片来代替"手绘的"壁画，比如在"瑞士公寓"（在那里，生物学的照片壁画在瑞士造成了不小的骚动）还有"救世军大楼"（一些放大的仿乔托·迪·邦多纳的画）。即使没有完全按照原作进行重制（比如乔托的画），这些复制品在它们自己的位置上，就是原件。　302 338 339

　　当飞利浦公司任命勒·柯布西耶为建筑师来设计他们1958年布鲁塞尔世界博览会的场馆时，他们设想的是获得一个有纪念意义的外表皮，其内部是飞利浦工程师们准备的多媒体演示。到场馆开始运行时，勒·柯布西耶已经将项目重新定义，确保他才是整个过程的唯一作者——在铝皮"胃"形建筑中填满视听奇观，混合了原子时代的科幻小说与由裸体男子代表的存在主义的焦虑[101]。如同新时代馆一样，这次的世界博览会又一次触发了摄影图片的非凡展示。之前存放在书籍中的"幻想博物馆"现在变成了令人窒息的视听讯号的集合，唤起与科学进步相联的梦想与恐惧。

　　作为马歇尔·麦克鲁汉（Marshall McLuhan）"媒体信息"（Media Massage）高雅艺术的例证，他与作曲家埃德加·瓦雷兹共同实现的电子诗（poème électronique，一首8分钟的电子音乐）对于传统电影制作发挥的推动作用，就如同在混凝

333　勒·柯布西耶，《公牛2》（1928—1953）。布面油画。

334　勒·柯布西耶、皮埃尔·让纳雷，智利埃拉苏里斯住宅（1930）。这种形式说明了房屋为钢筋混凝土或砖石结构。

土用法上柯布西耶对于佩雷使用方法的推进[102]。并非将电子视听作为高保真复制传统剧院或音乐厅活动的中性手段，"电子诗"极力榨取新媒体，最终形成了一种新的艺术形式。

340 341

张力与对比

在这样一种环境下，罗伯特·文丘里使用了若干个勒·柯布西耶的建筑来支持并讨论建筑设计中对比与复杂性的现象学，作为他权威著作的主题[103]。在许多勒·柯布西耶的项目中，一个僵硬的盒子形的外表皮带着功能上的错综复杂，与第一眼看上去的单纯与统一形成对比。通常情况下，"曲线"象征着"运动"，而"方盒子"表示居所的永久性——比如，在拉罗什别墅（一条曲线坡道标示着侧翼画廊的轮廓线）、萨伏伊别墅（那条螺旋形的楼梯）或者更大尺度的救世军大楼（其内部的入口和维修用的坡道）。

102 120 119 177 342

好像是为了证明勒·柯布西耶的词汇完全无法被语义学的规则（见前文"建筑类型学与设计方法"）所掌控，这种"规范"在他晚期的作品中被系统性地颠覆了。在昌迪加尔的议会大厅，上议院的圆形外皮包裹着建筑群的静态核心，与

333

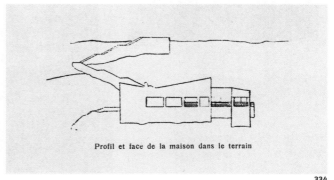

Profil et face de la maison dans le terrain

334

335

336

GRAFFITI PARISIENS

3

开放的、动态的但是方形的讲坛相对比。还有，在哈佛大学的卡彭特视觉艺术中心，"静态的"工作室与"动态的"坡道造型，在形态上都遵从曲线。 **282 285**

在其他地方，门廊、入口、坡道、楼梯间这一类元素，凭借其与出入相关的重要性，通过引入一种被人称作"巨型柱式"的样式，挑战了形式上基于"重复"的统一性，比如在克拉提公寓（Clarté flats）夸张的门廊和救世军大楼带有华盖的入口。另一个例子是在艾哈迈达巴德的工厂主协会大楼（1956—1957）的临街立面，平静延伸的倾斜悬挑被突然的开敞空间打断，如伤口一般展示出建筑的内部构造：楼梯和坡道。 **177 118 121**

在这种经常让事情恶化的复杂形态成为勒·柯布西耶建筑作品的主导元素之前，室内设计才是建筑设计中展示"对比"的部分。对于弗兰克·劳埃德·赖特和格里特·里特维尔德，室内设计可以说是将建筑设计缩小到家具的尺度上。而对于勒·柯布西耶，从20世纪20年代开始，则是诉诸"自己动手，丰衣足食"。比如，在新精神馆中，桑纳椅（Thonet chair）既是柯布西耶建筑的逻辑共同体，又是准超现实主义"发现对象"（objet trouvé）的产物。实际上，不管是新精神馆"异想天开"的元素，还是其他地方（骨骼、机械元素、家庭摆设等），超现实主义的物体魔力都登上了一个舞台，可以预见，它被一部分人赞赏为机智和活跃，而被另一部分人批判为邪恶和堕落[104]。有趣的是，新精神馆实际上是用现成的家具布置的，有一些是从市场上买到的，另一些是故意设计得看起来好像是为了出售。**70**

即使是在一些年之后，当勒·柯布西耶和夏洛特·贝里安开发他们自己的家居设计规划时（该规划在1928年的秋季艺术沙龙（Salon d'Automne）中首次展出），"几何"与"原生"形式的花哨对比和怪异并列仍然是主导的元素，尽管与此同时，他们也日渐追求每一件家具在建筑整体中的形式"一体化"。

335　勒·柯布西耶、皮埃尔·让纳雷，
　　　智利埃拉苏里斯住宅（1930）。室内。
336　布拉赛（Brassaï），"涂鸦"。
　　　照片（早于1933年）（选自
　　　《牛头怪杂志》（Minotaure））。
337　勒·柯布西耶，马赛公寓，马赛
　　　（1947—1952）。粗制混凝土的
　　　屋顶露台（吕西安·埃尔韦拍摄）。

讽刺与《对过去诗歌的回应》[105]

不管是作为艺术家还是建筑师，勒·柯布西耶都难以自拔地发掘对比元素——正论与反论之间的碰撞、秩序与混沌的碰撞、真实与悖论的碰撞，都是作品中必不可少的元素——也许在其间的论述中，这种对比更甚。多数情况下，不寻常或者说怪异的情境给推理提供了跳板，比如在1935年，他描述在纽约华尔道夫酒店（Waldorf Astoria Hotel）的一次印度奇装舞会，当时一头大象突然冲进了屋子里："在形形色色的穿着丝绸的女士们和先生们中间，大象的灰色皮肤突然间成了一袭迷人的装扮。"[106] 一些年之前，这种讽刺与悖论的修饰手法在香榭丽舍大街为夏尔·德·贝斯特吉设计的阁楼（1930—1931）中已经有了预兆[107]。太温和以至于不会让人感到突兀，然而太突兀以至理性不足，路易十五年代的梳妆台与壁炉靠在日光浴室明亮的白墙上，在房间的边缘上，凯旋门如同一个巨大的装饰品——毫不掩饰地与超现实主义"挤眉弄眼"。巴黎城市本身则凝固在屋顶花园的视角中，仅仅成为孤立的建筑学意义上的"对象"。纪念性的建筑幸存下来但也仅仅作为引文一般，被挑选出来并排列到合适的位置上，以满足花花公子生活的场景。在《瓦赞规划》中是否也设计了一幅相似的场景，割裂并尖刻地解说历史，慷慨地留下一幅偶然性的拼贴画：

344

> 看它多有意思，一个金顶在希腊式神庙的立面之上——那是一间剧院，是研究院的成员亨利—保罗·内诺的最后作品。它是不是文艺复兴时期的真品并不重要（……）这只是个人口味的问题[108]。

205 208

在他作为城市学家的作品中，勒·柯布西耶基本上没有机会对历史进行"拼凑"，他项目的规模都被限制住了——尖刻地讲，比如阿弗雷城的丘奇别墅（Villa Church）外墙中一堆从路易十四时代喷水嘴上留下来的石头[109]。诚然，在他为巴黎、圣迪耶或波哥大所做的雄伟规划中，城市中心都被想象成全新的写字楼，周围是各自孤立的历史遗迹（明确了战后重建与城市革新的趋势，这个思潮正是从那时开始出现的）。似乎是自相矛盾，当他在设计城市的尺度时，他只能去"遵从城市既定的肌理"——就像他自己所说的[110]。

338　勒·柯布西耶、皮埃尔·让纳雷，商业展览会雀巢馆，巴黎（1928）。

339　勒·柯布西耶、皮埃尔·让纳雷，瑞士公寓，巴黎大学城（1929—1933）。音乐教室的墙壁（毁于1949年）。

340　勒·柯布西耶，飞利浦馆，世界博览会，布鲁塞尔（1958）。

341　勒·柯布西耶，布鲁塞尔世界博览会上飞利浦馆放映的"电子诗"（1958）。

338

339

340   341

超现实主义的诱惑[111]

与《包豪斯书》(*Bauhausbücher*) 中直白的功能主义排版形式不同，在德绍出版并由拉斯洛·莫霍利—纳吉设计的勒·柯布西耶的书看起来很迷人，充满着怪诞的图画与视觉玩笑。有一个很好的例子，《现代建筑年鉴》(*Almanach d'architecture moderne*, 1925)——基于古典的页面布局和许多排版上的新意，比如哥特式的字体、发丝般的表情符号，还有各种蔓叶花式装饰文字，这本书一瞬间就让人想起安德烈·布雷顿的杂志《文学》(*Littérature*)。是那些发现了老杂货店的编目中尘封魔力的超现实主义者——特别是马克斯·恩斯特，通过他的抽象派拼贴画将19世纪的科学手册与小商业的琐屑图形，转化成无限的魔力与梦想[112]。

然而他对悖论和视觉玩笑的感觉并没有让他成为一个超现实主义建筑师——当然也不能排除，他这些视觉艺术技巧得益于超现实主义的一个创意源泉：20世纪20年代的广告界。

如果勒·柯布西耶剽窃了邮购商店的目录，那么他做的时候带有毫不妥协的说教与启发性的目的：以此来精心安排他的建筑设计演说增加趣味。在《今日装饰艺术》(*L'Art décoratif d'aujourd'hui*, 1925) 中，他对于超现实主义者和"他们隐喻物之间特别优雅联系"的态度，毫无疑问是尖刻的[113]。他坚定地认为他的作品和超现实主义，还有"形而上画派"——超现实主义最重要的先例之间是一种平行关系。通过引用乔治·德·基里科 (Giorgio de Chirico) 在《超现实主义革命》(*La Révolution surréaliste*, 1924年12月) 的一篇文章，他宣称，不论他的作品或是超现实主义作品，创作的起点都是有形的物体："物体，是能让我们动容的全部关系的参考基点，"他写道——尽管作为建筑师和理性主义者，他感到有义务加上一句："所谓'物体'，当然是指有功能、可以用的物体。"[114]

尽管作为建筑师，他继续表达着整体上对于超现实主义的混合了褒贬意味的感觉，还有"啮咬疑问、优柔寡断和迷惑的感觉"[115]——考虑到他在表现一幅理性并可靠的图像时的决定，这是容易理解的——他开始吸收无意识行为的视觉表现法。一次偶然的相遇——巨大的牡蛎、来自屠宰场的骨头还有外形奇异的吉他——如绘画作品《精巧》(1931) 中表现的，只会让人想起洛特雷阿蒙对于美的夸张定义："和电锯与雨伞在解剖台上的偶然相遇一样美丽。"这也经常被超现实主义者援引[116]。不足为奇的是，勒·柯布西耶自己对于这种奇异相遇的评价，让它们看起来好像是一种对于形态和空间的纯理性的视觉实验：

326

> 比如说，当一块骨头的结构占据了我的思想，我试图用这个元素充满整幅图画，并按比例放大以适合它引发的兴趣。接下来我给它配以其他有象征意义的元素，各自占据一个特定的平面，但与我重点刻画的物体相比，都显得很小[117]。

就像这段陈述中看到的那样，如果说超现实主义帮助勒·柯布西耶逃离了纯粹主义视觉洁癖的桎梏，那么它没能同时带来哲学层面的转变。

自然与几何

张力、矛盾和对立事物的并列都是设计的策略。就像之前提出的，在每个案例中，张力的终点都固定在功能和造型参数中，并且不会遵从语义学的传统。然而，去孤立对于建筑师勒·柯布西耶和理论家勒·柯布西耶二者而言都是当下热门话题的"一对儿"概念——自然与几何的对立，无疑是充满诱惑的。

在这个一切事物都是矛盾和对比的世界中，比如造型的世界，建筑至少在第一眼看来，不得不作为自然的对立物。勒·柯布西耶在20世纪20年代任何虚构的项目都可以用这样的模式来描述。然而"当代城市"（1922）和万国宫（1927）中的"商业城"（Cité d'Affaires）脚下扩展开的公园，对于建筑设计中的"无声棱镜"，都是必要的对立物，更是它背后的原因。在新精神馆，"对立"被一种称作"建筑学双关语"的方式来定义：在场地上找到的树木被纳入建筑当中，成为"反映诗意的对象"[118]。

253 73

在概念层面上，自然与几何其实并非对立。勒·柯布西耶讨论建筑设计与城市规划时，把它们完全当作了生物学在其他意义上的延伸[119]：

> 对"生物学"这个术语的介绍点亮了当代建筑的学科领域。在房屋中居住、工作（……）运转，是与血液循环、神经系统或呼吸系统同理的现象[120]。

更近一些观察，这位建筑师不断地转换他对于自然与几何的看法，从矛盾与对比，到类比与模拟。因此自然的形态有些时候几乎不变地被纳入建筑设计当中，比如"无限生长的博物馆"是基于蜗牛壳的规则螺线，这个素材在勒·柯布西耶早期在拉绍德封的学习研究中屡次出现。至于马赛公寓大楼，尽管从概念上它是在模仿远洋客轮，它粗糙且多孔的材料体现了松果的结构，这种来自植物的几何结构可以锁住光和空气。本质上，勒·柯布西耶通过几何学的视角来发现自然，是这种思想之后的必然结果。在这个背景下搜集的惊人档案中，有一幅画于1956年的西洋菜叶。叶脉排列整齐，之间夹角是精确的45°或90°，这似乎肯定了勒·柯布西耶最坚定的信条："我花了70年才发现这个规律！"他在页边处记下这样的文字[121]。

348 179 349

西洋菜的叶子证明了，几何学，或者说数学，存在的最好原因就是提供了人们理解自然和宇宙，并在其中生存的规则。借助几何学来发现自然，并将几何学当作一把神秘的钥匙——不仅用来认知，更是将自然视作神灵来体验：这些是勒·柯布西耶最初的术语。模度理论将它们联系成一个系统。

模度理论

模度理论用"模数"作为建筑的基本主张，并结合了黄金分割的思想[122]。"模数"在现代建筑运动的几十年中，不论在理论还是实践中，都显然是一个热门话题。而黄金分割，或者整体上说比例理论，在建筑先锋派——至少是其中一些派系中才刚开始受到关注。约瑟夫·帕克斯顿（Joseph Paxton）的水晶宫经常被引用为工业时代建筑中"模数"的生源地。这座建筑（1851）建成的三年后，阿道夫·蔡辛（Adolph Zeising）发表了《人体比例的新学说》（Neue Lehre von den Proportionen des menschlichen Körpers，德国，1854）[123]。蔡辛的观点是，黄金分割在宏观与微观领域都具有支配地位。这个观点为之后的马蒂拉·吉卡

342　勒·柯布西耶、皮埃尔·让纳雷，萨伏伊别墅，普瓦西（1929）。早期项目的轴测图。

343　勒·柯布西耶，走廊通道与"生物图解"：（a）卡彭特视觉艺术中心（1960—1963），（b）斯特拉斯堡议会大厦（Palace of Congress for Strasbourg）（1962），（c）意大利罗镇（Rho）的奥利维蒂公司电子计算中心（Olivetti Electronic Calculation Centre）（1963—1964），（d）法国驻巴西大使馆（1963—1964），（e）威尼斯医院（1964）（弗朗西斯科·夏特·甘农（Francisco Chateau Gannon）绘制）。

344　勒·柯布西耶、皮埃尔·让纳雷，贝斯特吉住宅，阁楼，巴黎（1931）。屋顶露台。

342

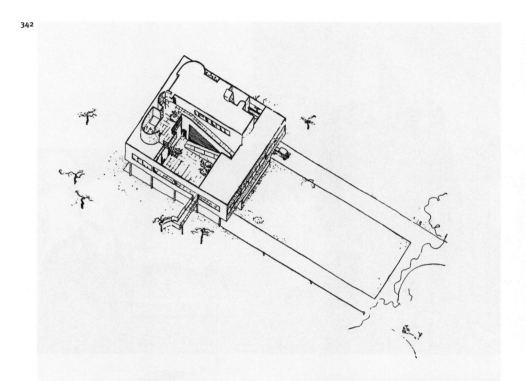

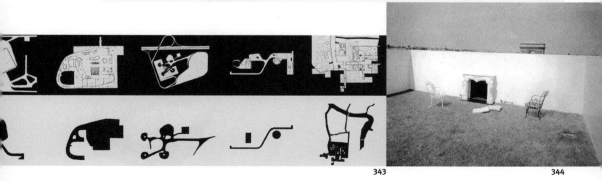

343 344

345

346

347

（Matila Ghyka）关于黄金分割的重要著作《黄金分割》（*le nombre d'or*）奠定了基础，该书出版于1931年，巴黎，保尔·瓦勒里（Paul Valéry）为之作序。

毫无疑问，吉卡的书是勒·柯布西耶认识自然与艺术中黄金分割的最重要前提条件[124]。一步步地，他开始重新发现西方比例思想的元素，并根据现代要求来检视它们。一步步地，一套基于黄金分割的单位序列准则被逐渐开发出来，作为计量的通法——显然与斐波那契（13世纪比萨的数学家，他发现的斐波那契数列与此类似）没有任何直接的联系。其中有一些相当复杂的问题需要面对。但是，一方面，斐波那契数列作为一个度量方法，在规划与设计领域的系统应用中有着明显而现实的复杂性；另一方面，它通过运用一系列近似的单位，得以控制极广范围的实际尺度。这两个优势中的后者似乎决定了勒·柯布西耶会把斐波那契数列囊括进模度系统。最终，模度系统中的第一个度量单位是1/15000毫米，第270个度量单位大约有40000公里——第300个度量单位则达到了行星之间的尺度。正如鲁道夫·维特考尔所强调的，这套系统可以被认为是把现代物理学中的时空概念带回艺术的邻里空间，并将其使用比例理论视觉化的方法[125]。

1951年，一次名为"比例的神曲"（De Divina Proportione）的会议在米兰召开[126]。其后，比例成了建筑设计讨论中一个相当急迫的关注点，并且建筑师们开始认为比例的历史是一个始自维特鲁威（Vitruvius）、止于勒·柯布西耶的传统。然而，如果深入地观察，模度理论比维特鲁威的传统走得更远，浓缩到了一个人的形体和他所嵌入的象征宇宙的几何图形当中。文艺复兴时期提出并开始使用比例系统，与之不同的是，模度理论没有通过和人体比例相类比来设想拟人化的建筑。它提出用"人的尺度"来组织环境，基于假想的"平均人"对于空间的需求，并与自然的生长肌理相联系。

351 350

模度理论的分析图试图将人体比例与基础几何原理相联系并得出一套公式。一个站立的男子高举左手，脐部在分析图的中间位置，被标记在两个叠加的正方形中，侧面标记着1.13米。于是这两个正方形决定了房间的理想

345　勒内·马格利特，《牛头怪杂志》封面，第十期（1937）。
346　勒内·马格利特，"困难的交叉"（The difficult crossing，1934）。布面油画。
347　勒·柯布西耶，骨骼研究（1954）。铅笔素描。

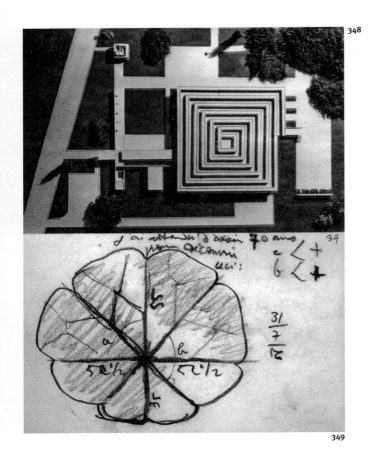

348

349

高度（2.26米）。接下来，黄金分割率被引入系统中：从低一些的正方形开始，一个计量单位序列按照黄金分割率逐步缩小，形成一个从脚到脐部，从脐部到头，再从头到向上伸出的左手的几何序列，从而定义了模度人（1.829米）的"理想尺度"。在第一步程序中得到的三个计量单位中最小的一个，在之后被选为另一个反向序列的起点——"准斐波那契"数列下行逐渐缩小，上行逐渐增大，以此将人周围的直接环境与建筑尺度联系在了一起。

大规模生产和标准化的语言在《新精神》的年代是一件太重要的武器，模度理论第一卷的引言让任何熟悉这些语言的读者都感到惊讶。勒·柯布西耶认为，现代社会不需要一套仅仅是在算术上重复同一元素的模数系统。它需要的是一套"原生"的尺码将人周围的直接环境与空间，甚至是远不可及的空间相联系。有趣的是，与他之前对于工程师冷酷理性的自谦正相反，勒·柯布西耶现在正面攻击法国巴黎综合理工学院（French Ecole Polytechnique）所教授的传统设计手法。他赞扬英尺、码和英寸这些从人类身体尺度衍生出来并根植于生活习惯和流行传说的计量单位。法国大革命之后的自然科学解放运动和百分度系统的引入被说成是一种亵渎形式。他认为公制尺度系统"扭曲，甚至败坏了"建筑设计[127]。因此模度理论的任务包含了将公制系统与盎格鲁·撒克逊尺寸系统整合为一。

简而言之，与战后爆发式发展中并在法国标准化建筑协会（AFNOR，Association Francaise pour une Normalisation du Bâtiment）领导下呈现惊人表现的理性主义技术至上的成功相反，勒·柯布西耶用数学结合了原始现代主义中活力论与机体论的信条，提出了一个与之相对的规范。在一些方面，他的说法有一种接近嬉皮士的自然浪漫主义。尽管他没有在模度理论中专门引用拉斯金，整本书看起来就是在尝试为20世纪的读者重写约翰·拉斯金的《建筑的七盏明灯》（*Seven Lamps of Architecture*，1849）——如果考虑到拉斯金对于勒·柯布西耶最本初的影响，这并不是个荒谬的想法。并且，尽管他没有专门提到让—尼古拉—路易·杜兰（Jean-Nicolas-Louis Durand）（我们甚至不知道他是否熟悉杜兰的《理工学院使用的建筑学专门教程》（*Précis des leçons d'architecture données à*

348 勒·柯布西耶、皮埃尔·让纳雷，无限生长的博物馆。照片模型（约1931年）。

349 勒·柯布西耶，速写薄上的西洋菜叶研究（1956）。

l'école polytechnique，1821）），模度理论依然对杜兰"课程"的基本原则——19世纪对于法国"标准化"思想的参考进行了猛烈抨击。 [11]

模度理论在建筑实践中究竟是不是一套有用的工具，这个问题仍有待各种途径的回答。诚然，通过模度理论，任何空间、形态或量度都可以被整合进一套系统，其中人类身体的最基本活动与宇宙的几何定理相联系[128]。另一方面，它没有依据"构造"的古典观点展开论述。在古典规则中，即使是一项低水平的设计也能保证立面在建筑学层面上一定程度的严格缜密；而在模度理论中即使是最系统的设计也无法避免视觉上的无序——除非我们用一套新的逻辑来定义"秩序"，将建筑学的"全部"扩展到身边的物体之外。即便如此，那些希望模度理论成为一种"比例的语言，它使作好容易作坏难"（阿尔伯特·爱因斯坦（Albert Einstein））[129]的人，毫无疑问将会继续失望，而那些将它当作一种工具来确定空间、分区、窗户、家具等尺寸的人，可能会发现它一直有效用。

作为最后的分析，使模度理论成为20世纪卓越思想贡献的，并非它所宣称的功能主义，而是如鲁道夫·阿思海姆（Rudolf Arnheim）所评价的，它"作为毕达哥拉斯哲学的浪漫主义变型"的概念性角色[130]。由于毫无疑问模度理论带有数学上的前后矛盾，甚至逻辑上的矛盾，在今天它存在的意义是通向诗意宇宙的钥匙，而非实用的程序方法——就好像抄录一套数字系统，用来解释一个世界，但这个世界太过复杂，以至于不凭借这套系统就没人能够看见或理解。尽管勒·柯布西耶的母亲和兄弟都是音乐家，他自己却从来没有学会理解音乐，他喜欢将自己的比例系统与音乐进行比较，这并不令人惊讶：

> 毕达哥拉斯解决了这个问题是因为他找到了能够结合安全性与多样性的两个支撑点：一方面，人类的耳朵——人类的听觉能力（并不是狼、狮子或者狗的）；另一方面，数字或者说数学（还有它们的结合体）——它是为宇宙而生的[131]。

尽管在整体上，模度理论所保证的"永远和谐、多样和优雅，而不庸俗、单调或粗鄙"[132]在柯布西耶后期的建筑中没有被保持，留下来的就只有这套系统、这种"融合"以及生动的建筑设计理想国。

350 勒·柯布西耶，模度（1948）。
351 列奥纳多·达·芬奇，《维特鲁威人》（*Vitruvian man*，约1490年）。威尼斯，学院美术馆（Galleria dell'Accademia）。

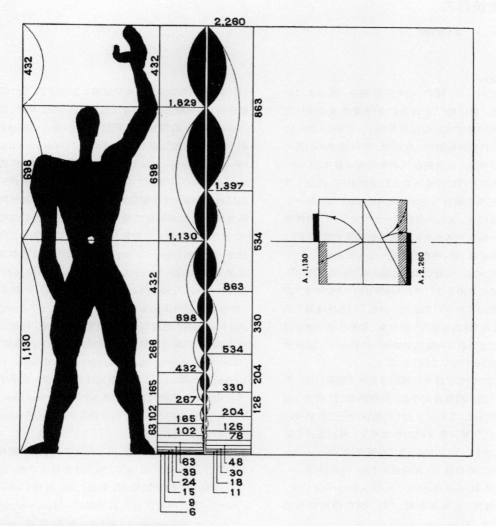

350

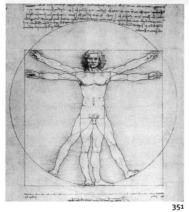

351

EXHIBITION ARCHITECT? 在勒·柯布西耶身后，当这本书初次完成时，副标题（"元素之融合"）依然萦绕在这位大师设计方案中的乐观主义氛围中。它被20世纪50年代的这种精神所浸染。在那时，现代建筑师们面对一个双重考验：去洗刷建筑学单纯追求技术的污名，同时避免落入过时的装饰艺术程式的陷阱。在这个背景下，"艺术之融合"（Synthèse des arts）似乎是一个有趣的替代品。其目的是获得一种文化氛围，将建筑学重新放到与艺术世界和高额资助等高的视平线上。在这场战役中，勒·柯布西耶是一位领军人物。

50年后，在世纪末，这场战斗可以说是胜利了。建筑学被公众所关注，并在财富和权力场中取得了声望，这是50年前不可想象的。诸如"标志性建筑"的词汇，或者"建筑收藏品"的现象，都标志着艺术领域的词汇已经彻底伸入建筑学领域。在1990年，建筑学与设计已经被广泛认为是"艺术"。

这个时代对建筑环境的审美标准日渐升高，带来的一个副作用就是对于勒·柯布西耶的"融合"有了更多的关注。实际上，这个问题在今天已经被很好地研究过了（参见修改后的本章尾注，特别是阿诺尔多·里夫金（Arnoldo Rivkin）："双重悖论"（Un double paradoxe），见雅克·卢肯编纂的《勒·柯布西耶——百科全书》（Le Corbusier. Une encyclopédie，巴黎，1987）；雅克·斯布里利欧："勒·柯布西耶或者建筑的艺术"（Le Corbusier ou l'art de l'architecture），见《勒·柯布西耶或艺术之融合》（Le Corbusier ou la synthèse des arts, 2006））——不过最关键的讨论是在一个相对远一些的地方找到的：琼·奥克曼（Joan Ockman）："塑性史诗：法国20世纪中期的艺术论述集成"（A Plastic Epic: The Synthesis of the Arts Discourse in France in the Mid-Twentieth Century），见E.L.佩尔科宁（E.L.Pelkonen）和埃萨·拉克索宁（Esa Laaksonen）编纂的《建筑+艺术》（Architecture + Art，赫尔辛基，2007，第30~61页）。现在似乎需要一个聚焦于其他方面的视角来观察这个情景，这个视角应该将建筑学的历史背景与当下的混乱都考虑在内。

■ 如果说勒·柯布西耶的第二个特点为众所周知的现代"文艺复兴者"，那理解这个特点的关键在哪里？当然，在这个问题之下，从他的绘画中抽出他建筑设计的根源（反之亦然）似乎变得太过抽象了。这个问题还引发了一些艺术史参考文献方面的问题。柯林·罗（Colin Rowe）和罗伯特·斯拉茨基（Robert Slutzky）的"语言层面和现象层面的透明性"（Transparency, Literal and Phenomenal）（见耶鲁大学建筑学刊《透视》（Perspecta）第8期，1963）已经成为这个背景下的经典，更是一个关键的自我修正，但是很多其他同等重要的文献都被研究勒·柯布西耶的学者们忽视了（我承认，就像它们被我忽视了一样）。在其中，有彼得·科林斯（Peter Collins）在《现代建筑设计中理想的变迁，1750—1950》（Changing Ideals in Modern Architecture, 1750-1950，蒙特利尔，1965）中对于"绘画与雕刻带来的影响"（The Influence of Painting and Sculpture）的观察评论，和亨利—拉塞尔·希区柯克对于"与现代建筑学相关的绘画与雕刻的地位"（The Place of Painting and Sculpture in Relation to Modern Architecture）主题耐人寻味的论文，收录于1947年的《建筑师年鉴》（The Architect's Yearbook, 1947）；或者他的《关于建筑绘画》（Painting Toward Architecture，纽约，1948）。

另一方面，针对勒·柯布西耶作为"文艺复兴者"第二个特点的问题指向了他工作室范围之外。这个问题包含了数学的挑战（参见约翰·林顿（Johan Linton），"勒·柯布西耶与数学思维"（Le Corbusier et l'esprit mathématique），见《勒·柯布西耶——作品中的象征性、神圣性与灵性》（Le Corbusier. Le symbolique, le sacré, la spiritualité dans l'oeuvre de Le Corbusier），巴黎，2004）。它触及了集体无意识的问题以及它作为远古符号博物馆的角色（参见理查德·爱伦·摩尔（Richard Alan Moore），"直角诗歌中的炼金术与神话主题，1947—1965"（Alchemical and Mythical Themes in the Poem of the Right Angle 1947-1965），见《对立》，第19/20期，1980；莫根斯·克鲁斯鲁普（Mogens Krustrup），《电邮门——勒·柯布西耶：昌迪加尔的议会大厦》（Porte Email. Le Corbusier: Palais de l'Assemblée de Chandigarh），哥本哈根，1991）。它引来了对于勒·柯布西耶悲剧人格的推测，就像在超现实主义、弗洛伊德的精神分析或者马克思主义阶级斗争背景下看到的那样（曼弗雷多·塔夫里，《建筑项目与乌托邦》（Progetto e utopia，巴里（Bari），1973）和同一作者的"机器的记忆——勒·柯布西耶作品中的城市"（Machine et mémoire. The City in the Work of Le Corbusier），收录于《勒·柯布西耶档案》（Le Corbusier Archive），纽约，1982）。或者，它可以被升华成为一个"互文性"的问题（布鲁诺·赖希林（Bruno Reichlin）与吉耶梅特·莫雷尔·热内勒（Guillemette Morel Journel），《勒·柯布西耶——工作室内部/建筑与城市研究的规范研究》（Le Corbusier. L'atelier intérieur/Les cahiers de la recherches architecturale et urbaine）22/23，2008）。

与此同时，这个现象基本上没有被赋予现代艺术文化风潮的历史意义。对于这个话题，有一种理解方法是通过"展会艺术家"这个概念（参见奥斯卡·贝契曼（Oskar Bätschmann），《会展艺术家——现代艺术系统中的崇拜与职业》（Ausstellungskünstler. Kult und Karriere im modernen Kunstsystem），科隆，1997）。这种理解强调了19世纪末、20世纪初艺术市场的竞争体制：沙龙、画廊、博物馆，并且提出，竞争、丑闻和媒体爆料成为了被我们称作现代艺术"体制"中不可分割的部分。尽管在前现代宫廷资助的时期，类似的机制已经开始运作，这套体制直到近期才将艺术家拽进了一个漩涡，让他对于自我曝光有了越来越多的要求。体制强迫他进入小丑的角色，体制促使他成为一个杂耍艺人。在勒·柯布西耶把自己定义为"形式中的杂耍艺人、形式的创造者和形式的扮演者"（1958）的时候，就独特而清晰地反映了这种局面。

在关于"格兰威尔或者世界博览会"的章节中，沃尔特·本雅明（Walter Benjamin）描绘了水晶宫的结构与透明表面，还有其他19世纪工业文明和资本主义的纪念性巨作以及消费品制造的混乱与其建筑外皮是怎样合力塑造出这个时代的"展会心态"（沃尔特·本雅明，《期刊合集》，第5/1卷（Gesammelte Schriften, vol. 5/1）："展会、广告、格兰威尔"（Ausstellungswesen, Reklame, Grandville））。对于勒·柯布西耶，引起了本雅明兴趣的"朝圣所"（在本雅明之前，还有基提恩，参见《法国建筑》（Bauen in Frankreich，莱比锡，1928））为他提供了塑造他"公众自我"的非凡平台。诚然，密斯通过1929年世界博览会上的巴塞罗那馆创造了"展会主义"与现代建筑之间神秘联合的终极符号。但勒·柯布西耶在类似事件中的参与，引发了一系列几乎同样有影响力的项目：新精神馆（1925年巴黎国际现代化工业装饰艺术展）、新时代馆（1937年巴黎国际博览会）和飞利浦馆（1958年布鲁塞尔世界博览会）。

勒·柯布西耶与皮埃尔·让那雷在1910—1965年间的实践项目中，有不少于27个明确地与展会空间有关。于是，毫无疑问，他的最后三件作品（其中两件是在他身后建成的）又体现出"展会症候群"：哈佛视觉艺术中心是一座视觉教育中心（1963年投入使用）。苏黎世的海蒂·韦伯馆（Heidi Weber Pavilion）是一座展馆（1967年投入使用）。至于费尔米尼的教堂（2007年投入使用，由勒·柯布西耶与若泽·乌贝里（José Oubrerie）共同设计），不仅是对"无限生长的博物馆"的重新理解，它螺旋状的坡道实际上还是圣埃蒂安现代艺术博物馆（Saint-Etienne Museum of Modern Art）的一个分支（参见我的"艺术、奇景与永恒"（Art, Spectacle and Permanence），见《勒·柯布西耶——建筑设计的艺术》（Le Corbusier. The Art of Architecture），2007。关于费尔米尼教堂，参见吉斯·拉戈在《面孔》（Faces）发表的文章，第58期，2005）。

■　勒·柯布西耶对于展会的痴迷超越了他的时代。而且显而易见地，还超越了他如同建筑博览会样本一般奢华的职业生涯。在20世纪60年代初期，也就是勒·柯布西耶生命的最后几年，建筑博览会才仅仅是一个概念，无法进入米兰三年展（Triennale di Milano）或者纽约现代艺术博物馆。然而到了20世纪七、八十年代，情况飞快且复杂地转变了。随着1980年威尼斯举办第一次建筑双年展（Biennale），建筑博览会可以说是成了一种公众娱乐的新形式，一个为美学精英们准备的迪士尼乐园（参见让一路易·科恩，"模型与建筑博览会"（Models and the Exhibition of Architecture），见《建筑博览会艺术》（The Art of Architecture Exhibitions），鹿特丹，2001）。就算是这样，到了1987年，勒·柯布西耶的百年诞辰，建筑博览会的思潮终于追上了勒·柯布西耶的脚步。单是勒·柯布西耶的百年纪念，就带来了至少四次关于他的重要展会（其中只有两场在巴黎，其余分别在伦敦、苏黎世、马德里等地召开——参见阿兰·科尔孔，"勒·柯布西耶百年纪念"（The Le Corbusier Centenary），见《建筑史家协会期刊》（JSAH），1990年第1期第49页）。

　　至于"艺术之融合"(Synthèse des arts majeurs)，它已经成为了展示领域里非常重大的话题，而勒·柯布西耶作为一个主题，在众多落选者当中勉强生存。诚然，2004年威尼斯的第十届建筑双年展，仅仅是暗含着提及了"融合"。它选择了变形(metamorphosis)作为主题，指向已经是全球话题的流体建筑(Blob Architecture)(库尔特·W.福斯特编，《变形》(Metamorph)，威尼斯，2004)。一年之后，似乎是为了在美学展示行业的保护下正式地尊崇艺术的统一，热那亚，这座欧洲的文化之都，把16世纪的公爵府作为了舞台，开展了毫无疑问是迄今为止最具雄心的发布会，讲述20世纪和21世纪的艺术(吉尔马诺·塞兰特(Germano Celant)编，《艺术与建筑》(Le arti e l'architettura)，热那亚，2005)。几乎与此同时，位于瑞士巴塞尔附近的里恩镇(Riehen)的贝耶勒基金会(Fondation Beyeler)举办了同样主题的发布会，使用了一个更加具体的题目"建筑雕塑"(ArchiSculpture)。

　　这里的主题一样是艺术之间的对话，虽然选择的角度更具体到"可塑性"。如果策展人做出的假设是正确的，雕塑作为一个学科已经接近终结。换句话说，它已经进入了生命过程中的最后阶段，在这个阶段它只能作为一个非凡的形态学样本库而存在，供建筑师们各取所需。这造成了一种恶性窘境，建筑与雕塑互相彼此取用对方的元素自相蚕食(马库斯·布吕德林(Markus Brüderlin)编，《建筑雕塑》(ArchiSculpture)，奥斯特菲尔登(Ostfildern)，2005；和我的"隐形的交融"(La synthèse invisible)，见《勒·柯布西耶——造型作品》(Le Corbusier. L'oeuvre plastique)，巴黎，2005)。实际上，通过舍弃比喻与表现意义的角色作用，通过将自己重塑为一种依靠符号和数字来表现宇宙的概念——就像马里奥·梅尔兹(Mario Merz)，其推演出的斐波那契数列变体与模度理论非常接近——雕塑的对象不仅变得日渐戏剧化(就好像迈克尔·弗里德(Michael Fried)在他的"艺术与客观性"(Art and Objecthood)(《艺术论坛》(Artforum，1967))里强调的)，而且变得在概念上更加接近建筑学：诸如梅尔兹与丹尼尔·格拉汉姆(Daniel Graham)及其对"凉亭"(pavilion)概念的探索研究；罗伯特·莫里斯(Robert Morris)对"柱子"(columns)的研究；布鲁斯·瑙曼(Bruce Nauman)对"走廊"(corridors)的研究，还有理查德·塞拉(Richard Serra)对"纸牌屋"(house of cards)的研究。

　　艺术的历史一直进展缓慢，以至于承认了这个现象属于"学科基础"的本身属性(参见罗莎琳·克劳斯(Rosalind Krauss)，《现代雕塑的道路》(Passages in Modern Sculpture)，马萨诸塞州剑桥，1981)。因此勒·柯布西耶在这个现代晚期或后现代艺术环境中的位置值得在时代或者更高的高度上重新加以审视。

第一章　夏尔—爱德华·让纳雷

1　Jean Petit, Le Corbusier parle (Paris, 1967), 13. The most comprehensive biographical information on the architect's youth, based upon the architect's own recollections, is to be found in Maximilien Gauthier, Le Corbusier ou l'architecture au service de l'homme, Paris 1944. For additional details see also Jean Petit, Le Corbusier lui-même (Geneva, 1970), 21-48. There is also a gramophone record of an interview taped in 1964 by Hugues Dessalle (Réalisations sonores, Paris 1965). But there is hardly a book by Le Corbusier without some interesting remarks concerning his early experiences in La Chaux-de-Fonds (cf. the following notes). This chapter is deeply indebted to the personal reminiscences of Albert Jeanneret, Léon Perin and J.-P. de Montmollin. For more recent literature on Le Corbusier's early career see the following notes and the Postscript to this chapter, pp. 43 ff.

2　Le Corbusier, L'Atelier de la recherche patiente (Paris,1960; Eng. ed. Creation is a Patient Search), 19.

3　Le Corbusier has juxtaposed this phrase to the exhortation of the 'Dame-Royne de Quinte-Essence' in the fifth book of Rabelais's works: 'seulement vous ramente faire ce que faictes'; see Le Corbusier's preface to W. Boesiger and H. Girsberger, eds., Le Corbusier 1910-1965 (Zurich, 1967), 6. The canonical work on Le Corbusier's early life and particularly his family is now H. Allen Brooks' Le Corbusier's Formative Years (Chicago, 1997), but see also Peter Bienz, Le Corbusier und die Musik (Wiesbaden, 1999), for its insights into the role of Madame Jeanneret as well as Albert, his brother, in the formation of Le Corbusier's culture in the field of music.

4　Le Corbusier occasionally recalled his former competence as an engraver, such as the time he told J. Petit in 1962: 'You know, without that outdated and slightly ridiculous watch I had done when I was fifteen, Corbu would not be what he is today – in all modesty', (Petit, Le Corbusier parle, 14). Charles-Edouard had begun to attend school at the unusually early age of four. At thirteen, he had taken the entrance examination for the local school of Arts and Crafts, and although three days were allotted for the purpose, his papers were turned in by the evening of the first day.

5　For a brief survey of the role of design reform in the Swiss watch industry, see my Industrieästhetik, Disentis 1992 (Ars Helvetica, vol. xi), pp. 23-48. My most important sources regarding La Chaux-de-Fonds were Jacques Gubler,'De la montre au papillon', in Rassegna, no. 3 (I clienti di Le Corbusier), pp. 7 ff. and his 'La Chaux-de-Fonds', in Inventar der Neueren Schweizer Architektur, vol. 3, Berne 1982, pp. 127-218.

6　Born in 1874, L'Eplattenier taught design at the school, beginning in 1898. Most of his paintings, frescos, and large sculptures were created after his resignation as director of the school in 1914. In 1946, he died as the result of a fall from the cliffs of the Doubs River. For a good survey of his work, see Charles L'Eplattenier, 1874-1946 (exhibition catalogue), La Chaux-de-Fonds, 1974. On L'Eplattenier and the La Chaux-de-Fonds School of Art, see now Anouk Hellmann, 'Charles L'Eplattenier. De l'observation à la composition décorative', in Le Corbusier. La Suisse. Les Suisses (Paris, 2006), 69-81; Marie-Jeanne Dumont (ed.), Le Corbusier. Lettres à Charles L'Eplattenier (Paris, 2006), and Marie-Ève Celio, 'Le Corbusier et Eugène Grasset', ibid., 83-103. For the general context, see now Helen Bieri Thomson (ed.), Une expérience

Art Nouveau à La Chaux-de-Fonds. Le style sapin (La Chaux-de-Fonds, 2006), as well as Marie-Jeanne Dumont (ed.), Le Corbusier. Lettres à Charles L'Eplattenier (Paris, 2006).

7　On the 'Cours Supérieur' and the 'Nouvelle Section'of the Art School founded in 1911, see also Patricia M. Sekler in Charles L'Eplattenier, appendix.

8　Julius Meier-Graefe, Entwicklungsgeschichte der modernen Kunst (Munich, 1927), 640. For the general European context, see Nikolaus Pevsner, Pioneers of Modern Design from William Morris to Walter Gropius (London, 1936 / New York, 1949),45 and passim; as well as id., The Origins of Modern Architecture and Design (London, 1968), especially Chapters 2 and 3.

9　This Egyptian touch is not a new phenomenon in the arts of the period. Thinking of the style of the German pavilion at the International Exposition of Decorative Arts at Turin, 1902, Julius Meier-Graefe said of the architect Peter Behrens,'He used to speak of the work of Rameses ii as if he were talking about the work of an older and more venerable colleague'. 'Peter Behrens –Düsseldorf', in Die Kunst, vol. 12 (Munich, 1905), 381 ff.

10　Le Corbusier, L'Art décoratif d'aujourd'hui (Paris,1925), 134, 136, 138. Ruskin's impact upon Charles-Edouard Jeanneret's education has been studied by Patricia M. Sekler, The Early Drawings of Charles Edouard Jeanneret (Le Corbusier), 1902-1908 (New York, 1978).

11　J. Petit, Le Corbusier parle, 12. In Modulor 2 (Paris 1955 / Eng. ed., Cambridge MA, 1958; 1968), he refers to the 'catastrophe of geological ruptures', p. 25.

12　Le Corbusier, L'Art décoratif d'aujourd'hui, op.cit., 197-200.

13　Ibid., 198 ff.

14　Charles Blanc, Grammaire des arts du dessin (4th ed., Paris, 1881), 68.

15　Ibid., p. 305.

16　These early buildings were first documented by E. Chavanne and M. Laville, 'Les premières constructions de Le Corbusier en Suisse', diploma thesis, eth, Zurich, n.d., partly published in Werk 50, 1963, pp. 483-8. For a thorough analysis and contextualization of these works, see now Jacques Gubler, 'Les identités d'une région', in werk. archithese, 1977, no. 6, 1977, pp. 3-11 and id., 'La Chaux-de-Fonds', in Inventar der Neueren Schweizer Architektur, op.cit., as well as H. Allen Brooks, Le Corbusier's Formative Years (Chicago, 1997), 23-91.

17　See, for example, Le Corbusier's introduction to Oeuvre complète 1910-1929, 10.

18　See especially Le Corbusier, L'Atelier de la recherche patiente, 26; L'Architecture d'aujourd'hui (1948, special issue on Le Corbusier); Maurice Besset, Qui était Le Corbusier (Geneva, 1968; Eng. ed. Who Was Le Corbusier?), 12 and passim. C.-E. Jeanneret's early travels to Italy have since been studied exhaustively by Giuliano Gresleri; see in particular his Le Corbusier. Il viaggio in Toscana (1907), Venice 1987, as well as id., Il linguaggio delle pietre, Venice 1988. A summary is given in S. von Moos and A. Rüegg (eds.), Le Corbusier before Le Corbusier (New York, 2001), 142-53. For a thorough discussion of the aesthetic concepts behind Jeanneret's view of Italian art and in particular John Ruskin's role here, see also German Hidalgo Hermosilla, 'La constatacion de un aprendizaje. El viaje a Italia en 1907 de Ch.E. Jeanneret', in Massilia, 2004, pp. 4-30.

19　Le Corbusier. Voyage d'Orient, Carnet 1, (Milan, 1987; facsimile ed.

20　See Le Corbusier, ou l'architecture au service de l'homme, p. 23. La Bohème was performed at the Opera in Vienna on 15 January and 10 February 1908.

21　The Villa Stotzer was published as Chapallaz's work

22   In his introduction to Oeuvre complète 1910-1929, Le Corbusier recalls these as well as some other recent buildings that impressed him after his arrival in Paris in 1908 (particularly the beautiful studio houses by Süe and Mare at Rue Cassini). On Sauvage, see also S. Giedion, Bauen in Frankreich. Eisen, Eisenbeton (Leipzig, 1928), and more recently Maurice Culot and Lise Grenier, eds. Henri Sauvage, 1873-1932 (Brussels and Paris, 1976; exhibition catalogue). Giedion's book is now available in English as Building in France, Building in Iron, Building in Ferroconcrete (S.Monica ca, 1995), 192 ff.

23   Eugène Grasset, Méthode de composition ornementale (Paris, 1905). On Grasset, see now Marie-Ève Celio, 'Le Corbusier et Eugène Grasset', in Le Corbusier. La Suisse. Les Suisses, op.cit., 82-103.

24   Petit, Le Corbusier lui-même (Paris, 1970), 30.

25   On the Perret brothers, see Peter Collins, Concrete, The Vision of a New Architecture (London, 1959). The most useful recent study is by Roberto Gargiani, Auguste Perret. La théorie et l'oeuvre (1993), but see also the comparative discussion by Giovanni Fanelli and Roberto Gargiani, Perret e Le Corbusier. Confronti (Bari, 1990), and more recently Maurice Culot, David Peyceré and Gilles Ragot (eds.), Les frères Perret. L'oeuvre complète (Paris, 2000).

26   See Giedion, Space, Time and Architecture (5th ed.,1974), 330, for an interior view of Perret's studio.

27   See Le Corbusier, L'Art décoratif, 201-9.

28   Paul V. Turner, 'The Beginnings of Le Corbusier's Education, 1902-1907', The Art Bulletin, June, 1971, pp. 214-24. Turner's thesis has since been published in book form (New York, 1978).

29   The importance of Nietzsche has been correctly stressed by Turner, 'Le Corbusier's Education', and even moreso by Charles Jencks, in Le Corbusier and the Tragic View of Architecture (Cambridge MA, 1974), especially pp. 170-82. The best recent discussion of Le Corbusier's relation to this philosopher is by Jean-Louis Cohen, 'Le Corbusier's Nietzschean Metaphors', in Alexander Kostka and Irving Wohlfarth (eds.), Nietzsche and 'An Architecture of Our Minds', 1999, pp. 311-32.

30   This letter, dated 22 November 1908, was first published in the Gazette de Lausanne, 4-5 Sept. 1965; see also Petit, Le Corbusier lui-même, 34-6, and Charles Jencks's comments in Le Corbusier and the Tragic View of Architecture, 22-7.

31   See J. M. Nussbaum, 'Quand Le Corbusier menait une petite guerre politico-artistique pour la Nouvelle Section de l'Ecole d'Art', L'Impartial, 12 October 1957. (L'Impartial is La Chaux-de-Fonds' local newspaper.)

32   J. Petit, Le Corbusier lui-même, 30.

33   Letter from L. Mies van der Rohe to the author.

34   Charles-Edouard Jeanneret, Etude sur le mouvement d'art décoratif en Allemagne (La Chaux-de-Fonds, 1912; facsimile edition New York, Da Capo Press, 1968). See now also Mateo Kries (ed.), Le Corbusier. Studie über die deutsche Kunstgewerbebewegung (Weil a.Rhein, 2008), with essays by Mateo Kries and Alex T. Anderson.

35   Ibid., 74.

36   Le Voyage d'Orient. Fini d'écrire à Naples le 10 octobre 1911 par Charles-Edouard Jeanneret, relu le 17 juillet 1965, 24 rue Nungesser-et-Coli par Le Corbusier (Paris, 1966). Part of this text was published in the Almanach d'architecture moderne, November 1925, pp. 55-71. A summary of the trip, beautifully illustrated, is given in Le Corbusier, L'Art décoratif, 209-17. See also the more recent translation of the Voyage d'Orient into English by Ivan Zaknic and Nicole Pertuiset as Le Corbusier. Journey to the East (Cambridge MA, 1987).

37   Le Corbusier, L'Art décoratif, 212.

38   Voyage d'Orient, pp. 11-12; 32.

39   Ibid., 67.

40   Ibid., 76.

41   Ibid., 120; he is polemicizing here against Théophile Gautier's description of Turkish houses as poultry coops.

42   Ibid., 151.

43   Ibid., 165.

44   Ibid., 168.

45   Ibid., 153. The most likely literary models for the Voyage d'Orient are the writings of William Ritter, a novelist, painter, and art critic from Neuchâtel (1867-1955), as well as the well-known travel books by authors like Théophile Gautier, Pierre Loty, and others. The section on the Parthenon recalls a famous text by Ernest Renan on that building. C.-E. Jeanneret/ Le Corbusier's 'Grand Tour' has been exhaustively studied by Giuliano Gresleri, Le Corbusier. Viaggio in Oriente. Charles Edouard Jeanneret fotografo e scrittore (Venice, 1984), but see also H. Allen Brooks, Le Corbusier's Formative Years, op.cit., 209-303, as well as my 'Voyages en Zigzag' in Le Corbusier before Le Corbusier, 2001, 22-43.

46   Le Corbusier, L'Art décoratif, 217.

47   Gauthier, Le Corbusier ou l'architecture au service de l'homme, 34 ff.

48   Nouvelle Section de l'Ecole d'Art (prospectus), La Chaux-de-Fonds 1912.

49   Un mouvement d'art à la Chaux-de-Fonds – à propos de la Nouvelle Section de l'Ecole d'Art (La Chaux-de-Fonds, n.d., 1914).

50   Of his early colleagues, Georges Aubert seems to have been the only one to remain close to Le Corbusier. A professor of art at Lausanne, Aubert painted two frescos in Le Corbusier's Clarté apartment block in Geneva (1954). He died in 1961. See the very personal tribute to his friend – which arrived only after Aubert's death, in Ernest Genton, Présence de Georges Aubert (Lausanne, 1966). Aubert's frescos in the Clarté flats have recently been removed. See now Stéphanie Pallini, 'Georges Aubert. Un relais du purisme en Suisse Romande', in Le Corbusier. La Suisse. Les Suisses, op.cit., 129-47.

51   The Villa Jeanneret-Perret and the best of Jeanneret's directly subsequent designs are now illustrated in Petit, Le Corbusier lui-même, 45-7, and in Jencks, Le Corbusier and the Tragic View of Architecture, figs. 13-21. For a more thorough analysis, see now William J.R.Curtis, 'Classicism for the Jura', in his Le Corbusier, Ideas and Forms (Oxford, 1986), 37-47, H. Allen Brooks, Le Corbusier's Formative Years, op. cit., 307-29, and S. von Moos and A. Rüegg (eds.), Le Corbusier before Le Corbusier, op.cit.,208-23. On the Villa Jeanneret-Perret in particular, see Leo Schubert, La villa Jeanneret-Perret di Le Corbusier, 1912 (Venice, 2006), as well as Arthur Rüegg and Klaus Spechtenhauser (eds.), Maison Blanche. Charles-Edouard Jeanneret, Le Corbusier (Basle/Boston/Berlin, 2007).

52   On Behrens's early work cf. the monograph by Fritz Hoeber, Peter Behrens (Munich, 1913). While in Behrens's studio, Jeanneret seems to have been working on the project of the Cuno House in Hagen-Eppenhausen, but he was also familiar with Behrens's other contemporary house designs, as his own later projects show. Whatever the case, he visited Karl Ernst Osthaus's well-known artist colony at Eppenhausen, and refers to it briefly (and mistaking Bremen for Hagen) in Le Modulor (Boulogne s. Seine, 1948), 26. C.-E. Jeanneret/ Le Corbusier's relation to Germany has been repeatedly analysed in recent years. See in particular Rosario De Simone, Ch.E. Jeanneret-Le Corbusier. Viaggio in Germania 1910-1911 (Rome, 1989); Winfried Nerdinger, 'Le Corbusier und Deutschland. Genesis und Wirkungsgeschichte eines Konflikts 1910-1933', in arch+, 1987, no. 90/91, pp. 80-6; Werner Oechslin, 'Le Corbusier und Deutschland', in Franz Oswald and Werner Oechslin (eds.), Corbusier im Brennpunkt. Vorträge in der Abteilung für Architektur ETHZ (Zurich, 1988), 28-47; Stanislaus von Moos, 'Der Fall Le Corbusier. Kreuzbestäubungen, Allergien, Infektionen', in Vittorio Magnago Lampugnani (ed.), Moderne Architektur in Deutschland 1900 bis 1950. Expressionismus und Neue Sachlichkeit (Frankfurt a.M./

Stuttgart, 1994), 160-83. More recently, Tilmann Buddensieg, when referring to Mies van der Rohe, suggested that Jeanneret worked on the Mannesmann building in Dusseldorf while working at Behrens's studio, in idem, Berliner Labyrinth, neu besichtigt (Berlin, Wagenbach,1999), 205 ff.

53   The importance of Max Dubois (born 1884) for Jeanneret's own formation in structural engineering has been studied by Joyce Lowman, 'Corb as Structural Rationalist', The Architectural Review, October 1976, pp. 229-33. For a much more thorough analysis, see Tim Benton, 'From Jeanneret to Le Corbusier: Rusting Iron, Bricks and Coal, and the Modern Utopia', in Massilia, 2003, no. 3, pp. 28-39.

54   Garnier's two volumes, Travaux pour la ville de Lyon and Une cité industrielle (n.d., 1918) had been ready for publication years before they actually appeared. On other influences on Jeanneret's housing projects and on the relationship between Jeanneret's and Garnier's work, see also Brian B. Taylor, Le Corbusier at Pessac (Cambridge MA and Paris 1972; exhibition catalogue), pp. 2 ff. Le Corbusier's own comments on the Domino idea are given in Oeuvre complète 1910-1929, 23-6, and in Précisions sur un état présent de l'architecture (Paris, 1930), 93-5. For a brilliant analysis of the Domino system, see Paul Turner, 'The Intellectual Formation of Le Corbusier', in Russell Walden, ed., The Open Hand (Cambridge MA, 1977), 32-8.

55   J. Caron (pseudonym of Amédée Ozenfant), 'Une villa de Le Corbusier 1916', L'Esprit Nouveau, Paris 1920, pp. 679-704. In this publication, Le Corbusier declines all responsibility for the interior arrangement. Problems in respecting the budget caused Jeanneret's eventual decision to leave La Chaux-de-Fonds. Compare J. Schwob, 'Il n'a pas son diplome d'architecte', Gazette de Lausanne, 4-5 September 1965, and Maurice Favre, 'Le Corbusier in an Unpublished Dossier and a Little Known Novel', in Russell Walden, ed., The Open Hand, 96-112. On the Maison Schwob, see now H. Allen Brooks, Le Corbusier's Formative Years, op.cit., 381-467, as well as Francesco Passanti and Arthur Rüegg in Le Corbusier before Le Corbusier, op.cit., 220-3. The plans are shown in H. Allen Brooks (ed.), The Le Corbusier Archive, vol. 1, 'Early Buildings and Projects, 1912-1923' (New York,1982).

56   Cf. Reyner Banham, Theory and Design in the First Machine Age (London, 1960), 220-1.

57   Schweizerische Bauzeitung (1912), pp. 148-50, 165-7, 178, and plates 33 and 34. In the preface to Oeuvre complète 1910-1929, Le Corbusier recalls having seen the work of Wright in a magazine in 1913.

58   Among Wright's houses published in the SBZ (Schweizerische Bauzeitung) and showing similarities with the Villa Schwob, one notes the two-storey living room of the Thomas P. Hardy house in Racine, Wisconsin and the arrangement of the side wings in the country houses for D.D. Martin. But, as Othmar Birkner has shown more recently, there are also more immediate sources for the two-storey living room, such as the Villa Ed. Rudolph-Schwarzenbach in Zurich, by Robert Curjel and Karl Moser (1903-1904); Othmar Birkner, Bauen und Wohnen in der Schweiz, 1850-1920 (Zurich, 1975), 74-6. On Frank Lloyd Wright and his European reception after 1910 and in particular his impact upon Le Corbusier, see Heidi Kief-Niederwöhrmeier, Frank Lloyd Wright und Europa. Architekturelemente – Naturverhältnis –Publikationen – Einflüsse (Stuttgart, 1983), and on the parallel interest of both Wright and Le Corbusier in the picturesque tradition, see Richard A. Etlin, Frank Lloyd Wright and Le Corbusier. The Romantic Legacy (Manchester/New York, 1994).

59   The massive projecting cornice may also have been inspired by Henri Sauvage's well-known setback apartment block in Paris, rue Vavin (1911), as B. B. Taylor suggests (Le Corbusier at Pessac, p. 3; compare plates 10; 11; see also, in this context, Taylor's 'Sauvage and Hygienic Housing or the Cleanliness Revolution in Paris', in archithese, 1974, no. 12, pp. 13-16). On Sauvage, see previous note as well as my postscript to Chapter 4.

第二章　纯粹主义与《新精神》杂志

1   He was to stay there for 17 years, i.e., until 1934 when he moved to his new apartment on the rue Nungesser-et-Coli. From 1919 to 1925, his brother Albert lived at the same address. On the mansard apartment, see now Arthur Rüegg, 'Autobiographical Interiors: Le Corbusier at Home', in Le Corbusier. The Art of Architecture, op.cit., 117-45.

2   See Taylor, Le Corbusier et Pessac (original complete French version of Le Corbusier at Pessac), 23; see also Le Corbusier's own recollections in Petit, Le Corbusier parle, 51 ff. On Le Corbusier's adventures as an industrialist, see now Tim Benton, 'From Jeanneret to Le Corbusier, op.cit.; see previous chapter, note 53.

3   Born in Saint-Quentin in 1886, Amédée Ozenfant began painting in 1903. He studied at the Ecole Quentin de La Tour under Henri Matisse, and then at the Académie de la Palette, side by side with Dunoyer de Segonzac and Roger de la Fresnaye. In 1924, he opened his own academy with Fernand Léger and later headed a school of painting in New York, where he died in 1967. His book Journey Through Life (New York, 1939), and especially his Mémoires published in French (Paris, 1968) are most important for any understanding of the cultural and artistic climate of Paris during the 1920s and 1930s. Ozenfant has more recently been studied by Susan L. Ball, Ozenfant and Purism: The Evolution of a Style 1915-1930 (Ann Arbor, 1981) as well as by Françoise Ducros, who, after completing a fine exhibition catalogue for the Musée Antoine Lecuyer in Saint-Quentin (1985), published her canonical monograph Amédée Ozenfant (Paris, 2002).

4   Aujourd'hui, no. 51, p. 14.

5   A. Ozenfant and C.-E. Jeanneret, Après le cubisme (Paris, 1917), 31 ff. Many of the following thoughts on Purism were first discussed in S. von Moos, 'Der Purismus in der Malerei Le Corbusiers', Werk 10, 1966, pp. 413-20.

6   Ozenfant and Le Corbusier, Après le cubisme, 58 ff.

7   Ibid., 16.

8   Ibid., 29. Judgements like these coincide almost literally with those made by Ozenfant a few years earlier in his magazine L'Elan.

9   Ibid., 18.

10   Ozenfant and Jeanneret, Après le cubisme, 53. Later in his career, Le Corbusier was anxious to emphasize that the term was Ozenfant's creation and not his, for, as he said, he came to detest 'isms' over the years. See his account of the story in Art d'aujourd 'hui no. 7, 1950. For a general introduction to the theories and architecture of this period, Reyner Banham's Theory and Design in the First Machine Age (London, 1960) is still a key reference work, even though the section devoted to Le Corbusier's collaboration with Ozenfant (pp. 207 ff.) has now been superseded by more recent studies such as Léger and Purist Paris (exhibition catalogue, Tate Gallery, London 1971, with contributions by John Golding, 'Léger and the Heroism of Modern Life', pp. 8-23, and Christopher Green, 'Léger and L'Esprit Nouveau, 1912-1928', pp. 25-82). More recently, Christopher Green has devoted an important chapter to Purism in his book Léger and the Avant-Garde (New Haven and London, 1976), 202-12. See also Christopher Green's

Cubism and its Enemies (New Haven and London, 1987) as well as Françoise Ducros' entries in Le Corbusier before Le Corbusier, op.cit., 274-81, and most recently Jan de Heer, The Architectonic Colour. Polychromy in the Purist Architecture of Le Corbusier (Rotterdam, 2009).

11   Le Corbusier doubtlessly knew Appia's work. Perhaps he even saw his production of Orphée and L'Annonce faite à Marie performed in 1913 at Jaques-Dalcroze's Bildungsanstalt in Hellerau where Le Corbusier's brother Albert was then working. According to the annual Bulletin of the Ecole d'Art at La Chaux-de-Fonds, Jeanneret left for Dresden at this time to see a building exhibition there. It can be assumed that he took advantage of the trip to visit Tessenow, who was living in Hellerau and whom he had met three years previously. On Jeanneret and Germany, see now the bibliography under W. Nerdinger and R. de Simone, as well as Jean-Louis Cohen, '"France ou Allemagne?" Un zigzag editorial de Charles-Edouard Jeanneret', in Karin Gimmi, Christoph Kübler et al. (eds.), SvM. Die Festschrift (Zurich, 2005), 74-92.

12   Aujourd'hui, no. 51, p. 14.

13   Ozenfant also did his best to ensure that posterity would be aware of this. In an article published in 1950, Le Corbusier blames Ozenfant for having falsified dates and captions in an article on Purism written by Maurice Raynal for L'Esprit Nouveau 7. Compare Art d'aujourd'hui no. 7, 1950. See now S. von Moos (ed.), Le Corbusier. Album La Roche (Milan, 1996), 41 ff.

14   Aujourd'hui, no. 51, p. 15.

15   Art d'aujourd'hui, no. 7, 1950.

16   Le Corbusier-Saugnier, Vers une architecture (Paris, 1922; Eng. ed. Towards a New Architecture), 9.

17   Later he made it clear, moreover, that these 'personal ideas' were Ozenfant's; see Art d'aujourd'hui, no. 7. On Jeanneret and Ozenfant's respective views on this issue, see now Jan de Heer, The Architectonic Colour. Polychromy in the Purist Architecture of Le Corbusier (Rotterdam, 2009).

18   For an early account of Ozenfant's work as a painter, see Jean Cassou, 'Amédée Ozenfant', Cahiers d'art, no. 10, 1928, pp. 437 ff.

19   Franz Meyer, 'Die Schenkungen Raoul La Roche an das Kunstmuseum', Jahresbericht 1963 der öffentlichen Kunstsammlung Basel, pp. 55-70. For a more complete view, see now Stanislaus von Moos (ed.), Le Corbusier. Album La Roche (Milan, 1996) and Katharina Schmidt (ed.), Ein Haus für den Kubismus. Die Sammlung Raoul La Roche (1998). On the genesis of the collection, see in particular the contribution by Malcolm Gee 'Raoul La Roche und das Sammeln moderner Kunst in Paris', ibid., 279-87.

20   Two versions of the painting exist, one at the Kunstmuseum Basel, the other at the Museum of Modern Art, New York. For a detailed discussion, see Jan de Heer, The Architectonic Colour. Polychromy in the Purist Architecture of Le Corbusier (Rotterdam, 2009).

21   As has been noted by James Thrall Soby, 'Le Corbusier the Painter', Stamo Papadaki (ed.), Le Corbusier Architect, Painter, Writer (New York, 1948).

22   This may sound unorthodox compared to the 'Copernican' role attributed to Cubism, as a key to modern space conception, by S. Giedion in Space, Time and Architecture 5th ed., pp. 429-50 and passim. This view, however, has been challenged from various points of view; compare Carlo L. Ragghianti, 'Architettura modema e cubismo', ZODIAC 9, pp. 18 ff., Colin Rowe and R. Slutzky, 'Transparency, Literal and Phenomenal', Perspecta 8 (1964, pp. 45-54. On modern architecture and Cubism, see now Nancy Troy and Eve Blau (eds.), Architecture and Cubism (Montreal/Cambridge MA, 1997), and in particular the Essays by Beatriz Colomina and Yve-Alain Bois included in the book.

23   See Gauthier, Le Corbusier ou l'architecture au service de l'homme, 44 ff; on Paul Dermée see Carola Giedion-Welcker, Poètes à l'écart (Zurich, 1947), 1917. On L'Esprit Nouveau, see R. Gabetti and C. Olmo, Le Corbusier e 'L'Esprit Nouveau' (Turin,1975)

and the special issue of Parametro on L'Esprit Nouveau, September-October 1976. A survey on the recent literature on L'Esprit Nouveau is given in the postscript to this chapter.

24   Reprinted as a booklet, Paris 1946. Banham,Theory and Design, 208 ff. refers to writings of August Choisy and Jean Cocteau where the term 'esprit nouveau' seems to crop up as well. But the actual source is no doubt Apollinaire.

25   L'Esprit Nouveau, no. 1, pp. 38-48.

26   For a more detailed discussion of these problems, see Christopher Green (note 10). Gino Severini's important study Du cubisme au classicisme appeared in 1921, and Jean Cocteau's Rappel à l'ordre in 1926. Some important older studies on L'Esprit Nouveau's 'Retour à l'ordre' are referred to in the postscript to this chapter.

27   Carrà's monograph on Giotto appeared in 1924 as a volume of the Valori Plastici series.

28   L'Esprit Nouveau, no. 1, pp. 90-5.

29   Aujourd'hui, no. 51, p. 15. According to Jean Petit, Le Corbusier lui-même, 24, Lecorbésier was the name of a Belgian ancestor in Mrs Jeanneret's (Le Corbusier's mother) family.

30   In L'Esprit Nouveau, he used other pseudonyms as well. The names of Vauvrecy and de Fayet seem to have been used by both Ozenfant and Jeanneret (Ozenfant used de Fayet as his pseudonym in Mémoires, op.cit., 135.) Occasionally Le Corbusier wrote under the name of Paul Boulard (several of these articles relating to exhibitions, art books or to events in the Paris art world are of great historic interest). Essays on painting are frequently signed Ozenfant-Jeanneret.

31   The articles do not appear in quite the chronological order of their first publication. Also, most of them have been revised. Finally, the book does not include the reports on the prefabricated 'Maison Voisin' (L'Esprit Nouveau, no. 2, pp. 211-15) or on the 'Maisons en série' (where a project by A. Perret is prominently featured side by side with Le Corbusier's proposals, see L'Esprit Nouveau, no. 13, pp. 1525-42). Most likely, these examples, while making an important point on prefabrication, were seen as somehow conflicting with Le Corbusier's vision of geometric purification through mass production. The first edition of Vers une architecture had been signed: Le Corbusier-Saugnier. For the second edition, Le Corbusier had the name Saugnier deleted and dedicated the book to Ozenfant, thereby removing any misunderstanding about his claim regarding authorship. The story of Vers une architecture and its English edition(s) is now presented in great detail by Jean-Louis Cohen in his introduction to the new edition of Toward an Architecture (Los Angeles ca, 2007). The quotes from Toward an Architecture given in this chapter have not been revised in the light of the new edition.

32   On Le Corbusier's rhetoric, see now Cohen's introduction to Toward an Architecture, as well as Guillemette Morel Journel, 'Le Corbusier. Structure rhétorique et volonté littéraire', in Le Corbusier, écritures (Paris, 1993), 15-29.

33   Vers une architecture, 5. The passage recalls Anatole de Baudot, who in Architecture, passé et présent (published posthumously in 1916), had used similar terms to draw attention to the work of engineers. See Peter Collins, Changing Ideals in Modern Architecture (Montreal, 1965; reprinted ed., 1967), 164.

34   Walter Gropius, 'Die Entwicklung moderner Industriebaukunst', Werkbund-Jahrbuch, 1913, pp. 17-22. Gropius recalled having given Le Corbusier the originals of the photographs published in Vers une architecture during a meeting at the Café des Deux Magots in 1923 (see Aujourd'hui, no. 51, p. 108). But all of them had already appeared in October 1920 in the first issue of L'Esprit Nouveau. Le Corbusier and Ozenfant had simply clipped them from the Werkbund-Jahrbuch and retouched certain details that did not suit the point they wanted to make.

35   Le Corbusier, Vers une architecture, 16.

36   Ibid., 19.

37   In L'Esprit Nouveau, no. 2, p. 198, a photograph of Gropius's Fagus factory at Alfeld was included.

38   Le Corbusier, Vers une architecture, 56.

39   See Le Corbusier, Le modulor (Paris, 1948; Eng. ed., Cambridge MA, 1958, 1968), 27: 'A book brought him certainty: some pages from Auguste Choisy.'

40   Le Corbusier, Vers une architecture, 80. (On the theoretical implications of Le Corbusier's appropriation of technical objects, see now Jean-Louis Cohen, 'Sublime, Inevitably Sublime: The Appropriation of Technical Objects', in Le Corbusier. The Art of Architecture, op.cit., 209-33.)

41   Le Corbusier, Vers une architecture, 105.

42   Le Corbusier, Vers une architecture, 123, 145, 165.

43   Le Corbusier, Oeuvre complète 1910-1929, 8.

44   Letter dated 10 June 1931, in A. Sartoris, Gli elementi dell'architettura funzionale (Milan, 1931; 3rd ed., 1941).

45   Ibid., 119-40.

46   Banham, Theory and Design, 246.

47   'Le retour à la belle tradition latine', as Charles-Edouard Jeanneret put it in his Etude sur le mouvement d'art décoratif en Allemagne (La Chaux-de-Fonds, 1912), 44.

48   Le Corbusier is conscious, however, of the fact that engineering forms are influenced by aesthetic considerations and that utilitarianism alone does not lead to beauty; see Le Corbusier, Vers une architecture, 7.

49   Some examples of neo-classicist interest in pure geometry are discussed in Le Corbusier, Urbanisme (Paris, 1925), 35 ff.

50   'Architecture d'époque machiniste', Journal de Psychologie Normale et de Pathologie, Paris, 1926, pp. 325-50; (facsimile reprint, Turin 1975). See the discussion in Banham, Theory and Design, 257-63. On some theoretical implications of the problems discussed in this section, see now my ps to Chapter 3 ('Between Function and Type').

51   Le Corbusier, Vers une architecture, 73, 83, and passim.

52   Hans Sedlmayr, Verlust der Mitte (Salzburg, 1948), 60 ff. On the role of the machine in architectural thinking, see P. Collins, 'The Mechanical Analogy', Changing Ideals, 159-66; obviously, the machine was a conceptual 'analogon' to phenomena in physics, politics, and economics well before theoreticians such as Horatio Greenough, James Fergusson, or Viollet-le-Duc of the 19th century discovered it for their own use.

53   Johan Linton has plausibly argued that Le Corbusier's conception of the machine and his idea of mechanics was in fact based on a considerable familiarity with the watchmaking culture of his native La Chaux-de-Fonds. See 'Le Corbusier and Alfred Chapuis. Writings on watch making and mechanics', in Massilia, 2004, pp. 54-63.

54   See the catalogue of the exhibition, and Paul Léon, ed., Rapport général de l'exposition internationale des arts décoratifs et industriels modernes, Paris, 1925 (Paris, 1928) and more recently, Yvonne Brunhammer, 1925. Exposition internationale des arts décoratifs et industriels modernes. Sources et conséquences (exhibition catalogue, Paris, 1976). The best critical discussion of the Exposition des Arts Décoratifs is by Nancy J. Troy, Modernism and the Decorative Arts in France. Art Nouveau to Le Corbusier (New Haven/London, 1991), especially pp. 159-226.

55   'Un homme poli, vivant dans ce temps-ci', Les arts décoratifs modernes, special issue of Vient de paraître, 1925, p. 108.

56   Sigfried Giedion, Mechanization Takes Command (New York, 1947), 499. Difficulties in securing funds had caused delays in the pavilion's realization. In fact, P. A. Emery, who worked on the project, claims that construction

was started only the night before the Exhibition's official opening. Thus the pavilion site had to be protected during construction by a fence. This requirement was later dramatized by Le Corbusier and Giedion as another proof of the establishment's distrust of modernity. For Le Corbusier's version of the story cf. his Almanach d'architecture moderne (Paris, 1925) and 'Brève histoire de nos tribulations', in the Le Corbusier issue of L'Architecture d'aujourd' hui, pp. 59-67, and Oeuvre complète 1910-1929, 98-100. In order to work on the pavilion and on the 'Plan Voisin' that was to be presented within, in 1924, Le Corbusier rented the space at 35, rue de Sèvres that was later to become his permanent business address.It was the second floor of one wing of a defunct convent, then used as a grocer's storeroom. Compare The New Yorker, 24 April-3 May 1937.

57   Quoted from Giedion, Mechanization takes Command, p. 492. For an interesting visual documentation and analysis of Le Corbusier's furniture designs, see Maurizio Di Puolo, Marcello Fagiolo and Maria Luisa Madonna, La machine à s'asseoir (catalogue, Rome, 1976), and Renato De Fusco, Le Corbusier designer. I mobili del 1929 (Milan, 1976).Le Corbusier's furniture design has been much studied in recent years. A comprehensive catalogue is currently under preparation by Arthur Rüegg. In the meantime, see George H. Marcus, Inside the Living Machine. Furniture and Interiors (New York, 2000). For close-ups, see Rüegg's 'Anmerkungen zum Equipement de l'habitation und zur Polychromie intérieure bei Le Corbusier', in Sergio Pagnamenta and Bruno Reichlin(eds.), Le Corbusier. La ricerca paziente (Lugano, 1980), 151-67; 'Der Pavillon de l'Esprit Nouveau als musée imaginaire', L'Esprit Nouveau. Le Corbusier und die Industrie, 1920-1925, op.cit., 134-51, as well as 'Autobiographical Interiors: Le Corbusier at Home', Le Corbusier. The Art of Architecture, op.cit., 117-45, as well as – regarding the collaboration with Heidi Weber – Pedro Feduchi, 'Juegos de compas. Le Corbusier y los muebles', in Le Corbusier. Museo y colleccion Heidi Weber (Madrid, 2007), 32-47. Literature on Charlotte Perriand is referred to in the following note.

58   On Charlotte Perriand, see now Mary McLeod, Charlotte Perriand. An Art of Living (New York, 2003), with contributions by Roger Aujame, Joan Ockman, Danilo Udovicki-Selb and others. Perriand's collaboration with Le Corbusier and Pierre Jeanneret is also at the core of Arthur Rüegg (ed.), Charlotte Perriand. Livre de bord (Basle/Paris, 2004), and of the more recent exhibition catalogue Charlotte Perriand (Paris, 2005), with essays by Tim Benton, Gladys Fabre, Roger Aujame and others. The canonical monographis Jacques Barzac, Charlotte Perriand. Un art d'habiter (Paris, 2005).

59   'A polemical work of only local interest,' as Reyner Banham had claimed (Theory and Design, 248). Le Corbusier seems to have felt differently; compare the lengthy discussion of the book in Gauthier's authorized biography, Le Corbusier ou l'architecture au service de l'homme, 72-85. The book has since been translated into English by James Dunnett as The Decorative Art of Today (Cambridge MA,1987).

60   Adolf Loos, Sämtliche Schriften I (Vienna-Munich, 1962), 15 ff. For a more recent assessment of Le Corbusier's debt to Loos, see my 'Le Corbusier und Loos', in L'Esprit Nouveau. Le Corbusier und die Industrie, 1919-1925, op.cit., 122-33; Eng. translation in Max Risselada (ed.), Raumplan versus plan libre (Rotterdam, 2008).

61   George Besson, 'La décoration intérieure et les ensembles mobiliers', special issue of Vient de paraître, 1925, p. 165.

1	See Peter Collins, Concrete. The Vision of a New Architecture (London, 1959). Collins's book is still topical, but older texts like Ludwig Hilberseimer and Julius Vischer's Beton als Gestalter (Stuttgart, 1928) should not be forgotten in this context. For a good survey on traditional uses of concrete, see now Gwenael Delumeau and others, Le béton en représentation. La mémoire photographique de l'entreprise Hennebique 1890-1930 (Paris, 1993).

2	On Pierre Jeanneret, see L'Architecture d'aujourd'hui, February-March 1968, as well as Werk, June 1968. A comprehensive monograph on Pierre Jeanneret was announced decades ago, yet both his own work as an independent architect as well as his fundamental role in the elaboration of many of the best known works of his cousin Le Corbusier remains practically unexplored. In the meantime, see Kiran Joshi, Documenting Chandigarh: The Indian Architecture of Pierre Jeanneret, Edwin Maxwell Fry, Jane Beverly Drew (Ahmedabad/Chandigarh, 1999) as well as, more recently, Gilles Barbey, 'Pierre Jeanneret, autre Suisse dissident?', in Le Corbusier, La Suisse, les Suisses (Paris, 2006), 47-67.

3	Le Corbusier, Oeuvre complète 1910-1929, 128. The 'Five points' were first published in Alfred Roth, Zwei Wohnhäuser von Le Corbusier und Pierre Jeanneret (Stuttgart, 1927, reprinted Stuttgart, 1977). Earlier versions of the famous diagrams had appeared in the Journal de Psychologie Normale, 1926, reprinted Turin, 1975. The best recent discussion is by Werner Oechslin, '5 Points d'une architecture nouvelle', in Jacques Lucan (ed.), Le Corbusier. Une encyclopédie (Paris, 1987), 92-4.

4	In Le Corbusier, Vers une architecture (Paris, 1925), 45, an early plan for an elevated city is dated 1915. In L'Esprit Nouveau, however, the same plan had been signed 'Le Corbusier-Saugnier', thus suggesting a later date (p. 468).

5	The most outstanding examples are the setback developments in Oued-Ouchaia, North Africa (1933-34, not built); see Le Corbusier, Oeuvre complète, 1929-1934, 165, and the 'Unité d'habitation' in Nantes-Rezé (1952-54), built partly over water. The presence of the prehistoric Swiss lake dwellings in Le Corbusier's mythology has been studied by Adolf Max Vogt, Le Corbusier, the Noble Savage (Cambridge MA, 1998).

6	Le Corbusier, Précisions, 50 ff.

7	See Othmar Birkner, Bauen und Wohnen in derSchweiz, 1850-1920 (Zurich, 1975), 74-6.

8	In Le Corbusier, Oeuvre complète 1910-1929, 27 ff., the project is dated 1916; however, according to L'atelier de la recherche patiente (Paris, 1960), 45, the date is 1921. A number of interesting early sketches of houses with planted roof gardens are kept in the legacy of William Ritter, donated to the Bibliothèque de La Chaux-de-Fonds.

9	Le Corbusier, Une petite maison (Zurich, 1954),45. For the terrace garden of his own apartment, Rue Nungesser-et-Coli, see Le Corbusier, Oeuvre complète 1938-1946, 140 ff. Concerning the flat roof, see also Le Corbusier, Almanach d'architecture moderne, 89.

10	Le Corbusier, Une petite maison, 50.

11	Giedion, Space, Time and Architecture, 5th ed., 525.

12	Le Corbusier, Oeuvre complète 1910-1929, 26.

13	At Stuttgart, the corridor servicing the living room follows the standards of the 'Compagnie Internationale des Wagons-Lits', a fact that seems to have made circulation difficult for some of the more corpulent Swabian visitors. See Le Corbusier, Oeuvre complète 1910-1929, 150. A later example for the use of sliding partitions is the project of an apartment house (1928-29) in Oeuvre complète 1910-1929, 184.

14	C.-E. Jeanneret had visited it in July 1914. See Le Corbusier, Quand les cathédrales étaient blanches (Paris, 1937; Eng. ed. New York, 1947), 107. In Précisions, Le Corbusier gives his opinion of Gropius's building (p. 57).

15	Le Corbusier, Précisions, 57. See also Le Corbusier, Almanach d'architecture moderne, 95 ff., where the architect gives a humorous account of his quarrel with Perret concerning this matter. For a thorough analysis of the fenêtre en longueur in Le Corbusier's work, see now Bruno Reichlin, 'The Pros and Cons of the Horizontal Window', in Daidalos, no. 13, 1984, pp. 64-78, as well as id., 'La "petite maison" à Corseaux. Une analyse structurale', in Patrick Devanthéry and Inès Lamunière (eds.), Le Corbusier à Genève 1922-1932 (Geneva, 1987), 119-34. More recently, Beatriz Colomina has rediscussed this issue in her Privacy and Publicity. Modern Architecture as Mass Media (Cambridge ma, 1994), 128-39.

16	Note that Le Corbusier added a sixth point regarding 'La suppression de la corniche' (the abolition of the cornice).

17	See Bryan B. Taylor, Le Corbusier at Pessac (Cambridge MA, 1972), 1 ff.

18	See, for instance, André Lurçat's studio-houses at the Villa Seurat and on the rue de Belvédère in Paris. For Banham's discussion, see his 'Ateliers d'artistes. Paris Studio Houses and the Modern Movement', in The Architectural Review, August 1956, pp. 75-83, as well as Theory and Design in the First Machine Age, 252 ff. On André Lurçat, see now Jean-Louis Cohen L'architecture d'André Lurçat 1894-1970, Autocritique d'un moderne, (Liège, 1995).

19	Le Corbusier, Oeuvre complète 1910-1929, 31.The fellow diner was not Pierre Jeanneret as reported in Boesiger and Girsberger, Le Corbusier, 1910-1965, 25, but Ozenfant. See also Aujourd'hui, no. 51, p. 15, and A. Ozenfant, Mémoires, op.cit., 124-5. In the 1980s, the restaurant 'Le Mauroy' was still operating at 32 rue Godot-de-Mauroy; more recently, it has served Greek food. For a recent picture, see Charles Jencks, Le Corbusier and the Continual Revolution in Architecture (New York, 2000), 110.

20	That the type had first been proposed for artists' studios comes as no surprise; see Oeuvre complète 1910-1929, 54.

21	Le Corbusier, Oeuvre complète 1910-1929, 87-91 (Villa Meyer); see also 204 ff. for the curious project for 'Mr X.' in Brussels.

22	It was therefore no coincidence that Le Corbusier published the 'Five points' on this occasion. The houses were built in three months (March-July 1927) under the direction of Alfred Roth. Besides Roth's brochure, previously cited (note 3), see volume 2 of Stuttgarter Beiträge: die Weissenhof Siedlung, Stuttgart 1968, published by Jürgen Joedicke. The canonic study on the Weissenhof Siedlung is now: Richard Pommer and Christian F. Otto, Weissenhof 1927 and the Modern Movement in Architecture (Chicago/London, 1991).

23	Le Corbusier, Oeuvre complète 1910-1929, 48 ff. Alterations since have made this house almost unrecognizable. The role of axial symmetry and its modifications had been recognized by Henry-Russell Hitchcock and Philip Johnson as a fundamental aspect of the International Style in The International Style (New York, 1932; reprinted 1966), 56-168.

24	W. Gropius, Internationale Architektur (Munich,1925).

25	Le Corbusier, Oeuvre complète 1910-1929, 140-9. Preliminary studies for the Villa Stein-de Monziewere the subject of an exhibition at the Museum of Modern Art, New York, Winter 1970-1971; they are reproduced in colour in Domus, April 1971, pp. 3-9. For a contemporary appraisal of the villa cf. S. Giedion, 'Le problème du luxe dans l' architecture moderne–à propos d'une nouvelle construction à Garches de Le Corbusier et Pierre Jeanneret', Cahiers d'art, 1928, pp. 254-6. The villa was built for Gabrielle de Monzie, and Michael Stein, brother of Gertrude Stein. In the 1930s, it was bought by a Norwegian with little architectural ambition. According to The New Yorker (26 April 1947, p. 45), his primary reason for buying was the property's nearness to the golf course at Saint-Cloud. For a thorough discussion, see now Tim Benton, Les villas parisiennes de Le Corbusier 1920-1930, op.cit., 160-81.

26   S. Giedion, Bauen in Frankreich, 106. Eng. transl. as Building in France. Building in Iron. Building in Ferroconcrete (Santa Monica, 1995), 190.

27   Le Corbusier, Oeuvre complète 1910-1929, 144.

28   See Colin Rowe, 'The Mathematics of the Ideal Villa', Architectural Review, March 1947; reprinted in C. Rowe, The Mathematics of the Ideal Villa and Other Essays (MIT Press, Cambridge MA, 1976), 1-28. See now also Colin Rowe, 'The Provocative Façade: Frontality and Contrapposto', in Le Corbusier. Architect of the Century (London, 1987), 24-8. Some further reflections on Le Corbusier's interest in and familiarity with Palladio are to be found in my Le Corbusier. Album La Roche (facsimile edition, Milan 1996, textbook), 31-6, but see now also Josep Quetglas in 'Los cuatro columnas: Palladioy Le Corbusier', in Massilia, 2003, no. 2003, pp. 102-9.

29   Note also that the spectacular motive of the baldachin over the main entrance is revealed only once the visitor has arrived at the entrance. The subtle balancing of the main entrance against the somewhat narrower and lower-set service entrance can only be appreciated on old photographs; small changes have since distorted the original proportions.

30   See also in this context the interesting graphic analysis of the 'transparent' character of the garden façade in Bernhard Hoesli's commentary on the article by Rowe and Slutzky ('Transparency, literal and phenomenal', Perspecta 8, 1964, pp. 45-54), Transparenz (Basle, 1968), 48 ff.

31   Le Corbusier, Oeuvre complète 1910-1929, 158 ff. The spelling of the proprietor's name as Plainex in Oeuvre complète is incorrect. Except for a few details, the house is intact.

32   Compare Ludwig Münz and Gustav Künstler, Der Architekt Adolf Loos (Vienna, 1964), 83-91, and Marc Emery, Un siècle d'architecture moderne en France, 1850-1950 (Paris, 1970), 99. See now also Burkhardt Rukschcio and Roland L. Schachel, Adolf Loos. Leben und Werk (Salzburg, 1982), 309-13, 590-3.

33   The Moller house in Vienna; see L. Münz and G. Künstler, Der Architekt Adolf Loos, 128-34. See now also Rukschcio and Schachel, Adolf Loos, op.cit., 600-3.

34   A framed white plane already characterizes the street façade of the Villa Schwob at La Chaux-de-Fonds. Colin Rowe has interpreted this as a 'mannerist' motif. Compare 'Mannerism and Modern Architecture', Architectural Review, 1950, pp. 289-99 (reprinted 1976); see note 27.

35   S. Giedion, Bauen in Frankreich, 92, note 1. Eng. translation published as Building in France, 76, note 1.

36   Ibid., p. 98 or 182.

37   See Theo van Doesburg, Neue Schweizer Rundschau, 1929, 536. I now believe the asymmetrically arranged loggia of the 18th-century Villa Zileri del Verme at Montevisle Biron near Vicenza to be an even more important reference for the balcony or 'loggia' of the Villa Stein. See my Album La Roche, op.cit., 32 f.

38   The classical comparison between De Stijl and Le Corbusier is given by Bruno Zevi, Poetica dell'architettura neoplastica (Milan, 1953), especially p. 48. See also the new revised edition of this book (Milan, 1974).

39   See now Bruno Reichlin, 'Le Corbusier vs. De Stijl', in Yve-Alain Bois and Bruno Reichlin (eds.), De Stijl et l'architecture en France (Paris, 1985), 91-108.

40   S. Giedion, Bauen in Frankreich, 85 my translation; compare Building in France, 169.

41   Le Corbusier, Oeuvre complète 1910-1929, 87. The staircase treated hors d'oeuvre, independently of the building to which it is attached, has been a great theme in French architecture ever since

Fontainebleau. Cf. André Chastel's article in Essays in the History of Architecture, presented to Rudolf Witikower, London 1967, 74-80.

42   Le Corbusier, Oeuvre complète 1910-1929, 48 ff.

43   There are precedents, however, in Sant'Elia's case a gradinate and in Henri Sauvage's apartment house on the rue Vavin, where the set-back arrangement of the apartments had made it necessary to articulate the vertical connections as independent bodies. See S. von Moos, 'Aspekte der neuen Architektur in Paris, 1915-1932', Werk 2, 1965, pp. 51-56. On Sauvage, see Maurice Culot and Lise Grenier (eds.), Henri Sauvage 1873-1932 (Brussels, 1976), as well as more recently François Loyer and Hélène Guéné, Henri Sauvage: Les immeubles à gradins (Brussels, 1987). On Sant' Elia, see now Esther Da Costa Meyer, The Work of Antonio Sant'Elia. Retreat into the Future (New Haven/London, 1995), 115 f., as well as p. 225, note 95, for additional references on Sant'Elia's relation to Sauvage.

44   Le Corbusier, Oeuvre complète 1910-1929, 88.

45   Ibid., p. 201.

46   Le Corbusier, Oeuvre complète 1929-1934, 200 ff. See now also Bruno Maurer, 'Le Corbusier à Zurich. Les projets des années trente', in Le Corbusier. La Suisse, les Suisses (Paris, 2006), 191 ff.

47   Another significant project in this context is the Olivetti electronics centre near Milan (1961-65, unrealized); compare Aujourd'hui, no. 51, pp. 88 ff. The final plan is given in W. Boesiger and H. Girsberger, Le Corbusier, 1910-1965, 169-75.

48   Ozenfant claims the honour of having been Le Corbusier's first client and of sharing the responsibility for the project. See Ozenfant, Mémoires 1886-1962, 126 ff.

49   Had it touched the floor, it would have broken – or so the architect claimed. See Le Corbusier, Oeuvre complète 1929-1934, 53-7. The apartment was completely transformed in the early sixties.

50   Illustrated in Le Corbusier, Oeuvre complète 1910-1929, p. 158.

51   Ibid., 70 ff.

52   S. Giedion, 'Das neue Haus. Bemerkungen zu Le Corbusiers (und P. Jeannerets) Haus Laroche [sic!] in Auteuil', Das Kunstblatt, April 1926, pp. 153-7. Compare also Le Corbusier, Oeuvre complète 1910-1929, 60-8. Up until recently, the villa was inhabited by its original owner and so has remained in perfect shape. Today it houses the Fondation Le Corbusier. See now Tim Benton, Les villas de Le Corbusier 1920-1930 (Paris, 1984), 45-75, as well as Benton's essay in Katharina Schmidt and Hartwig Fischer (eds.), Ein Haus für den Kubismus. Die Sammlung Raoul La Roche (Basle/Ostfildern, Hatje Cantz, 1998), 227-43.

53   Interview taped in Réalisations sonores, Hugues Dessalle, Paris 1965.

54   S. Giedion, 'Das neue Haus', op.cit., 155.

55   Vincent Scully, The Shingle Style Today. The Historian's Revenge (New York, 1975), 23.

56   See also in this context the project for the French Embassy in Brasilia, Brazil, W. Boesiger and H. Girsberger, eds., Le Corbusier 1910-1965, 162-3.

57   Le Corbusier, Oeuvre complète 1910-1929, 192.

58   W. Boesiger and H. Girsberger, Le Corbusier 1910-1965, 221. A building whose different levels are served mainly by ramps occurs in Le Corbusier's work as early as 1917: in his project for slaughterhouses in Garchizy, Challuy. Here the idea is motivated by the programme itself (i.e., the necessity to move carriages from one floor to another). For illustrations, see Taylor, Le Corbusier at Pessac, 1914-1928, 13.

59   Le Corbusier, Oeuvre complète 1929-1934, 22-31; and Précisions, 136 ff. Giedion's first comments are in Cahiers d'art, no. 4, 1930, pp. 205-15. During World War ii, the villa served as a warehouse for fodder, and it was almost a ruin when André Malraux, then Minister of Cultural Affairs, declared it a historic monument. It has been restored since with questionable accuracy, but the site is forever obstructed by the new Lycée de Poissy in the villa's immediate neighbourhood.

See now the comprehensive monograph on the villa by Josep Quetglas, Les Heures Claires. Proyecto y Arquitectura en la Villa Savoye de Le Corbusier y Pierre Jeanneret (Barcelona, 2008).

60 Le Corbusier, Précisions, 50.

61 S. Giedion, Space, Time and Architecture, 5th ed., 529.

62 Le Corbusier, Oeuvre complète 1929-1934, 24.

63 Le Corbusier, Oeuvre complète 1910-1929, 60. On the ramp and its role in connection with the promenade architecturale, see now Richard A. Etlin, Frank Lloyd Wright and Le Corbusier. The Romantic Legacy (Manchester/New York, 1994), 125-9.

64 See Boesiger and Girsberger, Le Corbusier 1910-1965, 221.

65 Le Corbusier, Vers une architecture, 142. On the Fiat building see also Marco Pozzetto, La Fiat-Lingetto. Un architettura torinese d'avanguardia (Turin, 1975).

66 In both cases, pedestrian access (with stores and ticket offices) was located below these ramps. It is not surprising that during his first visit to the US in 1935, Le Corbusier was impressed by the approach ramps to New York's Grand Central Station; compare Quand les cathédrales étaient blanches (re-ed. 1965), 90; Eng. trans. When the Cathedrals were White (New York, 1964), 78 ff. (although the English translation presents, without acknowledging it, a reduced version of the book).

67 See Quand les cathédrales étaient blanches (re-ed. 1965), 90; Eng. trans. When the Cathedrals were White (New York, 1964), 78 ff.

68 Hans Sedlmayr, Verlust der Mitte (Salzburg, 1948).

69 Le Corbusier, Une petite maison, 9-11, but the actual story is more complicated; see my Le Corbusier. Album La Roche, op.cit., 63-65.

70 Le Corbusier, Précisions, 139.

71 Unpublished letter dated 15 July 1949 (preserved in the Fueter legate at the Schweizerisches Institut für Kunstwissenschaft, Zurich). See the plan in Le Corbusier, Oeuvre complète 1946-1952, 2nd ed. (Zurich, 1955), 64-6. Some critics have interpreted this tendency towards an 'autonomous' architecture as forming part of a tradition which begins in the Age of Reason with the work of architects like Ledoux and Boullée. See Emil Kauffmann, Von Ledoux bis Le Corbusier (Vienna, 1932) as well as, more recently, Adolf Max Vogt, Der Kugelbau um 1800 und die heutige Architektur (Zurich, 1962), and id. Boullées Newton-Denkmal. Zentralbau und Kugelidee (Basle, 1969), 377 ff.

72 This interest, in turn, seems to have been stimulated by Le Corbusier himself. For the Pavillon de L'Esprit Nouveau he had already used partition panels of pressed straw. He submitted the method to Wanner who was especially interested in the possibilities of dry assembly. See Le Corbusier, Oeuvre complète 1910-1929, 180-3; and Oeuvre complète 1929-1934, 66-71. On Le Corbusier's collaboration with Edmond Wanner, see now Christian Sumi, 'L'Immeuble Clarté et la conception de la "Maison à sec:"', in Patrick Devanthéry and Inès Lamunière (eds.), Le Corbusier à Genève, 1922-1932 (Geneva, 1987), 93-111, as well as id., Immeuble Clarté Genf 1932 (Zurich, 1989), and Arthur Rüegg, 'La Villa Ruf, 1928-29. Une contribution à la "culture constructive" genevoise de l'architecture nouvelle', in Faces, no. 17, 1990, pp. 46-54.

73 See Le Corbusier, Oeuvre complète 1929-1934, 66-109. See now also Jacques Sbriglio, Immeuble 24 N.C. et Appartement Le Corbusier (Basle, 1996).

74 The prefabricated steel elements of the Zurich pavilion are based on the Renault studies; and they also recall the framing of Frantz Jourdain's Samaritaine department store in Paris – much admired by Le Corbusier in around 1909.

75 See S. von Moos, 'Aspekte der neuen Architektur in Paris, 1912-1932', in Werk 2, 1965, pp. 51-6 (with references to the literature on Pierre Chareau), and for more details, Kenneth Frampton, 'Maison de Verre', Arena, April 1966, as well as id., 'Maison de Verre', in Perspecta 12, 1969, pp. 77-126. See now also Dominique Vellay, La Maison de Verre: Pierre Chareau's Modernist Masterwork (London, 2007).

76 After having consulted Chareau's plans, Saint-Gobain, the French glass monopoly, had refused to guarantee the solidity of the glass walls. The idea was carried out all the same, the wall survives practically undamaged to this day. K. Frampton, Maison de Verre, 262. The best recent study on the question is Marc Vellay, 'Agli estremi del mattone Nevada', in Rassegna, 1985, pp. 6-17.

77 I am indebted to the late Mme. Dalsace for this detail, and also for her generous permission to visit her house.

78 In Plans 12, February 1932, p. 40.

79 Le Corbusier, Quand les cathédrales étaient blanches, 26.

80 Ibid., 27 ff.

81 Le Corbusier, Précisions, 210. See also R. Banham, The Architecture of the Well-Tempered Environment (London, 1969) which documents and discusses the influence of environmental management on modern architecture.

82 Aujourd'hui, no. 51, pp. 30 ff. For Le Corbusier's summary on the issue of the sunbreaker, see Oeuvre complète 1938-1946, 103-13. See now Tim Benton, 'La villa Baizeau et le brise-soleil', in Le Corbusier et la méditerrannée, op.cit., 125-9.

83 Le Corbusier, Oeuvre complète 1934-1938, 78-81; Oeuvre complète 1938-1946, 80-90; and My Work, 111, 122 ff. See now Carlos Eduardo Dias Comas, 'Prototipo, monumento, un ministerio, el ministerio', in Fernando Perez Oyarzun (ed.), Le Corbusier y Sudamerica. Viajes y proyectos (Santiago de Chile, 1991), 114-27, as well as Lucio Costa's assessment of Le Corbusier's role in the design of the Ministry in Lucio Costa. Registro de uma vivência (Sao Paulo, 1997), 122-41.

84 For sketches see Le Corbusier, Oeuvre complète 1957-1965, 104; see also ibid., 69.

85 The UN building in New York, too, should have been equipped with sunbreakers, as Le Corbusier insisted long after having lost control of this project. See his letter to Senator Warren Austin, reprinted in L'Architecture d'aujourd'hui, Dec. 1950 - Jan. 1951, p. ix.

86 Aujourd'hui, no. 51, p. 51.

87 See in particular the project for the skyscraper on the Cap de la Marine in Algiers (1938), and the main façade of the Secretariat at Chandigarh twenty years later. Le Corbusier, Oeuvre complète 1938-1946, 480 ff, and Oeuvre complète 1952-1957, 96-106.

88 On the Monol houses see also Oeuvre complète 1910-1929, 30, and Peter Serenyi, 'Le Corbusier's Changing Attitude towards Form', Journal of the Society of Architectural Historians, xxiv, March 1965, pp. 15 ff. The reference to the sexes is in Le Corbusier, Le modulor (Paris, 1948), 224; (Eng. ed. Cambridge MA, 1958). Note however that the concept of 'male' vs. 'female' form is not developed in the context of the Citrohan vs. Monol type as claimed by Jencks, Le Corbusier and the Continual Revolution in Architecture, op.cit., 110.

89 Speaking of the docks at Casablanca, he emphasized that Perret returned to the same type of roof construction in the church of Raincy; cf. Le Corbusier, Une maison – un palais, 44.

90 Le Corbusier, Oeuvre complète 1929-1934, 147-53, 178-85.

91 Ibid., 186-91; and 'Village coopératif', Oeuvre complète 1934-1938, 104-15.

92 Le Corbusier, Oeuvre complète 1929-1934, 125-30. Completely transformed and furnished

with wrought-iron gates, the building is almost unrecognizable today.

93   See Reyner Banham, Brutalism in Architecture (London, 1966), 85-124.

94   Le Corbusier, Oeuvre complète 1952-1957, 114-31.

95   Le Corbusier, Oeuvre complète 1952-1957, 206-19. See now Caroline Maniaque, Le Corbusier et les maisons Jaoul. Projet et fabrique (Paris, 2005).

96   Maurice Besset, Neue Französische Architektur (Teufen, 1967), 27. Compare Le Corbusier, Oeuvre complète 1946-1952, 2nd ed. (Zurich, 1955), 32-5, 54-61.

97   Le Corbusier, Oeuvre complète 1910-1929, 176.

98   Le Corbusier, Oeuvre complète 1952-1957, 134-43. In the first plan for what was later to become the Villa Shodan, then Villa Hutheesing, Le Corbusier suggested a fragile concrete parasol that brings to mind the late Durrell Stone works. See Le Corbusier, Oeuvre complète 1946-1952, 163 ff. On the Villa Hutheesing-Shodan and the roof solution, see now Maria Candela Suarez, Les villas Meyer y Hutheesing-Shodan de Le Corbusier (Barcelona, 2006), 102 ff. and passim.

99   Le Corbusier, Textes et dessins pour Ronchamp (Paris, 1965).

100   Le Corbusier, Oeuvre complète 1957-1965, 22-31. The implementation was essentially directed by Tavès and Rebutato, two of Le Corbusier's former collaborators. See also S. von Moos, 'Der Corbusier-Pavillon', Neue Zürcher Zeitung, 16 July 1967.

101   Le Corbusier, Oeuvre complète 1934-1938, 172-3.

102   Le Corbusier, Oeuvre complète 1910-1929, 174.

103   Le Corbusier, Oeuvre complète 1946-1952, 67-71.

104   Ibid., 28-31. For a good discussion of the Sainte-Beaume project cf. Anton Henze, Le Corbusier (Berlin, 1957), 58-60. See also Giuliano Gresleri, 'La cattedrale inghiottita', in Giuliano and Glauco Gresleri (eds.), Le Corbusier. Il programma liturgico (Bologna, 2001), 46-69, and Flora Samuel 'La cité orphique de la Sainte-Baume', in Le Corbusier. La symbolique, le sacré, la spiritualité (Paris, 2004), 120-36. On Le Corbusier's visit to the Villa Adriana in 1911, besides Giuliano Gresleri's Le Corbusier. Viaggio in Oriente, op.cit., see now Eugenio Gentili Tedeschi and Giovanni Denti, Le Corbusier a Villa Adriana. Un atlante (Florence, 1999).

105   Le Corbusier, Précisions, 132 ff.

106   Le Corbusier, Oeuvre complète 1934-1938, 131.

107   Le Corbusier, Oeuvre complète 1929-1934, 144-53; for the 'house of a painter' see Oeuvre complète 1910-1929, 53 On the Rue Nungesser-et-Coli apartment house, see Sbriglio, Immeuble 24 N.C. op.cit.

108   Le Corbusier, Oeuvre complète 8, The Last Works, 102-11.

109   Le Corbusier, Oeuvre complète 1952-1957, 158-67 (Ahmedabad) and 168-73 (Tokyo). On the Museum in Chandigarh, see Oeuvre complète 8, The Last Works, 92-101.

110   W. Boesiger and H. Girsberger, Le Corbusier, 1910-1965, 176-83. Among the more recent studies note Renzo Dubbini and Roberto Sordina, H VEN LC. Hôpital de Venise. Le Corbusier. Testimonianze (Venice/Mendrisio, 1999) and Valeria Farinati, H VEN LC Hôpital de Venise. Inventario analitico degli atti nuovo ospedale (Venice/Mendrisio, 1999) as well as Hashim Sarkis, Case: Le Corbusier's Venice Hospital (Cambridge MA/Munich, 2001).

111   Il Gazzettino, 12 April 1965. See also Sylvain Zegel, 'Le Corbusier s' explique à bâtons rompus', Le Figaro Littéraire, 15-21 April 1965.

112   Le Corbusier, Vers une architecture, 220 ff.

113   Le Corbusier, Oeuvre complète 1929-1934, 72 ff. The spiral type was actually developed earlier, in connection with the ziggurat-shaped museum for the Mundaneum in Geneva; see Le Corbusier, Oeuvre complète 1910-1929, 190-4. At least one of Le Corbusier's museum projects, however, shows no reference to the spiral at all: the project for the Museum of Modern Art in Paris, 1935; see

114   Le Corbusier, Oeuvre complète 1934-1938, 82-9.

114   Le Corbusier, Oeuvre complète 1929-1934, 72.

115   Le Corbusier, Quand les cathédrales étaient blanches, 21.

116   Le Corbusier, Oeuvre complète 1934-1938, 90-7; and Des canons, des munitions? Merci! Des logis, s.v.p. (Paris, 1938), 98-103.

117   Le Corbusier, Oeuvre complète 1957-1965, 130-6. Also in 1956, Le Corbusier was called to Baghdad for the construction of a stadium to hold 55,000 people (see My Work, 191). On Bagdad, see also Stanislaus von Moos and Suzanne Taj-Eldin, 'Nach Plänen von… Eine Gymnastikhalle von Le Corbusier in Bagdad', in archithese 1983, no. 3, pp. 39-44, and for a full treatment, see Rémi Baudoui, 'Bâtir un stade: le projet de Le Corbusier pour Bagdad', (to be published, Barcelona, 2008). As this book goes to press, a monographic exhibition on the stadium is scheduled to open in London riba, autumn 2008.

118   Plans, 8, 92-108.

119   The church was built posthumously by Le Corbusier's former assistant José Oubrerie and completed only in 2007. See now Anthony Eardley, 'Grandeur is in the Intention', in Kenneth Frampton and Sylvia Klobowski (eds.), Le Corbusier's Firminy Church (New York, 1981), 4-23, and Jeffrey Kipnis, 'A Time for Freedom', in Architecture Interruptus (Columbus oh, 2007), 9-21.

120   Karl Ledergerber, Kunst und Religion in der Verwandlung (Cologne, 1961).

121   Le Corbusier, Textes et dessins pour Ronchamp, p. 25 (dedication speech, 25 June 1955).

122   As Theo van Doesburg said in reference to his own work; see Joost Baljeu, Theo van Doesburg (New York, 1974), 177.

123   Alan Colquhoun, 'Displacement of Concepts', Architectural Design, April 1972, p. 236. See also idem., 'Typology and Design Method', Meaning in Architecture, eds. C. Jencks and G. Baird (London, 1969), 267-77, which is the article to which this chapter owes its title.

第四章   乌托邦主题的演变

1   See the next chapter (Urbanism) for references on the history of urbanism. Some of the questions discussed in this chapter have more recently been addressed by Gilles Ragot, Rémy Baudoui, Karin Kirsch, Pierre-Alain Croset and others in Le logement social dans la pensée et l'oeuvre de Le Corbusier (Paris, 2000). See below for more references.

2   See Anatole Kopp, Ville et révolution (Paris, 1967; Eng. ed., Town and Revolution, New York 1970), 115-59. A. Gradov, Gorod i byt. Perspektivy razvitiia sistemy i tipov obshchestbennykh zdanii (Moscow, 1968). The present chapter is based on my article 'Wohnkollektiv, Hospiz und Dampfer', archithese 12, 1974, pp. 30-41.

3   Quoted after Adolf M. Vogt, Russische und Französische Revolutionsarchitektur, 1917, 1789 (Cologne, 1974), 46.

4   See Walter Gropius, 'Die Soziologischen Grundlagen der Minimalwohnung' (1928), reprinted in English in idem, Scope of Total Architecture (New York, 1943: ed., 1966), 91-102.

5   See, for example, Hannes Meyer, 'Der Architekt im Klassenkampf', in Hans Schmidt and Hannes Meyer, Schweizer Städtebauer bei den Sowjets (Basle, n.d., 1932?), 26 ff.

6   Sigfried Giedion, Befreites Wohnen (Zurich, 1929), Fig. 57. On the 'sanatorium principle' and its impact on the ideology of European housing reform in the interbellum years, see now Paul Overy, Light, Air and Openness (London/New York, 2008).

7   A.M. Couturier, O.P., Se garder libre. Journal (1947-1954) (Paris, 1962), 64. Compare Le Corbusier, Précisions, 91. The following discussion owes much to Peter Serenyi's article on 'Le Corbusier, Fourier and the Monastery of Ema', Art Bulletin xlix, 1967, pp. 277-86. For the facts regarding Le Corbusier's two visits to the Certosa di

Galluzzo (1908 and 1911) see now Giuliano Gresleri, Le Corbusier. Il Viaggio in Toscana (1907), 13-17, and H. Allen Brooks, Le Corbusier's Formative Years, 105-7.

8 Niccolò Acciauoli, a banker and Florentine statesman who had made his fortune in Naples, founded the Certosa in 1341: 'And if the soul is immortal, as M. Chancellour says, mine will be happy for it.' Compare G. Gaye, Carteggio inedito d'artisti dei secoli XIV, XV, XVI (Florence, 1839).

9 C.-E. Jeanneret, Etude sur le mouvement d'art décoratif en Allemagne, 50. The visit seems to have taken place around Christmas 1910, when Jeanneret visited his brother Albert who stayed at the 'Institute'. See, in this context, C.-E. Jeanneret's extensive comments on monastic life on Mount Athos in Voyage d'Orient, 124-52.

10 Le Corbusier, Précisions, 260 ff.

11 Le Corbusier, Urbanisme (Paris, 1925), 205 ff.; idem, Précisions, 99, (and passim); idem, La ville radieuse (Paris, 1933: ed., 1964; reprinted 1978), 115 ff. Christian Sumi was the first to study Le Corbusier's early variations on the theme of the Maison Citrohan; see 'Le Corbusier: Vom Mehrfamilienhaus konzipiert als Villas superposées zum Mehrfamilienhaus als Kollektives Wohnhaus', in Sergio Pagnamenta and Bruno Reichlin (eds.), Le Corbusier. La ricerca paziente (Lugano, 1980), 62-8. On the immeublevilla, see now Pierre-Alain Croset, 'Immeuble-villas. Les origines d'un type', in Jacques Lucan (ed.), Le Corbusier. Une encyclopédie (Paris, 1987), 178-89.

12 In his 'Plan Voisin', Le Corbusier offers two versions of immeuble-villas: the housing blocks on the 'cellular principle' (built around rectangular courtyards) and those à redents (with set-backs). See Le Corbusier, Urbanisme, passim.

13 Le Corbusier, Oeuvre complète 1910-1929, 78.

14 Le Corbusier, Oeuvre complète 1910-1929, 69. On Pessac see ibid., 78-86; L'Architecture vivante, Autumn 1927; and Brian B. Taylor's study, Le Corbusier at Pessac (Cambridge MA, 1972); illustrations in Le Corbusier at Pessac, 1914-1928 (Paris, 1972).More references below.

15 Taylor nevertheless correctly insists on the importance of Le Corbusier's garden city project for La Chaux-de-Fonds in this context, see Le Corbusier at Pessac, 5 ff.

16 A thorough sociological analysis of the transformations that Pessac has undergone since its completion has been undertaken by Philippe Boudon, Pessac de Le Corbusier (Paris, Dunod, 1969; Eng. trans. Lived-in Architecture: Le Corbusier's Pessac Revisited, Cambridge MA, 1972). In his review of Boudon's study, André Corboz emphasizes that the reasons for the project's failure were external to the project as such. First, an incompetent contractor was employed on the site; second, due to some inconsistencies of the project with local government standards, the administration failed to connect the new estate to the public water supply system until 1929; and third, the shopping area, an important raison d'être of the project, was never built. As a consequence of these facts, the buildings were finally inhabited by people other than those for whom they were designed. See 'Encore Pessac', archithese 1, 1972, pp.27-36.

17 Note that in the course of Pessac's gentrification, which began in the 1990s, Le Corbusier's original colour scheme is now being partially reconstructed.

18 Oeuvre complète 1910-1929, 45 (my translation).

19 Edgar Wedepohl, 'Die Weissenhofsiedlung der Werkbundausstellung "Die Wohnung"', Wasmuth's Monatshefte für Baukunst, XI, 1927. pp. 391-402. See also Hans Hildebrandt's remarks on the cultural (rather than the natural) roots of the 'human needs' served by this architecture, in the introduction to A. Roth's book Zwei Wohnhäuser von Le Corbusier und Pierre Jeanneret, Stuttgart, 1927. For more recent

discussions of the Weissenhof Houses, see now Karin Kirsch, Die Weissenhofsiedlung (Stuttgart, 1987) as well as Richard Pommer and Christian F. Otto, Weissenhof 1927 and the Modern Movement in Architecture(Chicago/London, 1991), 121 f.

20 More recently, Christian Schnoor has identified the Ludwigstrasse in Munich with German Bestelmayer's main building of Munich University as the likely source for the set-back principle proposed by Le Corbusier in id. (ed.), Le Corbusier, La construction des villes (Zurich, 2008), 209 ff.

21 Hénard's term, however, is 'boulevard à redans'.He gives two versions of this type: the 'boulevard à redans' with alternating rectangular blocks and squares along the boulevard; and the 'boulevard à redans triangulaires'. It is perhaps no coincidence that Le Corbusier's perspective renderings closely follow the layout of Hénard's. See also chapter 5, notes 9; 41.

22 In a caption to a rendering of the Pavillon de l'Esprit Nouveau in Urbanisme, Le Corbusier refers to M. de Monzie, Minister in the Cabinet as saying: 'In my capacity as a representative of the Government, I wish to testify to the interest it takes in all efforts such as this; no government can afford to ignore the work that is being done here' (Urbanisme, 218; Eng. ed., The City of Tomorrow, 230).

23 I.e., the so-called 'Ilot insalubre' project, see Oeuvre complète 1934-1948, 48-54.

24 For the apartment house at Porte Molitor (rue Nungesser-et-Coli) see Le Corbusier, Oeuvre complète, 1929-34, 144-54, and for the Clarté flats, ibid., 66-71. Both houses have been studied in detail since; see now Christian Sumi, Immeuble Clarté, Genf 1932 (Zurich, 1989) – but also see his earlier study, and Jacques Sbriglio, Immeuble 24 N.C. et Appartement Le Corbusier (Basle, 1996).

25 Le Corbusier, Oeuvre complète 1910-1929, 181. More details are given in the 'Ilot insalubre' project of 1937, Oeuvre complète 1934-1948, 48-54.

26 On these Russian projects, see again A. Kopp, Town and Revolution (Eng. ed. New York, 1970),115-59.

27 Le Corbusier, 'Commentaires relatifs à Moscou et à la Ville Verte', unpublished ms. 1930, Fondation Le Corbusier, Paris.

28 Le Corbusier, Oeuvre complète, 1929-34, 74-89. On the circumstances of the commission (first rejected by Le Corbusier and Pierre Jeanneret on the grounds of their poor experiences with the Swiss), see also Jacques Gubler, Nationalisme et internationalisme dans l'architecture moderne de la Suisse (Lausanne, 1975), 223 ff. In his bulky monograph on the Pavilion, Ivan Zaknic does not address the question of the building's typological precedents. See Le Corbusier–Pavillon Suisse: The Biography of a Building (Basle, 2004). As to the present discussion of the Pavillon Suisse, it owes much to the short essay by William Curtis mentioned in the next footnote, but Curtis has since given a much more detailed analysis of the building in 'Ideas of Structure and the Structure of Ideas', in Journal of the Society of Architectural Historians, December 1981, no. 4, pp. 295-310.

29 See Reyner Banham, The Architecture of the Well-Tempered Environment (London, 1969), 153 ff. On the symbolism of the building and its impact on post-WWII architecture, cf. William J.R. Curtis, 'L'université, la ville et l'habitat collectif', in archithese, 1975, no. 14, pp. 29-36.

30 Zurich-Hardturmstrasse; see Le Corbusier, Oeuvre complète, 1929-34, 200 ff.; Zürichhorn, ibid., 94-6. For Vesnin's project, see A. Kopp, Town and Revolution, 169. For a more recent discussion of the Zurich projects, see now Bruno Maurer, 'Le Corbusier à Zurich. Les projets des années trente', in Le Corbusier. La Suisse, les Suisses (Paris, 2006), 186-207.

31 Le Corbusier, 'Programme d'une activité possible de l'Armée du Salut en relation avec la Loi Loucheur', unpublished ms. (n.d., 1929);

Fondation Le Corbusier. Since this section was written, Le Corbusier's relation with the Salvation Army has been studied in detail by Brian Brace Taylor in Le Corbusier. La Citéde Refuge (Paris, 1980).

32 Le Corbusier, Sur les quatre routes (Paris, 1941; reprinted ed., Paris, 1970), 256.

33 Le Corbusier, Oeuvre complète 1910-29, 124 ff.

34 Letter by Albin Peyron to Le Corbusier, 12 September 1928 (unpublished), Fondation Le Corbusier.

35 Quoted by Le Corbusier in an unpublished manuscript 'L'usine du bien: la Cité de Refuge' (c. 1930), Fondation Le Corbusier.

36 See Peter Serenyi, Fourier, Le Corbusier and the Monastery of Ema, 285.

37 Le Corbusier, Oeuvre complète 1929-1934, 97-109.

38 See letter by Albin Peyron to Le Corbusier, 12 September 1928 (unpublished), Fondation Le Corbusier.

39 See Giedion, Space, Time and Architecture, 5th printing, 834 ff. No wonder that Van Tijen approvingly wrote of Le Corbusier's Unité: 'De hoeden af! (Raise your hats!) in 'Le Corbusier in Marseille', Forum, no. 9, 1950, pp. 334-50.

40 On the engineer and politician Raoul Dautry and his role as Le Corbusier's client before and after World War ii, see now Rémy Baudoui, 'Raoul Dautry', in Le Corbusier, une encyclopédie, op.cit., 115 f.

41 Le Corbusier, Oeuvre complète, 1938-1946, 172-93; Oeuvre complète 1946-1952, 186-223; see also Le Corbusier, 'Unité d'habitation de Marseille', Le point XXXVIII, November 1950. For detailed plans, see especially J. Petit, 'Des unités d'habitation 1960 en séries', Zodiac 7, pp. 39-49. The most useful among the many recent discussions of the Unité d'habitation are Gérard Monnier, Les unités d'habitations en France (2002) and Jacques Sbriglio, Le Corbusier. L'unité d' habitation de Marseille et les autres unités d'habitation à Rezé-les-Nantes, Berlin,Briey en Forêt et Firminy (Paris/Basle, 2004).

42 See La dépêche du Midi, 28 September 1952.

43 A few years later, now as mayor of the small town of Firminy (south-west of Lyon), Claudius-Petit commissioned Le Corbusier to design another Unité, plus a church and a youth centre (see pp. 126 ff., 129 and 320 in this book).

44 See Leonardo Benevolo, The Origins of Modern Town Planning (Cambridge MA, 1971) especially pp.56 ff. Fourier's Traité de l'association domestiqueagricole is published in vol. iv of his Oeuvres complètes (Paris, 1841). The influence of Fourierist ideas upon Le Corbusier has been studied by P. Serenyi, 'Le Corbusier, Fourier and the Monastery of Ema', op.cit.

45 E. Owen Greening, 'The Co-operative Traveller Abroad', Social Solutions, no. 6, 1886; quoted after Benevolo, The Origins of Modern Town Planning, 66.

46 See Le Corbusier, Manière de penser l'urbanisme, 44; 'L'Unité d'habitation de Marseilles', Le point, November 1950. I cannot quite agree with P. Serenyi when he suggests that 'Ch. E. Jeanneret had undoubtedly studied the writings of Fourier first-hand after having been exposed to his ideas by Tony Garnier in 1908.' (P. Serenyi, 'Fourier, Le Corbusier and the Monastery of Ema', p. 283) as there is no evidence for such an early acquaintance with Fourier or 'initiation' into Fourierism.

47 Le Corbusier, La ville radieuse (Paris, 1933), 59. But see also his critical remarks on the design of the 'Normandie' in When the Cathedrals were White, 93.

48 On the nautical symbolism of Le Corbusier's architecture, cf. especially Peter Collins, Changing Ideals in Modern Architecture (Montreal, 1965; reprinted ed. 1967), 162 ff.; P. Serenyi, 'Le Corbusier,Fourier, and the Monastery of Ema', op.cit.; Adolf M. Vogt, Russische und Französische Revolutionsarchitektur, 161 ff. Among the first to note that Le Corbusier's nautical symbolism refers to an iconography of consumption rather than of production was Norbert Huse in Neues Bauen 1918-1933 (Munich, 1975) 77. The nautical theme was the subject of my inaugural lecture at the University of Berne, 'Das Schiff – eine Metapher der modernen Architektur', partly reprinted in Neue Zürcher Zeitung, 23/24 August 1975. For a more complete survey of the nautical theme in Le Corbusier's architecture, see now Gerd Kähler, Architektur als Symbolverfall. Das Dampfermotiv in der Baukunst (Braunschweig/Wiesbaden, 1981) as well as Jean-Louis Cohen, 'Sublime, Inevitably Sublime: The Appropriation of Technical Objects', in Le Corbusier. The Art of Architecture, op.cit. (2007), 209-33.

49 See Le Corbusier, Oeuvre complète, 1946-1952, 190 f., and Charles Jencks's inspired comment on Le Corbusier's shift towards Brutalism in the Unité d'habitation in Le Corbusier. The Tragic View of Architecture (1973), 135-48. On Le Corbusier's aesthetic of concrete after 1945, see now Anna Rossellini, 'Oltre il "béton brut": Le Corbusier e "la nouvelle stéréométrie"', in Flaminia Bardati and Anna Rossellini (eds.), Arte e architettura. Le cornici della storia (Milan 2007), 231-58. The following sections are partly based upon my 'Art, Spectacle and Permanence', in Le Corbusier, The Art of Architecture, op.cit.

50 An in-depth study of the 'roof garden', its design, history, function and symbolism has not yet been published. For a summary see Sbriglio, Unité d'habitation, op.cit., 108-16; 174 f. See also below, note 52.

51 Vers une architecture, 16.

52 See my 'Le Corbusiers "Hellas". Fünf Metamor-phosen einer Konstruktion', in Kunst+Architektur in der Schweiz, 1999, no. 1, pp. 20-30. More recently, Marta Sequeira convincingly points at the ruins of Pompeii as a reference for the 'symbolism' of the roof garden: 'A concepçao da cobertura da unité d'habitation de Marselha: três invariaveis', in Massilia, 2005, pp. 132-55.

53 Leonardo Benevolo, History of Modern Architecture, vol. 2 (Cambridge MA, 1972), 732.

54 Le Corbusier, Oeuvre complète 1946-1952, 190.

55 On the shopping street, see Lewis Mumford's verdict in 'The Marseille Folly', The Highway and the City (New York, 1963), 53-66. When Mumford visited the Unité in 1958, no shops had been opened yet. The reasons were simple. Rather than lease the space, the local administration wanted the prospective shopkeepers to buy property on the eleventh floor. It took some time until a reasonable number of small enterprises decided to settle there. By the mid-1970s, a considerable number of spaces were occupied and the situation almost resembled a small village street. Since then, day to day commercial activities have again somewhat dried up, although a first-rate architectural bookshop is now catering to the interests of architecture tourists.

56 He discusses the drawbacks of the narrow apartment type; yet he stresses, among other advantages, the good sonic isolation and the well-thought-out dimensions of the apartments. Compare Paul Chombart-de-Lauwe, Famille et habitation. Un essai d'observation expérimentale (Paris, 1960). Photos and plans in Le Corbusier, Oeuvre complète 1952-1957, 180-90.

57 Le Corbusier, Oeuvre complète 1957-1965, 212-17.

58 Ibid., 32-53; Jean Petit, Un couvent de Le Corbusier (Paris, 1961); A. Henze and B. Moosbrugger, La Tourette, Le Corbusier's erster Klosterbau (Starnberg, 1963); Colin Rowe, 'Dominican Monastery of La Tourette', The Architectural Review, June 1961, pp. 400-10. The student hostel referred to above is the Maison du Brésil ('House of Brazil') at the Cité

universitaire in Paris, 1957-59 (in conjunction with Lucio Costa). Oeuvre complète 1957-1965, 192-9.

59   La Tourette, planned and built as a school, no longer serves its original purpose, but is used mainly for summer schools and courses organized by the Dominican order.

60   The rhythm of the lamellas follows harmonic laws, after calculations made by the composer Yannis Xenakis, then a collaborator of Le Corbusier. On Xenakis's role in the design of La Tourette, see now id., Musique de l'architecture. Textes, réalisations et projets architecturaux (Paris, 2006), 82-121.

第五章 城市文明

1   For a summary of the 'classical' positions among English and American critics of Le Corbusier's urban theory (including Lewis Mumford and Jane Jacobs) see Norma Evenson, 'Le Corbusier's Critics' in her Le Corbusier: The Machine and the Grand Design (New York, 1969), 120-2. A thorough study of the critical reception of Le Corbusier's urbanist proposals and theory of the 1920s remains necessary even after Evenson's more recent essay, 'Yesterday's City of Tomorrow Today', in H. Allen Brooks (ed.), Le Corbusier (New York, 1987), 240-9. The authoritative critical voice in France is Françoise Choay as referred to in the Postscript to this chapter. Some conclusions from reading Choay, Evenson and Tafuri are drawn in my 'Die Stadt als Maschine. Le Corbusiers Plan Voisin', in Moderne Kunst. Das Funkkolleg zum Verständnis der Gegenwartskunst Reinbek b.Hamburg, 1990, vol. 2, pp. 329-50.) For a good introduction to the subject of this chapter, see also Robert Fishman, Urban Utopias in the Twentieth Century. Ebenezer Howard, Frank Lloyd Wright, Le Corbusier (Cambridge MA, 1982), and Kenneth Frampton, 'The Rise and Fall of the Radiant City: Le Corbusier 1928-1960', in Oppositions, no. 19/20, 1980, pp. 2-25.

2   In Le Corbusier lui-même (Paris, 1961), 38, Jean Petit refers to an early paper on urbanism written in Munich but lost. The manuscript has since been located in La Chaux-de-Fonds and studied by H. Allen Brooks in 'Jeanneret and Sitte: Le Corbusier's Earliest Ideas on Urban Design', in Helen Searing (ed.), In Search of Modern Architecture. A Tribute to Henry Russell Hitchcock (Cambridge MA and New York, 1982), 287-97. A somewhat fragmentary version has been published by Marc Emery / Charles-Edouard Jeanneret, La construction des villes (Lausanne, 1992),but the canonical edition is Christoph Schnoor (ed.), Le Corbusier. La construction des villes. Le Corbusiers erstes städtebauliches Traktat von 1910 (Zurich, 2008).

3   Le Corbusier, L'Atelier de la recherche patiente (Paris, 1960), 62-4; see also Oeuvre complète 1910-1929, 6th ed. (Zurich, 1956), 135.

4   Le Corbusier, Urbanisme (Paris, 1925), 135.

5   Ibid., 158.

6   On the ways in which Jeanneret's earlier ideas on urban design were now recast to suit a polemical agenda diametrically opposed to his earlier positions,see now Christoph Schnoor, Le Corbusier. La construction des villes, op.cit., 199 ff., 255 ff. and passim.

7   For a discussion of Urbanisme, see Maximilien Gauthier, Le Corbusier ou l'architecture au service de l'homme (Paris, 1944), 86-107, and Reyner Banham, Theory and Design in the First Machine Age (London, 1960), 248-56. See also previous notes.

8   Le Corbusier, Urbanisme, 97-133.

9   The importance of Hénard as a premise and source for Le Corbusier's urbanistic concepts has already been emphasized by Peter Serenyi in his review of the original edition of this book in Journal of the Society of Architectural Historians, 1971, pp. 255-9. For Hénard, see Peter M. Wolf, Eugène Hénard and the Beginnings of Urbanism in Paris, 1900-1914 (New York, 1968), with complete bibliography. See now in particular Jean-Louis Cohen, 'Sulle tracce di Hénard', in Casabella, 1987, no. 531/532, pp. 34-41.

10   Le Corbusier, Urbanisme, 265.

11   Le Corbusier, Urbanisme, 272. Le Corbusier suggests, in other words, treating the monuments of the past as objets trouvés or – to quote his own term – as 'objets à réaction poétique' within the vast open spaces of the new, green city. On the cultural and ideological implications of this approach, see Manfredo Tafuri in Teorie e storia dell'architettura, 2nd ed. (Bari, 1970), 68 ff., where Le Corbusier's selective and 'ironical' approach to the urban past is compared to the analogous attitude taken by Frank Lloyd Wright in An Organic Architecture. The Architecture of Democracy (London, 1939). In 'Le Corbusier, the Monument and the Metropolis', in 'D'. Columbia Documents of Architecture and Theory, 1993, no. 2, 115-36, I have tried to argue that the 'Plan Voisin' is as much a reflection of Le Corbusier's cult of monuments as it is a campaign against urban overcrowding. More recently, Juan José Lahuerta has compared Le Corbusier's cult of monuments to the Surrealist derision and subversion of 'monumental' Paris in his article '"Surrealist poetics" in the work of Le Corbusier?', in Le Corbusier. The Art of Architecture, op. cit., 325-45.

12   Le Corbusier, Urbanisme, 273.

13   Ibid.

14   L'Esprit Nouveau 4, January 1921, pp. 465 ff.

15   See Jean Labadié, 'Les cathédrales de la cité moderne', L'Illustration, August 1922, pp. 131-5. For a thorough discussion of these projects, see Roberto Gargiani, Auguste Perret. La théorie et l'oeuvre (Milan/Paris, 1993), 22-235.

16   In Vers une architecture, 44, Le Corbusier refers to an interview given by Perret to the newspaper L'Intransigeant, in which Perret explains his project and the function of the bridges. Le Corbusier, however, considers these bridges (and other aspects of the project) to be a 'futurisme dangereux'. Perret, in turn, elaborated a project based on Corbusian cruciform towers some time later; see Science et vie (1 December 1925), quoted in Le Corbusier, Almanach d'archi tecture moderne (Paris, 1926), 97.

17   See Urbanisme and L'Art décoratif d'aujourd' hui (Paris, 1925), in which Le Corbusier published several photographs of early American skyscrapers; however, there are none by Sullivan.

18   See Ebenezer Howard, Tomorrow: a Peaceful Path to Real Reform (London, 1898; 2nd ed. entitled The Garden Cities of Tomorrow, London, 1902). Brian B. Taylor has discussed the influence of the English Garden City Movement upon Le Corbusier's own early work, in Le Corbusier at Pessac.

19   Le Corbusier, Urbanisme, 157-69.

20   Ibid., 165.

21   Ibid., 192 ff., and passim.

22   Ibid., 60, 71.

23   Ibid., 176.

24   In the residential areas, the large parks have a more plausible function, for here the height of the buildings reaches no more than six storeys of duplex apartments, and the contact with nature is thus maintained. See Oeuvre complète 1910-1929, 76, 92-7 and passim.

25   Urbanisme, 270.

26   On the cover of the L'Elan, no.5, 1915, Ozenfant

implicitly links the magazine's name to what he sees as the spiritual condition of wartime France: 'Un bel'élan, mais ni tête, ni bras'.

27 Le Corbusier, Urbanisme, 10-11, 77-86.

28 For a synopsis of these projects see H. Allen Brooks, 'Jeanneret and Sitte: Le Corbusier's Earliest Ideas on Urban Design', op.cit., and my 'Le Corbusier, the Monument and the Metropolis', op.cit. For more references see also the following notes.

29 Le Corbusier, Urbanisme, 3.

30 Le Corbusier, Quand les cathédrales étaient blanches (Paris, 1937; ed. 1965), 58. In juxtaposing the 'donkey's path' with the gridiron plan, Jeanneret/Le Corbusier reiterates a key theme in urban design theory of around 1900. In doing so, however, he completely reverses the significance this juxtaposition had had in, for example, the reflections of Paul Schultze-Naumburg who, in contrast to Le Corbusier, used the comparison in order to prove the superiority of the curved ('donkey') path over the gridiron plan. For details of Le Corbusier's rejection of Sitte, see now Christoph Schnoor (ed.), Le Corbusier. La construction des villes, op.cit., 205 f., and passim. The contradictory nature of Le Corbusier's relation to Sitte had already been noted by Maurice Besset in Qui était Le Corbusier? (Geneva, 1968), 151. Besset correctly states that Le Corbusier's attitude toward the city as a sequence of grandiose 'vistas' is unimaginable without Sitte. As to George R. Collins and C. Crasemann Collins, they argue that Le Corbusier's scorn of Sitte may be partly the result of the total deformation his book Der Städtebau (Vienna, 1889) had undergone in the French translation; compare George R. Collins and C. Crasemann Collins, Camillo Sitte and the Birth of Modern City Planning (London, 1965), 63-72, 145.

31 Ibid., p. 255; compare his later comments on Haussmann in La ville radieuse (Paris, 1933), 209.

32 Le Corbusier, Quand les cathédrales étaient blanches (re-ed., Paris, 1965), 59.

33 Ibid., 60.

34 More recently, in his book Le rêve américain de Charles-Edouard Jeanneret (Paris, 2006), Patrick Leitner has convincingly shown that Le Corbusier's conception of urban space is altogether dependent on American sources, as is amply illustrated by the many examples of American architecture and planning illustrated in both Vers une architecture and Urbanisme.

35 Le Corbusier, Urbanisme, 169.

36 P. Girardet, 'Le règne de la vitesse', Mercure de France (1923); quoted in Le Corbusier, Urbanisme, 182.

37 Le Corbusier, Urbanisme, 113.

38 See Le Corbusier, Oeuvre complète 1910-1929, 129 ff.

39 His best known studies of multi-layered cities are in the Institut de France, Ms. B., fol. 36 r.; fol. 16 r.; fol. 37 v. These sketches have often intrigued modern architects and planners; cf. their discussion in Alberto Sartoris, Léonard architecte (Paris, 1952).

40 The best examples are the Gare Saint-Lazare and the Pont de l'Europe in Paris. See Juliet Wilson-Bareau, Manet, Monet. La gare Saint-Lazare (Paris/New Haven/London, 1998).

41 Hénard's plan is illustrated in Urbanisme, 111. On the project itself, see Peter M. Wolf, Eugène Hénard, 49-60. Regarding the American background, Le Corbusier appears to have used Werner Hegemann, Amerikanische Architektur und Stadtbaukunst (Berlin, 1925). An illustration on p. 53 of that book reappears in Urbanisme on p. 144.

42 Le Corbusier, Urbanisme, 65. For a discussion of Le Corbusier's vision of uniformity in architecture, see S. von Moos, '... de l'uniformité dans le détail. Notiz zur "Monotonie" bei Le Corbusier', werk. archithese 1, 1977, pp. 37-40. The Laugier quotation is from his Observations sur L'architecture (The Hague, 1765), 312 ff.

43 Le Corbusier, Urbanisme, 63.

44 Ibid., 146-8.

45 Le Corbusier, Oeuvre complète 1910-1929, 111.

46 Le Corbusier, Urbanisme, 280.

47 The most famous diatribe against Le Corbusier's alleged 'Bolshevism' was initiated by Alexander von Senger; see his Krisis der Architektur (Zurich, 1928) and Die Brandfackel Moskaus (Zurich, 1931). Marxist critics, in turn, found no difficulty in uncovering the bourgeois nature of Le Corbusier's reformism.

48 Le Corbusier, Urbanisme, 203-12.

49 The ideology of collective happiness which underlies Le Corbusier's strategy has been the subject of numerous and often astute comments; see, for instance, Pierre Francastel, Art et technique (Paris, 1956; ed. 1962), 42: 'Chacun a sa place (...); et tout le monde est heureux, éperdument. Les hommes, régenérés, fondent de gratitude pour ceux qui leur ont préparé leurs cadres (...)'

50 For examples, see Vincent Scully, American Architecture and Urbanism (New York, 1969; 2nd. ed., 1971), 166-9.

51 See the various volumes of the Oeuvre complète, and N. Evenson, Le Corbusier, figs. 16-25.

52 In the meantime, the lectures themselves have been published by Yannis Tsiomis, Conférences de Rio: Le Corbusier au Brésil (Paris, 2006). For good recent surveys of Le Corbusier's South American adventure, see now Fernando Pérez Oyarzun, Le Corbusier y Sudamerica. Viajes y proyectos (Santiago de Chile, 1991) as well as id., 'Le Corbusier: Latin American Traces', in Cruelty & Utopia. Cities and Landscapes of Latin America (Brussels/New York, 2003), 98-107.

53 See Le Corbusier, Précisions, 238 ff.; no wonder that the equally hilly site of Sao Paulo generated an analogous proposal (ibid.).

54 Ibid., 244.

55 Ibid. Le Corbusier's planning proposals for Rio de Janeiro have been analysed in detail in Yannis Tsiomis (ed.), Le Corbusier. Rio de Janeiro 1929 1936 (Rio de Janeiro, 1998).

56 Le Corbusier's proposals for Algiers have been thoroughly studied by Mary McLeod in her unpublished thesis 'Urbanism and Utopia. Le Corbusier from Syndicalist Regionalism to Vichy', Princeton University, 1985; see her 'Le Corbusier's Plans for Algiers, 1930-1936', in Oppositions, 1980, no. 16/17, pp. 54-85, as well as the work of Jean-Pierre Giordani, Alex Gerber, and others on the subject. Zeynep Celik's research is topical on the ideological implications of Le Corbusier's 'orientalism' in general; see in particular her 'Le Corbusier, Orientalism, Colonialism', in Assemblage, 1992, no.17, pp. 61 ff. On architecture and urbanism after 1930 in Algiers in general, see now the exhibition catalogue by Jean-Louis Cohen, Nabila Oulesbir and Youcef Kanoun (eds.), Alger. Paysage urbain et architectures, 1800-2000 (Paris, 2003), and in particular Cohen's essay in that book, 'Le Corbusier, Perret et les figures d'un Alger moderne', ibid., pp. 160-85, with references to the authors mentioned above. See also Mateo Kries, 'S,M,L,XL: Metamorphoses of the Orient in the work of Le Corbusier', in Le Corbusier. The Art of Architecture, op.cit., 163-91.

57 Le Corbusier, Oeuvre complète 1929-1934, 174-6. In the aftermath of the centennial celebrations, official French circles much cherished the idea of Algiers' reconceptualization as the capital city of Africa. See e.g. Jean-Pierre Faure, Alger capitale (Paris, 1933).

58 Willy Boesiger, ed., Le Corbusier 1910-1965, 327; Oeuvre complète 1929-1934, 175 ff. I am grateful to Pierre A. Emery for his recollections of Le Corbusier's early visits to Algiers. For a brilliant discussion of the plan's ideological significance, see Manfredo Tafuri, Progetto e utopia (Bari, 1973), 115-24, with useful references.

59 The two outstanding examples are the Pedregulho housing development in Rio de Janeiro by Affonso

Reidy, built 1947-52 and the immeuble 'Aérohabitat' in Algiers by Louis Miquel, Pierre Bourlier and José Ferrer Laloe, built 1950-55. See also the interesting immeuble-pont Burdeau project for the boulevard du Télemly in Algiers, by Pierre Marie, 1952. On the latter see Jean-Louis Cohen, 'Le Corbusier, Perret et les figures d'un Alger moderne', op.cit.

60   See Marco Pozzetto, La Fiat-Lingotto. Un' architettura torinese d'avanguardia (Turin, 1975). Le Corbusier had already praised the factory in L'Esprit Nouveau and in Vers une architecture; see above.

61   Le Corbusier, Oeuvre complète, 1929-1934, 202 (from a newspaper interview, 1934).

62   Le Corbusier, Oeuvre complète 1938-1946, 44-65; L'Atelier de la recherche patiente, 146 ff.

63   In fact, it was the reprint of an article first published in La libre parole (Neuchâtel) on 5 May 1934. For Le Corbusier's reaction to Von Senger's polemics, see Entretien avec les étudiants des écoles d'architecture (Paris, 1951).

64   The decision was taken on 12 June 1942. In his Poésie sur Alger, Le Corbusier adds a rather improbable detail: the Mayor of Algiers, he says, wanted to have him arrested.

65   On Le Corbusier's relations with Russia, see Giorgio Ciucci 'Le Corbusier e Wright in urss,' in M. Tafuri (ed.), Socialismo, città, architettura, URSS 1917-1937 (Rome, 1972), 171-93. The reference text is now Jean-Louis Cohen, Le Corbusier et la mystique de l'URSS, op.cit., but for a thorough discussion of the politics involved in Le Corbusier's dialogue with the Soviet avant-garde, see also Kenneth Frampton 'The Rise and Fall of the Radiant City:Le Corbusier 1928-1960', op.cit.

66   See Le Corbusier, Sur les 4 routes (Paris, 1941); La maison des hommes (Paris, 1942), 41, 45; Oeuvre complète 1938-1946, 72-5. By 1960, American suburbia had largely caught up with these projects; see e.g. Vincent Scully, American Architecture and Urbanism, 170.

67   See H.R. Hitchcock and Philip Johnson, The International Style: Architecture since 1922 (New York, 1932; 1966). For a good critical assessment of the 1932 exhibition at the Museum of Modern Art, see now Terence Riley, The International Style: Exhibition 15 and the Museum of Modern Art (1992).

68   The New York Times, 3 Jan. 1932, 'Magazine Section'. For Le Corbusier's fascination with and travels to the usa, see now Jean-Louis Cohen, Scènes de la vie future. L'architecture européenne et la tentation de l'Amérique 1893-1960 (Paris/Montreal, 1995), 141-50, and above all Mardges Bacon, Le Corbusier in America. Travels in the Land of the Timid (Cambridge MA, 2001).

69   See now Patrick Leitner, Le rêve américain de Charles-Edouard Jeanneret, op.cit.

70   See Le Corbusier, Quand les cathédrales étaient blanches, 61 (Eng. ed. When the Cathedrals Were White); the incident is reported by the New York Herald Tribune, 22 October 1935. But The New York Times of the same day reported that 'Of New York in particular Mr. Le Corbusier was not able to speak, having seen the city so far only from the ship's deck and hurrying taxicabs.'

71   Le Corbusier, Quand les cathédrales étaient blanches, 52.

72   Ibid.

73   See William Curtis, 'Le Corbusier, Manhattan et le rêve de la ville radieuse,' archithese 17 (Metropolis i), pp. 23-8. Issues 17, 18 and 20 of archithese discuss the reaction of other European architects to New York.

74   Le Corbusier, Quand les cathédrales étaient blanches, 7.

75   On the 'voyage' as a key theme in Le Corbusier's life and narrative, see my 'Voyages en Zigzag', in Le Corbusier before Le Corbusier, op.cit., 22-43.

76   See in particular H.I. Brock, 'Le Corbusier Scans Gotham's Towers. The French Architect, on a Tour, Finds the City Violently Alive, a Wilderness of Experiment toward a New Order', The New York Times, 3 November 1935.

77   With his erratic tribulations as a 'star' guest of the Museum of Modern Art in New York, Le Corbusier had chosen a posture which made it virtually impossible for him to be taken seriously in the New York business world. See my 'Star-Krise. Le Corbusier in New York, 1935', in Jürg Albrecht and Kornelia Imesch (eds.), Horizonte. Beiträge zu Kunst und Kunstwissenschaft (Ostfildern, 2001), 301-12.

78   See Le Corbusier, Oeuvre complète 1934-1938, 74-7.

79   The study was made in collaboration with Le Corbusier and Pierre Jeanneret. See Knud Bastlund, José Luis Sert (Zurich/New York, 1967), 28-34.

80   For the plans for Antwerp, see Le Corbusier, Oeuvre complète 1929-1934, 156-9; for Hellocourt, see Le Corbusier, Oeuvre complète 1934-1938, 36 ff.

81   The history of the CIAM has been outlined by S. Giedion, its co-founder and general secretary, in Space, Time and Architecture, 5th ed., 696-706. The canonic texts on the early history of CIAM have since been assembled and commented upon by Martin Steinmann in CIAM: Dokumente 1928-1939 (Basle, 1979), but see also Auke van der Woud (ed.), Het Nieuwe Bouwen Internationaal. CIAM Volkshuisvesting (Delft, 1983) and, for the post-war period, Jos Bosman, 'CIAM after the War: A Balance of the Modern Movement', in Rassegna, no. 52, 1992, as well as Jean-Louis Bonillo, 'La modernité en héritage: mythe et réalité du CIAM 9 d'Aix-en-Provence', in id., and Claude Massu and Daniel Pinson (eds.), La modernité critique. Autour du CIAM 9 d'Aix-en-Provence – 1953 (Marseille 2006). The best critical analysis of the subject is by Eric Mumford, The CIAM Discourse on Urbanism, 1928-1960, (Cambridge MA, 2000).

82   For the details, see now Jean-Louis Cohen, Le Corbusier et la mystique de l'URSS, op.cit., 228 ff.

83   Quoted after Sibyl Moholy, Moholy-Nagy. Experiment in Totality 2nd ed. (Cambridge MA, 1969), 93.

84   'Die Feststellungen des 4. Kongresses "Die Funktionelle Stadt"'; see Martin Steinmann, CIAM: Dokumente, op.cit., 148-63.

85   CIAM-France, La charte d'Athènes, avec un discours liminaire de Jean Giraudoux (Paris, 1943). Martin Steinmann, CIAM: Dokumente, op.cit., 164 f., and id., 'Neuer Blick auf die Charte d'Athènes', archithese 1, 1972, pp. 37-46. Among the more recent studies on the Athens charter, see in particular the contributions by Giorgio Ciucci, André Corboz, Giancarlo De Carlo and others in Paola di Biagi (ed.), La Carta d'Atene. Manifesto e frammento dell' urbanistica moderna (Rome, 1998).

86   Le Corbusier, Urbanisme, 159.

87   See also the ps to this chapter, pp. 222-5, and in particular Robert Goodman, After the Planners (New York, 1971), Heide Berndt, Das Gesellschaftsbild bei Stadtplanern (Stuttgart, 1968) and James Holston, The Modernist City: An Anthropological Critic of Brasilia (Chicago, 1989) – but the critique of 'functionalist' had already been a key theme in the 1950s and 60s for Lewis Mumford, Jane Jacobs and others.

88   On Saint-Dié, see Oeuvre complète 1938-1946, 132-9.

89   For more details, see L'Atelier de la recherche patiente, 115.

90   Le Corbusier divides urban agglomerations into three categories: 1st, the 'unit of rural exploitation', 2nd, the 'linear industrial city', and 3rd, the 'cities of exchange'. More than the other two, it is the second category, the 'Cité linéaire industrielle' that introduces an 'open' concept of urban development. See Le Corbusier, Manière de penser l'urbanisme (Paris, 1943), 120-35, and id., Les trois établissements

91 Le Corbusier, Oeuvre complète 1938-1946, 94-9.

92 The amount of work done in these years is extraordinary, considering that, in addition to his writing and editing, he also chaired the twenty-two subsections of the ASCORAL Group in Paris, drew up proposals for regional planning in the Pyrenean district (in conjunction with Marcel Lods) and established the layout of a new town there, Saint-Gaudens.

93 J. Petit, Le Corbusier lui-même, 87. On Le Corbusier's relations with Vichy, see the lucid assessment by Robert Fishman in 'From the Radiant City to Vichy: Le Corbusier's Plans and Politics, 1928-1942', in Russell Walden (ed.), The Open Hand. Essays on Le Corbusier (Cambridge MA, 1977), 244-83, as well as Rémy Baudoui, 'L'Attitude de Le Corbusier pendant la guerre', in Collectif, Le Corbusier. Une encyclopédie (exhibition catalogue, centre Georges Pompidou, Paris) pp. 455-9, and Patrice Noviant, 'Vichy: le refus des villes', in Urbanisme, May/June 1995, pp. 76 f. See also the brief summary in Jean-Louis Cohen, Le Corbusier. Le monde comme chantier, op.cit., 112 f.

94 Le Corbusier, Oeuvre complète, vols. 5-8, passim; Norma Evenson, Chandigarh (Berkeley, 1966, with bibliography up to 1966), Sten Nilsson, The New Capitals of India, Pakistan and Bangladesh (Lund, 1973). Concerning the political circumstances of Chandigarh's foundation and their impact upon the city's 'symbolism', see my essay on 'The Politics of the Open Hand', in Russell Walden (ed.), The Open Hand, (Cambridge MA, 1977), 412-57. Since 1979, the bibliography on Chandigarh has grown exponentially; see Sergio Steffen and Silvio Bindella, 'Bibliography', in Maristella Casciato and Stanislaus von Moos (eds.), Twilight of the Plan: Chandigarh and Brasilia (Mendrisio, 2007), 178-92. In addition to Evenson's monograph, see now Kiran Joshi, Documenting Chandigarh: The Indian Architecture of Pierre Jeanneret, Edwin Maxwell Fry, Jane Beverly Drew (Ahmedabad/Chandigarh, 1999) for an excellent survey of Chandigarh's architecture. Among the most useful recent publications, note Ravi Kalia, Chandigarh: The Making of an Indian City (New Delhi, Oxford University Press, 2002) and Maristella Casciato (ed.), Le Corbusier & Chandigarh. Ritratto di una città moderna (Rome, Edizioni Kappa, 2003). For further references, see below as well as the section on Chandigarh in Chapter 6.

95 A good recent introduction to Gandhi's political thinking is given by Francis G. Hutchins, Spontaneous Revolution. The Quit India Movement (Delhi, 1971). For a collection of Gandhi's writings on economics, see M.K. Gandhi, Economic and Industrial Life and Relations, ed. V.B. Kher, 3 vols. (Ahmedabad, 1957).

96 Varma, incidentally, happened to be in the US while the Punjab was partitioned – and while he was there he gathered first-hand information on planning and urbanization. Compare C. Rand, 'City on a Tilting Plain', The New Yorker, 30 April 1955; and especially Evenson, Chandigarh, 6-11 (with more references).

97 This estimation of the building costs is from Rand, 'City on a Tilting plain'. On Nowicki, see Evenson, Chandigarh, 19-24.

98 On Mayer's role in the planning of Chandigarh, see now Giuseppina Lonero, 'Chandigarh prima di Chandigarh: il contributo di Albert Mayer e della sua squadra', in Annali di architettura. Rivista del Centro Internazionale di Studi di Architettura Andrea Palladio, 2005, no. 17, pp. 211-26.

99 See Maxwell Fry's report, 'A Discursive Commentary', Architect's Yearbook 6, London, 1955, p. 40, and his article in The Open Hand, 350-63. On the resentments and problems that resulted from this division of competences, in particular Le Corbusier's complaint about Pierre Jeanneret's and Jane Drew's alleged 'betrayal' of an initial arrangement that would

have granted him much more design authority, see Madhu Sarin, 'Chandigarh as a Place to Live In', in Russell Walden, The Open Hand, op.cit., 399 ff. In the light of what has been argued on the previous pages, any mention of 'betrayal' is somewhat excessive.

100 See Evenson, Chandigarh, pp. 31 ff. The decision to move the British administration from Calcutta to Delhi had been taken in 1911, and it was then that a planning committee was appointed, consisting of Captain Swinton (formerly the chairman of the London County Council), J.A. Brodie and Sir E.L.] Lutyens. It produced the plan of New Delhi. The palaces at the Capitol are by Sir Edwin Lutyens (Viceroy's house) and Sir Herbert Baker (Secretariats). Compare Robert Byron, 'New Delhi', The Architectural Review, January 1931, pp. 1 ff.; A. S. Butler et al., The Architecture of Sir Edwin Lutyens, 3 vols. (London and New York,1950), vol. 2.

101 Evenson, Chandigarh, 64-67.

102 G. Jawaharlal Nehru, Speeches (New Delhi, 1958), vol. 3, pp. 25 ff. (on the occasion of the opening of a factory); pp. 466 ff. (on slums).

103 For Le Corbusier's explanations of this see Le Corbusier, Modulor 2 (Boulogne s. Seine, 1955),pp. 187 ff.

104 Le Corbusier, Quand les cathédrales étaient blanches (Paris, 1937; re-ed. 1965), 215; see also ibid., 222: 'il faut le bon plan, le plan totalitaire symphonique, qui rêponde aux besoins collectifs et assure le bonheur individuel (...) ici est le rôle tout puissant et bienfaisant de l'autorité: autorité père de famille.'

105 Le Corbusier, Précisions, 187. See also Le Corbusier, Une maison, un palais (Paris, 1928), 228: 'Colbert? – Qu'il surgisse le nouveau Colbert! (...) un homme de sang froid, mais un homme qui croit. – Un homme pétri de son temps!' Or the letter to the Governor of Algiers (14 December 1932): 'Aujourd'hui, on ne peut rêver qu'a un homme, c'est à Colbert. Agir, entreprendre, réaliser.' In Le Corbusier, La ville radieuse (Paris, 1933), 249. Among the more pointed discussions of Le Corbusier's authoritarian leanings are those by Pierre Francastel, Art et technique au XIXe et XXe siècles (Paris, 1956; re-ed. 1962), 37-47; by Peter Serenyi, 'Le Corbusier, Fourier and the Monastery of Ema', op.cit.; and by Heide Berndt, Das Gesellschaftsbild bei Stadtplanern (Stuttgart, 1968), 70 ff. See also, more recently, Charles Jencks's observations in Le Corbusier and the Tragic View of Architecture (London and Cambridge MA, 1973), 17 ff., 110-33, as well as Manfredo Tafuri, Progetto e utopia (Bari, 1973), 115-24 and passim.

106 If Vikramaditya Prakash is correct, Chandigarh has always been about the unplanned but all-themore-profound bond between monumentality and village life; see Chandigarh's Le Corbusier. The Struggle for Modernity in Postcolonial India (Seattle wa, 2002), 154 ff.

107 Le Corbusier, Précisions, 15. Le Corbusier's attitude to colonialism has been documented and discussed by M. Fagiolo, Le Corbusier 1930, I progetti per Algeri e l'America Latina (mimeographed ms., Milan, 1973).

108 Le Corbusier, Précisions, 201.

109 Mulkraj Anand, 'Conversation with Le Corbusier', ed. Santosh Kumar, Le Corbusier. 80th Birthday Anniversary Issue, Bombay: International Cultural Organization, 1967, pp. 11-14.

第六章　公共建筑

1 The present description of the League of Nations controversy is based upon Le Corbusier's own account, see Oeuvre complète 1910-1929,

160-73 (and below, note 3), and on S. Giedion's recollections in Space, Time and Architecture, 530-8. For more recent discussions see Alfred Roth, Begegnung mit Pionieren (Basle and Stuttgart, 1973), 52-7, and Martin Steinmann, 'Der Völkerbundspalast: eine "chronique scandaleuse"', werk. archithese 23-24, 1978, pp. 28-31. The project has since been documented and discussed in Werner Oechslin (ed.), Le Corbusier & Pierre Jeanneret. Das Wettbewerbsprojekt für den Völkerbundspalast in Genf 1927 (Zurich, 1988). See also Inès Lamunière and Patrick Devanthéry, 'La S.d.N. – un palais moderne?' in Isabelle Charrolais and André Ducret (eds.), Le Corbusierà Genève 1922-1932 (Geneva, 1987), 17-34.

2   The architects were Nénot (France) and his partner Flegenheimer (Geneva); Broggi, Vaccaro, Franzi (Italy); Camille Lefèbvre (France). On the League of Nations Palace as built, see S. von Moos, 'Kasino der Nationen', werk. archithese 23-24, 1978, pp. 32-6.

3   In Paris, the project was defended by Christian Zervos in Cahiers d'art, especially 2, 1928, pp. 84-8. Compare Le Corbusier's 'file' on this affair: Une maison – un palais (Paris, 1928).

4   Requête de mm. Le Corbusier et Pierre Jeanneret à M. le Président du Conseil de la Société des Nations (Paris, 1931).

5   See Claude Schnaidt, Hannes Meyer, Bauten, Projekte und Schriften (Teufen, 1965), 23-7. For a good survey of the competition projects see John Ritter, 'World Parliament: The League of Nations Competition, 1926', Architectural Review, July 1964,pp. 17-23.

6   Kenneth Frampton, 'The Humanist vs. the Utilitarian Ideal', Architectural Design 38, 1968, pp. 134-6.

7   A picture of the Grand Palais was published in Le Corbusier, Une maison – un palais (Paris, 1928), 172. Peter Serenyi first noted this relationship in his review of the German edition of this present work, JSAH 3, 1971, p. 258.

8   See Le Corbusier, Oeuvre complète 1910-1929, 173, where the project is compared to the executed building by Broggi, Nénot and Flegenheimer.

9   See Le Corbusier's comments on Gustave Lyon as an acoustics expert in 'La salle Pleyel – une preuve de l'évolution architecturale', Cahiers d'art 2, February 1928, pp. 89 ff.

10   Le Corbusier, Précisions, 60. For a thorough discussion of the formal principles determining the spatial sequence of the various parts of the building, cf. Colin Rowe, Robert Slutzky et al., Transparency, 45, 54.

11   Quoted from Le Corbusier, Oeuvre complète 1910-1929, 190-7, 214; see also Paul Otlet and Le Corbusier, Mundaneum (Brussels, 1928), and Le Corbusier, 'Un projet de centre mondial a Genève', in Cahiers d'art, 1928, pp. 307-11. The broader context of the project has since been documented by Giuliano Gresleri and Dario Matteoni, La città mondiale. Andersen, Hébrard, Otlet, Le Corbusier (Venice, Marsilio, 1982). See also Giuliano Gresleri, 'Le Mundaneum. Lecture du projet', in Isabelle Charrolais and André Ducret (eds.), Le Corbusier à Genève 1922-1932, op.cit., 70-8; see also the following notes.

12   See 'Dr John Wesley Kelcher's Restoration of King Solomon's Temple and Citadel, Helmle & Corbett Architects', Pencil Points vi, November 1925, pp. 69-86. In 1926, the reconstruction was shown in Berlin in the context of a presentation of recent American architecture; cf. Ausstellung neuer Amerikanischer Baukunst, catalogue, January 1926, Akademie der Künste (Berlin, 1926).

13   The first to discuss the Mundaneum's 'Babylonian'character was Marcello Fagiolo in 'La nuova Babilonia secondo Le Corbusier', Notiziario Arte Contemporanea, May 1974, pp. 15-17. On the impact of the idea of 'New Babylon' in America, see Rosemarie Haag-Bletter and Cervin Robinson, Skyscraper Style. Art Déco New York (New York, 1975), 11-12; Manfredo Tafuri, '"Neu Babylon". Das New York der Zwanzigerjahre und die Suche nach dem Amerikanismus', archithese 20, 1976, pp. 12-24. In their study of La città mondiale, Giuliano Gresleri and Dario Matteoni refer to various archaeological sites as well as to reconstructions by Ligorio of the Septizonium in Rome, by Leroux of the Palace of Khorsabad, by Létarouilly of the Vatican in Rome, etc. as possible sources, but they do not include Solomon's Temple.See La città mondiale, op.cit., 153-9. The most recent and the most complete study on the Mundaneum is by Maria Cecilia O'Byrne, 'El museo del Mundaneum: génesis de un prototipo', in Massilia, 2004, pp. 112-35. Though she considerably widens the spectrum of possible sources, O'Byrne does not mention the project by Helmle and Corbett. Following a track indicated by Jean-Louis Cohen, who refers to the reconstruction of Sargon's palace at Khorsabad by Georges Perrot and Charles Chipiez in Histoire de l'art dans l'antiquité (Paris, 1882) – with a famous drawing already invoked by Lissitzky in his harsh critique of the Mundaneum – I now believe this reconstruction may have been the common source for both Helmle & Corbett as well as Le Corbusier; see Le Corbusier et la mystique de l'URSS, op.cit., 141 f.

14   See Karel Teige, 'Mundaneum', published in the Czech magazine Stavba 10, 1929, pp. 145-55. Le Corbusier's reply, written for Stavba, was published in Mousaion in 1931 ('Obrana architektury Odpoved K. Teigovi', pp. 27-52) and reprinted (in French) in Le Corbusier et Pierre Jeanneret, special issue of L'Architecture d'aujourd'hui, 1936, pp. 38-61. Both articles have since been republished in English and discussed by George Baird, 'Architecture and Politics: A Polemical Dispute', in Oppositions 4, 1974, pp. 79-108. See also Charles Jencks, 'Le Corbusier on the Tightrope of Formalism', in Russell Walden (ed.),The Open Hand, op.cit., 186-212. For an abbreviated summary of the relevant texts in German and French see 'Karel Teige, Le Corbusier und die moderne Architektur', in archithese 6-80, Nov./Dec. 1980, 28-32.

15   See U.E. Chowdhury, 'Le Corbusier in Chandigarh, Creator and Generator', Architectural Design, October 1965, pp. 504-13.

16   Le Corbusier, Oeuvre complète 1910-1929, 206-13 (the quote is from p. 206); Oeuvre complète 1929-1934, 34-41; Précisions, 58 ff. The original project underwent important modifications during construction and was inaugurated only in 1935. For the full story, see now J.-L. Cohen, Le Corbusier et la mystique de l'URSS, op.cit., 86-137.

17   See the second project in Le Corbusier, Oeuvre complète 1910-1929, 208-9; his comments are in Précisions, 47-8 and passim.

18   Le Corbusier, Oeuvre complète 1929-1934, 123-37; on the competition itself and the projects submitted to the jury, see Giorgio Ciucci, 'Concours pour le Palais des Soviets', VH 101, no. 7-8, Spring 1972, pp. 113-34.Again, a complete survey is now given in J.-L. Cohen, Le Corbusier et la mystique de l'URSS, op.cit., 204-45.

19   Le Corbusier, Oeuvre complète 1929-1934, 130.

20   See ibid., 135, for Le Corbusier's comment on the 'organicism' of the structure. Note that the one work by Giacometti that comes to mind, his 'femme égorgée', now in the collection of the Museum of Modern Art, New York, dates from 1931.

21   Freyssinet had already been discussed and illustrated by Giedion in Bauen in Frankreich, op.cit. For details, see now Cohen, Le Corbusier et la mystique de l'URSS, op.cit. 218 ff. and passim.

22   For a good documentation, see V. De Feo, URSS architettura 1917-1936 (Rome, 1963), 133, 182, and idem., 'Architecture et théatre: concours pour un théatre d'état à Charkov – 1930', VH 101, no. 7-8, Spring 1972, pp. 89-110.

23   Le Corbusier, Oeuvre complète 1929-1934, 13. Among the critical reactions Le Corbusier's project stirred up in Western European Marxist circles, note Max Raphael's essay, 'Das Sowjetpalais. Eine marxistische Kritik an einer reaktionären Architektur', written in 1933-34, Jutta Held (ed.), Max Raphael. Für eine demokratische Architektur (Frankfurt, 1976). For Le Corbusier's diatribes against the organizers of the competition, including also his comments on the winning project by Ivan Sholtovsky, see now J.-L. Cohen, Le Corbusier et la mystique de l'URSS, op.cit. 228 ff.

24   See Henry-Russell Hitchcock and Philip Johnson, The International Style: Architecture since 1922 (New York, 1932; 1966) and more recently the critical discussion of this exhibition and the book by Terence Riley, The International Style: Exhibition 15 and the Museum of Modern Art (New York, 1992).

25   UN Headquarters, op.cit., 70.

26   Ibid., 20.

27   Ibid., 68. For a more recent and much more detailed account of the architecture of the UN Headquarters, see now Victoria Newhouse, Wallace K. Harrison, Architect (New York, 1989), 104-37.

28   See Le Corbusier, Quand les cathédrales étaient blanches, 274 ff.

29   After his visit to the psfs building in Philadelphia, built by George Howe and William Lescaze (1932), he had ironically suggested that Howe should contact him in case of another commission of comparable importance. See Geoffrey Hellman, 'From Within to Without' (part 2), The New Yorker, 3 May 1947, p.38. Another, perhaps more immediate premise for his proposal was the Ministry for Education and Health in Rio de Janeiro by Lucio Costa, Oscar Niemeyer, Affonso Eduardo Reidy, Jorge Moreira, Carlos Leao and Ernani Vasconcelos, in whose design Le Corbusier had participated as a consultant; see above, pp. 116 f.

30   Le Corbusier, Oeuvre complète 1946-1962, 37-9.

31   Reasons for this choice are given in G. Hellman, 'From Within to Without' (part 1), The New Yorker, 24 April 1948, p. 35. For the following account, see Victoria Newhouse, Wallace K. Harrison, op.cit., 114-29.

32   Peter Blake, Le Corbusier (Harmondsworth and Baltimore, 1960; ed. 1966), 130 ff. Le Corbusier later declined all responsibility for the building's realization; see L'Atelier, 151, and Oeuvre complète 1946-1952, 39.

33   See Giedion, Space, Time and Architecture, 566.

34   Le Corbusier, Aujourd'hui, no. 51, p. 108.

35   See in this context P. Pie Régamey, Art sacré au XXe siècle (Paris, 1952). On Ronchamp, see now the monograph by Danièle Pauly, Ronchamp. Lecture d'une architecture (Paris, 1979), and on Le Corbusier's churches in general, Giuliano Gresleri and Glauco Gresleri, Le Corbusier. Il programma liturgico (Bologna, 2001).

36   Le Corbusier, Oeuvre complète 1946-1952, 24-36; see also A. Henze, Le Corbusier (Berlin, 1957), 58 ff.

37   Le Corbusier and Jean Petit, Le livre de Ronchamp, (Paris, 1961).

38   That Le Corbusier saw 'religion' or 'the sacred' as independent of any question of religious affiliation became clear when a correspondent of the Chicago Tribune asked him, a few days before the chapel's consecration, whether it was necessary to be a Catholic to build such a church. The architect replied: 'Foutez-moi le camp' ('Get away from here!') Le Corbusier, Ronchamp, Carnet de la recherche patiente no. 2 (Zurich, 1957), 7.

39   Note that in the case of Saint-Dié, France, Le Corbusier had envisaged a mere consolidation of

the ruin which would have been covered by a flat roof, instead of reconstruction of the church. See Giuliano Gresleri, 'Un restauro impossibile: la cattedrale di St. Dié', in id. and Glauco Gresleri (eds.), Le Corbusier. Il progetto liturgico (Bologna, 2001), 70-3.

40   Le Corbusier, Oeuvre complète 1946-1952, 72. Views and plans of Ronchamp: ibid., 72-84; Oeuvre complète 1952-1957, 16-43; Le Corbusier, Textes et dessins pour Ronchamp (Paris, 1955); Anton Henze, Ronchamp. Le Corbusiers erster Kirchenbau (Recklinghausen, 1956).

41   Giedion, Architektur und Gemeinschaft (Hamburg, 1956; Eng. ed. Architecture, you and me), 118 ff.

42   N. Pevsner, An Outline of European Architecture, 7th ed. (Harmondsworth, 1963), 429.

43   James Stirling, 'Le Corbusier's Chapel and the Crisis of Rationalism', The Architectural Review, March 1965, pp. 155-61.

44   See Giulio C. Argan, 'La Chiesa di Ronchamp', Progetto e Destino (Milan, 1965), 237-43.

45   Karl Ledergerber, Kunst und Religion in der Verwandlung (Cologne, 1966), 127.

46   Granted also that to Le Corbusier, the terms 'sacré' and 'religieux' are interchangeable.

47   On the Capitol Complex see Le Corbusier, Oeuvre complète 1946-1952, 112-59; Oeuvre complète 1952-1957, 50-113; Oeuvre complète 1957-1965, 58-115; and Norma Evenson, Chandigarh, 71-89. Compared to the large numbers of urbanistic and sociological studies on Chandigarh, there are but few recent discussions of the architecture of the Capitol Complex. On the design aspect, see in particular the relative chapters in William J.R. Curtis's Le Corbusier. Ideas and Forms (Oxford, 1986), 188-201, and Klaus Peter Gast, Le Corbusier: Paris-Chandigarh, with a preface by Arthur Rüegg (Basle, 2000), as well as Rémy Papillaut, 'La tentation du sacré sur le Capitole de Chandigarh', in Le symbolique, le sacré, la spiritualité dans l'oeuvre de Le Corbusier (Paris 2004), 67-83. More directly concerned with the political role and symbolism of the complex are Lawrence J. Vale's Architecture, Power, and National Identity (New Haven, 1992, re-ed. New York, 2007), 121-32, and Vikramaditya Prakash's Chandigarh's Le Corbusier. The Struggle for Modernity in Postcolonial India (Seattle wa, 2002), 43-70.

48   In 1966, the Punjab was divided into two separate Indian states, Punjab and Haryana, with the result that the capital became – to quote The New York Times – a 'two-headed, three-tongued administrative and political monstrosity'. See J. Anthony Lukas, 'Le Corbusier's "Organic City" in Punjab Faces Political Surgery', The New York Times, 27 June 1966.

49   An extension building designed in 1962 accommodates more audience rooms behind the Palace.

50   Le Corbusier's first project for the Secretariat had foreseen a skyscraper; see Le Corbusier, Oeuvre complète 1946-1952, 118 ff; Evenson, Chandigarh, 79 ff.

51   See UN Headquarters, 9, 33.

52   Le Corbusier, Oeuvre complète 1946-1952, 118-21, and Oeuvre complète 1957-1963, 78. In fact, while the model of the slab-shaped UN building adopted in Le Corbusier's early project for Chandigarh resurfaced in the twin towers of the Secretariat in Brasilia only a few years later, the early version of the Assembly façade has found an echo in projects by Oscar Niemeyer (Alvorada Palace, Brasilia, 1957-58) and Philip Johnson (Sheldon Art Gallery, Lincoln, Nebraska, 1964).

53   See Maurice Besset (ed.), Le Corbusier. Carnets, Paris, 1981, vol. 4, M54 (dated 12 May 1957). Considering Le Corbusier's own record of frustrated Brazilian hopes, one wonders whether or not his increasingly radical break with the 'ballet style' of these early studies was not at least partly motivated by the success that they had found in Brazil,

and even in the United States, in the meantime. For Le Corbusier's Brazilian hopes, see in particular his proposals for the University Campus of Rio de Janeiro, 1936, in Oeuvre complète 1934-38, 42-5, as well as Lucio Costa's account of these and his own proposals in id., Lucio Costa. Registro de uma vivência (Sao Paulo, 1997). The term 'ballet style' was coined for Philip Johnson's use of parabolic arches in some of his projects of the 1950s. The possible role of Brazil in the genesis of Le Corbusier late 'angular' style will be studied elsewhere, including also the complicated dynamics of attraction and alienation that characterized Le Corbusier's relations with the work of his closest Brazilian followers and friends.

54   For more details, see S. von Moos, 'The Politics of the Open Hand', The Open Hand, ed. R. Walden (Cambridge MA, 1977), 412-57. The volume of literature on the politics of Chandigarh has grown rapidly in recent years, but by far the most astute analysis is Vikramaditya Prakash's Chandigarh's Le Corbusier. The Struggle for Modernity in Postcolonial India, op.cit.

55   In fact, we have landed at the other extreme of Le Corbusier's enthusiasm for the mechanically served 'house with exact respiration', advertised by him in around 1930. However, in order to make work possible, mechanical air-conditioning did have to be installed in some of the Capitol's interiors.

56   Le Corbusier, Oeuvre complète 1952-1957, 94. However, the idea was not realized, and today the tower contains fixed skylights, see Evenson, Chandigarh, 82.

57   Robert Byron, 'New Delhi', The Architectural Review, January 1931, pp. 1 ff; A.S.G. Butler et al., The Architecture of Sir Edwin Lutyens, 3 vols. (London and New York, 1950), vol. 2. See now Robert Grant Irving, Indian Summer. Lutyens, Baker and Imperial Delhi (New Haven/London, 1981) for a masterful analysis of the imperial architecture of New Delhi.

58   Le Corbusier, Oeuvre complète 1952-1957, 50.

59   Allan Greenberg, 'Lutyens' Architecture Restudied', Perspecta 12, New Haven 1969, pp. 148 ff.

60   Le Corbusier, Modulor 2, 125-237, especially 225 ff.

61   Le Corbusier, Oeuvre complète 1952-57, 102; the modifications in the scale of the Governor's Palace are described in Le Corbusier, Modulor 2, 234. On the project, see now Alexander Gorlin, 'An analysis of the Governor's Palace of Chandigarh', in Oppositions 19-20, pp. 161-83, and Marion Millet, 'Le palais du gouverneur: un projet inconstruit de Le Corbusier', in Massilia 2004, pp. 226-39. A temporary version of the palace in the form of a bamboo mock-up was erected in January 1999 to coincide with the 50th anniversary of Chandigarh's founding. See Jaspreet Takhar (ed.), Celebrating Chandigarh (Ahmedabad, Mapin, 2002), 159.

62   See Greenberg, 'Lutyens' Architecture Restudied', pp. 148 ff.; Butler, The Architecture of Sir Edwin Lutyens, plates 135-138; 159; 160; 204-213.

63   Evenson, Chandigarh, 84.

64   Quoted in S.K. Gypta, 'Chandigarh', p. 6.

第七章　元素之融合

1   Le Corbusier, L'Esprit Nouveau, p. 3. A slightly later version of the definition of the 'sentiment moderne' is as follows: 'This modern sentiment is a spirit of geometry, a spirit of construction and of synthesis.' Urbanisme, 36. The ideas underlying this chapter are elaborated further in my more recent essay, 'Le Corbusier als Maler', Gotthard Jedlicka. Eine Gedenkschrift (Zurich, 1974), 139-56; published in English as 'Le Corbusier as Painter' in Oppositions 19/20, pp. 87-107.

2   Le Corbusier, Oeuvre complète 1938-1946, 36-71.

Several exhibitions have been dedicated to Le Corbusier and the 'Synthesis of the arts' since this book first appeared; see in particular Andreas Vowinckel and Thomas Kesseler (eds.), Le Corbusier. Synthèse des Arts. Aspekte des Spätwerks 1945-1965 (Karlsruhe, 1986), Jean-Pierre, Naima Jornod and Cäsar Menz (eds.), Le Corbusier ou la Synthèse des arts (Geneva, 2006) – note in particular the essays by Naima Jornod and Jacques Sbriglio in this catalogue– and Alexander von Vegesack, Stanislaus von Moos, Arthur Rüegg and Mateo Kries (eds.), Le Corbusier. The Art of Architecture (Weil a.R., 2007). For further updates, see the PS to this chapter as well as the following notes.

3   See S. Giedion, Architektur und Gemeinschaft (Eng. ed. Architecture, you and me), 65 ff.

4   See L'Architecture d'aujourd'hui, special issue on Le Corbusier, April 1948. The most important English publication on Le Corbusier the artist is from the same year: Stamo Papadaki (ed.), Le Corbusier. The Foundations of his World (New York, 1948). See also Werk 2, 1949, pp. 50 ff.

5   Le Corbusier, Ronchamp (Carnets de la recherche patiente), 17.

6   See Alan Colquhoun, 'Displacement of Concepts', Architectural Design, April 1972, p. 236. More recently, Eduard F. Sekler has studied the interaction between Le Corbusier the painter and Le Corbusier the architect in his 'The Carpenter Center in Le Corbusier's Oeuvre. An Assessment' in E.F. Sekler and W. Curtis (eds.), Le Corbusier at Work (Cambridge MA, 1978), 229-58. (The following section is partly rephrased on the basis of my essay 'Art, Spectacle and Permanence', Le Corbusier. The Art of Architecture, op.cit., 61-99.)

7   On the importance of the La Roche House in this context, see now Eve Blau and Nancy Troy (eds.), Architecture and Cubism (Montreal/ Cambridge MA, 1997) and in particular the essays by Yve-Alain Bois and Beatriz Colomina there.

8   Quoted in S. von Moos (ed.), Album La Roche, op.cit., 15 f.

9   Wright's judgement deserves to be quoted in extenso: '... Young critics, I believe, intrigued by the science and philosophy of the great art, love architecture as a mysterious essence. They see in the surface of mass abstractions by "great and gifted" Europeans, inspired by French painting, the truth. (...) These walls artificially thin, like cardboard bent and glued together (etc.)' in 'In the Nature of Materials', in Architectural Record, 1928, here quoted after Edgar Kaufmann and Ben Raeburn, Frank Lloyd Wright. Writings and buildings (New York, 1960), 227.

10   Sigfried Giedion, Bauen in Frankreich, op.cit, 84 f.; Eng. ed. 167 ff.

11   Alfred H. Barr, 'Cubism and Abstract Art', New York, Museum of Modern Art, 1936, p. 166. Both the Nature morte à la pile d'assiettes and the model of the Villa Savoye had been purchased for the Museum of Modern Art's permanent collection after Barr's Cubism and Abstract Art exhibition of 1936. Henry-Russell Hitchcock also belonged to the early interpreters of the interactions of architecture and painting in Le Corbusier's work; his position on the issue would deserve a separate discussion. See Bernhard Hoesli, Colin Rowe and Robert Slutzky, Transparenz (Basle/Stuttgart, 1968), pp. 45 f. and my ps to this chapter, pp. 318-21.

12   In his unpublished Ph.D. thesis entitled 'Integrations of Art and Architecture in the Work of Le Corbusier. Theory and Practice from Ornamentalism to the "Synthesis of the Major Arts"', Stanford University, 1995, Christopher Pearson maintains that the formal concurrences between architecture and painting in Le Corbusier's work of the 1920s are merely coincidental in their nature.

13   Lewis Mumford, 'Extramural Activities', in

The New Yorker, ix, 28 October 1933, quoted
from Robert Wojtowicz (ed.), Mumford on Modern
Art (Berkeley/Los Angeles/London, 2007), 99.

14   Le Corbusier, Le modulor (Boulogne s. Seine,
      1948), 216 ff.
15   The first was published in La bête noire, 1 July
      1935, the second as Estratto dagli Atti del VI.
      Convegno, Rome, Reale Accademia d'Italia, 1937.
16   Le Corbusier's hopes of realizing his 'musée
      à croissance illimitée' in the context of the Fair
      remained frustrated. See now Danilo Udovicki-Selb,
      'Le Corbusier, les jeunes 1937 et le front populaire',
      in M.-L. Jousset (ed.), Charlotte Perriand
      (Paris, 2006), 41-61.
17   On the five murals in Eileen Gray's house in
      Roquebrune/Cap Martin, see below, pp. 273 f.
      After World War ii, the rhetoric of the 'Synthesis of
      the Major Arts' was again revived, first in the
      context of CIAM, later in view of a large centre for
      the arts in Paris, planned under the presidency of
      De Gaulle, but later abandoned.
18   Oeuvre complète 1938-1946, 156-61. The section
      on the visual arts is considerably enlarged in the
      subsequent volume, Oeuvre complète 1946-1952,
      224-44. With Le Corbusier. Mein Werk
      (Cannfeld b.Stuttgart; in French as Le Corbusier.
      Textes et planches), Le Corbusier's public persona as
      an emblematic artist-architect was further canonized.
19   Several stages of this process are documented in
      Le Corbusier, Oeuvre complète 1946-1952, 231.
20   Aujourd'hui, no. 51, p. 97.
21   See, in this context, Kenneth Frampton's analysis of
      Ronchamp in his Le Corbusier (New York, 2001), 167-73.
22   L'Architecture d'aujourd'hui, special issue, April 1948.
23   See Le Corbusier, Précisions, 60 ff.
24   Le Corbusier, Almanach d'architecture
      moderne, op.cit., 10 f.
25   Le Corbusier, Oeuvre complète 1938-1946, 158-61;
      L'Architecture d'aujourd'hui, 53. On those
      murals, see now S. von Moos, 'Le Corbusier as
      Painter', in Oppositions, op.cit., and, for a much
      more pointed discussion of Le Corbusier's
      'occupation' of the privacy of the house (which at
      the time of the 'aggression' was owned by its designer,
      the architect Eileen Gray), see now Beatriz Colomina,
      Privacy and Publicity, op.cit., 88 ff.
26   Le Corbusier, Oeuvre complète 1952-1957,
      123 ff.; compare Zodiac 7, pp. 57 ff. On the
      Muralnomad principle, see now Romy Golan,
      'From Monument to "Muralnomad": The Mural
      in Modern European Architecture', in Karen
      Koehler (ed.), Architecture and the Pictorial Arts
      from Romanticism to the Twenty-First Century
      (Hants, England / Burlington vt, 2004), no. 2,
      pp. 186-208.
27   Apart from its obvious character as an artistic
      declaration of faith, the association of Picasso with
      the cause of architecture also implied a political
      message, but that is another matter. See my
      'Star-Krise', in Jürg Albrecht and Kori Imedsch
      (eds.), Horizonte. Beiträge zu Kunst und
      Wissenschaft (Zurich / Ostfildern), 301-12.
28   Conversation with Savina in Aujourd'hui, no. 51,
p. 98. On Le Corbusier the painter after 1930, see now in
particular Arnoldo Rivkin, 'Un double paradoxe', in Jacques
Lucan (ed.), Le Corbusier. Une encyclopédie (1987), 286-391;
Christopher Green, 'The Architect as Artist', in Le Corbusier.
Architect of the Century (London, 1987), 110-30; and Romy
Golan, Modernity & Nostalgia (New Haven/London, 1995),
particularly 61-84 ('A Crisis of Confidence: from Machinism
to the Organic'). For further references see below.
29   As has been suggested by Rem Koolhaas in
      his Delirious New York (1978). See also my
      'Star-Krise. Le Corbusier in New York, 1935',
      op.cit. On Fernand Léger's relations with the
      US as well as his correspondence with Le
      Corbusier on the subject of New York, see now

30   Carolyn Lanchner, 'Fernand Léger: American
      Connections', in id., Jodi Hauptman and Matthew
      Affron, Fernand Léger (New York, 1998), 15-70.
30   Le Corbusier, Oeuvre plastique (Paris, 1938), preface.
31   See Le Corbusier's interesting statement prepared
      for a conference on realism; reprinted in selearte
      (Florence, July-August, 1952), pp. 10-12. The
      discussions about Socialist Realism in France,
      including also the key texts by Aragon, Gromaire,
      Le Corbusier and Lurçat on this subject, are
      documented in Serge Fauchereau (ed.),
      La querelle du réalisme (Paris, 1987).
32   Zervos wrote: 'Never has a painter ignored
      plastic truth as much as he did, or penetrated less the
      secrets of art, or more misunderstood its principles;
      never has an artist had less understanding of a painting's
      composition or less knowledge of the material he
      manipulates.' Cahiers d'Art I, 1954, p. 116. On Le Corbusier
      as a painter, the reference work is now Jean-Pierre and
      Naima Jornod, Le Corbusier (Charles Edouard Jeanneret):
      Catalogue raisonné de l'oeuvre peint, 2 vols. (Milan, 2005),
      but see also Le Corbusier ou la synthèse des arts, op.cit.,
      as well as regarding Heidi Weber and her important role in
      collecting and promoting Le Corbusier's pictorial work,
      Le Corbusier. Museo y Coleccion Heidi Weber (Madrid, 2007).
33   See Carlo L. Ragghianti, 'Le Corbusier a Firenze',
      Le Corbusier, catalogue of his exhibition in
      Florence, 1963.
34   Alfred H. Barr, Cubism and Abstract Art
      (New York, 1936), 163-6.
35   I have made some utterly preliminary remarks on
      the relations between advertising and avant-garde art
      in my preface to The Other Twenties. Themes in Art
      and Advertising, 1920-1930 (Cambridge MA, 1975),
      catalogue of an exhibition at the Carpenter Center for
      the Visual Arts, Harvard University.
36   Le Corbusier (oeuvre plastique) 1919-1937 (Zurich,
      1938), 11. See now Arthur Rüegg, 'Der Pavillon de
      l'Esprit Nouveau als musée imaginaire', in L'Esprit
      Nouveau. Le Corbusier und die Industrie, 1920-1925,
      op.cit., 134-51.
37   Le Corbusier, Oeuvre plastique, preface. The terms
      recall those used by Le Corbusier (and/or Ozenfant under
      the name of Vauvrecy in an article on Picasso written 15 years
      previously: 'I suggest that there are "plastic words"; the
      meaning of these plastic words is not of a descriptive nature
      (...)' See L'Esprit Nouveau, pp. 1489-94.
38   Le Corbusier, Oeuvre plastique, preface.
39   Aujourd'hui, no. 51, p. 14. For examples see now
      Edmond Charrière and Danièle Perret (eds.),
      Le Corbusier peintre avant le purisme (La Chaux-
      de-Fonds, 1987), as well as Le Corbusier before
      Le Corbusier, op.cit., 268 ff.
40   See Samir Rafi, 'Le Corbusier et les femmes
      d'Alger', Revue d'histoire et de civilisation du
      Maghreb (Algiers, January 1968), 50-61.
41   Letter from Jean de Maisonseul to Samir Rafi,
      dated 5 January 1968. I am grateful to P.A. Emery
      for having been kind enough to let me see a
      copy of this letter.
42   See Rafi, 'Le Corbusier et les femmes d'Alger!'
      pp. 50-61, S. von Moos, 'Cartesian Curves',
      Architectural Design, April, 1972, pp. 237-9;
      'Le Corbusier as Painter', op.cit., with
      comprehensive bibliography. Note that some of
      the drawings illustrated by Rafi and then
      reproduced by myself in earlier editions of this
      book are fakes.
43   L'Atelier de la recherche patiente, 116; after
      La ville radieuse, 1933.
44   This painting must have meant a lot to
      Le Corbusier. It hung for a long time in his living room.
45   Le Corbusier parle, 62.
46   Le Corbusier, Précisions, 4.
47   Le Corbusier, Aircraft (London and New York,
      1937).
48   Antoine de Saint-Exupéry, Terre des hommes

(Paris, 1939; reprinted ed. 1957), 72. On Le Corbusier's fascination with aeroplanes in general and with the view from the aeroplane in particular, see now Jean-Louis Cohen, 'L'Ombre de l'oiseau planeur', in Yannis Tsiomis (ed.), Le Corbusier. Rio de Janeiro 1929 1936 (Rio de Janeiro, 1998), 58-63, 147-9, as well as id., 'Moments suspendus: le voyage aérien et les métaphores volantes', in Le Corbusier. Moments biographiques, op. cit., 145-57.

49   Le Corbusier, Ronchamp, 128.

50   See Le Corbusier, Oeuvre complète 1957-1965, 111-15. For a profound analysis of Chandigarh's symbols, see now Mogens Krustrup, Porte Email. Le Corbusier: Palais de l'Assemblée de Chandigarh (Copenhagen, 1991).

51   Le Corbusier, Oeuvre complète 1946-1952, 153; N. Evenson, Chandigarh, 86-9.

52   William Curtis, Le Corbusier. Ideas and Forms, op.cit., 198.

53   On the primitive symbolism of the hand, see S. Giedion, The Eternal Present. The Beginnings of Art (New York, 1965), 93-124.

54   A similar combination of a hand and a fabulous creature appears on the cover of Poésie sur Alger (1950). Carola Giedion-Welcker suggested to me that Mallarmé is the source.

55   Le Corbusier, Oeuvre complète 1938-1946, 10 ff. Vaillant-Couturier, a leading figure in the French Popular Front, had been mayor of Villejuif and as such one of the patrons of André Lurçat's Ecole Karl Marx built there in 1933. A thorough analysis of the project for the monument and its stylistic sources is badly needed.

56   William Curtis, Le Corbusier. Ideas and Forms, op.cit., 198.

57   Le Corbusier, Modulor 2, 269-74.

58   Le Corbusier, Quand les cathédrales étaient blanches, 82.

59   Ibid., 6, 7.

60   Friedrich Nietzsche, Also Sprach Zarathustra (reprinted ed. 1975), 5. On the title page of his copy of Zarathustra (in French) Le Corbusier has indicated the time and place of his first reading of the book (Paris, 1908) and the passages most directly relevant to the symbolism of the open hand.

61   Ibid., 87.

62   For a complete publication of this letter and a more detailed discussion of its ideological implications, see S. von Moos, 'The Politics of the Open Hand', The Open Hand, Russell Walden, ed. (Cambridge MA, 1977), 412-57.

63   On the symbolic recyclings of the Open Hand in Chandigarh's everyday culture, see now V. Prakash, Chandigarh's Le Corbusier, op.cit., 123 ff.

64   See J. Alazard and J.-P. Hebert, De la fenêtre au pan de verre dans l'architecture de Le Corbusier (Paris, 1961), where the technical (rather than the visual) aspects of the problem are discussed. For a more conceptual analysis of the window and the paradigm of the 'seeing building' in Le Corbusier, see now B. Colomina, Privacy and Publicity, op.cit., 282-235.

65   Le Corbusier, Une petite maison, 27-31. On the 'petite maison' see now Le Corbusier. Album La Roche, op.cit., 63-78, with bibliography.

66   See also, in this context, his first project for the Villa Stein in Garches, published in Domus 497, April, 1971, pp. 3-9.

67   Le Corbusier, L'Art décoratif, 214.

68   Le Corbusier, Oeuvre complète 1952-1957, 16.

69   On the cosmological significance of these portholes, see now Mogens Krustrup, 'Det Uudsigelige Rum. The Ineffable Space', in B. Arkitekturtidskrift / Architectural Magazine, 1993, no. 50, pp. 52-77.

70   Le Corbusier, Oeuvre complète 1929-1934, p. 59.

71   See in this context the painting Je rêvais (1934); reproduced in Werk 10, 1966, p. 490.

72   Le Corbusier, Quand les cathédrales étaient blanches, 234; see also p. 168.

73   Le Corbusier, Oeuvre plastique, preface.

74   Le Corbusier, 'Purisme', in L'Art d'aujourd'hui, no. 7, 1950, unpaginated; pp. 36 f.

75   Le Corbusier. Textes et planches, op.cit., 37. My own remarks on the dialectic of 'drawing' and 'colour' as defined in Renaissance and neo-classical art theory in the earlier editions of this book and in Le Corbusier. Album La Roche, op.cit. must now be seen against the background of the more recent discussions of Le Corbusier's culture of drawing. A typology of drawing as practised by Le Corbusier the artist (leaving aside the architect for the moment) has been proposed by Danièle Pauly (ed.), Le Corbusier. Le dessin comme outil (Nancy, 2006), 10-72. On the links between Purist art and 'the language of industry', see Françoise Ducros, Amédée Ozenfant (Paris, 2002), 99 ff. and passim, but the most engaging discussion of this aspect is by Molly Nesbit, Their Common Sense (UK, 2000), 158 ff. and passim.

76   See now Maurice Besset, 'Introduction', in id.(ed.), Le Corbusier. Carnets (Paris, 1981), vol. 1, 13-15.

77   Charles Blanc, Grammaire des arts du dessin, 21. Compare Vasari's phrase on 'il disegno, padre delle tre arti nostre'. According to Vasari, however, the mother of the arts is 'l'invenzione' or 'la natura'. See also Le vite de' più eccellenti pittori, scultori ed architettori, (ed.) G. Milanesi (Florence, 1878-1906), vol. i, 168; ii, 11; vii, 183.

78   Amédée Ozenfant and Charles Edouard Jeanneret, Après le cubisme, 57. The chromatic variations in the various versions of Le Corbusier's Purist paintings have now been fully documented and studied by Jan de Heer, The Architectonic Colour. Polychromy in the Purist Architecture of Le Corbusier (Rotterdam, 2009), 63-6, 194-7.

79   Sigfried Giedion, Mechanization Takes Command (New York, 1948), 359; Cole's pattern drawing was first published in Journal of Design, 1849. More recently, Françoise Ducros has argued that Purist object representation is based upon late 19th-century methods of drawing as defined by E. Guillaume, A. Cassagne and others for the primary schools; see her 'Ozenfant et l'esthétique puriste. Une géométrie de l'objet', in Cahiers du M.N.A.M. no. 12, 1983, pp. 269-84. See also Marc Solitaire's thoughts in 'Le Corbusier entre Raphael et Froebel', in Journal d'histoire de l'architecture. Le Corbusier. Le peintre derrière l'architecte (Grenoble, n.d. 1988, pp. 9 ff.)

80   Le Corbusier, Modulor 2, p. 293.

81   Quoted from Le Corbusier, Von der Poesie des Bauens, Hugo Loetscher, ed. (Zurich, 1957), p. 81.

82   See Le Corbusier, L'Atelier de la recherche patiente, 232 ff. On the Taureaux series, see now Jean-Pierre and Naima Jornod, Le Corbusier (Charles Edouard Jeanneret): Catalogue raisonné de l'oeuvre peint, op.cit., vol. 2, pp. 872-941.

83   Fernand Léger, Fonctions de la peinture (Paris, ed. 1965), 100, 124. On the polychromy of Le Corbusier's architecture in the 1920s, see now Arthur Rüegg, Polychromie architecturale. Le Corbusiers Farbklaviaturen von 1931 und 1953 (Basle, Birkhäuser, 1997) and Jan de Heer, The Architectonic Colour. Polychromy in the Purist Architecture of Le Corbusier, op. cit. Seen in retrospect, the present section does not suffi ciently acknowledge the fact that 'white', too, is a colour, and that, far from expressing architecture 'in the nude', in conjunction with all other colours it is a way of 'dressing up' buildings in the sense of Gottfried Semper's concept of 'Bekleidung'. See Mark Wigley, White Walls, Designer Dresses. The Fashioning of Modern Architecture (Cambridge MA, MIT Press, 1995).

84   Aujourd'hui, no. 51; compare Le Corbusier, Oeuvre complète 1910-1929, 85.

85   See Alfred Roth, Begegnung mit Pionieren (Basle and Stuttgart, 1971), 34 ff.

86   Claviers de couleurs, catalogue of Salubra wallpapers (Basle, 1931).

87   The colour schemes of the Weissenhof houses and the Pessac settlement have since been thoroughly studied by Rüegg, Polychromie architecturale, op. cit., as well as by De Heer, The Architectonic Colour, op.cit. De Heer also offers an interesting chapter on the Unité d'habitation, ibid., 173-9.

88   Leon Battista Alberti, De re aedificatoria I, 1.

89   Le Corbusier, Oeuvre complète 1929-1934, 48-52.

90   Le Corbusier, L'atelier de la recherche patiente, 188. The use of a metal frame for a large housing complex had first been considered by Le Corbusier in the context of his Roq et Rob project at the Cote d'Azur. The use of concrete was out of question on this site – a steep slope – where building materials could only be delivered by boat. The Meaux system had been developed in collaboration with the Régie Renault and was based on a combined use of steel and plastic. A thorough analysis of the structural systems studied in relation to the Unités d'habitation projected after the Marseilles prototype has been given by Gérard Monnier, Le Corbusier. Les unités d'habitation en France (Paris, 2002), 163-87. Monnier considers Le Corbusier's lack of expertise in the industrialization of building to be the 'tragedy' of the Unité.

91   L'Architecture d'aujourd'hui, special issue on Le Corbusier, 1948, p. 57.

92   Le Corbusier, Oeuvre complète 1946-1952, p. 190. On the handling of the concrete surfaces at the Unité d'habitation in Marseilles, see now Jacques Sbriglio, Le Corbusier. L'Unité d'habitation de Marseille et les autres unités d'habitation à Rezé-les-Nantes, Berlin, Briey-en-Forêt et Firminy (Paris/Basle, 2004), but the most precise study of béton brut is by Anna Rossellini, 'Oltre il "béton brut": Le Corbusier e la "nouvelle stéréométrie"', Flaminia Bardati and Anna Rossellini (eds.), Arte e architettura. Le cornici della storia (Milan, 2007), 231-58.

93   See now my 'The Rhetoric of the Building Site', in print.

94   On the 'division of labour' between the two men cf. Aujourd'hui, no. 51, pp. 96-101. See now Daniel Le Couëdic, 'Joseph Savina, l'improbable compagnon de route', in Le Corbusier. L'oeuvre plastique (Paris,2005), 26-53.

95   See Le Corbusier, Modulor 2, 280-92.

96   I am of course referring to Walter Benjamin's fundamental essay 'Das Kunstwerk im Zeitalter seiner technischen Reproduzierbarkeit'; re-edited as one of a series of essays published under the same title (Frankfurt, 1955).

97   'The photographic cliché (...) which has provoked the direct and integral use of photography, i.e., its automatic use, without any manual help, true revolution!' Le Corbusier, Voyage d'Orient, 123 (footnote, written in 1965). On Le Corbusier's fascination with media and more specifically photography, film and television, see now Beatriz Colomina, 'Vers une architecture médiatique', in Le Corbusier. Art in Arcitecture, op.cit., 247-73. On the status of photography in his art, see Daniel Naegele, 'Object, Image, Aura: Le Corbusier and the Architecture of Photography', in Harvard Design Magazine, 1998, autumn, pp. 37-41, and id., 'Le Corbusier and the Space of Photography. Photo-murals, Pavilions, and Multi-media spectacles', in History of Photography, summer 1998, pp. 127-38. Véronique Boone's monograph on Le Corbusier's own film footage as well as the films realized under his supervision is scheduled to be published in 2009; in the meantime, see id., 'Médiatisation cinématographique de l'Unité d'habitation de Marseille: de la promotion à la fiction', in Massilia, 2004, pp. 192-9. Finally, on 'the spirit of cinema' in Le Corbusier's work at large, see Arnaud François, 'L'Esprit du cinéma et l'oeuvre', in Le Corbusier. Oeuvre plastique, (Paris, 2005), 76-99.

98   André Malraux, Le musée imaginaire (Geneva, 1947), 53.

99   Le Corbusier, L'Esprit Nouveau, 681 ff. See now also Beatriz Colomina, 'Le Corbusier and Photography', in Assemblage, October 1987, pp. 6-23.

100 See Le Corbusier, Oeuvre plastique, pl. 9 (La cruche et la lanterne). The moonlight that seems to reflect on the still life is merely the result of a photomechanical inversion of the tones of the original painting. The painting is correctly reproduced in L'Atelier de la recherche patiente, p. 53. See also p. 230 in the same book where a detail of the fresco in the Pavillon Suisse is reproduced in negative, whereas it is reproduced correctly on the following page.

101 For a good documentation of the Philips Pavilion, see Le Corbusier, 'Le poème électronique', Cahiers des forces vives (Paris, 1958) as well as L'Atelier de la recherche patiente, 186. The most complete study on the Philips Pavilion is by Marc Treib, Space Calculated in Seconds. The Philips Pavilion. Le Corbusier, Edgar Varèse (Princeton NJ, 1996).

102 See Marshall McLuhan and Quentin Fiore, The Medium is the Massage (Harmondsworth, 1967).

103 Robert Venturi, Complexity and Contradiction in Architecture (New York, 1966), 27 ff ('Ambiguity'); 54, 58 ('Contradiction Adapted'); 60 ('Contradiction Juxtaposed'). From a totally different viewpoint, Paul Hofer has discussed the contradictory nature of Le Corbusier's creation in his 'Griff in die Doppelwelt. Notizen zur Person Le Corbusiers', Fundplätze, Bauplätze. Aufsätze zu Archäologie, Architektur und Städtebau (Basle, 1970), 155-60. More recently, Robert Venturi has declared the Villa Savoye to be 'my favourite building of the twentieth century', in Robert Venturi and Denise Scott Brown, Architecture as Signs and Systems for a Mannerist Time (Cambridge MA, 2004), 14. On the Venturis' dialogue with Le Corbusier, see my Venturi, Rauch and Scott Brown, Buildings and Projects (Fribourg and New York, 1987), 26 ff. and passim.

104 Le Corbusier, Oeuvre complète 1929-1934; preface.

105 The term is borrowed from the title of Pierre Saddy (ed.), Le Corbusier. Le passé à réaction poétique, op.cit.

106 Le Corbusier, Quand les cathédrales étaient blanches, 173.

107 Le Corbusier, Oeuvre complète 1929-1934, 53-7; see also Alexander Watt, 'Fantasy on the Roofs of Paris', The Architectural Review iv, 1936, pp. 155-9.

108 Le Corbusier, Urbanisme, 114.

109 S. Giedion recalls Le Corbusier's answer to his question as to why he hadn't removed this 'heap of rubble': 'It has a right to existence.' Compare 'Il a le droit de l'existence', in Neue Zürcher Zeitung, 11 July, 1967.

110 P. Mazar quotes this comment by Le Corbusier regarding his project for the Venice hospital: 'If you cannot copy its skin, then you should at least respect its physiology', P. Mazar, 'Il avait su devenir un architecte Vénitien', Le Figaro litteraire, 2-8 September 1965, p. 14, Le Corbusier memorial issue. Note that when he had no other choice, Le Corbusier knew how to work brilliantly within the parameters of prevailing urban design laws and regulations. Examples are the Ozenfant house, the Cité de Refuge and the apartment building at Rue Nungesser-et-Coli, all in Paris.

111 Modern architecture's subterranean links with Surrealism were the subject of a memorable double issue of Architectural Design on Surrealism, published in 1978 (alas unacknowledged in the first

English edition of this book). The essays there by
Dalibor Vesely, Kenneth Frampton, Stuart Knight
and Rem Koolhaas are still reference texts, as is
Koolhaas's book Delirious New York (New York, 1978).
Though Le Corbusier has always been seen as pivotal in
that story, there is no conclusive study of his dialogue
with Surrealism. Alexander Gorlin's 'Ghost in the Machine:
Surrealism in the Work of Le Corbusier', in Perspecta.
The Yale Architectural Journal, 1982, no. 18, pp. 51-65
(republished as 'The Ghost in the Machine', in Thomas
Mical (ed.), Surrealism and Architecture (London/
New York, 2005), 103-18), merely highlights certain
formal themes shared by Le Corbusier's architecture
and the work of de Chirico, Magritte and others.
The nature of Le Corbusier's theoretical interest in
Surrealism is more poignantly explored by Philippe
Duboy, 'Bataille, (Georges)',in Le Corbusier. Une
encyclopédie, op.cit., 87, and especially by Nadir Lahiji,
'"… The gift of time". Le Corbusier reading Bataille',
in Thomas Mical (ed.),Surrealism and Architecture
(London/New York, Routledge, 2005), 119-39. Juan
José Lahuerta, inturn, emphasizes the incompatibility
between Le Corbusier and Surrealism in '"Surrealist
poetics" in the work of Le Corbusier?' in Le Corbusier.
The Art of Architecture, op.cit., 325-45.

112   See for example the cover design of the
        magazine Coeur à barbe (1922).
113   Le Corbusier, L'Art décoratif, 189 ff.
114   Ibid.
115   Le Corbusier, Quand les cathédrales étaient
        blanches, 166.
116   Oeuvres complètes d'Isidore Ducasse, comte
        de Lautréamont (Paris, reprinted ed. 1938), 362.
117   Letter by Le Corbusier to S. Giedion, quoted in
        Le Corbusier, catalogue of the exhibition in
        Zurich, 1938, p. 12.
118   Any other architect would probably have been
        discouraged by the fact that his site was occupied
        by a tree – as was the case with the Pavillon de
        L'Esprit Nouveau.
119   See the postscript to Urbanisme: 'Confirmations,
        incitations, admonestations'.
120   Zodiac 7, p. 53.
121   'J'ai dû arriver à 75 ans pour découvrir ceci!'
        See M. Besset (ed.), Le Corbusier, Le Corbusier.
        Carnets, Paris, 1981, vol. 3, K43, no. 678. For a still
        tentative but slightly more elaborate view of the
        present discussion of 'nature and geometry'
        see my 'Machine et nature: notes à propos de
        l'Unité d'habitation de Marseille', in Le Corbusier
        et la nature, op.cit., 42-53, but I am still wrestling
        with the problem!
122   Le Corbusier, Le modulor. Essai sur une mesure
        harmonique à l'échelle humaine applicable
        universellement à l'architecture et à la mécanique
        (Boulogne s. Seine, 1948); Modulor 2. La parole
        est aux usagers (Boulogne s. Seine, 1955). The
        second volume is Le Corbusier's reply to the
        world-wide reaction generated by Le modulor.
        For brief summaries of the Modulor system,
        see Oeuvre complète 1938-1946, 170 ff.
        and Oeuvre complète 1946-1952, 178-84.
123   Adolph Zeising, Neue Lehre von den Proportionen
        des menschlichen Körpers (Berlin, 1854).
124   See also Mathila Ghyka, Esthétique des proportions
        dans la nature et dans les arts (Paris, 1927), where
        Ghyka publishes and discusses some of Le Corbusier's
        proportion studies, especially the regulating lines of
        the Villa Stein at Garches.
125   Rudolf Wittkower, 'Systems of Proportion',
The Architect's Year Book 5 (London, 1953), 9-18 (parts of
this article are quoted in Modulor 2, 198-202). For a more
complete analysis of the Modulor by the same author, see his
contribution to Four Great Makers of Modern Architecture
(New York, 1961), 196-204.See now Dario Matteoni,
'Modulor: Un système de mesures', in Le Corbusier.
Une encyclopédie, op.cit., 259-61.

126   See the papers by Fulvo Irace and Anna Chiara
        Cimoli presented at the 2007 'Rencontres' of the
        Fondation Le Corbusier held in Rome, in print.
127   Le Corbusier, Le modulor, 20.
128   I owe the wording of this appreciation of the
        Modulor's uniqueness to Jan de Heer.
129   See Le Corbusier, Le modulor, 58 ff. Paul Lester
        Wiener, who had accompanied Le Corbusier
        during his visit to Einstein at Princeton, has given
        a slightly different version of Einstein's famous
        dictum. According to Wiener, Einstein said:
        'It is a new language of proportions which
        expresses the good easily and the bad only with
        complications.' After G. Hellman's interview in
        The New Yorker, 3 May 1947, p. 47.
130   Rudolf Arnheim, 'A review of Proportion', in
        Toward a Psychology of Art (Berkeley and Los
        Angeles, 1967), 102-19.
131   Le Corbusier, Le modulor, 16. On the role of
        acoustics and music as a conceptual referent for
        much of Le Corbusier's theorizing, see now
        Christopher Pearson, 'Le Corbusier and the
        Acoustical Trope. An Investigation of its Origins',
        in JSAH, 1997, June, 168-83, and Peter Bienz,
        Le Corbusier und die Musik (Braunschweig/
        Wiesbaden, 1999).
132   Le Corbusier, Le modulor, 109.

A

Aalto, Alvar 阿尔瓦·阿尔托, 1898—1976, 芬兰建筑师

- Acciauoli, Niccolo 尼科洛·阿奇沃利, 1310—1365, 意大利贵族
- Acebillo, Josep 霍塞普·阿瑟比洛, 1946—, 西班牙建筑师
- Alberti, Leon Battista 列侬·巴蒂斯塔·阿尔伯蒂, 1404—1472, 意大利建筑师
- Amaral, Tarsila do 塔西拉·多·阿马拉尔, 1886—1973, 巴西画家
- Andersen, Hendrik Christian 亨德里克·克里斯蒂安·安徒生, 1872—1940, 美国城市规划师
- Andreevich, Ol Andrey 奥·安德烈·安德烈维奇, 1883—1958, 苏联建筑师
- Apollinaire, Guillaume 纪尧姆·阿波利奈尔, 1880—1918, 法国诗人
- Appia, Adolphe 阿道夫·阿皮亚, 1862—1928, 瑞士建筑师
- Aragon, Louis 路易·阿拉贡, 1897—1982, 法国作家
- Argan, Giulio Carlo 朱利奥·卡罗·阿尔甘, 1909—1992, 意大利艺术史家
- Arnauld, Céline 席琳·阿尔诺, 1885—1952, 法国作家, 比利时诗人保罗·戴尔梅的太太
- Arnheim, Rudolf 鲁道夫·阿恩海姆, 1904—2007, 德国出生的美国心理学家

B

Aubert, Georges 乔治·奥博特, 1886—1961, 法国画家

- Bacon, Mardges 马吉斯·贝肯, 1944—, 美国建筑学者
- Badovici, Jean 让·贝多维奇, 1893—1956, 罗马尼亚建筑师
- Baird, George 乔治·贝尔德, 1939—, 加拿大建筑师
- Baker, Herbert 赫伯特·贝克, 1862—1946, 英国建筑师
- Ball, Susan 苏珊·包尔
- Baltard, Victor 维克多·巴尔达赫, 1805—1874, 法国建筑师
- Banham, Reyner 雷纳·班纳姆, 1922—1988, 英国建筑评论家
- Barkhin, Grigori 乔治·巴尔欣, 1880—1969, 苏联建筑师
- Barkhin, Mikhail 米哈伊尔洛维奇·巴尔欣, 1906—1988, 苏联建筑师
- Barr, Alfred Hamilton 阿尔弗雷德·汉密尔顿·巴尔, 1902—1981, 美国艺术史家
- Barshch, Mikhail 米哈伊尔·巴尔希, 1904—1976, 苏联建筑师
- Barzac, Jacques 雅克·巴尔扎克, 当代法国新闻记者
- Bätschmann, Oskar 奥斯卡·贝契曼, 1943—, 瑞士艺术研究者
- Baudelaire, Charles Pierre 夏尔·皮埃尔·波德莱尔, 1821—1867, 法国诗人
- Baudot, Anatole de 阿纳托利·德·包杜, 1834—1915, 法国建筑师
- Baumeister, Willy 威利·鲍麦斯特, 1889—1955, 德国画家
- Bazaine, Jean 让·巴赞, 1904—2001, 法国画家
- Behrens, Peter 彼得·贝伦斯, 1868—1940, 德国建筑师
- Beistégui, Charles de 夏尔·德·贝斯特吉, 1895—1970, 法国艺术收藏家
- Benjamin, Walter 沃尔特·本雅明, 1892—1940, 德国哲学家
- Benton, Tim 蒂姆·本顿, 1945—, 英国艺术史学者
- Bergdoll, Barry 巴里·伯格多尔, 当代美国建筑学者
- Bergson, Henri 亨利·柏格森, 1859—1941, 法国哲学家
- Berlage, Hendrik Petrus 亨德里克·彼得勒斯·贝尔拉格, 1856—1934, 荷兰建筑师
- Besset, Maurice 莫里斯·贝赛特, 1921—2008, 法国艺术史家
- Bieri-Thomson, Helen 海伦·贝里—汤姆森, 1968—, 瑞士博物馆馆长
- Bijvoet, Bernard 伯纳德·毕吉伯, 1890—1935, 荷兰建筑师
- Bissière, Roger 罗杰·毕席耶, 1886—1964, 法国抽象主义画家
- Blanc, Charles 夏尔·布兰克, 1813—1882, 法国艺术评论家
- Blau, Eve 夏娃·布劳, 1951—, 美国建筑学者
- Blom, Piet 皮特·布洛姆, 1934—1999, 荷兰建筑师
- Blondel, Jacques Francois 雅克·弗朗索瓦·布隆代尔, 1705—1774, 法国建筑师
- Boesiger, Willy 威利·博尔西格, 1904—1990, 瑞士建筑师
- Boileau, Louis-Auguste 路易—奥古斯特·布瓦洛, 1812—1896, 法国建筑师
- Bois, Max du 马克斯·杜·博瓦斯, 1884—1989, 法国工程师
- Bois, Yve-Alain 伊夫—阿兰·布瓦, 1952—, 美国艺术史家
- Boissonnas, Frédéric 弗雷德里克·柏伊斯纳斯, 1858—1946, 瑞士摄影师
- Bona 博纳, 朗香教堂的施工队长
- Bonillo, Jean-Lucien 让—卢西恩·伯尼洛, 当代法国建筑学家
- Borromini, Francesco 弗朗西斯科·博洛米尼, 1599—1667, 意大利建筑师
- Boyarsky, Alvin 阿尔文·伯亚斯基, 1928—1990, 加拿大建筑学者
- Braem, Renaat 雷纳特·布里姆, 1910—2001, 比利时建筑师
- Bramante, Donato 多纳托·布拉曼特, 1444—1514, 意大利建筑师
- Brâncuși, Constantin 康斯坦丁·布朗库西, 1876—1957, 罗马尼亚雕塑家
- Braque, Georges 乔治·布拉克, 1882—1963, 法国立体主义画家
- Brassaï 布拉赛, 1899—1984, 匈牙利—法国摄影家
- Breton, André 安德烈·布雷顿, 1896—1966, 法国作家
- Breuer, Marcel 马歇尔·布劳耶, 1902—1981, 匈牙利建筑师
- Brinkman, Johannes 约翰·布林克曼, 1902—1949, 荷兰建筑师
- Broggi, Carlo 卡罗·布罗吉, 1881—1968, 意大利建筑师
- Brooks, Harold Allen 哈罗德·艾伦·布鲁克斯, 1925—2010, 美国建筑史家
- Brouty, Charles 夏尔·布鲁蒂, 1897—1984, 法国艺术家
- Brown, Denise Scott 丹尼斯·斯科特·布朗, 1931—, 美国建筑师, 罗伯特·文丘里的妻子
- Brüderlin, Markus 马库斯·布吕德林, 1958—2014, 瑞士艺术史家
- Brunel, M. M. 布鲁内尔
- Budliger, Hansjörg 汉斯约格·布德林格, 1925—2009, 瑞士建筑学者
- Burnham, Daniel Hudson 丹尼尔·汉德森·伯纳姆, 1846—1912, 美国建筑师
- Byron, Robert 罗伯特·拜伦, 1905—1941, 英国作家

C

Camoletti, Jean 让·卡莫莱蒂, 1891—1972, 瑞士建筑师

- Carrà, Carlo 卡罗·卡拉, 1881—1966, 意大利画家
- Casciato, Maristella 马瑞斯泰拉·卡斯亚图, 当代意大利建筑学者
- Cassandre, Adolphe Mouron 阿道夫·默隆·卡桑德尔,

A
- Aix-en-Provence 普罗旺斯的艾克斯，法国南部城市
- Alfortville 艾弗特镇，巴黎东南郊城镇
- Ann Arbor 安娜堡，美国密歇根州城市
- Arcachon 阿卡雄，法国西南部小镇
- Athos 阿索斯山，希腊北部圣山
- Audincourt 欧丹库尔，法国东部勃艮第一弗朗士一孔泰大区（Région Bourgogne-Franche-Comté）的一社区
- Auteuil 欧特伊，巴黎西部一地区

B
- Baden 巴登，德国西南部城市
- Bagneux 巴纽，巴黎南郊地名
- Bari 巴里，意大利东南部城市
- Basle 巴塞尔，瑞士城市
- Belfort 贝尔福，法国东北部城市
- Bernese Oberland 伯尔尼高地，瑞士首都伯尔尼附近一山地
- Bordeaux 波尔多，法国西南部城市
- Boulogne-sur-Seine 塞纳河畔布洛涅，巴黎西郊一地名
- Bridgewater 布里奇沃特，英国城市
- Briey-en-Forêt 布里埃森林，法国东北部林地

C
- Cap Martin 马丁岬，法国南部海滨地名
- Carthage 迦太基，突尼斯北部城市
- Cernier-Fontainemelon 塞尔尼耶一方提纳梅隆，瑞士西部城市
- Challuy 沙吕伊，法国中部城市
- Chartres 沙特尔，法国中北部城市
- Côte d'Azur 蔚蓝海岸，法国东南部地中海度假海滨

D
- Darmstadt 达姆施塔特，德国黑森州南部的城市
- Dessau 德绍，德国东部城市
- Dresden 德累斯顿，德国东部城市

E
- Eppenhausen 艾蓬豪森，德国东部城市
- Erlenbach 埃伦巴赫，德国巴伐利亚州一市镇
- Essen 埃森，德国西部城市
- Eveux-sur-Arbresle 艾布舒尔阿布雷伦，法国东部里昂附近一地名

F
- Firminy 费尔米尼，法国中部小镇
- Flanders 佛兰德斯，西欧历史地名，范围包括法国北部和荷兰南部的一部分

G
- Galluzzo 加卢佐，位于意大利佛罗伦萨最南端
- Garches 加歇，法国法兰西岛大区一市镇
- Ghardaia 盖尔达耶，阿尔及利亚中部城市
- Grenoble 格勒诺布尔，法国东南部城市
- Guise 吉斯，法国东北部一地区

H
- Hagen 哈根，德国东部城市
- Hellerau 海勒劳，德累斯顿北部城区
- Hellocourt 艾勒库，法国东北部小镇

Huis ter Heide 哈斯特海德，荷兰中部村庄

I
- Ile de France 法兰西岛，巴黎盆地中部以巴黎为中心的行政区域
- Jaipur 斋普尔，印度北部古城

J
- Karlsruhe 卡尔斯鲁厄，德国西南部城市

K
- Kasbah 卡斯巴，阿尔及尔的旧城区
- Kharkov 哈尔科夫，乌克兰东北部城市
- Kusnetsk 库兹涅茨克，俄罗斯西伯利亚城市

L
- La Celle Saint-Cloud 拉·塞勒·圣一克劳德，法国中北部城市
- La Chaux-de-Fonds 拉绍德封，瑞士西北部城市
- la Défense 拉德芳斯，巴黎中心商务区
- Lake Constance 康斯坦茨湖，阿尔卑斯山下莱茵河畔湖泊
- Lège 莱日，法国西部大西洋沿岸城市
- Le Locle 勒·洛克，瑞士西部小城
- Liège 列日，比利时东部城市
- Lingotto 林戈托，意大利都灵市的一个区

M
- Magnitogorsk 马格尼托哥尔斯克，俄罗斯南乌拉尔城市
- Malcontenta 玛尔孔腾塔，意大利威尼斯附近小镇
- Massilia 马西利亚，马赛的旧称
- Meaux 莫城，巴黎大都会地区的一个市镇
- Mendrisio 门德里西奥，瑞士南部城镇
- Metz 梅斯，法国东部洛林地区首府
- Montmartre 蒙马特，巴黎市内一小山丘
- Montparnasse 蒙帕纳斯，巴黎塞纳河左岸一区域

N
- M'zab 姆扎布，阿尔及利亚北部区域
- Nacy 南锡，法国东北部城市
- Nemours 内穆尔，阿尔及利亚北部沿海城市，现名"加扎乌埃特"（Ghazaouet）
- Neuchâtel 纳沙泰尔，瑞士西部城市
- Neuilly 纳伊，巴黎西北部城市

O
- Orly 奥利，巴黎机场
- Ozon 奥桑，法国比利牛斯山中小村庄

P
- Paestum 帕埃斯图姆，意大利南部城镇
- Paimio 帕伊米奥，芬兰南部城镇
- Palatine hill 帕拉蒂尼山，罗马城七座山丘中位处中央的一座
- Pessac 佩萨克，法国西南部城市
- Poissy 普瓦西，法国中北部城市
- Punjab 旁遮普省，印度西部省份
- Rambouillet 朗布依埃，法国中北部城市
- Ravenna 拉韦纳，意大利中北部城市
- Reinbek 赖恩贝克，德国北部城市
- Rho 罗镇，意大利北部城市
- Riehen 里恩镇，瑞士北部城市
- Roquebrune 罗克布伦，法国东南部城市

R

S
- Saint-Dié 圣迪耶，法国东北部城市
- Sainte-Beaume 圣博美，法国南部山地
- Saint Louis 圣路易斯，美国密苏里州城市

- Saint-Pierre-du-Vauvray 圣皮埃尔一迪沃夫赖，法国北部城市
- Santorini 圣托里尼岛，希腊大陆东南爱琴海上岛屿
- Simla 西姆拉，印度北部城市
- St.Gallen 圣加仑，瑞士东北部城市
- Sverdlovsk 斯维尔德洛夫斯克，俄罗斯乌拉尔地区城市

T
- Tavannes 塔瓦纳，瑞士西北部城市
- The Jura 汝拉山脉，法瑞边界山脉
- Tivoli 蒂沃利，意大利中部古城
- Trieste 的里雅斯特，意大利东北部港口城市
- Tuscan 托斯卡纳，意大利中部大区

U
- Utrecht 乌得勒支，荷兰中北部城市
- Vaucresson 沃克雷松，法国法兰西岛大区一市镇

V
- Vevey 沃韦，瑞士西部城市
- Vicenza 维琴察，意大利东北部城市
- Villars Sur Ollon 威拉尔一苏一罗伦，瑞士西部城市
- Ville-d'Avray 阿弗雷城，法国法兰西岛大区一市镇

W
- Vitznau 菲茨瑙，瑞士中部城市
- Wannsee 万湖，柏林西南风景区
- Weil am Rhein 莱茵河畔的魏尔，位于德国靠近瑞士边境的小镇
- Wiesbaden 威斯巴登，德国中部城市

译后记

感谢翻译家宋俊岭先生把这个工作给了我——虽然这的确不是一份"美差"，甚至可以称得上"瘦骨嶙峋""佶屈聱牙"，但获得翻译这本专著的机会，对于我（当时）这个年轻人来说肯定是意义重大。

感谢王育教授协助对中文书稿的审读与校核。

感谢孟娇翻译并整理了大量的插图文字，修正并统一了名词术语。

感谢丁梦韵、戴岳二位所译的前四章草稿，大大减轻了我和责任编辑的后期负担。

最后必须要感谢本书的责任编辑刘大馨老师。面对我大胆调整西文语序与陈述方法的翻译模式，编校起来确实不易。

从最初接到这部书的翻译任务到现在已经有5年。能把这么一本很扎实的著述翻译成中文并成功付梓，让勒·柯布西耶的生平与思想能够更加生动形象地分享给全世界讲中文的人，自己体会到了艰辛劳动收获的成就感。

数年前，宋先生和王教授征询我的意见，是否有胆量接受这个挑战——虽然我是学习城市规划的，但对于只有25岁的年轻人而言，这本书还是有相当难度的。而且我当时正在美国读书，学业压力也是蛮大的。我跑到图书馆借了一本已被翻得破破烂烂的原版书只读了两页便被内容吸引，于是爽快地承接下来。而正式启动后来才发现，"读懂英文"同"用汉语顺畅地表达"简直是"天壤之别"。优秀的译稿是依靠过硬的外文基础、精准的中文表述、娴熟的专业能力以及痛苦的坚韧钻研磨砺出来的。

该书最早是1968年以德文出版，后来又转译为英文版。在我将英文转换为汉语的过程中，遇到了很多跨文化解读语言与文化难题的障碍。包括长达半页篇幅的多重从句、浓厚地域特质的文化涵义以及由于习以为常的欠佳翻译习惯造成的词汇对应错位，等等。为了尽量让译稿更加本土化便于理解，我有时大幅度地变通了一些段落结构和前后顺序，或者借用其他语汇来传达深层的特定含义，甚至花费大段笔墨为读者述解翻译技巧和专门知识，引申阐释了作者精炼的简短文字。

另外，因为翻译过程前后跨越5年，我个人对于建筑设计、城市规划以及翻译方法的认知也在不断深化。我和编辑老刘竭尽所能严格控制全书文风一致、语汇严谨，但如果还是存在不妥之处，敬请大家谅解。

祝愿钟爱柯布的朋友们读书愉快！

王　展

版权合同：天津市版权局著作权合同登记图字第 02-2011-37 号
本书中文简体字版由 Uitgeverij 010 Publishers 授权天津大学出版社独家出版。

勒·柯布西耶：
元素之融合

斯坦尼斯劳斯·冯·穆斯 著
Stanislaus von Moos

王展 戴岳 丁梦韵 孟娇 译
Wang Zhan, Dai Yue, Ding Mengyun, Meng Jiao

Le Corbusier:
Elements of A Synthesis
Le Ke Bu Xi Ye: Yuan Su Zhi Rong He

图书在版编目［CIP］数据

勒·柯布西耶：元素之融合 /（瑞士）史坦尼斯劳

斯·冯·穆斯著；王展等译. --

天津：天津大学出版社，2017.9

书名原文：Le Corbusier: Elements of A Synthesis

ISBN 978-7-5618-5947-6

Ⅰ.①勒… Ⅱ.①史…②王… Ⅲ.①勒·柯布西耶

(1887-1965)-建筑艺术-艺术评论 Ⅳ.①TU-865.65

中国版本图书馆 CIP 数据核字 (2017) 第 221103 号

组稿编辑：刘大馨　宗　洁
责任编辑：刘大馨
技术设计：刘　浩
书籍设计：张申申　李莜溪

出版发行：天津大学出版社
地址：天津市卫津路 92 号天津大学内
邮政编码：300072
电话：发行部 / 022-27403647
网址：publish.tju.edu.cn
印刷：北京华联印刷有限公司
经销：全国各地新华书店
开本：170mm×254mm
印张：26.5
字数：450 千字
版次：2017 年 9 月第 1 版
印次：2017 年 9 月第 1 次
定价：118.00 元